第**3**版

みんなが欲しかった!

電験三種
電力の
教科書&問題集

TAC出版開発グループ 編著

TAC出版
TAC PUBLISHING Group

JN006106

はしがき

　電験三種の内容は難しく，学習範囲が膨大です。かといって中途半端に薄い教材で学習して負担を軽減しようとすると，説明不足でかえって多数の書籍を購入しなければならなくなり，理解に時間がかかってしまうという問題がありました。

　そこで，本書では教科書と問題集を分冊にし，十分な紙面を設けて，他書では記述が省略される基礎的な内容も説明しました。

1．教科書

　紙面を大胆に使ってたくさんのイラストを載せています。電験三種の膨大な範囲をイラストによって直感的にわかるように説明しているため，学習スピードを大幅に加速することができます。

2．問題集

　過去に出題された良問を厳選して十分な量を収録しました。電験三種では似た内容の問題が繰り返し出題されます。しかし，過去問題の丸暗記で対応できるものではないので，教科書と問題集を何度も交互に読み理解を深めるようにして下さい。

　なお，本シリーズでは科目間（理論，電力，機械，法規）の関連を明示しています。これにより，ある科目の知識を別の科目でそのまま使える分野については，学習負担を大幅に軽減できます。

　皆様が本書を利用され，見事合格されることを心よりお祈り申し上げます。

2024年2月
TAC出版開発グループ

●第3版刊行にあたって

　本書は『みんなが欲しかった！　電験三種電力の教科書&問題集』につき，試験傾向に基づき，改訂を行ったものです。

本書の特長と効果的な学習法

1 「このCHAPTERで学習すること」「このSECTIONで学習すること」をチェック！

　学ぶにあたって，該当単元の全体を把握しましょう。全体像をつかみ，知識を整理することで効率的な学習が可能です。

　また，重要な公式などを抜粋しているので，復習する際にも活用することができます。

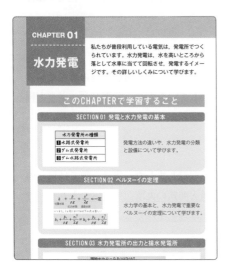

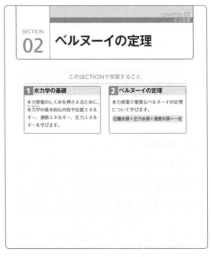

2　シンプルで読みやすい「本文」

1　発電の基本　重要度 ★★★

日本国内で用いられている発電方式には，以下の方式があります。基本的に，水や蒸気を使って，水車（水で回る原動機）や蒸気タービン（蒸気で回る原動機）を回転させて，その動力を発電機に伝達することによって電力を発生させます。

論点をやさしい言葉でわかりやすくまとめ，少ない文章でも理解できるようにしました。カラーの図表をふんだんに掲載しているので，初めて学習する人でも安心して勉強できます。

3　「板書」で理解を確実にする

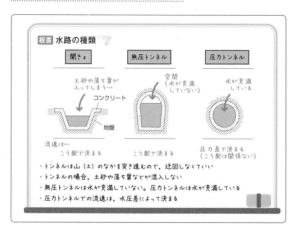

フルカラーの図解やイラストなどを用いてわかりにくいポイントを徹底的に整理しています。

本文，板書，公式をセットで反復学習しましょう。復習する際は板書と公式を重点的に確認しましょう。

4　重要な「公式」をしっかりおさえる

電験は計算問題が多く出題されます。重要な公式をまとめていますので，必ず覚えるようにしましょう。問題を解く際に思い出せなかった場合は，必ず公式に立ち返るようにしましょう。

5 かゆいところに手が届く「ひとこと」

　本文を理解するためのヒントや用語の意味，応用的な内容など，補足情報を掲載しています。プラスαの知識で理解がいっそう深まります。

 ←ほかの科目の内容を振り返るときはこのアイコンが出てきます。

6 学習を助けるさまざまな工夫

●重要度

見出しの横に重要度を示しています。

重要度 ★★★	重要度　高
重要度 ★★☆	重要度　中
重要度 ★☆☆	重要度　低

●問題集へのリンク

本書には，教科書にリンクした問題集がセットになっています。教科書中に，そこまで学習した内容に対応した問題集の番号を記載しています。

●科目間リンク

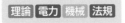

電験の試験科目4科目はそれぞれ関連しているところがあります。関連する項目には，関連箇所のリンクを施しています。

基本例題 ────────────────────────── 復水器の損失

復水器の冷却に海水を使用する汽力発電所が定格出力 700 MW で運転している。復水器冷却水量が 24 m³/s で冷却水の温度上昇が 6.5 ℃であるとき、復水器で海水へ放出される熱量 Q[kJ/s] の値を求めなさい。ただし、海水の比熱を 4.0 kJ/(kg·K)、密度を 1.1×10^3 kg/m³ とする。

解答

温度上昇の値は温度の差なので、絶対温度に変換しても温度上昇の値はセルシウス温度の場合と同じく 6.5 (単位は K) である。

復水器で海水へ放出される熱量は、

Q ＝流量×比熱×密度×冷却水の温度上昇

$= 24 \times 4.0 \times 1.1 \times 10^3 \times 6.5 \fallingdotseq 6.86 \times 10^5$ kJ/s

よって、解答は、6.86×10^5 kJ/s となる。

知識を確認するための基本例題を掲載しています。簡単な計算問題や、公式を導き出すもの、過去問のなかでやさしいものから出題していますので、教科書を読みながら確実に答えられるようにしましょう。

8 重要問題を厳選した過去問題で実践力を身につけよう！

　本書の問題集編は，厳選された過去問題で構成されています。教科書にリンクしているので，効率的に学習をすることが可能です。

レベル表示
問題の難易度を示しています。AとBは必ず解けるようにしましょう。
・A　平易なもの
・B　少し難しいもの
・C　相当な計算・思考が求められるもの

出題
実際にどの過去問かが分かるようにしています。

問題集の構成
徹底した本試験の分析をもとに，重要な問題を厳選しました。1問ずつの見開き構成なので，解説を探す手間が省け効率的です。

難易度 A　水力発電の出力(1)　　SECTION 03

問題05 水力発電所において，有効落差100 m，水車効率92 %，発電機効率94 %，定格出力2 500 kWの水車発電機が80 %負荷で運転している。このときの流量[m³/s]の値として，最も近いのは次のうちどれか。

(1) 1.76　(2) 2.36　(3) 3.69　(4) 17.3　(5) 23.1

H21-A1

	①	②	③	④	⑤
学習日					
理解度(○/△/×)					

難易度 A　水力発電の出力(2)　　SECTION 03

問題06 最大使用水量15 m³/s，総落差110 m，損失落差10 mの水力発電所がある。年平均使用水量を最大使用水量の60 %とするとき，この発電所の年間発電電力量[GW・h]の値として，最も近いのは次のうちどれか。
　ただし，発電所総合効率は90 %一定とする。

(1) 7.1　(2) 70　(3) 76　(4) 84　(5) 94

H14-A1

	①	②	③	④	⑤
学習日					
理解度(○/△/×)					

12

チェック欄
学習した日と理解度を記入することができます。
問題演習は全体を通して何回も繰り返しましょう。

教科書編とのリンク
教科書編の対応するSECTIONを示しています。教科書
を読み，対応する問題番号を見つけたらその都度問題を
解くことで，インプットとアウトプットを並行して行う
ことができます。

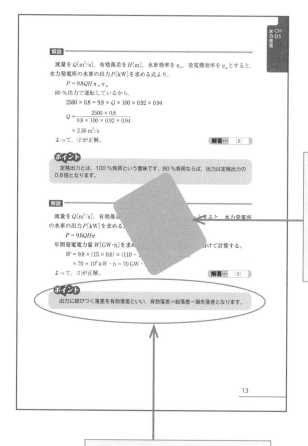

解説

流量を$Q[\mathrm{m}^3/\mathrm{s}]$，有効落差を$H[\mathrm{m}]$，水車効率を$\eta_w$，発電機効率を$\eta_g$とすると，水力発電所の水車の出力$P[\mathrm{kW}]$を求める式より，

$P = 9.8QH\eta_w\eta_g$

80 %出力で運転しているから，

$2500 \times 0.8 = 9.8 \times Q \times 100 \times 0.92 \times 0.94$

$Q = \dfrac{2500 \times 0.8}{9.8 \times 100 \times 0.92 \times 0.94}$

$\approx 2.36\,\mathrm{m}^3/\mathrm{s}$

よって，(2)が正解。

解答… (2)

ポイント

定格出力とは，100 %負荷という意味です。80 %負荷ならば，出力は定格出力の0.8倍となります。

解説

流量を$Q[\mathrm{m}^3/\mathrm{s}]$，有効落〇〇〇〇〇〇〇〇とすると，水力発電所の水車の出力$P[\mathrm{kW}]$を求める〇〇

$P = 9.8QH\eta$

年間発電電力量$W[\mathrm{GW \cdot h}]$を求める〇〇〇〇〇けて計算する。

$W = 9.8 \times (15 \times 0.6) \times (110 - \,\,)$〇〇〇〇

$\approx 70 \times 10^6\,\mathrm{kW \cdot h} = 70\,\mathrm{GW} \cdot$〇〇

よって，(2)が正解。

解答… (2)

ポイント

出力に結びつく落差を有効落差といい，有効落差＝総落差－損失落差となります。

13

こたえかくすシート
問題と解答解説が左右に
収録されています。問題
を解く際には，こたえか
くすシートで解答解説を
隠しながら学習すると便
利です。

ポイント
問題を解く際のポイントや補足事
項をまとめました。

電験三種試験の概要

試験日程など

	筆記方式	CBT方式
試験日程	（上期）8月下旬の日曜日 （下期）3月下旬の日曜日	（上期）7月上旬～7月下旬で日時指定 （下期）2月上旬～3月初旬で日時指定 ※CBT方式への変更申請が必要
出題形式	マークシートによる五肢択一式	コンピュータ上での五肢択一式
受験資格	なし	

申込方法，申込期間，受験手数料，合格発表

申込方法	インターネット（原則）
申込期間	5月中旬～6月上旬（上期）　11月中旬～11月下旬（下期）
受験手数料	7700円（書面による申し込みは8100円）
合格発表	9月上旬（上期）　4月上旬（下期）

試験当日持ち込むことができるもの

・筆記用具
・電卓（関数電卓は不可）
・時計
※CBT方式では会場で貸し出されるボールペンとメモ用紙，持参した電卓以外は持ち込むことができません。

試験実施団体

一般財団法人電気技術者試験センター
https：//www.shiken.or.jp/

※上記は出版時のデータです。詳細は試験実施団体にお問い合わせください。

試験科目，合格基準

試験科目	内容	出題形式	試験時間
理論	電気理論，電子理論，電気計測及び電子計測に関するもの	A問題14問 B問題3問（選択問題を含む）	90分
電力	発電所，蓄電所及び変電所の設計及び運転，送電線路及び配電線路（屋内配線を含む。）の設計及び運用並びに電気材料に関するもの	A問題14問 B問題3問	90分
機械	電気機器，パワーエレクトロニクス，電動機応用，照明，電熱，電気化学，電気加工，自動制御，メカトロニクス並びに電力システムに関する情報伝送及び処理に関するもの	A問題14問 B問題3問（選択問題を含む）	90分
法規	電気法規（保安に関するものに限る。）及び電気施設管理に関するもの	A問題10問 B問題3問	65分

・合格基準…すべての科目で合格基準点（目安として60点）以上

 科目合格制度

・一部の科目のみ合格の場合，申請により2年間（連続5回）試験が免除される

 過去5回の受験者数，合格者数の推移

	R2年	R3年	R4年上期	R4年下期	R5年上期
申込者（人）	55,406	53,685	45,695	40,234	36,978
受験者（人）	39,010	37,765	33,786	28,785	28,168
合格者（人）	3,836	4,357	2,793	4,514	4,683
合格率	9.8%	11.5%	8.3%	15.7%	16.6%
科目合格者（人）	11,686	12,278	9,930	8,269	9,252
科目合格率	30.0%	32.5%	29.4%	28.7%	32.8%

目 contents 次

第 1 分冊　教科書編

CHAPTER 01 水力発電

CHAPTER 02 火力発電

CHAPTER 03 原子力発電

CHAPTER 04 その他の発電

電験三種の
試験科目の概要

電験三種の試験では電気についての理論，電力，機械，法規の4つの試験科目があります。
どんな内容なのか，ざっと確認しておきましょう。

理論

内容

電気理論，電子理論，電気計測及び電子計測に関するもの

ポイント

理論は電験三種の土台となる科目です。すべての範囲が重要です。合格には，❶直流回路，❷静電気，❸電磁力，❹単相交流回路，❺三相交流回路を中心にマスターしましょう。この範囲を理解していないと，ほかの科目の参考書を読んでも理解ができなくなります。一発合格をめざす場合は，この5つの分野に8割程度の力を入れて学習します。

電力

内容

発電所，蓄電所及び変電所の設計及び運転，送電線路及び配電線路（屋内配線を含む。）の設計及び運用並びに電気材料に関するもの

ポイント

重要なのは，❶発電（電気をつくる），❷変電（電気を変成する），❸送電（電力会社のなかで電気を輸送していく），❹配電（電力会社がお客さんに電気を配分していく）の4つです。

電力は，知識問題の割合が理論・機械に比べて多いので4科目のなかでは学習負担が少ない科目です。専門用語を理解しながら，理論との関連を意識しましょう。

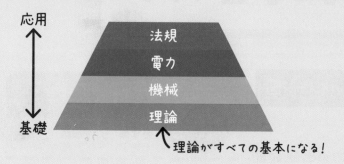

機械

内容
電気機器, パワーエレクトロニクス, 電動機応用, 照明, 電熱, 電気化学, 電気加工, 自動制御, メカトロニクス並びに電力システムに関する情報伝送及び処理に関するもの
ポイント
「電気機器」と「それ以外」に分けられ,「電気機器」が重要です。「電気機器」は❶直流機, ❷変圧器, ❸誘導機, ❹同期機の4つに分けられ,「四機」と呼ばれるほど重要です。他の3科目と同時に, 一発合格をめざす場合は, この四機に全体の7割程度の力を入れて, 学習します。

法規

内容
電気法規（保安に関するものに限る。）及び電気施設管理に関するもの
ポイント
法規は4科目の集大成ともいえる科目です。法規を理解するために, 理論, 電力, 機械という科目を学習するともいえます。ほかの3科目をしっかり学習していれば, 学習の内容が少なくてすみます。

過去問の演習にあたりながら, 実際の条文にも目を通しましょう。特に「電気設備技術基準」はすべて原文を読んだことがある状態にしておくことが大事です。

電力の学習マップ

「電力」のイメージ図

「機械」科目

関連あり →

発電機　変圧器　など

電力の出題範囲

発電

CH01 水力発電

ベルヌーイの定理　水頭

揚水発電所

水車の種類

など

CH02 火力発電

熱サイクル　効率の計算

環境汚染対策

ガスタービン発電

コンバインドサイクル発電　など

CH03 原子力発電

核分裂

原子力発電のしくみ　など

CH04 その他の発電

太陽光発電

地熱発電　など

関連あり

CH05 変電所

変圧器

遮断器

調相設備

など

CH06 送電

架空送電線路　充電電流

線路定数　振動

コロナ放電　フェランチ効果

など

関連あり

電力で学習する内容とほかの試験科目の関係を
ざっと確認しましょう。
また，次のページからは学習のコツもまとめました。

「理論」科目

直流回路	交流回路
三相交流回路	など

「法規」科目

電線のたるみ
支線の強度　など

関連
あり

関連
あり

CH07 配電

架空配電線路	電気方式
配電線の保護	など

CH08 地中電線路

地中電線路
など

CH10 電力計算

パーセントインピーダンス
変圧器の負荷分担
電圧降下　など

CH09 電気材料

導電材料
絶縁材料
磁性材料　など

CH11 線路計算

線路計算　など

CH12 電線のたるみと支線

電線のたるみの計算　など

学習のコツ

教材の選び方

勉強に必要なもの

教科書　問題集　電卓

あとノートも

各科目の学習にあたっては，まずは勉強に必要なものを用意しましょう。必要なものは，教科書，問題集，そして電卓です。

問題を解く過程を残しておくためにもノートも用意しましょう。

電卓について

○　　　　　　　×

電卓については，試験会場に持ち込むことができるのは，計算機能（四則計算機能）のみのものに限られ，プログラム機能のある電卓や関数電卓は持ち込めません。

電卓の選び方

- 「00」と「√」は必須
- メモリーキーも必須
- 10ないし12桁程度あるとよい

必須なのは「00」と「√」です。電験の問題は桁数が多く，ルートを使った計算も多いからです。

メモリー機能と戻る機能があると便利です。桁数は10桁以上，12桁程度あるとよいでしょう。

教科書

教科書の選び方

- 読み比べて選ぶ
- 初学者は丁寧な解説のある
  ものを選ぶ

教科書については，一冊に全科目がまとまっているものもあれば，科目ごとに分冊化されているものもあります。試験日までずっと使うものですので，読み比べて，自分に合ったものを選ぶとよいでしょう。

TAC出版の書籍なら…

電力の教科書&問題集(本書)

☆全科目そろえる！
☆長期間使えるものを選ぶ！

物理や電気の勉強をこれまであまりしてこなかった人は，丁寧な解説のある教科書を選びましょう。

問題集

TAC出版の書籍なら，教科書と問題集がセット！

理論の教科書&問題集

☆教科書に対応したものを選ぶ
☆教科書を読んだら，必ず問題を解く！

教科書に対応している問題集が1冊あると便利です。教科書を読み，該当する箇所の問題を解くというサイクルができるようにしましょう。

問題集の勉強のポイント

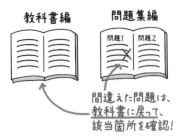

教科書編　　　問題集編

間違えた問題は、
教科書に戻って、
該当箇所を確認！

間違えた箇所は必ず教科書に戻って確認しましょう。

その他購入するもの

TAC出版の書籍なら…

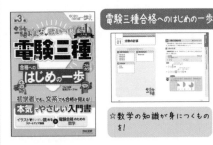

電験三種合格へのはじめの一歩

☆数学の知識が身につくものを！

電験はとても難しい試験です。問題を解くためには，高校の数学や物理の知識が必要です。もし，いろいろな教科書を読んでみて，なんだかよくわからないという場合は，基本的な知識を学習しましょう。

実力をつけるために

TAC出版の書籍なら…

電験三種の10年過去問題集

☆解説がわかりやすいものを！

教科書と問題集で学習したら，1回分の過去問を通して解きましょう。
過去問は最低5年分，できれば10年分解いておくとよいでしょう。

勉強方法のポイント

ポイント（1）

× テキストを全部読んでから、問題を解く

○ テキストをちょっと読んだら、それに対応する問題を解く

そのつど解く！

電験の難しいところは、過去問を丸暗記しても合格できないということです。過去問と似た問題が出題されることはありますが、単に数字を変えただけの問題が出題されるわけではないからです。一つひとつの分野を丁寧に勉強して、しっかりと理解することが合格への近道です。

ポイント（2）

• 過去問丸暗記ではなく理解する
• 教科書は何度も読む
• じっくり読むというよりは、何度も読み返す
• 問題を解くときは、ノートに計算過程を残す

学習の際は、公式や重要用語を暗記するのではなく、しっかりと理解するようにしましょう。疑問点や理解したところを教科書やノートにメモするとよいでしょう。
また、教科書は何回も読みましょう。一度目はざっくりと、すべてをじっくり理解しようとせず、全体像を把握するようなイメージで。

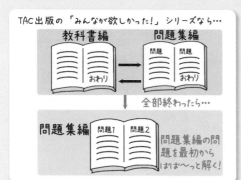

TAC出版の「みんなが欲しかった！」シリーズなら…

教科書編　問題集編
おわり　　問題　問題　おわり

全部終わったら…

問題集編　問題1　問題2

問題集編の問題を最初からばば〜っと解く！

こまめに過去問を解くようにしましょう。一度教科書を読んだだけでは解けない問題も多いので、同じ問題でも繰り返し解きましょう。

CBT試験のポイント

CBT方式の申し込み

CBT方式とは、「Computer Based Testing」の略で、コンピュータを使った試験方式のことです。テストセンターで受験し、マークシートではなく、解答をマウスで選択して行います。

CBT方式とは？

- コンピュータを使った試験方式
- テストセンターで受験
- マークシートではなくマウスで解答
- CBT方式を希望する場合は、変更の申請が必要

→ 申請しないと筆記方式のまま

CBT方式で受験するには受験申し込み後の変更期間内に申請が必要です。変更の申請をしないと筆記方式での受験となります。

試験日の選択

○ 1日に4科目連続で受験
○ 各科目を別日で受験

  例 「理論」「電力」「機械」「法規」をそれぞれ別の日に受験

  例 「理論」と「電力」、「機械」と「法規」を同じ日に受験

× 筆記とCBTを併用

  例 「理論」のみ筆記、ほかはCBT

1日で4科目を連続して受験することも、各科目を別日で受験することも可能ですが、筆記方式とCBT方式の併用はできません。

試験当日は?

当日は30分前に

- 30分～5分前には会場に着く
- 30分遅刻すると受験できない
- 本人確認証を忘れずに!

当日は受験時刻の30分～5分前までに会場に着くようにしましょう。開始時刻から30分遅刻すると受験することはできません。また,遅刻すると遅刻した分受験時間が短くなります。

メモ用紙と筆記用具が貸与されます。持ち込みが可能なのは電卓のみで自分の筆記用具も持ち込みはできません。
メモ用紙はA4用紙1枚です。電卓はPCの電卓機能を使うことができますが,できるだけ使い慣れた電卓を持っていきましょう。

メモ用紙について

- 科目ごとに配布,交換される
- 問題に書き込む場合は,PC画面内のペンツールを使う

配布されたメモ用紙(A4)は科目ごとに交換されます。試験中に追加が可能ですが,とくに計算問題の多い理論科目などはスペースを計画的に使うようにしましょう。

執筆者
澤田隆治（代表執筆者）
江尻翔一郎
田中真実
石田聖人
山口陽太

装丁
黒瀬章夫（Nakaguro Graph）

イラスト
matsu（マツモト　ナオコ）
エイブルデザイン

2分冊の使い方

★セパレートBOOKの作りかた★

白い厚紙から，各分冊の冊子を取り外します。
　※厚紙と冊子が，のりで接着されています。乱暴に扱いますと，破損する危険性がありますので，丁寧に抜きとるようにしてください。

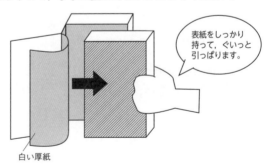

表紙をしっかり持って，ぐいっと引っぱります。

白い厚紙

　※抜きとるさいの損傷についてのお取替えはご遠慮願います。

みんなが欲しかった！電験三種シリーズ

みんなが欲しかった！電験三種 電力の教科書&問題集 第3版

2018年3月20日　初　版　第1刷発行
2024年3月25日　第3版　第1刷発行

編　著　者　　TAC出版開発グループ
発　行　者　　多　田　敏　男
発　行　所　　TAC株式会社　出版事業部
　　　　　　　　　　　　　　（TAC出版）

〒101-8383
東京都千代田区神田三崎町3-2-18
電話 03(5276)9492(営業)
FAX 03(5276)9674
https://shuppan.tac-school.co.jp

組　　版　　株式会社　グ　ラ　フ　ト
印　　刷　　株式会社　光　　　　邦
製　　本　　株式会社　常　川　製　本

© TAC 2024　　　Printed in Japan

ISBN 978-4-300-10882-6
N.D.C. 540.79

TAC電験三種講座のご案内

「みんなが欲しかった! 電験三種 教科書&問題集」を
お持ちの方は

「教科書&問題集なし」コースで
お得に受講できます!!

TAC電験三種講座のカリキュラムでは、「みんなが欲しかった!電験三種 教科書&問題集」を教材として使用しておりますので、既にお持ちの方でも「教科書&問題集なし」コースでお得に受講する事ができます。独学ではわかりにくい問題も、TAC講師の解説で本質と基本の理解度が深まります。また、学習環境や手厚いフォロー制度で本試験合格に必要なアウトプット力が身につきますので、ぜひ体感してください。

こんな方にオススメ!

- 教科書に書き込んだ内容を活かしたい!
- ほかの解き方も知りたい!
- 本質的な理解をしたい!
- 講師に質問をしたい!

TACだからこそ提供できる合格ノウハウとサポート力!

TAC電験三種講座 **5**つの特長

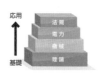

 ① ## 電験三種を知り尽くしたTAC講師陣!

「試験に強い講師」「実務に長けた講師」が様々な色を
持つ各科目の関連性を明示した講義を行います!

② ## 新試験制度も対応! 全科目も科目も狙えるカリキュラム

分析結果を基に効率よく学習する最強の学習方法!

- 十分な学習時間を用意し、学習範囲を基礎的なものに絞ったカリキュラム
- 過去問に対応できる知識の運用まで教えます!
- 半年、1年で4科目を駆け抜けることも可能!

講義ボリューム	理論	機械	電力	法規
TAC	18	19	17	9
他社例	4	4	4	2

丁寧な講義でしっかり理解!
※2024年合格目標4科目完全合格コースの場合

はじめてでも安心! 効率的に無理なく全科目合格を目指せる!

■カリキュラム ※イメージ

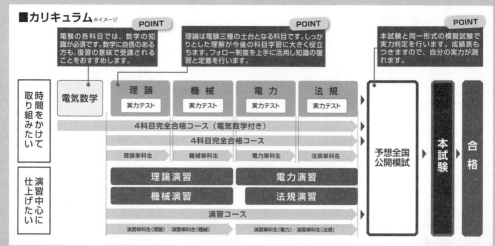

POINT 電験の各科目では、数学の知識が必要です。数学に自信のある方も、復習の意味で受講されることをおすすめします。

POINT 理論は電験三種の土台となる科目です。しっかりとした理解が今後の科目学習に大きく役立ちます。フォロー制度を上手に活用し知識の復習と定着を行います。

POINT 本試験と同一形式の模擬試験で実力判定を行います。成績表もつきますので、自分の実力が測れます。

※コース名称等は変更となる場合がございます。※コース・料金、日程等の詳細はTAC電験三種講座のホームページをご覧ください。

TAC出版 書籍のご案内

TAC出版では、資格の学校TAC各講座の定評ある執筆陣による資格試験の参考書をはじめ、資格取得者の開業法や仕事術、実務書、ビジネス書、一般書などを発行しています！

TAC出版の書籍

*一部書籍は、早稲田経営出版のブランドにて刊行しております。

資格・検定試験の受験対策書籍

- ✪日商簿記検定
- ✪建設業経理士
- ✪全経簿記上級
- ✪税　理　士
- ✪公認会計士
- ✪社会保険労務士
- ✪中小企業診断士
- ✪証券アナリスト

- ✪ファイナンシャルプランナー(FP)
- ✪証券外務員
- ✪貸金業務取扱主任者
- ✪不動産鑑定士
- ✪宅地建物取引士
- ✪賃貸不動産経営管理士
- ✪マンション管理士
- ✪管理業務主任者

- ✪司法書士
- ✪行政書士
- ✪司法試験
- ✪弁理士
- ✪公務員試験(大卒程度・高卒者)
- ✪情報処理試験
- ✪介護福祉士
- ✪ケアマネジャー
- ✪電験三種　ほか

実務書・ビジネス書

- ✪会計実務、税法、税務、経理
- ✪総務、労務、人事
- ✪ビジネススキル、マナー、就職、自己啓発
- ✪資格取得者の開業法、仕事術、営業術

一般書・エンタメ書

- ✪ファッション
- ✪エッセイ、レシピ
- ✪スポーツ
- ✪旅行ガイド (おとな旅プレミアム/旅コン)

書籍の正誤に関するご確認とお問合せについて

書籍の記載内容に誤りではないかと思われる箇所がございましたら、以下の手順にてご確認とお問合せをしてくださいますよう、お願い申し上げます。

なお、正誤のお問合せ以外の書籍内容に関する解説および受験指導などは、一切行っておりません。

そのようなお問合せにつきましては、お答えいたしかねますので、あらかじめご了承ください。

1 「Cyber Book Store」にて正誤表を確認する

TAC出版書籍販売サイト「Cyber Book Store」の
トップページ内「正誤表」コーナーにて、正誤表をご確認ください。

CYBER TAC出版書籍販売サイト
BOOK STORE

URL:https://bookstore.tac-school.co.jp/

2 1の正誤表がない、あるいは正誤表に該当箇所の記載がない ⇒ 下記①、②のどちらかの方法で文書にて問合せをする

★ご注意ください★

お電話でのお問合せは、お受けいたしません。

①、②のどちらの方法でも、お問合せの際には、「お名前」とともに、

「対象の書籍名（○級・第○回対策も含む）およびその版数（第○版・○○年度版など）」

「お問合せ該当箇所の頁数と行数」

「誤りと思われる記載」

「正しいとお考えになる記載とその根拠」

を明記してください。

なお、回答までに１週間前後を要する場合もございます。あらかじめご了承ください。

---

① ウェブページ「Cyber Book Store」内の「お問合せフォーム」より問合せをする

【お問合せフォームアドレス】

https://bookstore.tac-school.co.jp/inquiry/

---

② メールにより問合せをする

【メール宛先　TAC出版】

syuppan-h@tac-school.co.jp

※土日祝日はお問合せ対応をおこなっておりません。

※正誤のお問合せ対応は、該当書籍の改訂版刊行月末日までといたします。

乱丁・落丁による交換は、該当書籍の改訂版刊行月末日までといたします。なお、書籍の在庫状況等により、お受けできない場合もございます。

また、各種本試験の実施の延期、中止を理由とした本書の返品はお受けいたしません。返金もいたしかねますので、あらかじめご了承くださいますようお願い申し上げます。

(2022年7月現在)

2分冊の使い方

★セパレートBOOKの作りかた★

白い厚紙から，各分冊の冊子を取り外します。
　※厚紙と冊子が，のりで接着されています。乱暴に扱いますと，破損する危険性がありますので，丁寧に抜きとるようにしてください。

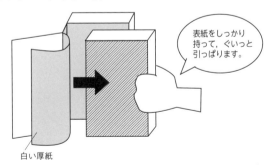

白い厚紙

表紙をしっかり持って，ぐいっと引っぱります。

　※抜きとるさいの損傷についてのお取替えはご遠慮願います。

第3版

みんなが欲しかった!

電験三種 電力の 教科書&問題集

第1分冊

教科書編

第 **1** 分冊

教科書編

目 contents 次

CHAPTER **01**

水力発電

私たちが普段利用している電気は，発電所でつくられています。水力発電は，水を高いところから落として水車に当てて回転させ，発電するイメージです。その詳しいしくみについて学びます。

このCHAPTERで学習すること

SECTION 01 発電と水力発電の基本

水力発電所の種類
1 水路式発電所
2 ダム式発電所
3 ダム水路式発電所

発電方法の違いや，水力発電の分類と設備について学びます。

SECTION 02 ベルヌーイの定理

$$h + \frac{p}{\rho g} + \frac{v^2}{2g} = \text{一定}$$

位置水頭　　圧力水頭　速度水頭

→つまり，2ヶ所における以下の式は等しい

$$h_1 + \frac{p_1}{\rho g} + \frac{v_1^2}{2g} = h_2 + \frac{p_2}{\rho g} + \frac{v_2^2}{2g}$$

水力学の基本と，水力発電で重要なベルヌーイの定理について学びます。

SECTION 03 水力発電所の出力と揚水発電所

理論水力 $P_0 = 9.8QH$ [kW]

水車出力 $P_w = 9.8QH\eta_w = P_0\eta_w$ [kW]

発電機出力 $P_g = 9.8QH\eta_w\eta_g = P_0\eta_w\eta_g$ [kW]

年間発電電力量 $W = P_g \times 利用率 \times 8760$ [kW·h]

1年間の時間
(24 h×365日)

水力発電所で出力されるエネルギーと，揚水発電所のしくみについて学びます。

SECTION 04 水車の種類と調速機

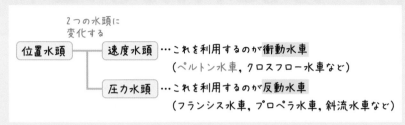

水車の種類と，水車の回転速度を調整する調速機について学びます。

傾向と対策

出題数

1〜3問／20問中

・計算問題中心

	H27	H28	H29	H30	R1	R2	R3	R4上	R4下	R5上
水力発電	3	1	2	3	2	3	2	2	2	1

ポイント

試験は計算問題が中心ですが，水車の構造や動作に関する知識を問う問題も出題されるため，水車の各部分の名称や役割を理解することが大切です。複雑な計算問題も出題されるため，過去問を繰り返し解き，公式の意味を理解しましょう。エネルギーに関する説明や公式は，CH02以降で学ぶほかの発電方式にも関連するため，理解を深めましょう。

SECTION 01 発電と水力発電の基本

このSECTIONで学習すること

1 発電の基本

水力，火力(汽力)，原子力など発電方式の違いについて学びます。

2 水力発電の設備

水力発電の分類と設備について学びます。

1 発電の基本 重要度 ★★★

　日本国内で用いられている発電方式には，以下の方式があります。基本的に，水や蒸気を使って，水車（水で回る原動機）や蒸気タービン（蒸気で回る原動機）を回転させて，その動力を発電機に伝達することによって電力を発生させます。

板書 おもな発電方式

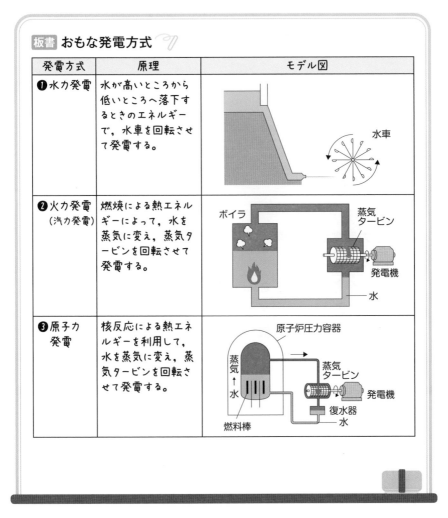

発電方式	原理	モデル図
❶水力発電	水が高いところから低いところへ落下するときのエネルギーで，水車を回転させて発電する。	水車
❷火力発電（汽力発電）	燃焼による熱エネルギーによって，水を蒸気に変え，蒸気タービンを回転させて発電する。	ボイラ／蒸気タービン／発電機／水
❸原子力発電	核反応による熱エネルギーを利用して，水を蒸気に変え，蒸気タービンを回転させて発電する。	原子炉圧力容器／蒸気／水／燃料棒／蒸気タービン／発電機／復水器／水

ひとこと

なぜ水車やタービンが回転すると発電できるのか，原理がわからない場合は，理論 の電磁誘導や 機械 の発電機に関係する単元を確認しましょう。

ひとこと

火力発電には，❶汽力発電（蒸気のエネルギーを利用した発電），❷内燃力発電（燃焼の爆発力を利用した発電），❸ガスタービン発電（蒸気でなく圧縮空気や燃焼ガスのエネルギーを利用した発電）があり，これらを区別するために汽力発電という言葉が使われることがあります。

---

2 水力発電の設備　重要度 ★★★

I 水力発電の分類

水力発電は，落差のつくり方で以下のように分類できます。

板書 水力発電所の分類 ✐

水力発電所の種類	説明
❶水路式発電	自然河川のこう配から，落差を得る方式
❷ダム式発電	ダムを築いて，落差を得る方式
❸ダム水路式発電	❶と❷の両方で，落差を得る方式

1 水路式発電

水路式発電は，河川の上流に取水ダム（水を取り入れるためのダム）を設けて水を取り入れ，河川のこう配による落差を利用して発電する方式をいいます。

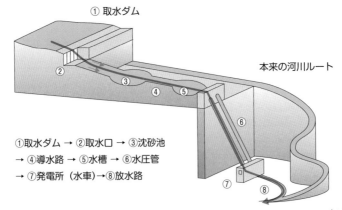

① 取水ダム

本来の河川ルート

①取水ダム → ②取水口 → ③沈砂池
→ ④導水路 → ⑤水槽 → ⑥水圧管
→ ⑦発電所（水車）→⑧放水路

　　取水ダムとは，河川の水をせき止めて取水するダムをいいます。**取水口**と
は河川の水を取り入れて水路に導くための入口をいい，取水口から水槽まで
の水の通り路を**導水路**といいます。**水槽**は流量の調整をする働きをし，**水圧
管**は水槽から水車（発電所）までの水路をいいます。

ひとこと

　　河川は一般的に緩やかに下っています。長い距離をたどって，下流に行く
ほど，上流との高低差が生じます。上流で川の水を取り，河川とは別のルー
トで一気に下流へ落とせば，短い水平距離に対して大きな落差を得ることが
できます。
　　水を高いところから落とすエネルギーで水車を勢いよく回すことができま
す。これを利用した方式が**水路式発電**です。

　　水路の種類には，❶開きょ，❷無圧トンネル，❸圧力トンネルがあります。

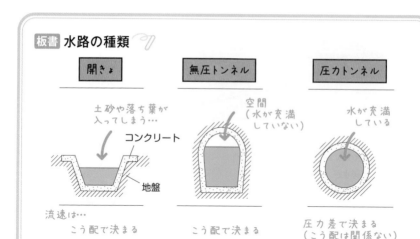

板書 水路の種類

| 開きょ | 無圧トンネル | 圧力トンネル |

土砂や落ち葉が
入ってしまう…

コンクリート

地盤

流速は…
こう配で決まる

空間
（水が充満
していない）

こう配で決まる

水が充満
している

圧力差で決まる
（こう配は関係ない）

・トンネルは山（土）のなかを突き進むので，迂回しなくていい

・トンネルの場合，土砂や落ち葉などが混入しない

・無圧トンネルは水が充満していない。圧力トンネルは水が充満している

・圧力トンネルでの流速は，水圧差によって決まる

2 ダム式発電

ダム式発電とは，ダムにより川をせき止めることで生じる落差を利用して発電する方法をいいます。

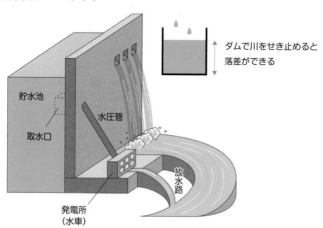

ダムで川をせき止めると
落差ができる

貯水池

取水口

水圧管

発電所
（水車）

放水路

ひとこと

ダムの種類

　ダムには，次のような種類があります。ただし，細かな知識であるダムの種類はあまり出題されません。

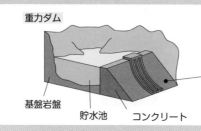

重力ダム

・一番よく使われる
・構造が簡単で安定性がよい
・ダムの重さで水圧に耐える

基盤岩盤　　貯水池　　コンクリート

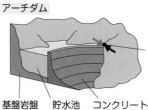

アーチダム

・薄いのでコンクリートの量を節約できる
・両岸の岩盤で水圧に耐える（岩盤が丈夫でないとダメ）

基盤岩盤　　貯水池　　コンクリート

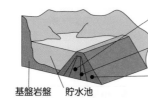

ロックフィルダム

・非常に大きいダムになる
・水を透さない粘土質の土（コア）
・砂利でコアの両側を保護（フィルタ）
・岩石でコアとフィルタを支える（ロック）

基盤岩盤　　貯水池

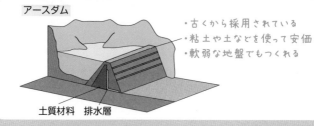

アースダム

・古くから採用されている
・粘土や土などを使って安価
・軟弱な地盤でもつくれる

土質材料　　排水層

出典：四国電力ほか

問題集　問題01

13

Ⅱ ヘッドタンクとサージタンク

■1 ヘッドタンクとサージタンク

　水槽には，無圧式の水路と水圧管の間に接続された**ヘッドタンク**（上水槽）と，圧力トンネルと水圧管の間に接続された**サージタンク**（調圧水槽）があります。

ひとこと

試験では，サージタンクのほうが重要です。

■2 水撃作用とサージタンク

　水の速さが急激に変化すると，水圧管内の圧力が急激に上昇したり降下したりします。特に，水圧が急激に上昇する場合は，水圧管が破損することがあります。これを**水撃作用**（ウォーターハンマー）といいます。

ひとこと

水撃作用（ウォーターハンマー）とは？
　たとえば，先頭の水が急に止まると，車の玉突き事故のような現象が起こります。その結果，あちこちに水がぶつかり，水圧管を破裂させることもあります。水道の蛇口を急にしめたときに「ドン！」と音がするのは水撃作用（ウォーターハンマー）によるものです。

　サージタンクは，流量が急変した場合に起こる圧力の変動（水撃作用）による，圧力トンネルおよび水圧管内の水圧の変化を軽減し，水圧管を保護する役目を果たします。

サージタンク（差
動形）のしくみは右
のとおりです。
　試験ではサージタ
ンクの名前と役割が
重要です。
　surge は大波，う
ねりという意味があ
ります。

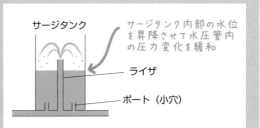

サージタンク

サージタンク内部の水位
を昇降させて水圧管内
の圧力変化を緩和

ライザ

ポート（小穴）

SECTION 02 ベルヌーイの定理

このSECTIONで学習すること

1 水力学の基礎

水力発電のしくみを押さえるために，水力学(すいりきがく)の基本的な内容や位置エネルギー，運動エネルギー，圧力エネルギーを学びます。

2 ベルヌーイの定理

水力発電で重要なベルヌーイの定理について学びます。

位置水頭＋圧力水頭＋速度水頭＝一定

1 水力学の基礎

重要度 ★★★

Ⅰ 連続の定理

単位時間に任意の断面を通過する水の量を**流量**といいます。流量は，断面積$A[\mathrm{m}^2]$×水の速度$v[\mathrm{m/s}]$で求めることができます。

水の体積は圧力をかけてもほとんど縮小しないので，下図の断面積$A_1[\mathrm{m}^2]$に流入する流量$Q_1[\mathrm{m}^3/\mathrm{s}]$と断面積$A_2[\mathrm{m}^2]$から流出する流量$Q_2[\mathrm{m}^3/\mathrm{s}]$は等しくなります。これを**連続の定理**といいます。

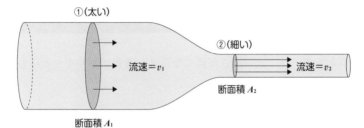

①(太い)

②(細い)

流速＝v_1

流速＝v_2

断面積 A_2

断面積 A_1

通過する水の量は点①でも点②でも同じはずだから，

流量 $Q_1 = A_1 \times v_1$

流量 $Q_2 = A_2 \times v_2$ は等しい（$Q_1 = Q_2$）

Ⅱ 3つのエネルギーとベルヌーイの定理

水管を流れる水は，**1** 位置エネルギー，**2** 圧力エネルギー，**3** 運動エネルギーを持っています（単位は[J]）。この3つのエネルギーの合計は，損失を無視すれば，どの位置で考えても変わりません（エネルギー保存則）。

これを**ベルヌーイの定理**といいます。

1 位置エネルギー

位置エネルギーは，水の質量を$m[\mathrm{kg}]$，水がある位置の高さを$h[\mathrm{m}]$，重力加速度を$g = 9.8\,\mathrm{m/s}^2$とすると，次のように表すことができます。

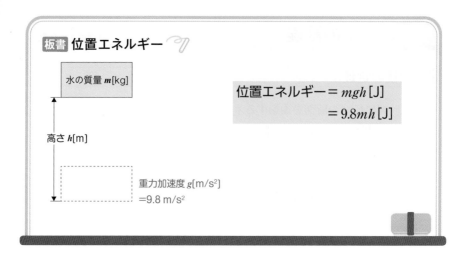

位置エネルギーは，水の高さが低くなると，運動エネルギーと圧力エネルギーに変化します。

2 圧力エネルギー

下に位置する水には，上に位置する水に押し潰されるような力がかかります。圧力エネルギーは，水圧を $p\,[\mathrm{Pa}]$，密度を $\rho\,[\mathrm{kg/m^3}]$，質量を $m\,[\mathrm{kg}]$ とすると，以下のように表すことができます。

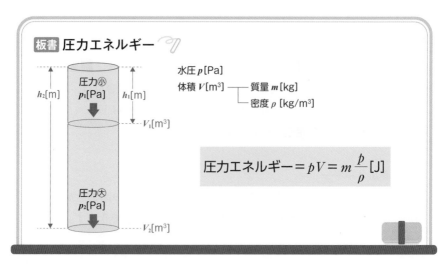

3 運動エネルギー

運動エネルギーは，水の質量をm[kg]，流速をv[m/s]とすると，次のように表すことができます。

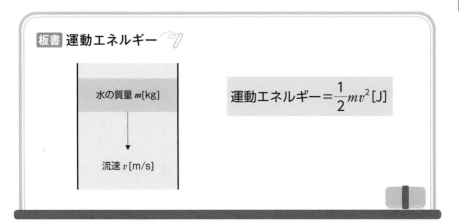

板書 運動エネルギー

水の質量m[kg]

流速v[m/s]

$$運動エネルギー＝\frac{1}{2}mv^2[J]$$

ひとこと

物理の復習（水圧の公式と圧力エネルギーの公式）

①物体の質量m[kg]＝密度ρ[kg/m³]×体積V[m³]だから，体積V[m³]を底面積A[m²]×高さh[m]とすると，水柱の質量mは，
$$m=\rho V=\rho Ah[kg]\cdots①$$

②運動方程式 力F[N]＝質量m[kg]×加速度a[m/s²]より，aには，重力による加速度$g=9.8$ m/s²が入るから，水柱が底面に及ぼす力F[N]は，
$$F=ma=mg=\rho Ahg[N]\cdots②$$

③圧力p[Pa]は，単位面積あたりの力であり，$p=\dfrac{F}{A}$[Pa] で求められるから，水柱による力F[N]を底面積A[m²]で割って，水柱による水圧p[Pa]を求めると，
$$p=\frac{F}{A}=\frac{\rho Ahg}{A}=\rho hg[Pa]（水圧の公式）\cdots③$$

となります。これを整理すると，
$$h=\frac{p}{\rho g}[m]$$

④圧力エネルギーを位置エネルギーと同様に考えて，エネルギーU[J]＝質量m[kg]×重力加速度g[m/s²]×高さh[m]より，
$$U=mg\frac{p}{\rho g}=m\frac{p}{\rho}[J]（圧力エネルギーの公式）\cdots④$$

3つのエネルギーを高さに置き換えるために mg（質量×重力加速度）で割り算をして，単位を[J]から[m]に直したものを❶位置水頭，❷圧力水頭，❸速度水頭といいます。

板書 位置水頭・圧力水頭・速度水頭

3つのエネルギーを mg で割って，水柱の高さに直したものが水頭

❶位置エネルギー mgh [J] $\xrightarrow{\div mg}$ 位置水頭 h [m]

❷圧力エネルギー $m\dfrac{p}{\rho}$ [J] $\xrightarrow{\div mg}$ 圧力水頭 $\dfrac{p}{\rho g}$ [m]

❸運動エネルギー $\dfrac{1}{2}mv^2$ [J] $\xrightarrow{\div mg}$ 速度水頭 $\dfrac{v^2}{2g}$ [m]

位置水頭は，基準面からの水柱の高さをいいます。より高い位置にある水は，より高い位置エネルギーを持っています。位置水頭が変化しても，圧力水頭と速度水頭が変化して，全体のエネルギーは変化しません。

問題集 問題02

2 ベルヌーイの定理

重要度 ★★★

流体とは力を加えると形が変化するような，気体や液体のことです。完全流体とは非粘性かつ非圧縮性の流体をいいます。

ひとこと

粘性とは，流体における摩擦のようなものです。コップの水をくるくると回すと，水の渦はいつか止まりますが，これは粘性（粘り気）によるものです。非圧縮性の流体とは，圧力をかけても縮小しない流体をいいます。

　流線に沿って完全流体の水頭を考えたとき，❶位置水頭，❷圧力水頭，❸速度水頭の総和はエネルギー保存則によって一定です。これをベルヌーイの定理といいます。

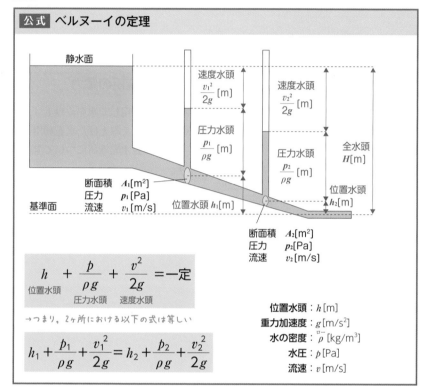

公式 ベルヌーイの定理

$$h + \frac{p}{\rho g} + \frac{v^2}{2g} = 一定$$

位置水頭　圧力水頭　速度水頭

→つまり，2ヶ所における以下の式は等しい

$$h_1 + \frac{p_1}{\rho g} + \frac{v_1^2}{2g} = h_2 + \frac{p_2}{\rho g} + \frac{v_2^2}{2g}$$

位置水頭：h[m]
重力加速度：g[m/s²]
水の密度：ρ [kg/m³]
水圧：p[Pa]
流速：v[m/s]

ひとこと

高校の物理で習うエネルギー保存則は

$$mgh + \frac{1}{2}mv^2 = 一定$$

（ただし，質量：m[kg]，重力加速度：g[m/s²]，高さ：h[m]，流速：v[m/s]）

という式で表されますが，流体の場合は以下のようになります。

$$mgh + m\frac{p}{\rho} + \frac{1}{2}mv^2 = 一定$$

（ただし，質量：m[kg]，重力加速度：g[m/s²]，高さ：h[m]，流速：v[m/s]，
流体の圧力：p[Pa]，流体密度：ρ [kg/m³]）

この両辺をmgで割ると，ベルヌーイの定理になります。

問題集 問題03 問題04

21

SECTION
03

水力発電所の出力と揚水発電所

このSECTIONで学習すること

1 水力発電所の出力

水力発電所で出力されるエネルギーについて学びます。

2 揚水発電所の電力

余剰電力を利用して水をくみ上げ，必要なときにくみ上げた水を利用して発電する揚水発電所について学びます。

1 水力発電所の出力　重要度 ★★★

　水力発電所は，水の位置エネルギーを，水車によって機械エネルギーに変換し，発電機によって機械エネルギーを電気エネルギーに変換します。

　ここで，1秒間に流れる水の量である流量を$Q\,[\mathrm{m^3/s}]$とすると，出力P [kW]は次のように表すことができます。

公式 水力発電所の出力

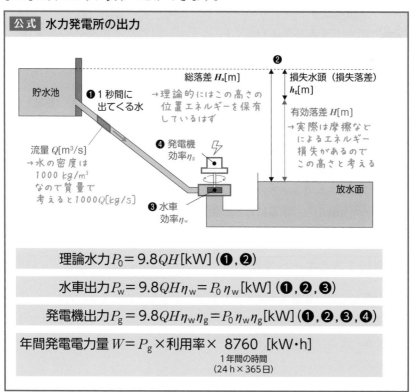

❷ 総落差 $H_\mathrm{a}\,[\mathrm{m}]$

損失水頭（損失落差）$h_\mathrm{g}\,[\mathrm{m}]$

貯水池

❶ 1秒間に出てくる水
→理論的にはこの高さの位置エネルギーを保有しているはず

有効落差 $H\,[\mathrm{m}]$
→実際は摩擦などによるエネルギー損失があるのでこの高さと考える

流量 $Q\,[\mathrm{m^3/s}]$
→水の密度は$1000\,\mathrm{kg/m^3}$なので質量で考えると$1000Q\,[\mathrm{kg/s}]$

❹ 発電機効率η_g

放水面

❸ 水車効率η_w

理論水力$P_0 = 9.8QH\,[\mathrm{kW}]$（❶,❷）

水車出力$P_\mathrm{w} = 9.8QH\eta_\mathrm{w} = P_0\,\eta_\mathrm{w}\,[\mathrm{kW}]$（❶,❷,❸）

発電機出力$P_\mathrm{g} = 9.8QH\eta_\mathrm{w}\eta_\mathrm{g} = P_0\,\eta_\mathrm{w}\eta_\mathrm{g}\,[\mathrm{kW}]$（❶,❷,❸,❹）

年間発電電力量 $W = P_\mathrm{g} \times$利用率$\times$　8760　[kW・h]
1年間の時間
（24 h×365日）

Ⅰ 位置エネルギー（総落差と有効落差）

　放水面と貯水池の水面の高さの差を**総落差**といいます。ここで1秒間の流量が$Q[\mathrm{m^3/s}]$であるとき，1秒間に流れ出る水の質量は$1000Q[\mathrm{kg}]$となります。

ひとこと

　水1ℓの質量は1kgです。水1m³（＝10⁶cm³＝1000ℓ）の質量は，1000kgとなります。

　総落差が$H_\mathrm{a}[\mathrm{m}]$であるとき，この水が持つ位置エネルギーは，（位置エネルギー＝$mgh[\mathrm{J}]$の式より）理論上は$9.8QH_\mathrm{a}[\mathrm{kJ}]$となります。しかし，実際には水路などを流れるときに摩擦によってエネルギー損失が発生します。これに対応する水頭を**損失水頭**（**損失落差**）といい，$h_\mathrm{g}[\mathrm{m}]$とします。

　水車に入力されるエネルギーは総落差から損失水頭を差し引いた**有効落差** $H＝H_\mathrm{a}-h_\mathrm{g}[\mathrm{m}]$から，水車に用水が供給されると考えます。

Ⅱ 機械エネルギーへ変換

　水力発電では，位置エネルギーを利用して水車を回します。ただし，すべての位置エネルギーを機械エネルギー（水車の回転）に変換できるわけではありません。そこで**水車効率** η_wを考慮します。

Ⅲ 電気エネルギーへ変換

　水車の回転を利用して発電します。水車の機械エネルギーをすべて電気エネルギーに変換できるわけではないので，**発電機効率** η_gを考慮します。

問題集 問題05 問題06 問題07

2 揚水発電所の電力 重要度 ★★★

I 揚水に必要な電力

揚水発電所では，電力をあまり使わない深夜などに，余剰電力を利用して水を上部にある貯水池に運んでおき，必要なときに貯水池の水を利用します。

ひとこと

揚水とは水を上に揚げることをいいます。つまり，水力発電と逆のことをして，必要なときに利用する発電方法です。

水を流量 $Q[\mathrm{m^3/s}]$ で高さ $H_a[\mathrm{m}]$ までくみ上げたとき，理論的には電動機入力が $9.8QH_a[\mathrm{kW}]$ 必要です。しかし，実際には，水をくみ上げるときに，水圧管内の摩擦などによるエネルギー損失を考慮して，損失水頭 $h_p[\mathrm{m}]$ を加えた $H_p[\mathrm{m}]$ までくみ上げるエネルギーが必要です。

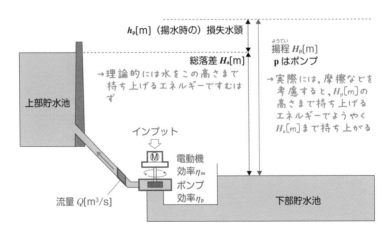

さらに，ポンプ効率 η_p，電動機効率 η_m を考慮すると，揚水に必要な入力は次のように表すことができます。

25

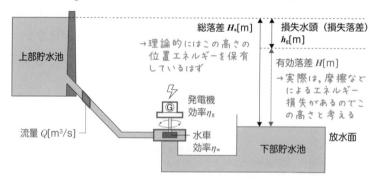

公式 揚水ポンプの電動機入力

$$P_m = \frac{9.8QH_p}{\eta_p \eta_m} = \frac{9.8Q(H_a + h_p)}{\eta_p \eta_m} [\text{kW}]$$

電動機入力：$P_m[\text{kW}]$
流量：$Q[\text{m}^3/\text{s}]$
揚程：$H_p[\text{m}]$
総落差：$H_a[\text{m}]$
損失水頭：$h_p[\text{m}]$
ポンプ効率：η_p
電動機効率：η_m

II 発電機出力

発電機出力 $P_g[\text{kW}]$ は，次のように表すことができます。

上部貯水池

総落差 $H_a[\text{m}]$
→理論的にはこの高さの位置エネルギーを保有しているはず

損失水頭（損失落差）$h_g[\text{m}]$

有効落差 $H[\text{m}]$
→実際は，摩擦などによるエネルギー損失があるのでこの高さと考える

流量 $Q[\text{m}^3/\text{s}]$

発電機効率 η_g

水車効率 η_w

下部貯水池

放水面

公式 発電機出力

$$P_g = 9.8Q(H_a - h_g)\eta_w \eta_g [\text{kW}]$$

発電機出力：$P_g[\text{kW}]$
流量：$Q[\text{m}^3/\text{s}]$
総落差：$H_a[\text{m}]$
損失水頭：$h_g[\text{m}]$
水車効率：η_w
発電機効率：η_g

Ⅲ 総合効率

電動機入力（揚水に必要な電力）と発電機出力から，揚水発電所の総合効率
は次の式で求めることができます。

> **公式** 総合効率
>
> $$\eta = \frac{発電機出力}{揚水に必要な電力} = \frac{H_a - h_g}{H_a + h_p}\,\eta_p\eta_m\eta_w\eta_g$$
>
> 総合効率：η
> 総落差：$H_a[\text{m}]$
> 損失水頭（揚水時・発電時）：$h_p, h_g[\text{m}]$
> ポンプ効率，電動機効率：η_p, η_m
> 水車効率，発電機効率：η_w, η_g

> ### 揚水発電所の総合効率の導き方
>
> 揚水発電所の総合効率とは，ある量の水を揚げるために必要な電力に
> 対して，同量の水でどれだけの電力を発電できるかという割合のことで
> ある。
>
> $効率 = \dfrac{出力}{入力}$ なので，
>
> $$\eta = \frac{発生電力(P_g)}{揚水に要した電力(P_m)}$$
>
> $$= \frac{9.8Q(H_a - h_g)\,\eta_w\eta_g}{\dfrac{9.8Q(H_a + h_p)}{\eta_p\eta_m}}$$
>
> $$= (H_a - h_g)\,\eta_w\eta_g \times \frac{\eta_p\eta_m}{(H_a + h_p)}$$
>
> $$= \frac{H_a - h_g}{H_a + h_p}\,\eta_p\eta_m\eta_w\eta_g$$
>
> となる。

SECTION 04 水車の種類と調速機

このSECTIONで学習すること

1 水車の種類

水車の種類には，衝動水車と反動水車があることを学びます。

2 衝動水車（ペルトン水車）

速度水頭を用いるペルトン水車について学びます。

3 反動水車

圧力水頭を用いるフランシス水車，プロペラ水車，斜流水車について学びます。

4 調速機（ガバナ）

水車の回転速度を一定に保つために流量調整を行う調速機について学びます。

1 水車の種類

重要度 ★★★

水車の種類には，❶速度水頭を利用する衝動水車（しょうどうすいしゃ）と，❷圧力水頭を利用する反動水車（はんどうすいしゃ）があります。

衝動水車にはペルトン水車，クロスフロー水車などがあり，反動水車には，フランシス水車，プロペラ水車，斜流水車などがあります。

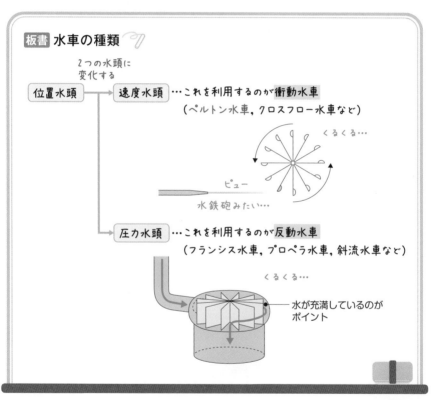

板書 水車の種類

2つの水頭に変化する

位置水頭 → 速度水頭 …これを利用するのが 衝動水車
（ペルトン水車，クロスフロー水車など）

くるくる…

ピュー

水鉄砲みたい…

圧力水頭 …これを利用するのが 反動水車
（フランシス水車，プロペラ水車，斜流水車など）

くるくる…

水が充満しているのがポイント

問題集 問題08

衝動水車では，水圧管の先端をノズルにし，水の出口を細くして空気中に水を放出することで，有効落差（位置エネルギー）をすべて速度水頭（運動エネルギー）に変換しています。

ひとこと

　水をまくとき，ホースの先端を強く握って出口を小さくすると水が勢いよく飛び出します。これと同じように，先端を細くして水の速度を上げます。

　衝動水車は，ノズルから水鉄砲のように水を噴出させ，それをランナ（羽根車）のバケット（羽根）にあてて回転させます。

　ランナはくるくる回る部分のことで，**バケット**はお椀のような形をして水を受けやすくしている部分のことです。

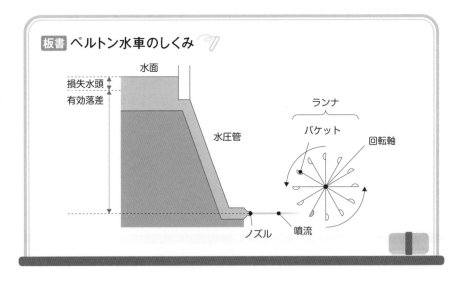

板書 ペルトン水車のしくみ

水面

損失水頭

有効落差

水圧管

ランナ

バケット

回転軸

ノズル

噴流

ひとこと

　ペルトン水車は，高落差で流量の比較的少ない場合に用いられます。

ペルトン水車で，負荷に合わせて水量の調整をしたいときは，ノズルを**ニードル弁**で内側からふさぎます。しかし，いきなり閉じると水撃作用（ウォーターハンマー）が起こり危険です。

そこで，まず**デフレクタ**を運転位置から停止位置にして，ランナに水が当たらないようにしてから，ゆっくりとニードル弁を閉じます。

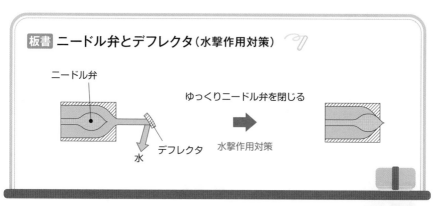

板書 ニードル弁とデフレクタ（水撃作用対策）

ニードル弁

ゆっくりニードル弁を閉じる

水　デフレクタ

水撃作用対策

問題集 問題09

3 反動水車　重要度 ★★★

I 反動水車のしくみ

1 衝撃力と反動力

反動水車は，衝撃力と反動力を利用します。衝撃力と反動力を説明するために，次のように水を受けている台車を考えます。水の流入時には衝撃力が働き，水の流出時には反動力が働くことによって，この台車は動きます。

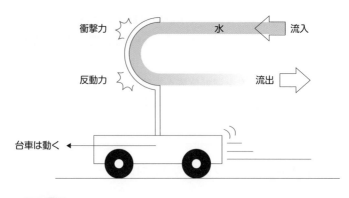

衝撃力　　　　　　　　　　水　　　　流入

反動力　　　　　　　　　　　　　　流出

台車は動く ←

ひとこと

　消防用の放水ホースから勢いよく水を出すと，消防士が後ろにいくような力を受けます。これが反動力です。

放水すると
反動力を
受ける

　この知識をふまえると，上から見て，図のように水が流れるようにすると衝撃力と反動力でランナ（くるくる回る部分）を回転させることができます。これが反動水車の原理です。

上から見た図

水の流れと回転方向

衝撃力と反動力によって
ランナが回転する

横から見た図

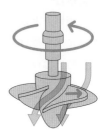

❷ 吸出し管

吸出し管（ドラフトチューブ）とは，反動水車に設けられたランナの出口から放水面までの接続管のことです。吸出し管によって，ランナ出口から放水面までの落差をエネルギーとして回収することができます。

ランナ

この落差を
利用できる

吸出し管

放水面

ひとこと

吸出し管の高さを高くすると，後述するキャビテーションが発生しやすくなります。

❸ キャビテーション

水は沸騰していなくても徐々に水蒸気になります。水の温度が高いほど，また圧力が低いほど，この現象は起こりやすくなります。

水圧管のある場所で温度と圧力の条件が整うと，水圧管のなかで水が水蒸気になります。そして，微小な気泡が生じ，同時に周囲の水からの圧力が高くなると突然気泡がつぶれ衝撃圧が発生します。この現象をキャビテーションといいます。

キャビテーションを起こすと，羽根などにこびりついた気泡がポツポツと壊れて羽根を損傷（壊食）させたり，騒音を発生したりします。

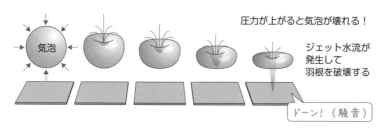

圧力が上がると気泡が壊れる！

気泡

ジェット水流が
発生して
羽根を破壊する

ドーン！（騒音）

この気泡はプロペラなどの硬いものにこびりつきやすいという性質があります。

　たとえば，ペットボトル内で水が蒸発するとき，❶液体から気体になる現象と❷気体から液体になる現象が同時に起こっていて，❶の蒸発速度のほうが❷の凝縮速度よりも速い状態にあります。

❶ 液体から気体になる

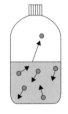

一部の元気な
水分子（みずぶんし）がポーンと
液面から飛び出す
（蒸発）

熱運動が
激しいほど
蒸発速度が大きい

❷ 気体から液体になる

圧力

逆に水蒸気も液体
（水）に取り込まれ
ることがある
（凝縮）

圧力が
大きいほど
凝縮速度が大きい

　蒸発速度と凝縮速度が等しくなると，見かけ上は蒸発が止まります。この状態を気液平衡（きえきへいこう）といい，気液平衡になったときの圧力をその温度における飽和蒸気圧（ほうわじょうきあつ）といいます。

Ⅱ フランシス水車

フランシス水車では，渦形ケーシング（渦形室）から，ランナに水を流入させて回転させます。

また，流量を変化させたいときは，ガイドベーン（案内羽根）を開いたり閉じたりして調整します。

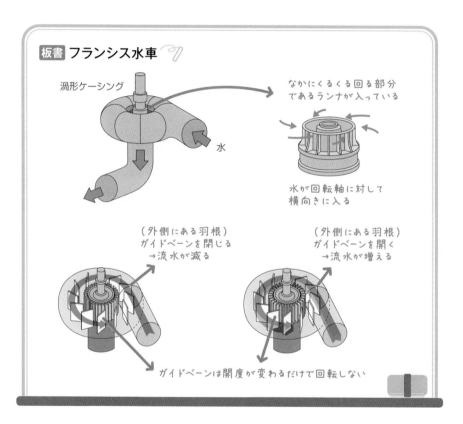

板書 フランシス水車

渦形ケーシング

水

なかにくるくる回る部分であるランナが入っている

水が回転軸に対して横向きに入る

（外側にある羽根）ガイドベーンを閉じる
→流水が減る

（外側にある羽根）ガイドベーンを開く
→流水が増える

ガイドベーンは開度が変わるだけで回転しない

　プロペラ水車では，流水がランナ軸を縦方向に通過します。ランナはプロペラの形をしており，高速で回転します。プロペラ水車のうち，水車の羽根を動かせるようにした**カプラン水車**が有名です。

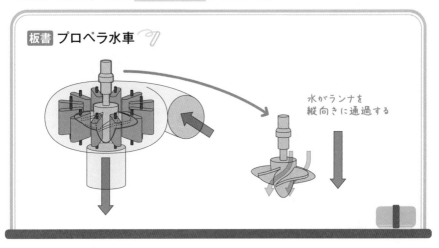

板書 プロペラ水車

水がランナを縦向きに通過する

ひとこと

　プロペラ水車は，低落差で流量が多い場合に用いられます。

ひとこと

　カプラン水車は，流量に応じてガイドベーンの角度を変えて効率よく運転できます。

Ⅳ 斜流水車

　斜流水車（デリア水車）では，流水がランナ軸に対して斜め方向に通過します。

ひとこと

【補足】比速度

比速度とは，任意の水車の形状と運転状態とを相似に保って大きさを変え，単位落差（1 m）で単位出力（1 kW）を発生させる仮想水車の回転速度のことをいいます。

有効落差 H[m]，定格出力（衝動水車の場合はノズル1個あたり，反動水車の場合はランナ1個あたり）P[kW]，水車の回転速度を n[min^{-1}]とすると，比速度 n_s は以下のように表すことができます。

公式 比速度

$$n_s = n \frac{\sqrt{P}}{H^{\frac{5}{4}}}$$

比速度：n_s
水車の回転速度：n[min^{-1}]
定格出力：P[kW]
有効落差：H[m]

比速度は，[m·kW] と単位記号を表示することがありますが，基本的に単位を表示しません。なお，比速度は有効落差が大きいほど小さくなります。

問題集 問題10

4 調速機（ガバナ）　　重要度★★☆

I 調速機

水力発電所において，事故などによって負荷が急に減少すると，水車の回転速度は上昇します。それによって発電機の周波数も上昇してしまいます。

ひとこと

周波数は東日本では 50 Hz，西日本では 60 Hz と決まっているので，発電所でつくる電気の周波数が上昇すると，電動機の回転速度が上昇するなどしてしまい，困ってしまいます。機械 にある同期機の並行運転もあわせて確認して下さい。

そこで，水車の回転速度を一定に保つために，自動的に水車の流量調整を行う装置である調速機（ガバナ）を利用します。ガバナを利用して周波数を一定に保つ運転をガバナフリー運転といいます。

板書 ガバナの特性

❶周波数が上昇 → 水量を減少（させようとする）⎤ ガバナの
❷周波数が減少 → 水量を増加（させようとする）⎦ 特性（性質）

ひとこと

　ガバナは，❶周波数（回転速度）が上昇すると，水の量（火力発電所では蒸気の量）を減らし，系統への電力供給を減らします。❷周波数（回転速度）が減少すると，水の量（火力発電所では蒸気の量）を増やし，系統への電力供給を増やします。これが自動で行われます。
　これをガバナ特性といい，その結果，周波数が一定に保たれます。

問題集 問題11

Ⅱ 速度調定率

　調速機（ガバナ）の特性を表すものに，速度調定率があります。速度調定率は，次の式で表されます。

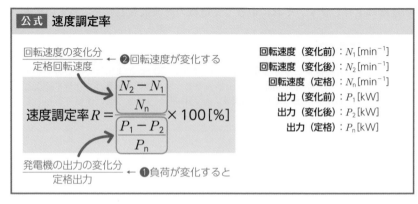

公式 速度調定率

回転速度の変化分 ← ❷回転速度が変化する
定格回転速度

$$\text{速度調定率} R = \frac{\dfrac{N_2 - N_1}{N_n}}{\dfrac{P_1 - P_2}{P_n}} \times 100\,[\%]$$

発電機の出力の変化分 ← ❶負荷が変化すると
定格出力

回転速度（変化前）：$N_1\,[\text{min}^{-1}]$
回転速度（変化後）：$N_2\,[\text{min}^{-1}]$
回転速度（定格）：$N_n\,[\text{min}^{-1}]$
出力（変化前）：$P_1\,[\text{kW}]$
出力（変化後）：$P_2\,[\text{kW}]$
出力（定格）：$P_n\,[\text{kW}]$

ひとこと

　試験に出題されるときは問題文にこの式が示されるので，覚える必要はありません。速度調定率は，水車だけなく，蒸気タービン（火力発電，原子力発電）にも適用されますが，内容は同じです。

問題集 問題12

CHAPTER 02

火力発電

火力発電

火力発電は，日本で最も高い割合を占める発電方法です。大まかな原理は，燃料を燃やして水を熱し，発生した蒸気を羽根車（タービン）に当てて回転させ，発電します。その詳しいしくみについて学びます。

このCHAPTERで学習すること

SECTION 01 火力発電の基本

発電所の分類	発電方法
❶汽力発電所	蒸気でタービンを回す
❷内燃力発電所	ディーゼル機関などの内燃力機関を利用
❸ガスタービン発電所	燃焼時に発生するガスでタービンを回す
❹コンバインドサイクル発電所	❶と❸の組み合わせ

火力発電所とその原理である熱力学の基本を学びます。

SECTION 02 汽力発電の設備と熱サイクル

設備	機能
燃焼室	燃料を燃焼させ，高温のガスをつくる
ドラム	水分と飽和蒸気を分離するほか，蒸発管への送水をする（貫流ボイラには無い）
過熱器	ドラムなどで発生した飽和蒸気をさらに加熱し，過熱蒸気にする
再熱器	熱効率向上のため，一度タービンで仕事をした蒸気をボイラに戻して加熱する
節炭器（エコノマイザ）	熱効率向上のため，煙道を通る燃焼ガスの余熱を利用してボイラ給水を加熱する
空気予熱器	熱効率向上のため，煙道を通る燃焼ガスの余熱を利用して燃焼用空気を加熱する
安全弁	蒸気圧力が一定の値を超えたときに蒸気を放出し，機器の破損を防ぐ

汽力発電所の設備について学びます。

SECTION 03 汽力発電の電力と効率の計算

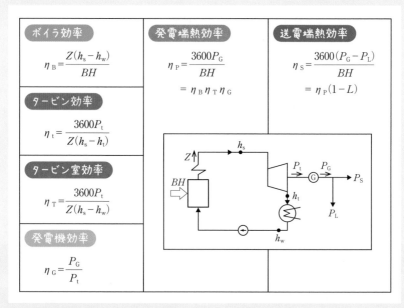

ボイラ効率

$$\eta_B = \frac{Z(h_s - h_w)}{BH}$$

タービン効率

$$\eta_t = \frac{3600 P_t}{Z(h_s - h_t)}$$

タービン室効率

$$\eta_T = \frac{3600 P_t}{Z(h_s - h_w)}$$

発電機効率

$$\eta_G = \frac{P_G}{P_t}$$

発電端熱効率

$$\eta_P = \frac{3600 P_G}{BH}$$

$$= \eta_B \eta_T \eta_G$$

送電端熱効率

$$\eta_S = \frac{3600(P_G - P_L)}{BH}$$

$$= \eta_P(1 - L)$$

汽力発電所の電力と効率について，その計算方法を学びます。

SECTION 04 燃料と燃焼

燃料の種類	環境性	経済性
石炭	悪い	安価
石油	普通	高価
LNG	よい	普通

火力発電に使われる燃料や，そこで発生する発熱量，二酸化炭素量などの計算方法について学びます。

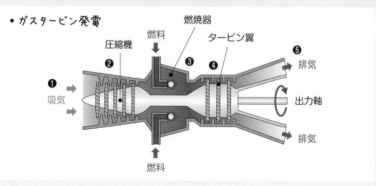

ガスタービン発電とコンバインドサイクル発電について，その原理などを
学びます。

傾向と対策

出題数

2〜4問／20問中

・計算問題中心

	H27	H28	H29	H30	R1	R2	R3	R4上	R4下	R5上
火力発電	2	4	3	2	4	2	4	3	3	4

ポイント

発電設備のボイラ，タービンに関する用語が多いため，イラストと照らし
合わせて各設備の機能を一つずつ押さえましょう。熱サイクルについても，
蒸気の状態の変化による，体積と圧力，温度とエントロピーの関係を正し
く理解できるように，イラストとグラフを照らし合わせて一つずつ押さえ
ましょう。出題数は多く，知識，計算共に範囲が広く，覚えることが多い
分野なので，時間をかけて学習しましょう。

SECTION
01

火力発電の基本

このSECTIONで学習すること

1 汽力発電の概要

火力発電とその一つである汽力発電の概要について学びます。

2 熱力学の基本

絶対温度や物質の三態，熱力学の第一法則など，汽力発電を理解するために必要な熱力学の基本を学びます。

1 汽力発電の概要

Ⅰ 火力発電所と汽力発電所

火力発電所は，❶汽力発電所，❷内燃力発電所，❸ガスタービン発電所，❹コンバインドサイクル発電所に大きく分けられます。そのなかでもメインになるのが汽力発電所です。

発電所の分類	発電方法	教科書
❶汽力発電所	蒸気でタービンを回す	SEC01〜04
❷内燃力発電所	ディーゼル機関などの内燃力機関を利用	−
❸ガスタービン発電所	燃焼時に発生するガスでタービンを回す	SEC05
❹コンバインドサイクル発電所	❶と❸の組み合わせ	

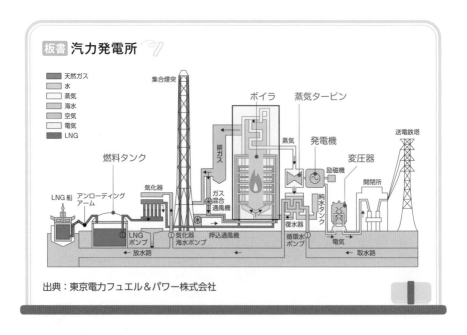

板書 汽力発電所

天然ガス
水
蒸気
海水
空気
電気
LNG

集合煙突　ボイラ　蒸気タービン

燃料タンク

気化器　排ガス　蒸気　発電機　変圧器　送電鉄塔

LNG船　アンローディングアーム

ガス混合通風機　励磁機　開閉所

LNGポンプ　気化器海水ポンプ　押込通風機　復水器　純水タンク

循環水ポンプ　電気

← 放水路　←　← 取水路

出典：東京電力フュエル＆パワー株式会社

汽力発電とは，高温・高圧の蒸気をつくり，その蒸気のエネルギーを使ってタービンを回転させ，発電機を回して発電する方法です。

Ⅱ 汽力発電のサイクル

汽力発電の水（蒸気）の流れは，下図のようなサイクルで表すことができます（ランキンサイクルについては，SEC02 4 で学習します）。

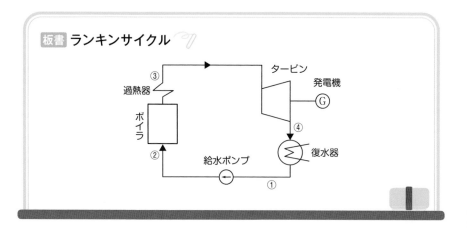

まず，給水ポンプで水に圧力をかけ（①→②），ボイラと過熱器で加熱し（②→③），高温・高圧の蒸気にします。その蒸気をタービン内に放出し，膨張させて仕事をさせます（③→④）。その後，仕事をして低温・低圧になった蒸気を復水器で水に戻し（④→①），再び給水ポンプに送ります。

汽力発電所の設備については，SEC02 1 〜 3 で解説します。

2 熱力学の基本

汽力発電を学ぶにあたって，熱力学で使う用語を理解する必要があります。ここでは，絶対温度，蒸気，エントロピー，エンタルピー，熱などについて説明します。

Ⅰ 絶対温度

絶対温度（単位：K）とは，物理学で使う温度のことで，セルシウス温度（単位：℃）に273を足した値を使います。たとえば，20℃は293Kと換算します。

Ⅱ 蒸気

氷（固体）を加熱すると，0℃で溶けて水（液体）になります。さらに水を加熱すると100℃で水蒸気（気体）になります。このように，固体，液体，気体の3つの物質の状態を**物質の三態**といいます。

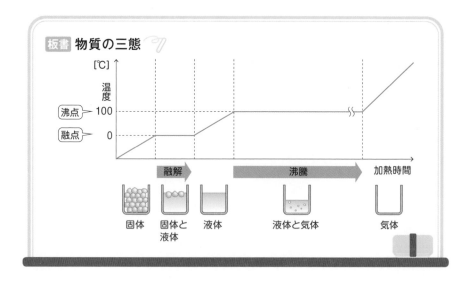

板書 物質の三態

　ここで，湿り蒸気と乾き蒸気について説明します。湿り蒸気は板書でいう100℃の時点の蒸気のことです。このときの蒸気は，細かな水滴を含んでいます。加熱してもしばらく温度が上がりません。

　乾き蒸気は，加熱を続けて細かな水滴もすべて蒸発させた蒸気です。沸点を過ぎて熱した状態なので，過熱蒸気ともいいます。

板書 湿り蒸気と乾き蒸気

湿り蒸気 ＝細かい水滴＋蒸気

乾き蒸気 ＝蒸気のみ

ひとこと

　ボイラでつくられた蒸気は湿り蒸気で，気体だけでなく液体である水滴を含みます。これをそのまま吹きつけて蒸気タービンを回すとさびて腐食してしまうため，過熱器で乾き蒸気にしてからタービンに吹きつけます。

III 飽和温度（沸点）と飽和水

　飽和温度とは，液体が沸騰するときの温度をいいます。沸点と同じ意味です。圧力が高い状態では，飽和温度は高くなり，圧力が低い状態では，飽和温度は低くなります。飽和水とは，飽和温度にある水のことをいいます。

ひとこと

　通常，水の飽和温度（沸点）は100℃ですが，圧力なべの内部のように，圧力が高い場所では飽和温度（沸点）は100℃よりも高くなり，山頂などの圧力の低い場所では，飽和温度（沸点）は100℃より低くなります。

Ⅳ 臨界圧力と臨界温度

熱を加えたときに，物体の温度を上昇させる熱を顕熱といいます。熱を加えたときに，物体の温度を上昇させず，水から蒸気になる場合のように状態を変化させるために使われる熱を潜熱といいます。

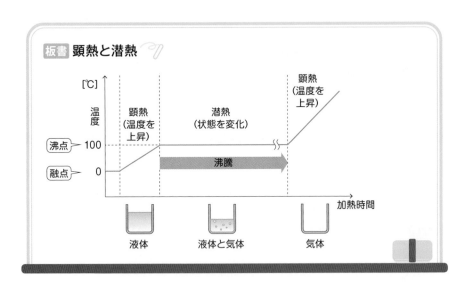

圧力を上昇させると，飽和温度（沸点）が上がりますが，潜熱は小さくなります。つまり，水を加熱したとき，沸騰して温度が一定である時間が短くなるということです。

圧力をさらに上昇させて，潜熱が0となったときの圧力を臨界圧力といいます。このときの蒸発温度を臨界温度といいます。臨界圧力を超える圧力のことを超臨界圧といい，臨界圧力を超えない圧力のことを亜臨界圧といいます。

ひとこと

水の臨界圧力は22.12 MPaで，臨界温度は374.1 ℃です。このとき，水は沸騰状態を経ずに，乾き蒸気になります。

V エントロピー

エントロピーとは物体や熱の混合度合いを示す指標です。絶対温度 T の物質に外部から熱量 ΔQ を加えたときのエントロピーの増加量 $\Delta s[\text{J/K}]$ は次の式で求めることができます。

公式 エントロピーの増加量

エントロピー　　　与えた熱量[J]
の増加量
$$\underset{[\text{J/K}]}{\Delta s} = \frac{\Delta Q}{T}$$
　　　　　　　　　絶対温度[K]

ひとこと

電験三種の範囲を超えるため，エントロピーについては深く理解する必要はありません。エントロピーは $T\text{-}s$ 線図というグラフで使います。

VI エンタルピー

エンタルピーとは，圧力が一定の条件で，ある物質の集まり（たとえば，容器に詰められた気体）が持つエネルギーのことをいいます。たとえば，発熱（エネルギーを放出）するときはエンタルピーがマイナスとなり，吸熱（エネルギーを吸収）するときはエンタルピーがプラスになります。

エンタルピーを H，ある物体の内部エネルギーを U，圧力を p，体積を V とすると，エンタルピー H は次の式で求めることができます。また，物体 $1\,\text{kg}$ あたりのエンタルピーのことを**比エンタルピー**といいます。

公式 エンタルピー

エンタルピー　　内部エネルギー　　圧力　体積
$$\underset{[\text{J}]}{H} = \underset{[\text{J}]}{U} + \underset{[\text{Pa}]\,[\text{m}^3]}{p\ V}$$

VII　熱力学の第一法則

　エンタルピーを理解するために，**熱力学の第一法則**について説明します。
試験には出ないので，暗記する必要はありません。まず，前提となる知識と
して，気体がする仕事Wについて説明します。

◼ 仕事の定義

　仕事＝力×距離です。ある物体を力F[N]で距離Δx[m]だけ移動させたと
きに消費するエネルギー（仕事）ΔW[J]は以下のようになります。

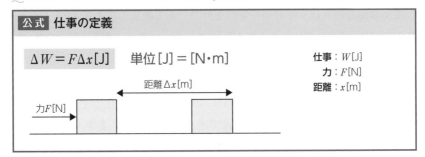

公式　仕事の定義

$$\Delta W = F\Delta x \text{[J]}$$　単位[J]＝[N・m]

仕事：W[J]
力：F[N]
距離：x[m]

距離Δx[m]

力F[N]

◼ 気体がする仕事

　シリンダー内に気体を面積A[m^2]のピストンで封じ込めます。圧力p[Pa]
のもとで，熱を加えて気体を膨張させてピストンがΔx[m]だけ動いたとき，
気体がした仕事ΔW[J]は次のようになります。

52

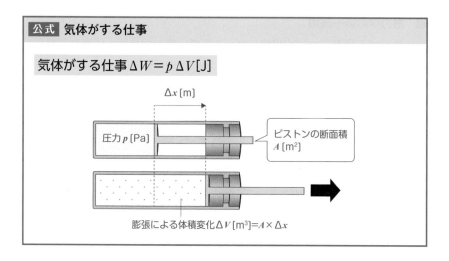

公式 気体がする仕事

気体がする仕事 $\Delta W = p\,\Delta V$ [J]

Δx [m]

圧力 p [Pa]

ピストンの断面積 A [m²]

膨張による体積変化 ΔV [m³] $= A \times \Delta x$

気体が収縮して体積が減ると，$W = p \times (-\Delta V)$ となって，気体がした仕事はマイナスになります。

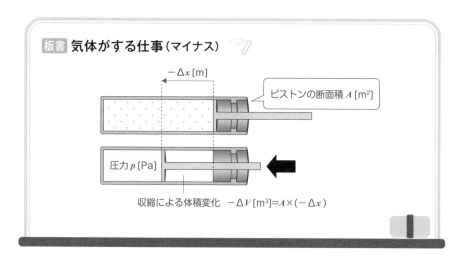

板書 気体がする仕事（マイナス）

$-\Delta x$ [m]

ピストンの断面積 A [m²]

圧力 p [Pa]

収縮による体積変化 $-\Delta V$ [m³] $= A \times (-\Delta x)$

3 熱力学の第一法則

　気体がする仕事について理解したところで，熱力学の第一法則の説明をします。

　図のように，なかに気体が入ったシリンダーとピストンを用意します。タービンに吹きつける高温・高圧の蒸気を用意するために加熱する（熱エネルギーQを与える）と，熱運動が激しくなり，気体の内部エネルギーUは増加します。

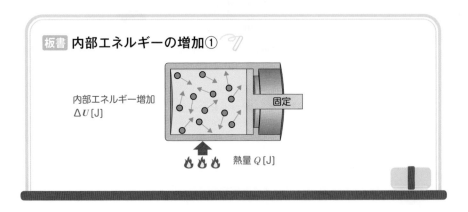

　今度は，高圧にするためにピストンを押すと，動くピストンに打ち返されて内部の原子や分子の運動は激しくなり，気体の内部エネルギーは増加します。

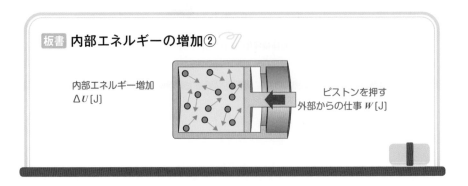

したがって内部エネルギーの増加 ΔU[J]は，気体が吸収した熱量 Q[J]と外部からされた仕事 W[J]の和で表すことができます（**熱力学の第一法則**）。

公式 熱力学の第一法則

内部エネルギー の増加		吸収した 熱量		外部から された仕事
ΔU	$=$	Q	$+$	W
[J]		[J]		[J]

4　エンタルピー

気体がする仕事，熱力学の第一法則の式を使って，エンタルピーについて説明します。

エンタルピー

　気体がする仕事 $W = -p\Delta V$（高圧にするため圧縮する＝体積が減るため仕事はマイナス）を熱力学の第一法則に代入すると，

$$\Delta U = Q + W = Q - p\Delta V \ [\text{J}] \quad \cdots ①$$

エンタルピーの式 $H = U + pV$[J]を変形して，

$$\Delta H = \Delta U + p\Delta V \ [\text{J}] \quad \cdots ②$$

①式を②式に代入すると，

$$\Delta H = Q - p\Delta V + p\Delta V \ [\text{J}]$$

よって，$\Delta H = Q$

このことから，

エンタルピー ΔH がプラス→熱が与えられた（Q がプラス）

エンタルピー ΔH がマイナス→熱を放出した（Q がマイナス）

となることがわかります。

SECTION
02
汽力発電の設備と熱サイクル

このSECTIONで学習すること

1 ボイラ

蒸気をつくるボイラについて学びます。

2 タービン

蒸気が持つ熱エネルギーを機械エネルギーに変換するタービンについて学びます。

3 復水器

タービンで利用した蒸気を冷却水により水にする復水器について学びます。

4 熱サイクル

水の状態変化を利用したサイクルである熱サイクルについて学びます。

1 ボイラ

重要度 ★★★

Ⅰ ボイラとは

ボイラとは，熱エネルギーを水に伝えて湯を沸かし，蒸気をつくる装置のことです。ボイラでつくられた蒸気で，蒸気タービンを回転させます。

ボイラは，燃焼室，過熱器，再熱器，節炭器，空気予熱器などで構成されています。おもな設備の機能をまとめると，次のようになります。

板書 **ボイラのおもな設備と機能**

設備	機能
燃焼室	燃料を燃焼させ，高温のガスをつくる
ドラム	水分と飽和蒸気を分離するほか，蒸発管への送水をする（貫流ボイラには無い）
過熱器	ドラムなどで発生した飽和蒸気をさらに加熱し，過熱蒸気にする
再熱器	熱効率向上のため，一度タービンで仕事をした蒸気をボイラに戻して加熱する
節炭器（エコノマイザ）	熱効率向上のため，煙道を通る燃焼ガスの余熱を利用してボイラ給水を加熱する
空気予熱器	熱効率向上のため，煙道を通る燃焼ガスの余熱を利用して燃焼用空気を加熱する
安全弁	蒸気圧力が一定の値を超えたときに蒸気を放出し，機器の破損を防ぐ

節炭器とは,「石炭を節約する設備」という意味です。昔の燃料の主流は石炭だったため,このような名前になっています。

ひとこと

ボイラの設備にはそのほか,給水装置,通風装置,制御装置などがあります。

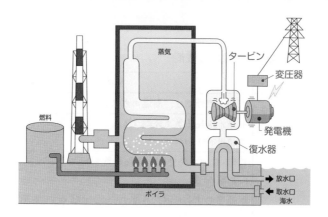

Ⅱ ボイラの構成

各設備の役割についての理解を深めるために,ボイラの構成を順に説明します。

板書 ❶ 燃焼ガスの通り道

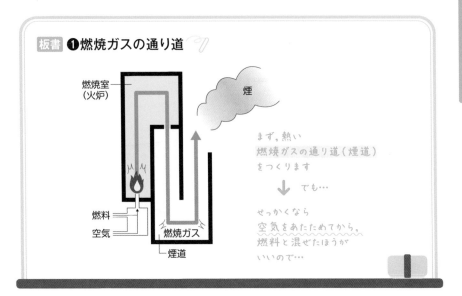

まず、熱い
燃焼ガスの通り道（煙道）
をつくります

↓ でも…

せっかくなら
空気をあたためてから、
燃料と混ぜたほうが
いいので…

板書 ❷ 空気予熱器

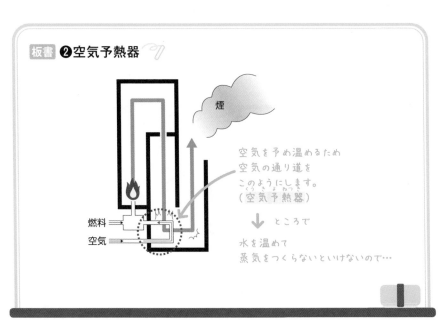

空気を予め温めるため
空気の通り道を
このようにします。
（空気予熱器）

↓ ところで

水を温めて
蒸気をつくらないといけないので…

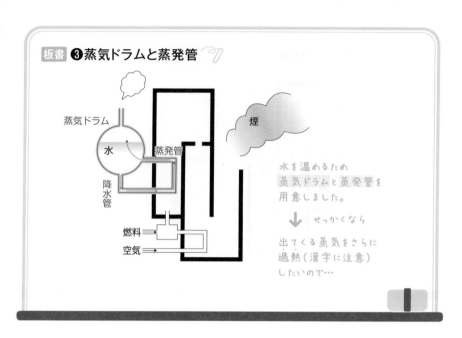

板書 ❸ 蒸気ドラムと蒸発管

蒸気ドラム

水

蒸発管

降水管

燃料

空気

煙

水を温めるため
蒸気ドラムと蒸発管を
用意しました。

↓ せっかくなら

出てくる蒸気をさらに
過熱（漢字に注意）
したいので…

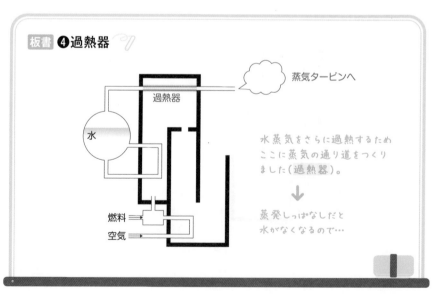

板書 ❹ 過熱器

過熱器

水

燃料

空気

蒸気タービンへ

水蒸気をさらに過熱するため
ここに蒸気の通り道をつくり
ました（過熱器）。

↓

蒸発しっぱなしだと
水がなくなるので…

板書 ❺ 給水ポンプと節炭器

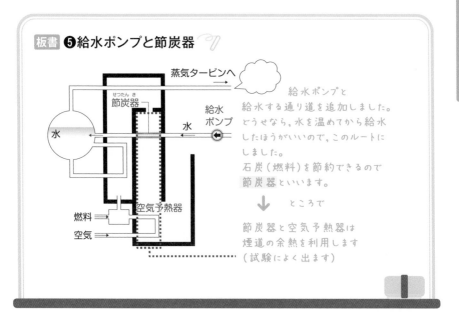

蒸気タービンへ

給水ポンプと
給水する通り道を追加しました。
どうせなら、水を温めてから給水
したほうがいいので、このルートに
しました。
石炭(燃料)を節約できるので
節炭器 といいます。

↓　ところで

節炭器と空気予熱器は
煙道の余熱を利用します
(試験によく出ます)

節炭器
給水
ポンプ
水
水
燃料
空気
空気予熱器

板書 ❻ 再熱器

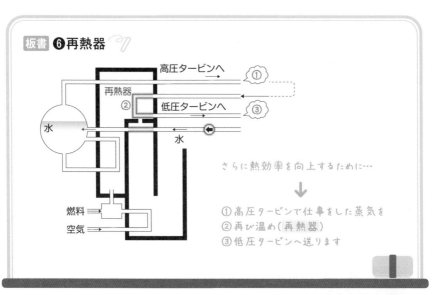

高圧タービンへ ①

再熱器 ②　低圧タービンへ ③

水
水
燃料
空気

さらに熱効率を向上するために…

↓

① 高圧タービンで仕事をした蒸気を
② 再び温め(再熱器)
③ 低圧タービンへ送ります

問題集 問題13 問題14

ひとこと

ボイラでつくった蒸気でタービンを回し，タービンの回転力を利用して発電機で発電します。

Ⅲ ボイラの種類

ボイラの種類には，おもに，❶自然循環ボイラ，❷強制循環ボイラ，❸貫流ボイラがあります。

1 自然循環ボイラ

自然循環ボイラでは，蒸発管と降水管中の水の比重差によってボイラ水を循環させます。①冷たい水は比重が大きいので，蒸気ドラムから水が下っていき，②蒸発管では水が温められて，蒸気になり比重が小さく（軽く）なり上昇します。その結果，自然に水が循環します。

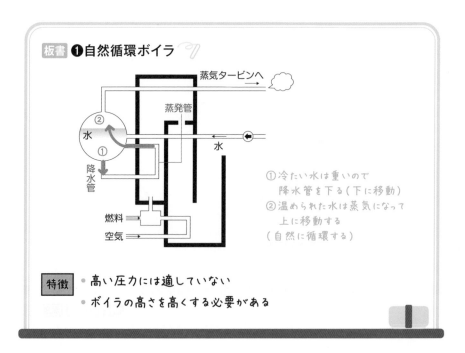

板書 ❶自然循環ボイラ

蒸気タービンへ

蒸発管

② 水 ①

降水管

水

燃料

空気

①冷たい水は重いので
　降水管を下る（下に移動）
②温められた水は蒸気になって
　上に移動する
（自然に循環する）

特徴
• 高い圧力には適していない
• ボイラの高さを高くする必要がある

② 強制循環ボイラ

蒸気圧が高くなると，水と蒸気の比重差が小さくなるため，自然循環しにくくなります。

ひとこと

なぜなら，高圧の蒸気はギュッと圧縮されているため蒸気としては比重が大きく（重く）なり，一方で高圧だと水は100℃以上になることができ，熱くなると膨張して水としては比重が小さく（軽く）なるからです。その結果，比重差が小さくなり，自然循環しにくくなっていきます。

そこで，循環経路である降水管の途中に循環ポンプを取りつけ，強制的に水を循環させます。このようなボイラを**強制循環ボイラ**といいます。

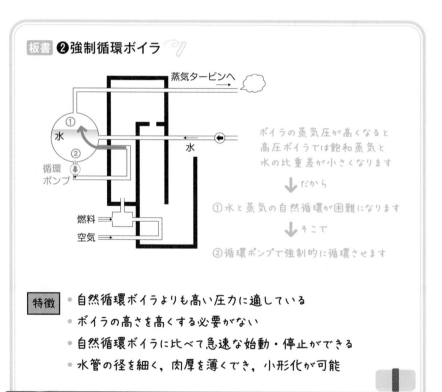

板書 ❷強制循環ボイラ

蒸気タービンへ

① 水
② 循環ポンプ

水

燃料
空気

ボイラの蒸気圧が高くなると高圧ボイラでは飽和蒸気と水の比重差が小さくなります

↓ だから

①水と蒸気の自然循環が困難になります

↓ そこで

②循環ポンプで強制的に循環させます

特徴
● 自然循環ボイラよりも高い圧力に適している
● ボイラの高さを高くする必要がない
● 自然循環ボイラに比べて急速な始動・停止ができる
● 水管の径を細く，肉厚を薄くでき，小形化が可能

3 貫流ボイラ

貫流ボイラは，給水ポンプで水に圧力をかけて送り，節炭器 → 蒸発管 → 過熱器と貫いて流す間に過熱蒸気を発生させるボイラで，水と蒸気の循環はありません。

蒸気圧が臨界圧力以上になると，加熱しても温度が一定（たとえば100℃）のままであるという現象（沸騰）は起こらなくなります。この場合，いきなり水から蒸気に変化します。貫流ボイラは水と蒸気を分離する必要がないので，蒸気ドラムがないことが特徴です。

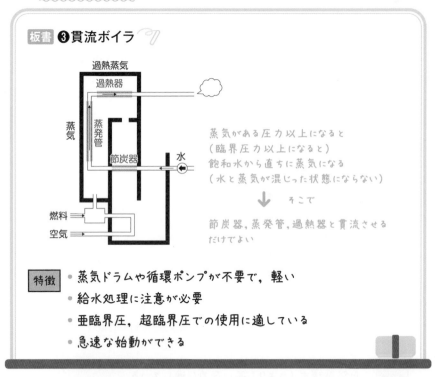

板書 ❸ 貫流ボイラ

蒸気がある圧力以上になると
（臨界圧力以上になると）
飽和水から直ちに蒸気になる
（水と蒸気が混じった状態にならない）

そこで

節炭器，蒸発管，過熱器と貫流させる
だけでよい

特徴
- 蒸気ドラムや循環ポンプが不要で，軽い
- 給水処理に注意が必要
- 亜臨界圧，超臨界圧での使用に適している
- 急速な始動ができる

ひとこと

超臨界圧とは臨界圧力を超える圧力をいい，亜臨界圧とは臨界圧力を超えない圧力をいいます。

問題集 問題15

2 タービン

I 蒸気タービンとは

蒸気タービンとは，高温・高圧の蒸気が持つ熱エネルギーを，機械的エネルギーに変換するものです。水車や風車のようなもので，蒸気の圧力によって回転羽根を回します。たとえば，次のような形をしています。

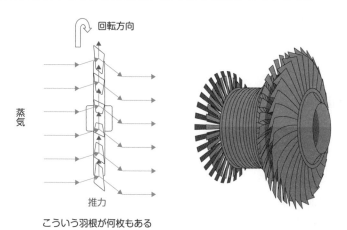

こういう羽根が何枚もある

蒸気タービンに，**タービン発電機**をつなげることで発電を行います。

ひとこと

蒸気タービンを蒸気の作用によって分類すると，衝動タービンと反動タービンがあります。
❶衝動タービンは高速の蒸気を羽根にぶつける力（衝動力）でランナを回転させます。
❷反動タービンは高速の蒸気を羽根に流入するときの衝動力と，回転羽根から流出するときの蒸気速度増加（出口が細いので出ていくときは高速になる）による反動力によってランナを回転させます。

Ⅱ 蒸気タービンの種類

蒸気タービンは，使用蒸気の処理方法によっていくつかの種類に分けられますが，**❶復水タービン**，**❷再熱タービン**，**❸再生タービン**が重要です。

❶ 復水タービン

復水タービンとは，タービンの出口蒸気を復水器で水にするタービンです。タービンから出てきた蒸気を復水器で冷やして，蒸気から水にすることで，体積が急激に小さくなって真空度が高まり，タービンの回転力を高めます。

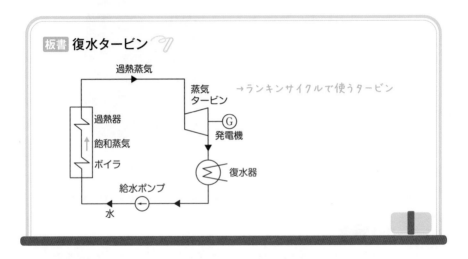

板書 **復水タービン**

過熱蒸気

蒸気タービン

→ランキンサイクルで使うタービン

過熱器

飽和蒸気

ボイラ

Ⓖ 発電機

復水器

給水ポンプ

水

❷ 再熱タービン

再熱タービンとは，熱効率向上のために，一度使用した蒸気を再び加熱して用いる蒸気タービンのことです。たとえば，高圧タービンで使用した蒸気を再熱器で加熱して，低圧タービンで使用します。

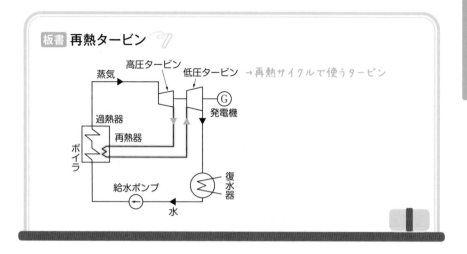

③ 再生タービン

再生タービンとは，熱効率向上のために，タービンの中間から膨張途中の蒸気（圧力が下がった蒸気）の一部を取り出して（抽気して），給水加熱器に送り，給水を加熱するタービンです。

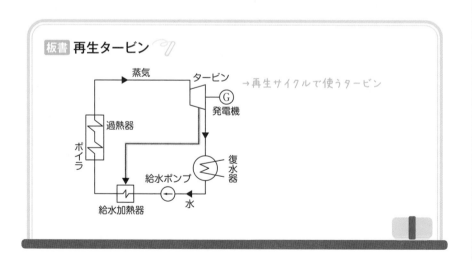

ひとこと

　使用蒸気の用途によって，ほかに次のようなタービンもあります。過去問演習で目にしたら，確認する程度で十分です。

アウトプットに注目したタービン

❶背圧タービン　タービンで利用したあとの蒸気圧力を背圧といい，この背圧をほかの用途に利用するタービン

❷抽気タービン　タービンの中間で一部の蒸気を取り出して，ほかの用途に利用するタービン

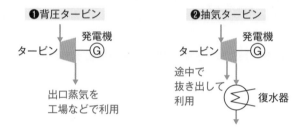

インプットに注目したタービン

❸排気タービン　工場などで排出された蒸気を利用するタービン

❹混圧タービン　ボイラと工場などで排出された低圧蒸気など，圧力の異なる蒸気を利用するタービン

問題集　問題16　問題17

III タービン発電機と水車発電機の比較

タービン発電機も水車発電機も同期発電機です（機械）。両者の特徴を比較すると以下のようになります。

	タービン発電機	水車発電機
回転速度	速い（3000～3600 min⁻¹）	遅い（100～1200 min⁻¹）
回転子の形	非突極形（円筒形）	突極形
	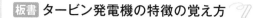	
	直径が小さい 軸方向に長い	直径が大きい 軸方向に短い
極数	少ない（おもに火力は2極，原子力は4極）	多い（水力は多極）
冷却方法	水素，空気，水	空気
軸形式	横軸形	おもに立軸形
種類	銅機械	鉄機械

板書 **タービン発電機の特徴の覚え方**

回転速度が大きいので…

遠心力で発電機が壊れるかもしれないから

↓

直径を小さくする

すると，十分に発電できなくなるので

↓

軸方向に長くする

しかし，長くすると十分に熱放散ができなくなるので…

↓

冷却方式を工夫する必要がある

回転速度が大きいので極数は少なくてよいから

極数は2極（原子力発電は4極）

水素冷却
・水素は，空気に比べて比熱が14倍
・水素は，軽いので空気摩擦による損失である風損が少ない

ひとこと

　一般的に鉄機械は，大型で重く，高価ですが，短絡比が大きく，同期イン
ピーダンスが小さく，電圧変動率が小さい（安定度が高い）という利点があり
ます。水車発電機は鉄機械です。
　これに対し銅機械は，小型で軽く，安価ですが，短絡比が小さく，同期イ
ンピーダンスが大きく，電圧変動率が大きい（安定度が低い）という欠点があ
ります。タービン発電機は銅機械です。

問題集 問題18

---

3 復水器　重要度★★★

Ⅰ 復水器とは

　復水器とは，蒸気タービンで利用した蒸気を冷却水（海水など）で冷やして，
水にするための装置です。

　蒸気を冷やすと，蒸気は凝縮して水になり体積が著しく小さくなるので，
復水器のなかは真空に近い状態になります。復水器の真空度が高くなるほど
（タービンの出口が低圧になるほど），タービンで蒸気が膨張して，勢いよく流れ
込み，タービンの回転力を上げて熱効率を向上させることができます。

　汽力発電の熱サイクルにおいて，最も大きなエネルギー損失は復水器です。

ひとこと

　復水器の冷却水の温度が低くなるほど，復水器の真空度は高くなり，効率
はよくなります。

ひとこと

　汽力発電所では一般的に，表面復水器が使われています。復水器には，復
水器内の空気を排出するための抽気ポンプが備えられています。

問題集 問題19 問題20

4 熱サイクル

重要度 ★★★

Ⅰ 熱サイクルとは

熱サイクルとは，「水が加熱されて蒸気になり，仕事をした後に冷やされて水に戻る」という一連のサイクルのことです。

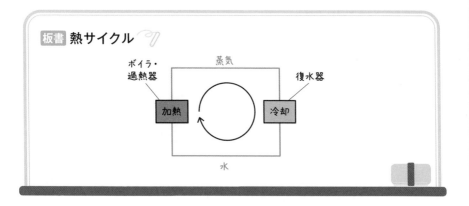

板書 熱サイクル

ボイラ・過熱器 → 加熱　　蒸気　　冷却 ← 復水器

水

熱サイクルには，おもに次のようなものがあります。

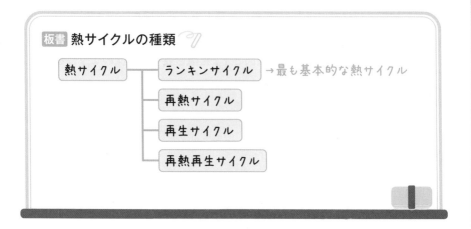

板書 熱サイクルの種類

熱サイクル ── ランキンサイクル →最も基本的な熱サイクル
　　　　　　── 再熱サイクル
　　　　　　── 再生サイクル
　　　　　　── 再熱再生サイクル

ランキンサイクルとは，水を温めて高温・高圧の蒸気にし，その蒸気でタービンを回し，復水器で冷却して水を元の状態に戻す熱サイクルをいいます。最も基本的な熱サイクルです。

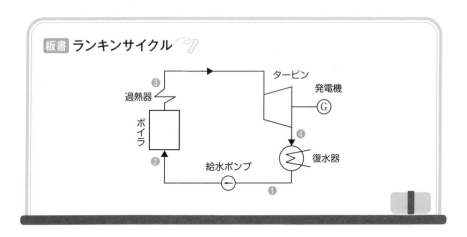

板書 **ランキンサイクル**

熱サイクルにおける水（や蒸気）の状態を表した図として，p-V 線図と T-s 線図があります。

p-V 線図とは縦軸に圧力 p，横軸に体積 V をとった図をいいます。

T-s 線図とは縦軸に絶対温度 T，横軸にエントロピー s をとった図をいいます。ランキンサイクルの p-V 線図と T-s 線図を表すと，次のようになります。

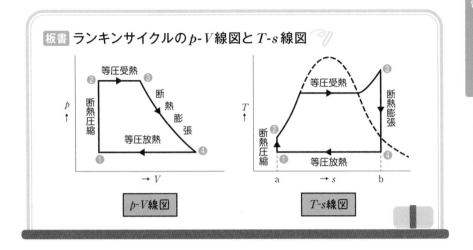

板書 ランキンサイクルの p-V 線図と T-s 線図

1 **①→②：給水ポンプで水に圧力をかけている状態（断熱圧縮）**

　圧力 p は増加し，水は圧力を増加させても気体のように体積が変化しないので体積 V はそのままです。

　圧力が高くなることで温度 T はわずかに上昇しますが，熱の出入りがないためエントロピー s は変化しません。

2 **②→③：ボイラや過熱器で加熱している状態（等圧受熱）**

　加圧しているわけではないので圧力 p はそのままです。水は蒸気になるので体積 V が増加します。

　加熱されることで温度 T が急激に上昇します。しばらく温度が横ばいになっている部分は沸騰している状態（水と蒸気が混じった湿り蒸気）です。熱を受け取っているためエントロピー s は増加します。

3 **③→④：蒸気をタービン内に放出し仕事をしている状態（断熱膨張）**

　膨張させて仕事をさせるので体積 V は増加します。その結果，高圧蒸気は低圧蒸気になるので，圧力 p は下がります。

　急激に圧力が下がることで温度 T も下がりますが，熱の出入りがないためエントロピー s は変化しません。

4 **④→①：復水器で蒸気を水にしている状態（等圧放熱）**

蒸気を水にするので，体積 V が減少します。圧力はかけていないため，圧力 p はそのままです。

温度 T はわずかに下がり（わずかなので無視する），復水器によって熱を放出しているためエントロピー s は減少します。

ひとこと

外部と熱のやりとりをしない（断熱）部分は，給水ポンプとタービンです。給水ポンプとタービンでは圧縮・膨張を行います。

問題集 問題21 問題22 問題23

Ⅲ 再熱サイクル

再熱サイクルとは，高圧タービンで仕事をして温度が低下した湿り蒸気を，ボイラの再熱器で再び加熱して乾き蒸気にし，低圧タービンで仕事をさせる熱サイクルをいいます。再加熱する部分以外はランキンサイクルと同じです。

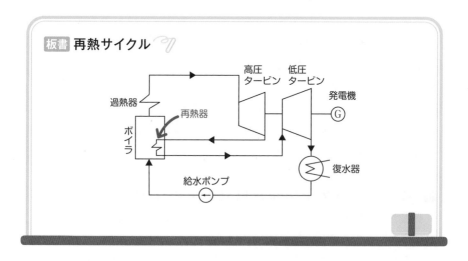

板書 **再熱サイクル**

過熱器　再熱器　高圧タービン　低圧タービン　発電機 G

ボイラ　復水器

給水ポンプ

Ⅳ 再生サイクル

　再生サイクルとは，タービンから蒸気を抽気して給水の加熱に利用する熱サイクルをいいます。抽気する部分以外はランキンサイクルと同じです。

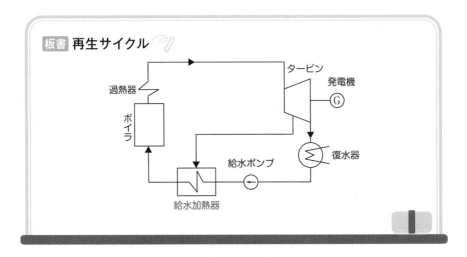

板書 再生サイクル

過熱器
ボイラ
タービン
発電機
G
復水器
給水ポンプ
給水加熱器

ひとこと

　節炭器と給水加熱器を区別しましょう。節炭器は燃焼ガスの排熱を利用して給水を加熱する設備で，給水加熱器はタービンから蒸気を抽気して給水を加熱する設備です。

Ⅴ 再熱再生サイクル

再熱再生サイクルとは，再熱サイクルと再生サイクルを組み合わせたものです。

高圧タービンで仕事をして温度が低下した湿り蒸気を，ボイラの再熱器で再び加熱して乾き蒸気にし，低圧タービンで仕事をさせ，さらに各タービンから蒸気の一部を抽気して給水の加熱に利用します。

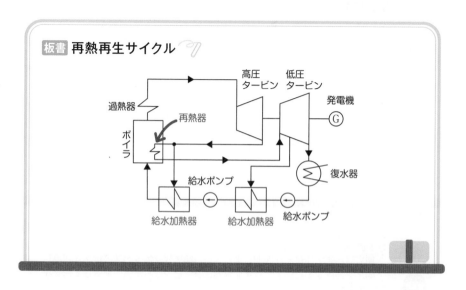

板書 再熱再生サイクル

ここまで学んだサイクルのなかでは，再熱再生サイクルが最も効率がよく，大容量の汽力発電所で使われています。

ひとこと

ランキンサイクルが最も効率が悪く，再熱サイクルと再生サイクルの効率は再熱再生サイクルとランキンサイクルの中間です。

SECTION 03 汽力発電の電力と効率の計算

1 汽力発電所の電力

汽力発電所で発電または使用する電力の分類について学びます。

$$送電端電力P_S＝発電端電力P_G－所内電力P_L$$

2 汽力発電所の各種効率

汽力発電所の各種効率とその算出方法について学びます。

3 復水器の損失

復水器で蒸気を水に戻すときに生じる損失の算出方法について学びます。

汽力発電所の電力

I 汽力発電所の電力

　汽力発電で使う電力には，発電端電力と送電端電力があります。

　発電端電力P_Gとは，発電機で発電された電力のことです。**送電端電力**P_Sとは，外部へ送電する電力のことです。発電機で発電された電力のうち，一部の電力は発電所内で使用するため，送電端電力は発電端電力よりも小さくなります。発電所内で使用する電力のことを**所内電力**P_Lといいます。

公式　送電端電力

$$送電端電力P_S = 発電端電力P_G - 所内電力P_L$$

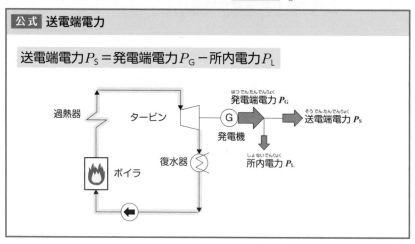

過熱器　タービン　発電端電力 P_G　送電端電力 P_S　発電機　ボイラ　復水器　所内電力 P_L

II 所内率

　所内率Lとは，発電端電力P_Gに対する所内電力P_Lの割合のことです。

公式　所内率

$$\underset{[\%]}{所内率\ L} = \frac{P_L\ \text{所内電力[kW]}}{P_G\ \text{発電端電力[kW]}} \times 100$$

また，所内率Lを使って，送電端電力を求めることができます。

公式 送電端電力（所内率）

送電端電力 　　発電端電力 　　　　所内率

$$P_S \ = \ P_G \ (1 - L)$$
[kW] 　　　　 [kW]

基本例題 ───────────────── 発電端電力，送電端電力

　定格出力300 MWの火力発電所において，次の表のような運転を行ったとき，1日の発電端電力量[MW·h]と送電端電力量[MW·h]を求めなさい。ただし，所内率は5％とする。

時刻	発電端電力[MW]
0時～8時	100
8時～12時	200
12時～20時	300
20時～24時	150

解答

　表より，1日の発電端電力量は，

　　　発電端電力量＝$100 \times 8 + 200 \times 4 + 300 \times 8 + 150 \times 4 = 4600$ MW·h

　1日の送電端電力量は，所内率$L = 5\% = 0.05$より，

　　　送電端電力量＝発電端電力量×$(1 - L)$

　　　　　　　　　＝$4600 \times (1 - 0.05) = 4370$ MW·h

　よって，1日の発電端電力量は4600 MW·h，送電端電力量は4370 MW·hとなる。

Ⅰ 効率

効率とは，入力に対してどれだけの出力を得られたかを表すもので，次の式で求めることができます。

公式 効率

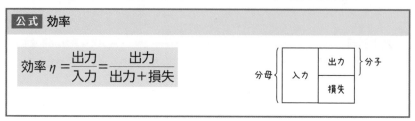

$$効率 \eta = \frac{出力}{入力} = \frac{出力}{出力 + 損失}$$

損失とは，出力と入力の差のことです。損失がゼロのとき，効率は100 ％になります。

試験では，発電所の機器の効率（ボイラ，タービン，発電機）と，発電所全体の効率が出題されます。

ひとこと

この分野はよく出題されるので，すべての式を暗記しましょう。

II 発電所の機器の効率

発電所の機器の効率にはおもに，**ボイラ効率 η_B**，**タービン効率 η_t**，**タービン室効率** η_T，**発電機効率** η_G があります。

板書 **機器の効率**

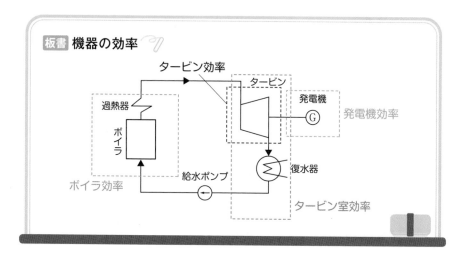

1 ボイラ効率

ボイラ効率 η_B とは，ボイラへの入力（燃料の熱量）のうち，どれだけ蒸気を発生させる熱量として有効に使用したかの割合です。

公式 **ボイラ効率**

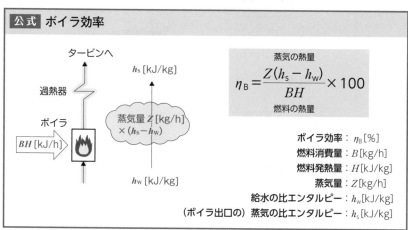

$$\eta_B = \frac{Z(h_s - h_w)}{BH} \times 100$$

ボイラ効率 ： η_B[%]
燃料消費量 ： B[kg/h]
燃料発熱量 ： H[kJ/kg]
蒸気量 ： Z[kg/h]
給水の比エンタルピー ： h_w[kJ/kg]
（ボイラ出口の）蒸気の比エンタルピー ： h_s[kJ/kg]

2 タービン効率とタービン室効率

タービン効率 η_t とは，タービンへの入力（蒸気エネルギー）のうち，どれだけ有効に発電機を回転させる機械的エネルギーとして出力したかの割合です。

似たものに，タービン室効率 η_T があります。タービン室とは，タービンと復水器を合わせて考えられたもので，復水器での損失も含めて考えます。**タービン室効率** η_T とは，タービン室で失った熱エネルギー（＝ボイラで発生させた蒸気の熱量）のうち，どれだけ発電機を回転させる機械的エネルギーとして出力したかの割合です。

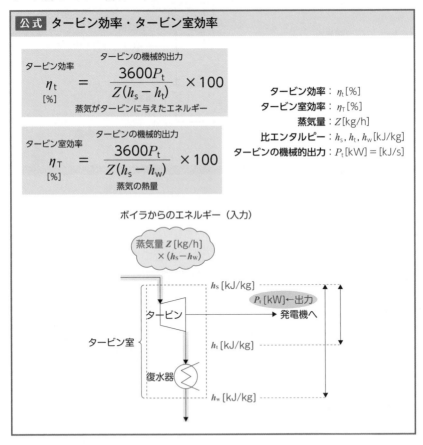

公式 タービン効率・タービン室効率

タービン効率
$$\eta_t \text{[%]} = \frac{\overset{\text{タービンの機械的出力}}{3600 P_t}}{\underset{\text{蒸気がタービンに与えたエネルギー}}{Z(h_s - h_t)}} \times 100$$

タービン室効率
$$\eta_T \text{[%]} = \frac{\overset{\text{タービンの機械的出力}}{3600 P_t}}{\underset{\text{蒸気の熱量}}{Z(h_s - h_w)}} \times 100$$

タービン効率：η_t [%]
タービン室効率：η_T [%]
蒸気量：Z [kg/h]
比エンタルピー：h_s, h_t, h_w [kJ/kg]
タービンの機械的出力：P_t [kW] = [kJ/s]

ボイラからのエネルギー（入力）

蒸気量 Z [kg/h]
$\times (h_s - h_w)$

h_s [kJ/kg]

P_t [kW]←出力

タービン　　→ 発電機へ

タービン室

h_t [kJ/kg]

復水器

h_w [kJ/kg]

公式 の3600とは1時間を秒に換算した数値です（60秒×60分＝3600秒＝1時間）。出力Pの単位[kW]（＝[kJ/s]）を[kJ/h]にするために，出力Pに3600を掛けています。

3 発電機効率

発電機効率 η_G とは，タービンから伝わった発電機の回転軸を回転させるエネルギーのうち，どれだけ発電できたかの割合です。

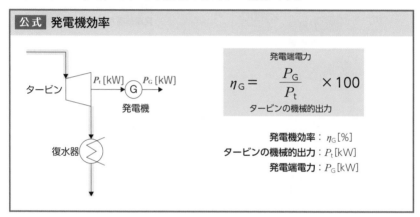

公式 発電機効率

発電端電力

$$\eta_G = \frac{P_G}{P_t} \times 100$$

タービンの機械的出力

発電機効率：η_G[%]
タービンの機械的出力：P_t[kW]
発電端電力：P_G[kW]

添え字のGは発電機（generator）の頭文字です。

発電所全体の効率には，発電端熱効率 η_P と送電端熱効率 η_S があります。

発電端熱効率 η_P とは，燃料の発熱量 BH（入力）に対して，発生する電力（出力）の割合をいいます。発電端熱効率 η_P は，❶ボイラ効率 η_B，❷タービン室効率 η_T，❸発電機効率 η_G の積となります。

公式 発電端熱効率

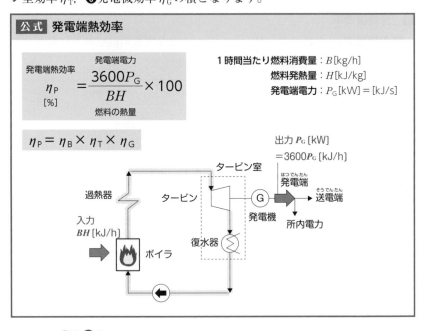

$$\eta_P\,[\%] = \frac{3600 P_G}{BH} \times 100$$

発電端熱効率 = 発電端電力 / 燃料の熱量

1時間当たり燃料消費量：B[kg/h]
燃料発熱量：H[kJ/kg]
発電端電力：P_G[kW] = [kJ/s]

$$\eta_P = \eta_B \times \eta_T \times \eta_G$$

出力 P_G [kW]
= $3600 P_G$ [kJ/h]

ひとこと

添え字のPは発電所（power plant）の頭文字です。

問題集 問題24

Ⅳ 送電端熱効率

所内率Lとは，発電端電力のうち発電所の内部で使う電力（所内電力）の割合のことをいいます。

発電端電力から所内電力を除いた，外部に送り出す電力のことを送電端電力P_Sといいます。

送電端熱効率η_Sとは，燃料の発熱量BH（入力）に対して，外部に送り出す電力（出力）の割合をいいます。

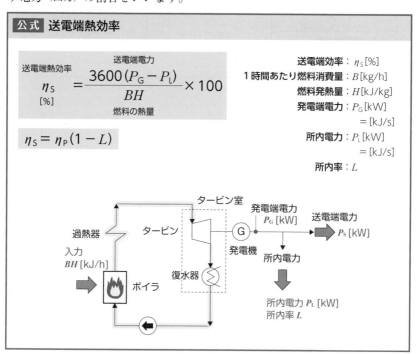

公式 送電端熱効率

送電端熱効率
$$\eta_S_{[\%]} = \frac{3600(P_G - P_L)}{BH} \times 100$$

送電端電力 / 燃料の熱量

$$\eta_S = \eta_P(1 - L)$$

送電端効率：$\eta_S[\%]$
1時間あたり燃料消費量：$B[kg/h]$
燃料発熱量：$H[kJ/kg]$
発電端電力：$P_G[kW]$
$\quad = [kJ/s]$
所内電力：$P_L[kW]$
$\quad = [kJ/s]$
所内率：L

V 効率の公式のまとめ

汽力発電所の効率の公式をまとめると，次のようになります。

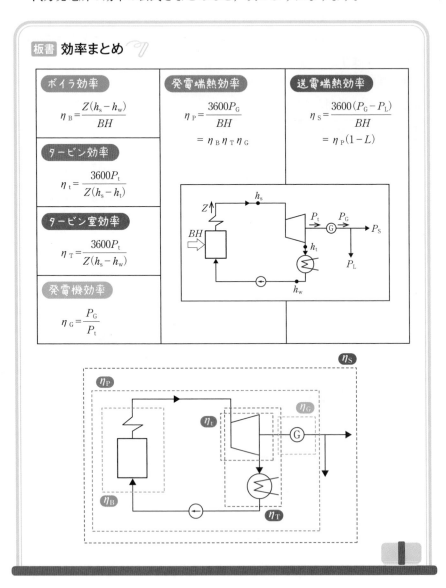

板書 効率まとめ

ボイラ効率

$$\eta_B = \frac{Z(h_s - h_w)}{BH}$$

タービン効率

$$\eta_t = \frac{3600 P_t}{Z(h_s - h_t)}$$

タービン室効率

$$\eta_T = \frac{3600 P_t}{Z(h_s - h_w)}$$

発電機効率

$$\eta_G = \frac{P_G}{P_t}$$

発電端熱効率

$$\eta_P = \frac{3600 P_G}{BH}$$

$$= \eta_B \eta_T \eta_G$$

送電端熱効率

$$\eta_S = \frac{3600(P_G - P_L)}{BH}$$

$$= \eta_P(1 - L)$$

基本例題 ──────────────── 汽力発電所の効率

　ある汽力発電所の送電端電力は5000 MW，燃料使用量は1000 t/h，タービン室効率は48 %，発電機効率は98 %，所内率は5 %であるとき，ボイラ効率の値[%]を求めなさい。ただし，燃料発熱量は44000 kJ/kgとする。

解答

　問題文では比エンタルピーが与えられていないため，ボイラ効率 η_B は発電端熱効率 η_P の式より求める。

$$\eta_P = \eta_B\,\eta_T\,\eta_G \quad \cdots ①$$

　送電端電力 P_S が与えられているため，発電端熱効率 η_P は送電端熱効率 η_S の式より，

$$\eta_S = \eta_P(1-L)$$

$$\therefore \eta_P = \frac{\eta_S}{(1-L)} \quad \cdots ②$$

①式に②式を代入して，

$$\frac{\eta_S}{(1-L)} = \eta_B\,\eta_T\,\eta_G$$

したがって，ボイラ効率 η_B は，

$$\eta_B = \frac{\eta_S}{\eta_T\,\eta_G\,(1-L)} \quad \cdots ③$$

送電端熱効率 η_S の値を求めると，

$$\eta_S = \frac{3600(P_G - P_L)}{BH} = \frac{3600 P_S}{BH}$$
$$= \frac{3600 \times 5000 \times 10^3}{1000 \times 10^3 \times 44000} ≒ 0.409 = 40.9\,\%$$

③式に代入して，

$$\eta_B = \frac{0.409}{0.48 \times 0.98 \times (1-0.05)} ≒ 0.915 = 91.5\,\%$$

よって，ボイラ効率は91.5 %となる。

問題集　問題25　問題26　問題27　問題28　問題29　問題30　問題31　問題32

I 復水器の損失

　復水器では，蒸気（気体）を水（液体）に戻すことで，体積を激減させ，復水器内を真空に近い状態にします。これによって蒸気を勢いよくタービン入口からタービン出口（復水器入口）に向けて流すことができ，熱効率が向上します。

　しかし，蒸気を水に戻すために捨てられる熱量（損失）はとても大きくなります。汽力発電の熱サイクルにおいて，最も大きなエネルギー損失が生じるのは復水器です。

　復水器の損失とは，復水器の冷却水が持ち去る熱量のことです。試験では熱量を求めるために問題文で比熱や密度などが与えられます。

> **公式** **復水器の冷却水が持ち去る熱量**
>
> 復水器の冷却水が持ち去る熱量[kJ/s]
> ＝流量[m³/s]×比熱[kJ/(kg・K)]×密度[kg/m³]
> 　×冷却水の温度上昇[K]

　各要素の単位を掛け合わせて[kJ/s]を導くことで，熱量を求めることもできます。

> **板書** **単位の計算**
>
> $$\left[\frac{m^3}{s}\right] \times \left[\frac{kJ}{(kg \cdot K)}\right] \times \left[\frac{kg}{m^3}\right] \times [K] = \left[\frac{kJ}{s}\right]$$

基本例題 ────────────────────── 復水器の損失

　復水器の冷却に海水を使用する汽力発電所が定格出力700 MWで運転している。復水器冷却水量が24 m³/sで冷却水の温度上昇が6.5 ℃であるとき，復水器で海水へ放出される熱量Q[kJ/s]の値を求めなさい。ただし，海水の比熱を4.0 kJ/(kg·K)，密度を1.1 × 10³ kg/m³とする。

（解答）

　温度上昇の値は温度の差なので，絶対温度に変換しても温度上昇の値はセルシウス温度の場合と同じく6.5（単位はK）である。

　復水器で海水へ放出される熱量は，

$$Q = 流量 \times 比熱 \times 密度 \times 冷却水の温度上昇$$
$$= 24 \times 4.0 \times 1.1 \times 10^3 \times 6.5 ≒ 6.86 \times 10^5 \ kJ/s$$

　よって，解答は，6.86 × 10⁵ kJ/sとなる。

問題集　問題33　問題34

SECTION
04

燃料と燃焼

このSECTIONで学習すること

1 火力発電に使われる燃料

火力発電に使われる燃料の種類とそれらの環境性・経済性について学びます。

2 環境汚染対策

燃料の燃焼によって生じる環境汚染の対策について学びます。

3 燃料の総発熱量と二酸化炭素発生量

燃料の総発熱量と二酸化炭素(CO_2)発生量の算出方法について学びます。

4 理論空気量

燃料を完全燃焼させるために必要な理論空気量の算出方法について学びます。

1 火力発電に使われる燃料 重要度 ★★★

燃料には，固体燃料，液体燃料，気体燃料の3種類があり，火力発電では，固体燃料として**石炭**，液体燃料として**石油**（重油，原油），気体燃料として**LNG**（液化天然ガス）が使用されています。

環境に悪影響を与える物質には，おもに**硫黄酸化物（SO_x）**，**窒素酸化物（NO_x）**，**煤塵**，**二酸化炭素（CO_2）**があります。

燃焼時の排ガスにこれらの物質を多く含むのは石炭で，続いて石油，比較的クリーンなのがLNGです。

燃料の種類	環境性	経済性
石炭	悪い	安価
石油	普通	高価
LNG	よい	普通

ひとこと

SOₓはソックスと呼ばれ，酸性雨や気管支ぜんそくの原因となります。SO_2，SO_3などがあります。

NO_xはノックスと呼ばれ，呼吸器に悪影響を与えます。NO，NO_2などがあります。

2 環境汚染対策

重要度 ★★★

環境汚染対策として，硫黄酸化物（SO_x），窒素酸化物（NO_x），煤塵の発生の抑制と排出の抑制を行います。

物質の種類		具体例
硫黄酸化物 （SO_x）	発生抑制	硫黄分の少ない燃料（LNG）の使用
	排出抑制	煙道に排煙脱硫装置を設け，硫黄酸化物を粉状の石灰と水の混合液に吸収させる
窒素酸化物 （NO_x）	発生抑制	窒素分の少ない燃料を使用する 燃焼温度を低くする 燃焼用空気の酸素濃度を低くする
	排出抑制	煙道に排煙脱硝装置を設け，窒素酸化物を触媒とアンモニアを利用して窒素と水に分解する
煤塵	発生抑制	燃料と空気を正しく混合する
	排出抑制	電気集塵器を使い，煤塵をマイナスに帯電させ，煤塵の粒子をプラス極に集めて除去する

3 燃料の総発熱量と二酸化炭素発生量

重要度 ★★★

すべての燃料を完全燃焼させたときに発生する熱量を総発熱量といい，次の式で求めることができます。

公式 総発熱量

$$総発熱量[kJ] ＝ 燃料消費量[kg] × 燃料発熱量[kJ/kg]$$

炭素が燃焼するとき，炭素原子1個は酸素原子2個と結びついて二酸化炭素1個になります（化学反応）。化学反応式は，次のようになります。

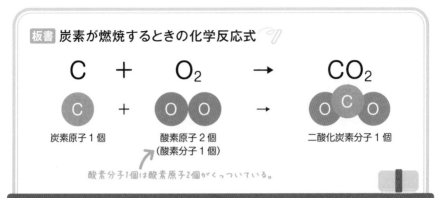

板書 炭素が燃焼するときの化学反応式

$$C + O_2 \rightarrow CO_2$$

炭素原子1個 ＋ 酸素原子2個（酸素分子1個） → 二酸化炭素分子1個

酸素分子1個は酸素原子2個がくっついている。

　燃焼時に発生する二酸化炭素の質量を求めるためには，原子量を用います。原子量は，原子の質量を表す値です。

　炭素（C）の原子量は 16，酸素（O）の原子量は 16，水素（H）の原子量は 1 で，基本的に問題文で与えられます。炭素原子，酸素原子，水素原子をひと山（＝ 6.02×10^{23} 個）ずつ集めたとき，質量は 12 g，16 g，1 g，となります。このひと山を mol という単位で表します。

　原子または分子の個数を mol で表したものをモル数といいます。たとえば，炭素原子 C の質量が 12 g ある場合のモル数は，質量 12 g ÷ 原子量 12 ＝ 1 mol（6.02×10^{23} 個），酸素分子 O_2 の質量が 64 g ある場合のモル数は，質量 64 g ÷ 原子量（16×2）＝ 2 mol（$2 \times 6.02 \times 10^{23}$ 個）となります。

炭素　C　12 g

酸素　O　16 g

水素　H　1 g

　炭素の原子量と酸素の原子量の比は一定なので，燃料消費量に含まれる炭素の質量から，燃焼に使った酸素の質量と発生した二酸化炭素の質量を求めることができます。

二酸化炭素の発生量

重油消費量が5000 t，重油の化学成分が炭素85 %，水素15 %のとき，重油に含まれる炭素量は4250 tである。

重油 ── 炭素 C　5000×0.85＝4250 t

水素 H　5000×0.15＝750 t

炭素が酸素と結びつくと二酸化炭素が発生するので，化学反応式と原子量から，発生する二酸化炭素は15583 tとわかる。

炭素原子1個　　　　　酸素原子2個　　　　　　　　　二酸化炭素分子1個

化学反応式：	C	＋	O_2	＝	CO_2
原子量：	12	＋	16×2	＝	44
炭素1kgあたりの各質量（重量）：	1 kg	＋	$\dfrac{32}{12}$kg	＝	$\dfrac{44}{12}$kg
重油5000 tあたりの各質量（重量）：	4250 t	＋	11333 t	＝	15583 t

基本例題 ━━━━━━━━━━━━━━━━━ 二酸化炭素の発生量

1日の重油消費量3000 tの火力発電所において，1日に発生する二酸化炭素の重量[t]を求めなさい。ただし，重油の化学成分は炭素85 %，水素15 %とする。
※水素の原子量は1，炭素の原子量は12，酸素の原子量は16である。

（解答）

二酸化炭素は炭素と酸素の化学反応によって発生する。炭素と酸素の化学反応式は，

$$C + O_2 \rightarrow CO_2$$

重油中の炭素の重量は，

$$3000 \times 0.85 = 2550\,t$$

炭素と二酸化炭素の原子量の比より，二酸化炭素の重量を計算する。

$$C + O_2 \rightarrow CO_2$$

$$12 + 32 \rightarrow 44$$

よって，$C : CO_2 = 12 : 44$

$$2550 : CO_2 = 12 : 44$$

$$\therefore CO_2 = \frac{2550 \times 44}{12} = 9350\,t$$

よって，解答は $9350\,t$ となる。

4 理論空気量 重要度 ★★★

　試験では，燃料を完全燃焼させるために必要な理論空気量（りろんくうきりょう）を求める問題が出題されます。解き方の手順は次のようになります。

板書 理論空気量の求め方

① 化学反応式から炭素や水素 1 mol を燃焼させるのに必要な酸素が何 mol か求め，酸素のモル数を求める式を立てる。

化学式の見方

炭素 1 mol を燃焼させるのに

$$C + O_2 \rightarrow CO_2$$

酸素分子 1 mol が必要

水素分子 2 mol を燃焼させるのに

$$2H_2 + O_2 \rightarrow 2H_2O$$

酸素分子 1 mol が必要

② 燃料の炭素や水素のモル数を求める。

（たとえば，重油100 tの化学成分は炭素85％，水素15％ならば…）

原子量は1 molあたりの質量なので，質量がわかればモル数を求めることができる。

1 molあたりの質量

炭素Cが85 t，水素H₂が15 tのときの各モル数

$$炭素（C）のモル数＝\frac{炭素の質量}{炭素の原子量（C）}＝\frac{85×10^6}{12}≒7.1×10^6 \text{ mol}$$

$$水素（H_2）のモル数＝\frac{水素の質量}{水素の分子量（H_2）}＝\frac{15×10^6}{1×2}≒7.5×10^6 \text{ mol}$$

③ ①式に②の値を代入し，燃料を完全燃焼させるのに必要な酸素のモル数を求める。

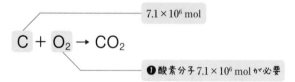

$$7.5 \times 10^6 \text{ mol}$$

$$2H_2 + O_2 \rightarrow 2H_2O$$

❷ 酸素分子 $7.5 \times 10^6 \times \dfrac{1}{2}$ mol が必要

❶＋❷ が必要な酸素のモル数

④ ③で求めた酸素のモル数から酸素の体積を求める。

(1 mol の気体の標準状態の体積を 22.4 L とすると…)

酸素の体積＝酸素のモル数 $\times 22.4 \times 10^{-3} \text{ m}^3$

⑤ 酸素の体積÷酸素濃度から理論空気量を求める。

(たとえば，空気の酸素濃度を 21% とするならば…)

理論空気量＝酸素の体積 $\div 0.21 \text{ m}^3$

重油100 tを完全燃焼させるために必要な理論空気量[m³]を求めなさい。ただし，重油の化学成分は炭素85 %，水素15 %とし，重油の燃焼反応は次のとおりである。

$$C + O_2 \rightarrow CO_2$$

$$2H_2 + O_2 \rightarrow 2H_2O$$

※水素の原子量は1，炭素の原子量は12，酸素の原子量は16である。

※空気の酸素濃度を21 %，1 molの気体の標準状態の体積は22.4 Lとする。

【解答】

化学反応式より，1 molのCを燃焼させるのに必要なO_2は1 mol，2 molのH_2を燃焼させるのに必要なO_2は1 molということがわかる（＝1 molあたりのH_2を燃焼させるのに必要なO_2は$\frac{1}{2}$ mol）。

したがって，重油中のすべての炭素と水素を完全燃焼させるのに必要な酸素のモル数は，次の式で求められる。

$$酸素（O_2）のモル数＝炭素のモル数＋\frac{1}{2}×水素のモル数[mol]$$

重油100 tに含まれる炭素の質量は85 t（100 t × 0.85），水素の質量は15 t（100 t × 0.15）なので，炭素および水素のモル数は，

$$炭素（C）のモル数＝\frac{炭素の質量}{炭素の原子量}＝\frac{85 × 10^6}{12}＝7.1 × 10^6 \text{ mol}$$

$$水素（H_2）のモル数＝\frac{水素の質量}{水素の分子量}＝\frac{15 × 10^6}{1 × 2}＝7.5 × 10^6 \text{ mol}$$

酸素のモル数を求める式に代入すると，

$$酸素（O_2）のモル数＝7.1 × 10^6＋\frac{1}{2}× 7.5 × 10^6＝10.85 × 10^6 \text{ mol}$$

問題文より，1 molの気体の標準状態の体積は22.4 L＝$22.4 × 10^{-3}$ m³なので，酸素の体積は，

$$酸素（O_2）の体積＝酸素のモル数× 22.4 × 10^{-3}$$
$$＝10.85 × 10^6 × 22.4 × 10^{-3} ≒ 243 × 10^3 \text{ m}^3$$

空気の酸素濃度が21 %であるため，酸素の体積を酸素濃度で割ることによって空気の体積を求める。

$$理論空気量＝\frac{243 × 10^3}{0.21} ≒ 1157 × 10^3 \text{ m}^3 ≒ 1.16 × 10^6 \text{ m}^3$$

よって，解答は$1.16 × 10^6$ m³となる。

問題集 問題35 問題36

SECTION
05

ガスタービン発電と
コンバインドサイクル発電

このSECTIONで学習すること

1 ガスタービン発電

燃焼時に発生するガスでタービンを回転させるガスタービン発電について学びます。

2 コンバインドサイクル発電

汽力発電とガスタービン発電を組み合わせたコンバインドサイクル発電について学びます。

ガスタービン発電とは，燃料の燃焼によって高温・高圧の燃焼ガスを発生させ，その燃焼ガスを使ってタービンを回転させ発電する方式です。

ひとこと

　ガスタービン発電の「ガス」は，「燃料にガスを使う」という意味ではなく，「燃焼ガスによりタービンを回す」という意味です。
　燃料には，気体の天然ガスを使うこともあれば，液体の軽油や灯油を使うこともあります。

　ガスタービン発電の発電原理をみていきます。ガスタービン発電機の構造は次のとおりです。

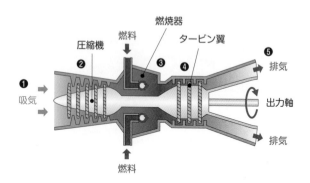

　この原理図は次のようになります。

板書 ガスタービン発電の発電原理

❶吸入 → ❷圧縮 → ❸燃焼 → ❹発電 → ❺排気

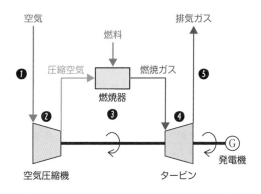

❶空気圧縮機が空気を吸入します。

❷空気圧縮機で空気が圧縮されます。

❸燃焼器で圧縮空気に燃料を噴射して燃焼させ，高温高圧の燃焼ガスが発生します。

❹燃焼ガスがタービンを回します。

❺タービンを出た排気ガスが大気へ放出されます。

ひとこと

　ガスタービン発電にはオープンサイクルとクローズドサイクルの2つの方式がありますが，上記の説明はオープンサイクルのものです。
　オープンサイクルは後述するコンバインドサイクルに応用されます。
　クローズドサイクルの説明は出題頻度が低いので割愛します。

Ⅲ ガスタービン発電の特徴

ガスタービン発電には，次のような特徴があります。

板書 ガスタービン発電の特徴

- **熱効率は 20〜30 %程度と低い**
  - ⤷ガスタービン発電は大量の熱を排気として捨てるため，効率が低い（汽力発電は 40 %程度）。

- **起動・停止時間が短い**
  - ⤷ガスタービン発電は起動・停止時間が短いので，非常用自家発電設備として広く利用されています。

- **設備が単純**
  - ⤷設備が比較的単純なので，建設費と建設時間が少なく済み，運転操作が簡単。

- **出力が外気温度の影響を受けやすい**
  - ⤷空気は，温度が上がると膨張し，密度が低下します。外気温度が上がると，密度の低下した空気を吸入することになり，吸い込む空気の量[kg]が少なくなります。その結果，圧縮後の空気量も少なくなり，出力も減少します。逆に，外気温度が下がると空気は収縮するため密度が上昇し，吸い込む空気の量[kg]が多くなるので出力が増加します。

---

2 コンバインドサイクル発電

重要度 ★★★

I コンバインドサイクル発電とは

コンバインドサイクル発電とは，❶ガスタービン発電を行った後，❷ガスタービン発電の排気ガスを利用して汽力発電を行う発電方式です。

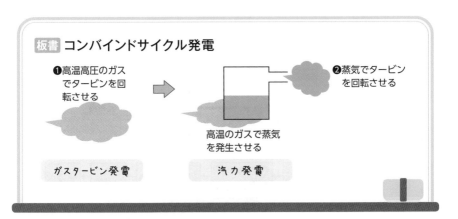

板書 **コンバインドサイクル発電**

❶高温高圧のガスでタービンを回転させる

❷蒸気でタービンを回転させる

高温のガスで蒸気を発生させる

ガスタービン発電　　汽力発電

コンバインドサイクル発電は熱効率が高く（50 %以上，通常の汽力発電は40 %程度），建設費用も少ないなど，多くの利点があるため，採用が増加しています。

ひとこと

combined（コンバインド）は，結合されたという意味です。

II コンバインドサイクル発電の発電原理

コンバインドサイクル発電にもいくつか種類があります。ここでは**排熱回収式コンバインドサイクル発電**の発電原理を説明します。

板書 コンバインドサイクル発電の発電原理

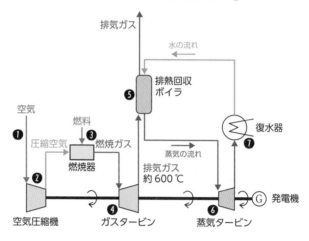

❶ 空気圧縮機が空気を吸気します（ ガスタービン発電 ）。

❷ 空気圧縮機で空気が圧縮されます（ ガスタービン発電 ）。

❸ 燃焼器で圧縮空気に燃料を噴射して燃焼させ，高温・高圧の燃焼
ガスが発生します（ ガスタービン発電 ）。

❹ 燃焼ガスがガスタービンを回します（ ガスタービン発電 ）。

❺ ガスタービンを出た排気ガス（約600℃）は排熱回収ボイラへと導かれ，
その熱で水を加熱して蒸気を発生させます（ 汽力発電 ）。排熱回収ボイ
ラで使用された排気ガスは，大気へ放出されます（ ガスタービン発電 ）。

❻ 排熱回収ボイラで発生した蒸気がタービンを回します（ 汽力発電 ）。

❼ 蒸気が復水器で冷やされ水となり，排熱回収ボイラへ導かれます
（ 汽力発電 ）。

問題集 問題37

III コンバインドサイクル発電の特徴

コンバインドサイクル発電には，次のような特徴があります。

板書 コンバインドサイクル発電の特徴

- **熱効率が50 %以上と高い**
  ↳ コンバインドサイクル発電はガスタービンの排気を有効利用するので，効率が高いです。最新鋭のものでは，熱効率が60 %を超えます（ガスタービン発電は20～30 %程度，汽力発電は40 %程度）。

- **起動・停止時間が短い**
  ↳ 急速起動・停止が可能なガスタービンと小型の蒸気タービンの組み合わせで構成されているので，起動・停止時間が短いです。

- **建設費が安く運転操作が簡単**
  ↳ コンバインドサイクル発電はガスタービン部の設備が比較的単純なので，建設費と建設時間が少なく済み，運転操作が簡単です。

- **出力が外気温度の影響を受けやすい**
  ↳ ガスタービン発電と同様に出力が外気温度に影響されます。

- **復水器の冷却水量が少ない**
  ↳ 蒸気タービンの出力分担が少ないので，復水器の冷却水量が少なくなります。

- **部分負荷に対応可能**
  ↳ 小容量の発電機を複数台組み合わせて運用するため，台数制御により出力を調整できるので，部分負荷に対応可能です。

問題集 問題38 問題39

コンバインドサイクル発電を高効率化するには，以下のような方法があります。

コンバインドサイクル発電の高効率化

- **ガスタービンの燃焼温度を高くする**
   燃料の燃焼温度が高くなると熱効率は向上する一方，タービンが高温により損傷したり，窒素酸化物（NOx）が増加するため，高温に耐えられる耐熱材料の採用や，温度のムラを防止する燃焼法の採用などの対策が必要となります。

- **空気の圧力比を高める**
   空気圧縮機の入口と出口の圧力比を高くすると，コンバインドサイクル発電の効率が向上します。

問題集 問題40

Ⅴ コンバインドサイクル発電の効率計算

コンバインドサイクル発電のエネルギーの流れは次のようになります。

コンバインドサイクル入力：P_i
コンバインドサイクル出力：P_o
ガスタービン発電効率：η_g
蒸気タービン発電効率：η_s

コンバインドサイクル効率ηは，コンバインドサイクル入力P_iに対するコンバインドサイクル出力P_oの比$\dfrac{P_o}{P_i}$で表されることから，

$$\eta = \frac{P_o}{P_i} = \frac{\eta_g P_i + \eta_s(1-\eta_g)P_i}{P_i} = \boxed{\eta_g + \eta_s(1-\eta_g)}$$

となります。

公式 コンバインドサイクル発電の効率

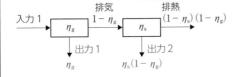

$$\eta = \eta_g + \eta_s(1 - \eta_g)$$

コンバインドサイクル効率：η
ガスタービン効率：η_g
蒸気タービン効率：η_s

入力 1 → η_g → 排気 $1 - \eta_g$ → η_s → 排熱 $(1 - \eta_s)(1 - \eta_g)$

出力 1 η_g　　出力 2 $\eta_s(1 - \eta_g)$

基本例題 ━━━━━━━━━━━━━━ コンバインドサイクル発電の効率

排熱回収式コンバインドサイクル発電所において，ガスタービン発電効率が 35 %，排気の保有する熱量に対する蒸気発電タービン効率が 30 % であった。このとき，コンバインドサイクル発電全体の効率を求めよ。

解答

コンバインドサイクル発電の効率の公式に，問題文の諸量を代入すると，コンバインドサイクル発電全体の効率 η は，

$$\eta = \eta_g + (1 - \eta_g)\,\eta_s = 0.35 + (1 - 0.35) \times 0.3 = 0.545$$

よって，解答は 54.5 % となる。

問題集 問題41 問題42

CHAPTER **03**

原子力発電

原子力発電

原子力発電は，核分裂から生じる熱エネルギーを使用して水を熱します。この単元では，核分裂のしくみや原子炉の構造について学びます。

このCHAPTERで学習すること

SECTION 01 原子力発電

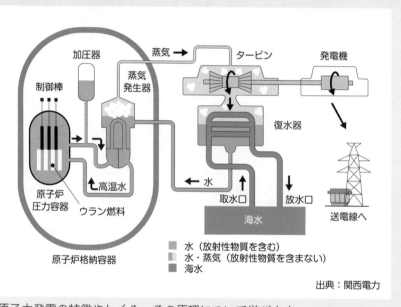

水（放射性物質を含む）
水・蒸気（放射性物質を含まない）
海水

出典：関西電力

原子力発電の特徴やしくみ，その原理について学びます。

傾向と対策

· 計算問題中心

1問$/$20問中

	H27	H28	H29	H30	R1	R2	R3	R4上	R4下	R5上
原子力発電	1	1	1	1	1	1	1	1	1	1

ポイント

核分裂に関する問題は，論説，計算問題ともに出題されるため，過去問を繰り返し解いて慣れるようにしましょう。沸騰水型軽水炉と加圧水型軽水炉それぞれの特徴や相違点について問う問題も出題されるので，イラストを参照して放射性物質や水，蒸気の流れを理解しましょう。試験での出題数は少ないですが，計算量が少なく，短時間で解答できる問題も多いため，確実に得点できるようにしましょう。

SECTION
01 原子力発電

このSECTIONで学習すること

1 原子力発電

原子力発電の特徴について学びます。

2 核分裂

原子力発電における熱エネルギーの発生原理である核分裂について学びます。

3 原子炉

核分裂の連鎖反応を制御して熱エネルギーを得る原子炉について学びます。

4 軽水炉

日本の発電用原子炉の主流である軽水炉について学びます。

5 核燃料サイクル

原子燃料物質を再生して循環利用する核燃料サイクルについて学びます。

1 原子力発電

Ⅰ 原子力発電とは

原子力発電とは，核分裂反応によって発生する熱で蒸気をつくり，その蒸気によりタービンを回して発電を行う発電方式です。つまり，火力発電でも登場した汽力発電の一種です。

原子力発電は地球温暖化の原因となる CO_2 や大気汚染の原因となる窒素酸化物を排出しない利点がありますが，放射性廃棄物の処理や事故発生時に周辺地域に及ぼす甚大な被害など，多くの問題点を抱えています。

Ⅱ 原子力発電の特徴

原子力発電には，以下のような特徴があります。

板書 原子力発電の特徴

- 火力発電と比べて，蒸気が低温・低圧なので熱効率が低い
  ↳火力発電と比べて，タービンを回す蒸気が低温・低圧なので，熱効率も低くなる。

- CO_2 や窒素酸化物を排出しない
  ↳地球温暖化の原因となる CO_2 や大気汚染の原因となる窒素酸化物を排出しない。

- 放射性廃棄物の処理が難しい
  ↳埋設処分以外の現実的な処分方法が存在しない。

- 事故発生時に周辺地域に及ぼす被害が甚大

---

2 核分裂

原子力発電では，核分裂により蒸気の発生に必要なエネルギーを得ます。以下では，核分裂の原理を説明していきます。

I 原子の構造

すべての物質は原子から構成されています。原子は，❶原子核と❷その周囲を回る電子から構成されます。原子核は，正の電荷を持つ陽子と，電荷を持たない中性子から構成されます。

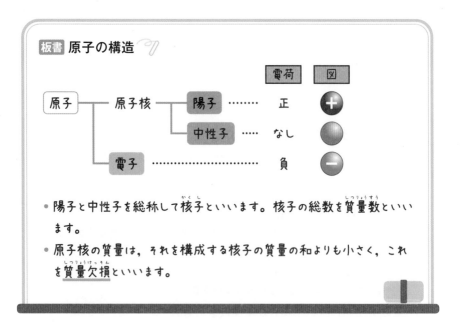

板書 原子の構造

			電荷	図
原子	原子核	陽子	正	➕
		中性子	なし	⬤
	電子		負	➖

- 陽子と中性子を総称して核子といいます。核子の総数を質量数といいます。
- 原子核の質量は，それを構成する核子の質量の和よりも小さく，これを質量欠損といいます。

たとえば，ヘリウム（元素記号：He）原子の構造は次のとおりです。

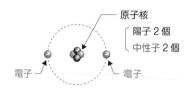

原子核内では陽子どうしが近接しているので，反発し合うクーロン力が働き，陽子が原子核から飛び出すのではないかと思えます。しかし，近接している陽子や中性子の間には核力と呼ばれる強い力が生じており，両者が引き合うので，陽子は原子核内に留まります。

Ⅱ 原子番号と質量数

原子核にある陽子の数を原子番号といい，原子核にある陽子と中性子の数の和を質量数といいます。

ヘリウム原子の場合，陽子の数が2個，中性子の数が2個なので，原子番号は2，質量数は4となります。

ヘリウム原子の元素記号に質量数と原子番号を付記すると，次のようになります。

板書 **原子番号と質量数**

$$\text{質量数} \rightarrow \quad \text{原子番号} \rightarrow \quad {}^{4}_{2}\text{He}$$

原子の化学的な性質は原子番号によって決まります。しかし，原子番号が同じでも質量数（中性子数）が異なる原子があります。そのような原子を同位体と呼びます。

原子力発電の燃料となるウランも同位体を持つ原子です。ウラン原子は原子番号92，元素記号Uですが，質量数234，235，238の同位体が天然に存在します。

ウラン234	ウラン235	ウラン238
$^{234}_{92}\text{U}$	$^{235}_{92}\text{U}$	$^{238}_{92}\text{U}$
天然存在比：0.0054 %	天然存在比：0.71 %	天然存在比：99.28 %

3つの同位体のうち，ウラン235が核燃料として使われます。

ひとこと

　原子力発電の燃料として使用する核分裂性物質のことを，核燃料といいます。

問題集 問題43

原子核に低速の中性子（熱中性子）を衝突させると，原子核は中性子を跳ね返す（散乱）か，吸収します。中性子を吸収した原子核は，中性子を内部に取り込む（捕獲）か，2つ（まれに3つか4つ）の原子核に分裂します。

ひとこと

　原子力発電の燃料であるウランの場合，原子核に熱中性子が衝突すると，ウラン235は核分裂し，ウラン238は中性子を捕獲してプルトニウム239となります。
　プルトニウム239はウラン235と同様に核分裂を起こす核分裂性の原子です。

この, 中性子を吸収した原子核が複数の原子核に分裂する現象を**核分裂**といいます。

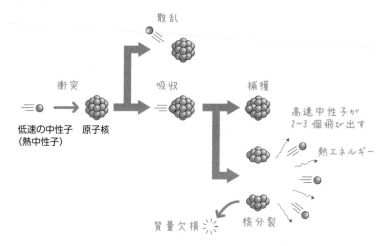

原子核が核分裂を起こすと, 複数の原子核が生成されると同時に, 2~3個の**高速中性子**が飛び出します。

分裂前の原子核の質量と, 分裂後に生成された複数の原子核と高速中性子の質量の総和を比較すると, 分裂後の質量のほうがわずかに小さくなります。この分裂前後の質量の差を**質量欠損**といいます。

なお, 核分裂時には, 質量欠損に比例した非常に大きな熱エネルギーが発生します。原子力発電では, この熱エネルギーを利用して発電します。

ひとこと

核分裂を発生させるには, 原子核に低速の熱中性子を衝突させる必要があります。高速中性子を原子核に衝突させても, 吸収されにくく, ほとんど核分裂は発生しません。

そのため, 原子力発電では, 中性子を減速させる減速材（軽水など）で核燃料の周囲を満たします。

Ⅴ 核分裂エネルギー

「核分裂」に関する説明のなかで，質量欠損に比例した熱エネルギーが発生することを述べました。この核分裂時に発生する熱エネルギーを，**核分裂エネルギー**といいます。

核分裂エネルギーは，アインシュタインが発見した「質量とエネルギーの等価性を表す関係式」により，具体的な数値を求めることが可能です。

公式 質量とエネルギーの等価性

核分裂エネルギー　質量欠損　光速
$$E = m \ c^2$$
[J]　　　　　　　[kg]　[m/s]

核分裂エネルギー：E[J]
質量欠損：m[kg]
光速：$c = 3 \times 10^8$ m/s

? 基本例題 ─────────── 核分裂エネルギー（H23A4改）

ウラン235を3％含む原子燃料が1kgある。この原子燃料に含まれるウラン235がすべて核分裂したとき，ウラン235の核分裂により発生するエネルギー[J]の値を求めよ。

ただし，ウラン235が核分裂したときには，0.09％の質量欠損が生じるものとする。

解答

問題の原子燃料中のウラン235の質量m_u[kg]は，
$$m_u = 1 \times 3 \times 10^{-2} = 3 \times 10^{-2} \text{ kg}$$
m_u[kg]のウラン235が核分裂したときに生ずる質量欠損m[kg]は，
$$m = m_u \times 0.09 \times 10^{-2} = 3 \times 10^{-2} \times 0.09 \times 10^{-2} = 2.7 \times 10^{-5} \text{ kg}$$
質量とエネルギーの等価性を表す関係式より，問題の原子燃料の核分裂によって発生するエネルギーE[J]は，
$$E = mc^2 = 2.7 \times 10^{-5} \times (3 \times 10^8)^2 = 2.43 \times 10^{12} \text{ J}$$
よって，解答は2.43×10^{12} Jとなる。

問題集 問題44 問題45 問題46 問題47 問題48 問題49

Ⅵ 連鎖反応

　原子核が核分裂を起こすと，2〜3個の高速中性子が飛び出します。この高速中性子を減速材で減速させて熱中性子にすると，新たに2〜3個の原子核を核分裂させることができます。そして，新たに核分裂する原子核からも2〜3個の高速中性子が放出されるので，核分裂反応が連鎖的に発生し，持続されます。これを**連鎖反応**といいます。

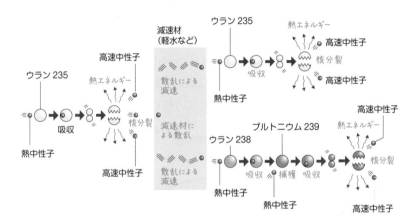

　ただし，すべての中性子が核分裂を発生させるわけではありません。減速材に吸収される場合や，ウラン238に捕獲される場合もあります。

　そのため，核燃料中のウラン235の濃度が低いと，連鎖反応が止まってしまいます。そこで，原子力発電では，ウラン235の含有率を人工的に3％程度まで高めた**低濃縮ウラン**を核燃料として使用します（天然ウランにおけるウラン235の含有率は約0.7％）。

　反対に，連鎖反応が続きすぎると，原子炉内の温度が上昇しすぎて危険な状態になります。そのため，制御棒を炉内に挿入したり，冷却材中にホウ素を添加したり，再循環ポンプにより減速材の流量を減少させたりして，中性子の吸収率を高めて連鎖反応を抑制します。

問題集 問題50

3 原子炉

重要度 ★★★

Ⅰ 原子炉とは

原子炉とは，核分裂の連鎖反応を起こし，それにより生じる熱エネルギーにより軽水などの冷却材を加熱する装置です。火力発電のボイラに相当します。

Ⅱ 原子炉の構成要素

原子炉にはいくつかの種類がありますが，どの原子炉にも共通する構成要素があります。原子炉の大まかな構造は次のとおりです。原子炉は，燃料棒，制御棒，減速材，冷却材，遮蔽材などにより構成されます。

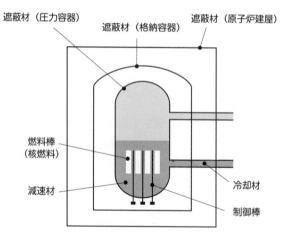

1 燃料棒

燃料棒とは，核燃料を棒状の管に封入したものです。燃料棒に封入する核燃料として，ウラン235の含有率を約3％程度まで高めた低濃縮ウランなどを使用します。

120

ひとこと

　低濃縮ウランは焼き固められてペレット状にされます。ペレット状の低濃縮ウランは，数百個単位で棒状の管に封入され燃料棒となります。さらに，燃料棒は数百本集められて燃料集合体となり，この燃料集合体を原子炉で使用します。

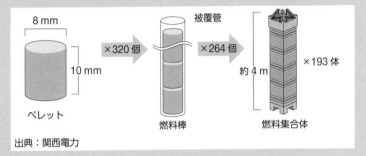

ペレット　　燃料棒　　燃料集合体

出典：関西電力

2　制御棒

　制御棒とは，原子炉内の中性子を吸収し，核分裂の発生を抑制するものです。中性子を吸収しやすいホウ素，カドミウム，ハフニウムを材料として用います。制御棒は出し入れができ，核分裂を抑制する場合は挿入し，促進する場合は引き抜きます。

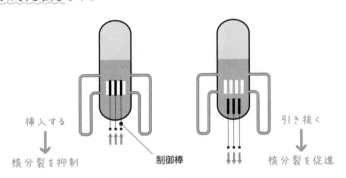

挿入する　　　　　　　　　　　　　　　　引き抜く

核分裂を抑制　　　　　制御棒　　　　　　核分裂を促進

3 減速材

減速材とは，中性子を減速させるためのものです。核分裂時に放出される中性子は高速中性子なので，新たな原子核を核分裂させることがほとんどできません。そのため，減速材で高速中性子を減速させて低速の熱中性子にします。

減速材の材料には，中性子の吸収が小さく減速効果の大きい軽水，重水，黒鉛などを使用します。

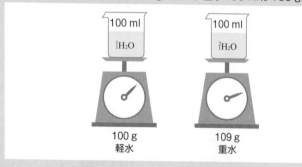

ひとこと

軽水と重水

軽水は，その名のとおり質量が軽い水で，一般的な水の99.985 ％を占めています。普通の水のことです。

重水は，質量が重い水で，一般的な水のうち0.015 ％しか存在しません。

軽水も重水も化学式で表すと，同じ「H_2O」です。

しかし，軽水「H_2O」のなかの水素「H」は質量数1，原子番号1の^1_1Hですが，重水「H_2O」のなかの水素「H」は質量数2，原子番号1の^2_1Hです。そのため，体積が同じ場合，軽水が軽く，重水が重くなります。

ちなみに，軽水100 mlは100 gですが，重水100 mlは109 gあります。

100 ml
$^1_1H_2O$

100 ml
$^2_1H_2O$

100 g
軽水

109 g
重水

減速材が中性子を減速させる原理は次のとおりです。高速中性子が減速材中の原子核に衝突すると，衝突により運動エネルギーを失い速度が低下します。また，減速材中の原子核は中性子の吸収が小さいので，高速中性子は高確率で散乱します。散乱した高速中性子は別方向へと飛んでいき，再びほかの原子核と衝突します。これが繰り返されると，高速中性子は低速になり熱中性子となります。

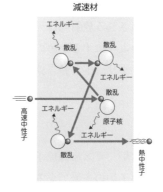

4 冷却材

冷却材（れいきゃくざい）とは，原子炉を冷却するとともに，核分裂により発生した熱エネルギーを外部に取り出すためのものです。

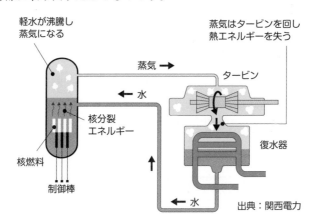

出典：関西電力

軽水は核分裂による熱エネルギーを受け取ることで沸騰し，蒸気となります。蒸気となった軽水はタービンを回す仕事をすることで，熱エネルギーを失います。つまり，軽水を媒体として，核分裂エネルギーをタービンを回す仕事に変換し，エネルギーを外部に取り出しています。

冷却材の材料には，中性子の吸収が小さく，熱伝達率や比熱が大きいものが適しています。具体的には，軽水，重水，二酸化炭素，液体金属などが用いられます。

軽水炉では，冷却材と減速材の両方に軽水を使用します。

核分裂した原子核から放出される放射線は，人体に有害です。遮へい材はこの放射線が外部に漏れないようにするためのものです。

遮蔽材の材料として，コンクリート，鉛，鉄などが用いられます。

4 軽水炉 重要度 ★★☆

原子炉には，軽水炉，重水炉，ガス冷却原子炉，液体金属原子炉などがありますが，ここでは発電用原子炉の主流である軽水炉とその種類について説明します。

I 軽水炉とは

軽水炉とは，減速材と冷却材の両方に軽水を使用する原子炉のことです。軽水炉では，核燃料として低濃縮ウランを使用します。

軽水炉には，❶沸騰水型軽水炉（BWR：Boiling Water Reactor）と❷加圧水型軽水炉（PWR：Pressurized Water Reactor）の2種類があります。

板書 **原子炉の種類**

| 原子炉の種類 | 軽水炉の種類 |

原子炉 ┤ 軽水炉 ┤ 沸騰水型軽水炉（BWR）
　　　　　　　　　　　　　加圧水型軽水炉（PWR）

　　　　　重水炉
　　　　　ガス冷却原子炉
　　　　　液体金属原子炉
　　　　　…

Ⅱ 沸騰水型軽水炉（BWR）

沸騰水型軽水炉（BWR）とは，原子炉で直接蒸気を発生させ，その蒸気を
タービンに送る方式の軽水炉です。

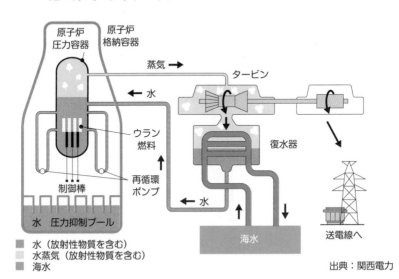

出典：関西電力

再循環ポンプは，原子炉内の軽水の流量を調整する装置です。圧力抑制プ
ールは，蒸気が格納容器に漏れ出した場合に，凝縮させて格納容器内の圧力
を抑制する装置です。沸騰水型軽水炉には，以下のような特徴があります。

板書 沸騰水型軽水炉の特徴

• 原子炉で直接蒸気を発生させるので，タービンや復水器が放射性物
質に汚染される。そのため，タービンなどに遮蔽対策が必要。

• 制御棒の抜き差しと再循環ポンプの流量調整により，原子炉の出力
制御を行う。

• 沸騰水型原子炉に特有の装置として，再循環ポンプ，圧力抑制プー
ルがある。

ひとこと

　核分裂により，大きな熱エネルギーが発生すると，核燃料周辺の軽水は沸騰し，気泡が発生します。しかし，気泡は軽水に比べて中性子の減速効果が小さいため，熱中性子の発生が抑制されます。その結果，核分裂の連鎖反応も抑制され，原子炉の出力が低下してしまいます。

　そこで，再循環ポンプを使います。再循環ポンプにより原子炉内の軽水流量を増加させると，核燃料周辺に発生した気泡が押し流され，沸騰していない軽水に入れ替わります。軽水は減速効果が大きいので，原子炉の出力が上昇します。

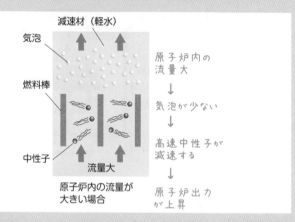

　逆に，再循環ポンプにより原子炉内の流量を減少させると，核燃料周辺に発生した気泡がそのまま残るので，原子炉の出力が低下します。

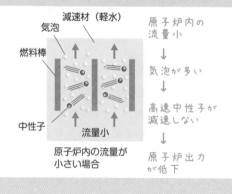

ひとこと

　沸騰水型軽水炉では，なんらかの原因で出力が上昇すると，減速材である軽水の沸騰が激しくなり，軽水中の気泡が多くなります。気泡は軽水に比べて中性子の減速効果が小さいため，熱中性子の発生が抑制されます。その結果，核分裂の連鎖反応が抑制され，出力が低下します。

　つまり，沸騰水型軽水炉は，出力の上昇を自然に抑制する機能を持っています。このことをボイド効果といいます。

Ⅲ 加圧水型軽水炉（PWR）

加圧水型軽水炉（PWR）とは，原子炉内で直接蒸気を発生させず，高温・高圧の熱水により蒸気発生器で蒸気を発生させ，その蒸気をタービンに送る方式の軽水炉です。

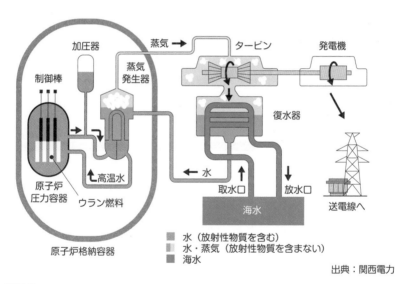

出典：関西電力

加圧器は，原子炉内の圧力を高める装置です。原子炉内の圧力を高めることにより，軽水の沸点を高くし，軽水を沸騰させずに高温・高圧の熱水として循環させます。

蒸気発生器は，一次側（図中の■部分）の高温・高圧の熱水により二次側

（図中の■部分）の軽水を加熱して蒸気を発生させる装置です。一次側の放射性物質を含んだ軽水が二次側の軽水と混じらないので，タービンや復水器が放射性物質に汚染されません。

　加圧水型軽水炉には，沸騰水型軽水炉と比較して，次のような特徴があります。

板書 加圧水型軽水炉（PWR）の特徴

- 一次側と二次側の軽水が混じらないので，タービンや復水器が放射性物質に汚染されない。
- 制御棒の抜き差しとホウ素濃度の調整により，原子炉の出力制御を行う。ホウ素は中性子を吸収しやすいので，ホウ素濃度を高めると，原子炉の出力が低下する。
- 加圧水型軽水炉に特有の装置として，加圧器，蒸気発生器がある。
- 加圧器により加圧するため，原子炉内の圧力が高い。
- 熱効率が若干低い。
- 加圧水型は原子炉内に気水分離器や乾燥器がないので，原子炉のサイズが小さい。

 ひとこと

原子炉⇔蒸気発生器を循環する冷却材を，一次冷却材といいます。
　蒸気発生器→タービン→復水器→蒸気発生器を循環する冷却材を，二次冷却材といいます。

ひとこと

　沸騰水型軽水炉では制御棒は原子炉下部に設置され，加圧水型軽水炉では制御棒が原子炉上部に設置されています。

　加圧水型のように制御棒が原子炉上部に設置されている場合，緊急時には自重により制御棒を挿入できるので，安全上有利です。

　しかし，沸騰水型では，燃料棒上部に気水分離器を設置する必要があるため，原子炉上部に制御棒を設置しても，燃料棒の間に制御棒を挿入することができません。そのため，原子炉下部に設置されます。

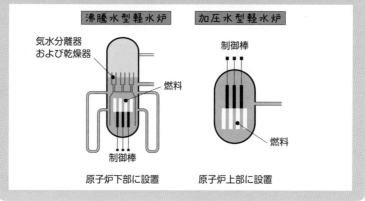

問題集　問題51　問題52　問題53　問題54　問題55

5　核燃料サイクル　重要度★★★

　一度使用した原子燃料物質を再生して循環利用することを核燃料サイクルといいます。

板書　核燃料サイクル ✐

❶　ウラン鉱山からウラン鉱石を採掘します。

↓

❷　ウラン鉱石を化学処理し，粉末状のウラン精鉱にします。

　ウラン精鉱はイエローケーキと呼ばれます。

↓

❸ イエローケーキを，気化しやすい六ふっ化ウラン（UF₆）にします。

↓

❹ 気化した六ふっ化ウランを濃縮します。

（たとえば，気化した六ふっ化ウランを遠心分離装置のなかで高速回転させます。すると，質量が大きい²³⁸Uが壁側に集まり，質量が小さい²³⁵Uが中心部に集まります。これを何段階も行います。）

↓

❺ 濃縮UF₆を加工しやすくするため，再び化学処理して粉末状の濃縮二酸化ウランUO₂に転換にします。

↓

❻ 粉末状の濃縮UO₂を高温で焼き固めてペレットをつくります。これを金属の管（被覆管）に詰めて燃料棒とし，さらにそれらを束ねて燃料集合体を製造します。

↓

❼ 原子力発電所で利用します。

（使用済み燃料にも1％程度のウランとプルトニウムが残っています）

↓

❽ 使用済み燃料を再処理工場で処理して原子燃料として再利用します。

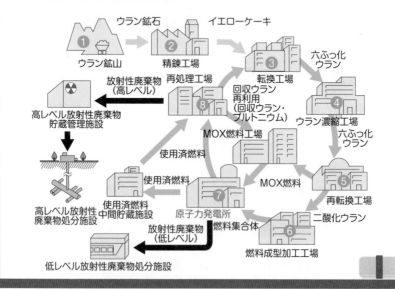

問題集　問題56

CHAPTER **04**

その他の発電

その他の発電

太陽光発電など，環境にやさしい自然エネルギーを活用した発電方法の特徴について学びます。各発電方法のしくみや，それぞれのメリット，デメリットについて考えます。

このCHAPTERで学習すること

SECTION 01 その他の発電

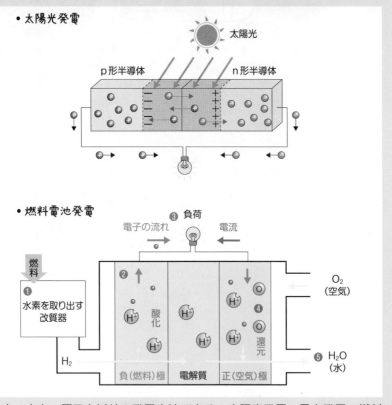

• 太陽光発電

• 燃料電池発電

水力，火力，原子力以外の発電方法である，太陽光発電，風力発電，燃料電池発電などについて学びます。

傾向と対策

出題数

1問 / **20問中**

・論説問題中心

	H27	H28	H29	H30	R1	R2	R3	R4上	R4下	R5上
その他の発電	1	1	1	1	0	1	1	1	1	1

ポイント

各発電方法の説明の穴埋めや，正誤を問う問題が出題されます。そのため，各発電で使用される原料や発電効率を意識し，特徴について説明できるようにすることが大切です。太陽電池や燃料電池については，理論，機械の科目とも関連する内容です。試験での出題数は少ないですが，覚える範囲は広くないので，確実に得点できるようにしましょう。

SECTION 01 その他の発電

このSECTIONで学習すること

1 太陽光発電

太陽光を発電に利用する太陽光発電について学びます。

2 風力発電

風の運動エネルギーを発電に利用する風力発電について学びます。

3 地熱発電

地中のマグマにより加熱された熱水と蒸気を発電に利用する地熱発電について学びます。

4 燃料電池発電

水素と酸素の化学反応により発電する燃料電池発電について学びます。

5 バイオマス発電と廃棄物発電

動植物が生成・排出する有機物を燃料として利用するバイオマス発電と, 廃棄物を焼却するときの熱を発電に利用する廃棄物発電について学びます。

1 太陽光発電

重要度 ★★★

I 太陽光発電とは

太陽光発電とは，太陽電池モジュールに太陽光をあてることにより，光エネルギーを直接電気エネルギーに変換する発電方式です。太陽光発電には，以下のような特徴があります。

板書 太陽光発電の特徴

- 出力が<u>直流</u>である
  ↳太陽電池の出力は直流であるため，インバータにより交流に変換する必要があります

- 発電に燃料が不要で，<u>CO_2 を排出しない</u>

- 出力が気象条件や<u>日照時間</u>に左右される

- エネルギー変換効率が<u>15〜20 ％程度と低い</u>
  ↳太陽光の光エネルギーのうち，15〜20 ％程度しか電気エネルギーに変換できません

問題集 問題57

II 太陽電池 理論

1 太陽電池とは

太陽電池とは，p形半導体とn形半導体を接合し，電極を設けたものです。半導体部分に光があたると直流の起電力が発生し，発電します。「電池」と呼ばれていますが，電気を充電することはできず，発電のみを行います。

ひとこと

太陽電池と同じように，「電池」という名がついているにもかかわらず，充電できず発電のみ行うものに，燃料電池があります。

2　太陽電池の構造

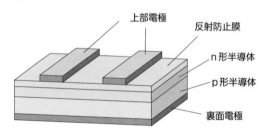

上部電極
反射防止膜
n形半導体
p形半導体
裏面電極

　p形半導体とn形半導体を接合したものが中央にあり，それを電極で挟むという単純な構造です。反射防止膜は，入射した太陽光が反射して太陽電池外部へ逃げることを防ぐ膜です。

3　太陽電池の発電原理

①　p形半導体には正の電荷を持つ正孔が多数キャリヤとして存在しています。n形半導体には負の電荷を持つ自由電子が多数キャリヤとして存在しています。

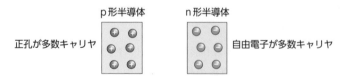

p形半導体　　　　n形半導体

正孔が多数キャリヤ　　　　　　　　　　　自由電子が多数キャリヤ

② p形半導体とn形半導体を接合すると，拡散現象により，p形半導体の正孔はn形半導体へ移動し，n形半導体の自由電子はp形半導体へと移動します。

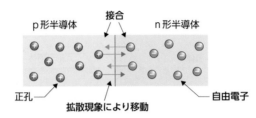

③ p形半導体へ移動してきた自由電子は接合面付近で正孔と結合し，n形半導体へ移動してきた正孔は接合面付近で自由電子と結合します。すると，接合面付近にキャリヤが存在しない空乏層（くうぼうそう）が生まれます。

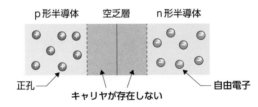

④ 自由電子が移動してきた空乏層のp形半導体側は，自由電子が過剰になるので負に帯電し，正孔が移動してきた空乏層のn形半導体側は，正孔が過剰になるので正に帯電します。

その結果，空乏層には内蔵電界が発生します。

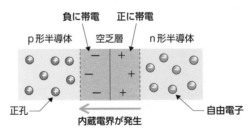

⑤　半導体に太陽光をあてると，太陽光の光エネルギーにより自由電子と
　　正孔が発生します。この自由電子と正孔は，内蔵電界によって，それぞ
　　れn形半導体とp形半導体へと移動します。

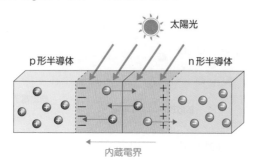

⑥　太陽光により生成された自由電子と正孔の移動により，n形半導体は
　　負に帯電し，p形半導体は正に帯電します。その結果，両半導体間に起
　　電力が現れます。

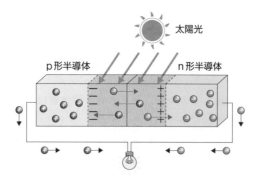

4 太陽電池の種類

太陽電池は，その材料により，いくつかの種類に分類できます。

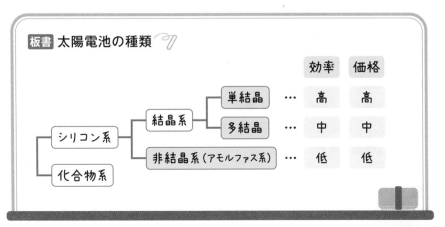

問題集 問題58

Ⅲ 太陽光発電設備

住宅用太陽光発電設備は，次のような構成になっています。

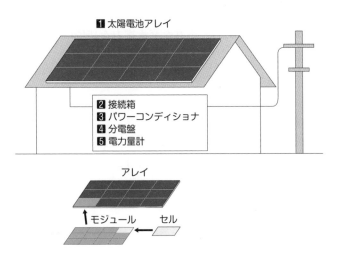

139

1　太陽電池アレイ

　太陽電池の基本構成素子を**太陽電池セル**といいます。太陽電池セルの出力電圧は約1Vです。必要な電圧・電流を得るために，太陽電池セルを直並列接続したものを**太陽電池モジュール**といい，さらに必要な出力を得るために，太陽電池モジュールを直並列接続したものを**太陽電池アレイ**といいます。

2　接続箱

　太陽電池アレイからの配線を集約し，直流電力をパワーコンディショナへと送ります。直流開閉器を内蔵し，逆流防止機能と雷サージによる過電圧を放電する機能を備えています。

3　パワーコンディショナ

　パワーコンディショナは，直流を交流に変換する**インバータ**と**系統連系保護装置**と**高調波フィルタ**により構成されています。

　系統連系保護装置は，太陽光発電設備または系統に異常が発生した場合に，太陽光発電設備を系統から遮断または安全に停止させます。

　高調波フィルタは，直交変換時に発生する高調波を抑制します。

4　分電盤

　パワーコンディショナでつくられた交流電力を住宅内の負荷（家電製品）に分配する装置です。

5　電力量計

　売電用電力量計と買電用電力量計があります。

　売電用電力量計は電力会社に売却する余剰電力量を計算し，買電用電力量計は電力会社から購入する電力量を計算します。

 問題集 問題59

2 風力発電

重要度 ★★★

Ⅰ 風力発電とは

<ruby>風力発電<rt>ふうりょくはつでん</rt></ruby>とは，風の運動エネルギーにより風車を回転させ，風車とつながっている発電機を回すことで電気エネルギーを得る発電方式です。

Ⅱ 風力発電の特徴

風力発電には，以下のような特徴があります。

板書 風力発電の特徴

- 出力が風の強さや向きなどの気象条件に左右される
- エネルギー変換効率が40 %程度と低い
  ↳風の運動エネルギーのうち，40 %程度しか電気エネルギーに変換できません
- 発電に燃料が不要で，CO_2を排出しない

ひとこと

風力発電に利用される風は，弱すぎても強すぎてもうまくいきません。風力発電機は一定風速以上になって初めて発電を開始します。このときの風速をカットイン風速といいます。また，風速が大きくなりすぎると，発電機は発電を停止します。このときの風速をカットアウト風速といいます。

Ⅲ 風の運動エネルギー

風車が受ける風の運動エネルギーを求めます。

風速を v[m/s]，風車の受風面積を A[m^2] とします。単位時間あたりに通過する空気の体積は vA[m^3/s] となります。

ここで空気の密度を ρ[kg/m^3] とすると，単位時間あたりに通過する空気の質量は ρvA[kg/s]になります。

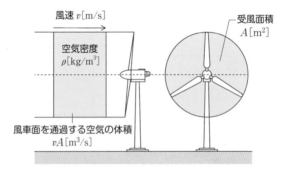

これを運動エネルギーの公式に当てはめると，

$$W = \frac{1}{2}mv^2$$
$$= \frac{1}{2}\rho vAv^2$$
$$= \frac{1}{2}\rho Av^3[\text{J/s}] \cdots [\text{J/s}] は [\text{W}]$$

となり，単位時間当たりの風の運動エネルギー W は<u>風速 v の3乗に比例する</u>ことがわかります。

風力発電機の出力 P は，単位時間当たりの風の運動エネルギーに風力発電

機の総合効率を掛けて求められるので，風力発電機の出力Pも風速vの3乗に比例することがわかります。

公式 **単位時間当たりの風の運動エネルギー**

$$W = \frac{1}{2}\rho A v^3$$

単位時間当たりの風の運動エネルギー：W[J/s]，[W]
空気の密度：ρ [kg/m³]
風車の受風面積：A[m²]
風速：v[m/s]

板書 **風力発電機の出力P**

- 風力発電機の出力Pは，風の運動エネルギーWの1乗に比例する
- 風力発電機の出力Pは，受風面積Aの1乗に比例する
- 風力発電機の出力Pは，風速vの3乗に比例する

ひとこと

高校の物理で習う運動エネルギーの公式は次のとおりです。

$$W = \frac{1}{2}mv^2$$ （運動エネルギー：W[J]，質量：m[kg]，速度：v[m/s]）

問題集 問題60 問題61 問題62

3 地熱発電

重要度 ★★★

Ⅰ 地熱発電とは

地熱発電とは，地中のマグマにより加熱された熱水から蒸気を取り出し，その蒸気によりタービンを回して発電する発電方式です。

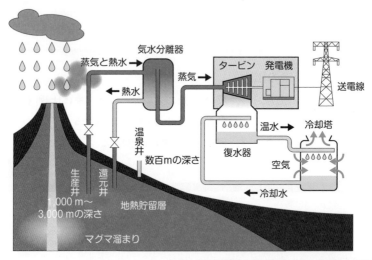

出典：独立行政法人石油天然ガス・金属鉱物資源機構

ひとこと

地熱発電は，蒸気の力でタービンを回すので汽力発電の一種といえます。

4 燃料電池発電

機械　重要度 ★★☆

Ⅰ 燃料電池発電とは

燃料電池発電とは，燃料電池内部で水素と酸素を化学反応させることにより，電気エネルギーを取り出す発電方式です。水の電気分解と逆の化学反応を利用しています。

燃料電池発電には，次のような特徴があります。

板書 燃料電池発電の特徴

- **出力が直流である**
  ↳燃料電池の出力は直流であるため，インバータにより交流に変換する必要があります。

- **発電効率が35〜60%程度と高い**
  ↳コージェネレーションの導入により排熱を有効利用すれば，総合効率を80%程度まで上げることができます。

- **窒素酸化物を排出しない**
  ↳大気汚染の原因となる窒素酸化物を排出しません。

- **騒音や振動が少ない**
  ↳騒音や振動が少ないので，電気を利用する需要家の近くに電源を設置することが可能です。

ひとこと

コージェネレーションとは，発電を行うとともに，発電のさいに発生する熱を回収して冷暖房や温水生成などに有効利用するシステムのことをいいます。燃料電池発電だけでなく，火力発電やガスタービン発電などにもコージェネレーションが導入されています。

板書 燃料電池発電の原理

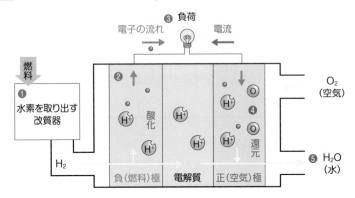

❶改質器で，天然ガスなどの燃料から水素（H_2）を取り出します。この
とき二酸化炭素（CO_2）を排出します。

❷負極（燃料極）中の触媒の働きにより，水素（H_2）が水素イオン（H^+）
となり，電子（e^-）を放出します。このときの化学反応は以下の化学
反応式で表されます。

$$2H_2 \rightarrow 4H^+ + 4e^-$$

❸放出された電子が負極から負荷を通って正極（空気極）へと移動する
ことにより，電流が流れます。この現象が発電に相当します。

❹正極において，電解質中を移動してきた水素イオンと，導体中を移動
してきた電子と，外部から取り込んだ空気中の酸素（O_2）が結合して
水（H_2O）となります。このときの化学反応は以下の化学反応式で表さ
れます。

$$4H^+ + 4e^- + O_2 \rightarrow 2H_2O$$

また，この化学反応によって大きな熱が発生します。

❺水が外部に排出されます。

Ⅲ 燃料電池の種類

燃料電池は使用する電解質の種類によって，以下のように分類されます。

形式	固体高分子形	りん酸形	溶融炭酸塩形	固体酸化物形
電解質	固体高分子膜 （イオン交換膜）	りん酸 (H_3PO_4)	炭酸リチウム等 (Li_2CO_3)	安定化ジルコニア ($ZrO_2 + Y_2O_3$)
燃料	水素	水素	水素，一酸化炭素	水素，一酸化炭素
動作温度	常温〜約90℃	約200℃	約650℃	約1000℃
発電出力	〜50 kW	〜1000 kW	1〜10万 kW	1〜10万 kW
発電効率	30〜40 %	35〜42 %	40〜60 %	40〜65 %

問題集 問題63 問題64

5 バイオマス発電と廃棄物発電 重要度★★★

Ⅰ バイオマス発電とは

バイオマス発電とは，動植物が生成・排出する有機物を燃料として利用する発電方式です。たとえば，木材加工時に出る木くず，さとうきびから得られるエタノール，家畜のふんから発生するメタンガスなどを燃料として利用します。

> バイオマスとは，石油などの化石燃料を除いた，動植物による有機性の資源をいいます。バイオマス（biomass）は，生物を表すバイオ（bio）と，かたまりを表すマス（mass）の合成語です。

植物は光合成を行うと二酸化炭素（CO_2）を吸収し，内部に炭素（C）を蓄積します。この植物が燃焼することによって発生する二酸化炭素の量は，植物が吸収した量と等しいため，全体としての二酸化炭素量は増えません。バイオマス発電のこのような性質を**カーボンニュートラル**といいます。カーボンとは炭素のことです。

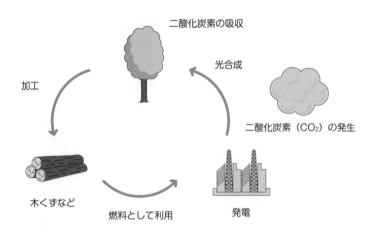

二酸化炭素の吸収

光合成

加工

二酸化炭素（CO₂）の発生

木くずなど

燃料として利用

発電

廃棄物発電とは

　廃棄物発電とは，廃棄物を焼却するときに生じる熱を利用して蒸気をつくり，蒸気タービンを回す発電方式です。捨てるだけの廃棄物から電力を得られる大きな利点がありますが，発電効率が低く，出力が安定しないなどの問題があります。

問題集 問題65 問題66 問題67 問題68

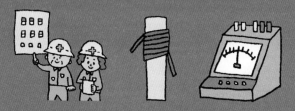

CHAPTER **05**

変電所

変電所

発電所で発電した電気は，変電所と呼ばれる施設で適切な電圧や周波数に調整され，工場や私たちの家に送られます。この単元では，変電所の役割や，使用される機器の構成，特徴について学びます。

このCHAPTERで学習すること

SECTION 01 変電所

- 変圧器
- 遮断器
- 断路器
- 避雷器
- 計器用変成器
- 零相変流器
- 保護継電器
- 調相設備

変電所の役割と構成について学びます。

傾向と対策

出題数

1〜2問／20問中

・論説問題中心

	H27	H28	H29	H30	R1	R2	R3	R4上	R4下	R5上
変電所	2	1	1	2	2	1	2	2	1	1

ポイント

試験では，変電所に設置される機器の動作に関する説明や，調相設備の力率改善に関する計算問題が出題されます。設置される機器の説明には，似たような用語が多いため，違いをしっかりと理解しましょう。調相設備による力率改善の計算問題は，CH10電力計算や，理論，法規の問題とも関連するため，繰り返し解いて慣れることが大切です。

SECTION
01 | 変電所

このSECTIONで学習すること

1 変電所

変電所の役割と構成を学びます。

2 変圧器

電圧の昇降を行う変圧器について学びます。

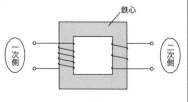

鉄心

一次側　二次側

3 遮断器

負荷電流や異常電流を遮断する遮断器について学びます。

4 断路器

無負荷時に電路の開閉を行う断路器について学びます。

5 避雷器

雷による過電圧から機器を保護する避雷器について学びます。

6 計器用変成器

大電流や高電圧を計器が測定できる大きさに変換する計器用変成器について学びます。

7 零相変流器

地絡事故を検出する零相変流器について学びます。

8 保護継電器（保護リレー）

電力系統の故障を検知する保護継電器について学びます。

9 ガス絶縁開閉装置

絶縁性と消弧能力の高いSF$_6$ガスを封入した開閉装置であるガス絶縁開閉装置について学びます。

10 調相設備

無効電力を吸収して力率を改善する調相設備について学びます。

1 変電所

重要度 ★★★

I 変電所とは

変電所とは，発電所やほかの変電所から送られてきた電気の電圧や周波数を変えて，工場や家庭などの需要家やほかの変電所へ送り出す施設です。

変電所には，変圧以外にも力率の調整などさまざまな役割があるため，変圧器以外にも調相設備や遮断器などの設備が設置されています。

変電所にはいくつかの分類方法があります。

用途による分類	送電用変電所，配電用変電所，周波数変換所
電圧による分類	超高圧変電所，一次変電所，二次変電所，配電用変電所
監視制御方式による分類	常時監視制御変電所，断続監視制御変電所，遠隔監視制御変電所，簡易監視制御変電所
形式による分類	屋外式変電所，屋内式変電所，半屋内式変電所，地下式変電所，移動式変電所

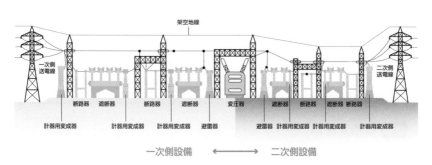

変電所を構成する機器のうち，主要なものは次のとおりです。次項からそれぞれ詳しく解説します（かっこ内の番号は項番号）。

板書 変電所の主要機器

- 変圧器（**2**）
- 遮断器（**3**）
- 断路器（**4**）
- 避雷器（**5**）

- 計器用変成器（**6**）
- 零相変流器（**7**）
- 保護継電器（**8**）
- 調相設備（**10**）

---

2 変圧器

重要度 ★★★

Ⅰ 変圧器とは

変圧器とは，電圧を上げたり（昇圧），下げたり（降圧）する機器です。

構造は 機械 で詳しく学習しますが，簡単にいうと，巻数の異なる一次コイルと二次コイルを1つの鉄心に巻きつけたものです。

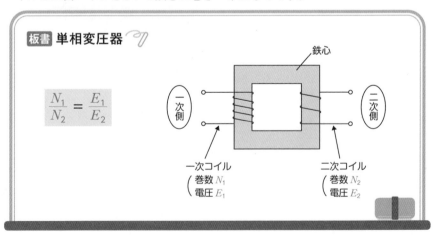

板書 単相変圧器

$$\frac{N_1}{N_2} = \frac{E_1}{E_2}$$

一次側　　　　　　　　鉄心　　　　　　　二次側

一次コイル
$\begin{pmatrix} 巻数\ N_1 \\ 電圧\ E_1 \end{pmatrix}$

二次コイル
$\begin{pmatrix} 巻数\ N_2 \\ 電圧\ E_2 \end{pmatrix}$

154

一次コイルに交流電圧を加えると鉄心中に磁束が生じ，二次コイルに誘導起電力が発生します。一次・二次の巻数比と電圧の比は等しいため，巻数を変えることによって，電圧を上げたり下げたりすることができます。

Ⅱ 負荷時タップ切換変圧器

負荷時タップ切換変圧器（ふかじ）（きりかえへんあつき）とは，二次側の電圧を一定に保つために，タップを切り換えることによって変圧比を調整する機器です。

送電中の負荷が接続された状態のままでもタップの切り換えが可能なので，停電させることなく変圧比を調整して二次側の電圧を一定に保つことができます。

Ⅲ 三相変圧器の結線方法

三相変圧器は結線方法によって次のような特徴があります（機械）。

板書 三相変圧器の結線方法の特徴

① Y-Y，Δ-Δ，V-Vなどのように，一次側と二次側を<u>同じ結線でつなぐ場合は，一次電圧（線間電圧）と二次電圧（線間電圧）に位相差がない</u>。

② Δ-Y，Y-Δなどのように，<u>一次側と二次側を異なる結線でつなぐ場合は，一次電圧（線間電圧）と二次電圧（線間電圧）に30°の位相差がある</u>。

③ Y結線が含まれる結線法では，<u>中性点接地</u>ができ，接地が容易である。

④ Δ結線が含まれる結線法では，<u>第3高調波</u>が循環し，外部に出ないため，誘導障害が起こらない。

以上をまとめると，三相変圧器の結線方法と特徴は次のようになります。

板書 結線方法

結線	中性点接地	誘導障害	位相差	特徴
Y-Y	可能	<u>発生する</u>	なし	難点が多く使いにくいため，Y-Y-Δにして使う
Δ-Δ	不可能	発生しない	なし	1台故障しても∨-∨結線として運転できる
V-V	不可能		なし	変圧器2台で運転できる 出力（利用率）が小さい
Δ-Y	可能	発生しない	二次側30°進み	昇圧に適しており，送電端に使われる
Y-Δ	可能	発生しない	二次側30°遅れ	降圧に適しており，受電端に使われる
Y-Y-Δ	可能	発生しない	<u>なし</u>	第3高調波が発生しない 一次巻線と二次巻線間はY-Y結線となり，位相差はない

ひとこと

　　第3高調波とは，基本周波数の3倍の周波数を持つ高調波で，機器に悪影響を及ぼします（[理論]）。

ひとこと

　　中性点接地をすると，地絡事故が起こったときに，異常電圧の発生を防いで機器を保護できます。地絡とは，電線が大地につながってしまった状態をいいます。

問題集 問題69 問題70

Ⅳ 変圧器の鉄心

変圧器の鉄心の材料には，鉄にケイ素を混ぜたケイ素鋼（そこう）と，非結晶構造のアモルファス合金（ごうきん）の2つがおもに使われています。

アモルファス合金は，ケイ素鋼に比べて硬くて腐食に強く，鉄損が少ないという長所があります。一方で，加工性が悪い，高価などの短所があります。

また，鉄心には絶縁被覆をした薄いケイ素鋼などを積み重ねた積層鉄心（せきそうてっしん）が使われます。積層鉄心を使うことによって，渦電流損（うずでんりゅうそん）（鉄損（てっそん））を低減することができます（機械）。

ひとこと

そういえば…　渦電流損は，鉄板の厚さの2乗に比例するので，絶縁被覆した薄い材料を積み重ねることによって低減することができます（理論）。

3 遮断器　重要度★★★

Ⅰ 遮断器とは

遮断器（しゃだんき）とは，電路の開閉を行う装置（ブレーカー）です。断路器と違って負荷電流が流れている状態でも動作させることができます。

遮断器は，常時の負荷電流を遮断するだけでなく，短絡や地絡などの事故が生じたとき（非常時）の異常電流を遮断し，事故箇所を系統から切り離す役割があります。

ひとこと

ふむ ふむ　短絡（たんらく）とは，異なる相の電線どうしがつながってしまい，電線に大きな電流が流れてしまう状態をいいます。地絡（ちらく）とは，電線が大地につながってしまい，電流が大地に漏れている状態をいいます。「絡」にはつながるという意味があります。

遮断器にはアークの消弧方法によっていくつか種類があり，ここでは，ガス遮断器，空気遮断器，真空遮断器，油遮断器，磁気遮断器について説明します。

II　ガス遮断器

　ガス遮断器（GCB：Gas Circuit Breaker）とは，消弧能力と絶縁性の高いSF_6（六ふっ化硫黄）ガスを圧縮してアークに吹きつけることによって消弧する遮断器です。

　ガス遮断器には，次のような特徴があります。

板書 ガス遮断器の特徴

①空気遮断器と比べて開閉時の騒音が小さい

②空気遮断器と比べて小型で，据え付け面積が小さい

③ほかの遮断器に比べて遮断性能に優れており，高電圧の遮断に使われている

Ⅲ 真空遮断器

真空遮断器（VCB : Vacuum Circuit Breaker）とは，真空中で電極を開閉させることによってアーク生成物を真空中に拡散する遮断器です。

真空遮断器の電極は，真空バルブ内にあり，真空中で可動電極を動かすことによって開閉を行います。真空バルブ内の真空度を保つために，ベローズを使って可動部をカバーしたり，アークシールドを使って発生したアークの金属蒸気を吸着したりします。

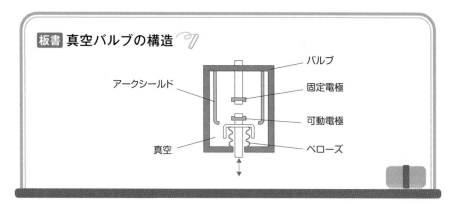

板書 真空バルブの構造

アークシールド
バルブ
固定電極
可動電極
真空
ベローズ

真空遮断器には，次のような特徴があります。

板書 真空遮断器の特徴
①空気遮断器と比べて開閉時の騒音が小さい
②空気遮断器と比べて小型・軽量である
③ガス遮断器と比べて電圧が低い系統に使われている

その他の遮断器には以下のような種類があります。

名称	説明	特徴
空気遮断器 （ABB：Air Blast Circuit Breaker） ※ Blastは突風	圧縮空気をアークに吹きつけることによって消弧する遮断器	・開閉時の騒音が大きい ・大型で，据え付け面積が大きい ・保守が容易である
油遮断器 （OCB：Oil Circuit Breaker）	絶縁油中で電極を開閉させ，絶縁油で消弧する遮断器	・開閉時の騒音が小さい ・構造が簡単である ・火災に注意する必要がある
磁気遮断器 （MBB：Magnetic Blow-out Circuit Breaker）	電流の遮断を電磁力によって支援する遮断器 遮断電流によって発生する磁力によってアークを吸引し，アークシュートに押し込めて消弧する遮断器	・高い頻度の開閉に耐えられる ・保守が容易である

問題集　問題71

4　断路器　重要度★★☆

Ⅰ　断路器とは

断路器とは，電流が流れていないとき（無負荷時）に電路の開閉を行う開閉器（スイッチ）です。

一般的に断路器は電流を遮断できないため，負荷電流が流れている状態で開閉を行うことができません。もし，負荷電流が流れている状態で断路器を開閉すると，アーク放電が発生し，断路器が焼損するほか，人身事故が起こることがあります。

ひとこと

断路器は充電電流程度であれば，開閉できます。

160

ひとこと

　断路器は，JEC規格（電気学会電気規格調査会標準規格）において，「定格電圧のもとにおいて，単に充電された電路を開閉するもので，負荷電流の開閉をたてまえとしないものをいう」と定義されています。

ひとこと

　開閉器の「開」とはスイッチの接点を開いて電気が流れないようにすることで，「開放」「切る」と表現されます。「閉」とはスイッチの接点を閉じて電気が流れるようにすることで，「投入」「入れる」と表現されます。

ひとこと

　異常時に安全装置によって接点が「開」になることを，「（ブレーカーが）落ちる」「（遮断器が）動作する」と表現します。また，その状態から再び接点を「閉」にすることを「再投入」といいます。

問題集 問題72

Ⅱ 断路器と遮断器の開閉順序

　断路器は基本的に電流を遮断できないため，電流を遮断できる遮断器とセットで使われます。断路器は一次側，遮断器は二次側に設置します。

　送電を停止するときは，まず遮断器を開放して電流を遮断してから，断路器を開放して機器を切り離します。送電を開始するときは，まず断路器を投入して機器を接続してから，遮断器を投入して電流を流します。

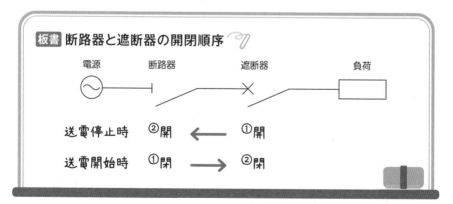

この順番を誤ると，断路器が焼損するほか，人身事故につながります。これを防止する機能として，インタロック機能があります。

インタロック機能とは，遮断器を入れた状態では断路器を開閉できないという機能で，これによって送電開始時，送電停止時の機器の損傷や人身事故を防ぎます。

5 避雷器 重要度 ★★★

Ⅰ 避雷器とは

避雷器とは，雷や回路の開閉などによって大きな過電圧が発生した場合に，放電により機器を保護する機器です。

雷によって発生する過電圧のことを，雷サージ電圧といい，回路の開閉によって発生する過電圧のことを，開閉サージ電圧といいます。雷サージ電圧には，直撃雷によるものと誘導雷によるものがあります。

ひとこと

避雷器では，直撃雷を防ぐことはできません。

 問題集 問題73

Ⅱ 避雷器の動作

通常時には，避雷器に電流は流れませんが，過電圧が発生した場合には，避雷器はただちに動作して大地に放電し，電圧の上昇を抑制して機器を保護します。この抑制された電圧のことを避雷器の制限電圧といいます。

また，過電圧の放電に引き続いて交流電流が大地に流れようとします。この電流のことを続流といいます。

続流が大地に流れると地絡状態になるため，放電後は続流をなるべく早く遮断して，元の状態に戻す必要があります。 問題集 問題74

162

Ⅲ 絶縁協調

絶縁協調とは，最も経済的かつ合理的に絶縁強度の設計を行うことです。

機器の絶縁は，考えられる過電圧にすべて耐えられるような設計をするのが理想ですが，コスト面からみて現実的ではありません。そのため，避雷器によって制限電圧を設けて，機器の絶縁強度をそれ以上にすることで，絶縁強度設計や機器配置などを経済的，合理的に決定します。

問題集 問題75 問題76

Ⅳ 避雷器の分類

避雷器の素材には，炭化けい素（SiC）や酸化亜鉛（ZnO）などが用いられています。酸化亜鉛は優れた電圧-電流特性を有するため，現在はおもに酸化亜鉛形の避雷器が使われています。

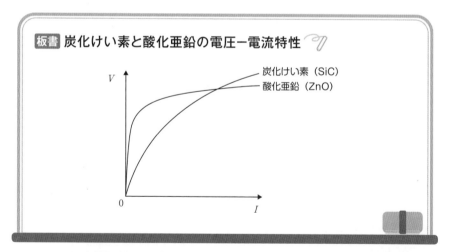

板書 炭化けい素と酸化亜鉛の電圧ー電流特性

ひとこと

酸化亜鉛の電圧-電流特性とは，「電圧が低いあいだはほとんど電流が流れず，ある電圧を超えると急激に電流が流れるようになる」特性のことで，これを非直線特性といいます。

また，避雷器の構造には，すきま（ギャップ）のあるギャップ付避雷器と，すきま（ギャップ）のないギャップレス避雷器があります。

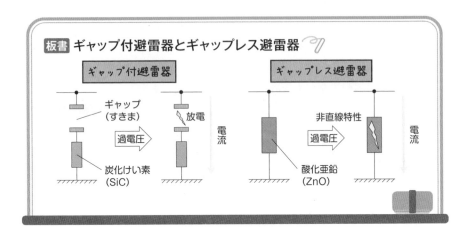

板書　ギャップ付避雷器とギャップレス避雷器

ギャップ付避雷器

ギャップ
（すきま）
過電圧
炭化けい素
（SiC）
放電
電流

ギャップレス避雷器

非直線特性
過電圧
酸化亜鉛
（ZnO）
電流

　ギャップ付避雷器はすきまがあるため，定格電圧以下のときは電流を流しませんが，過電圧が加わるとギャップ間で放電を起こし，大地に放電します。

　ギャップレス避雷器は，素子に酸化亜鉛を使用しているため，定格電圧以下のときは電流を流しませんが，過電圧が加わると酸化亜鉛の非直線特性によって電流が流れるようになり，大地に放電します。

　発変電所用避雷器として，現在はおもに酸化亜鉛形ギャップレス避雷器が使われています。

6　計器用変成器　　重要度★★☆

I　計器用変成器とは

　計器用変成器とは，大電流や高電圧を，計器や保護装置が測定できる程度の大きさに変換する機器です。

　計器用変成器にはおもに，電流を変換する計器用変流器（CT）と，電圧を変換する計器用変圧器（VT）の2つがあります。

II 計器用変流器とは

計器用変流器は，一次側の大電流を小電流に変換して二次側に出力する機器です。

変流比は巻数比に反比例するため，一次コイルの巻数を少なくし，二次コイルの巻数を多くすることで，一次側の大電流を二次側において小電流として取り出すことができます。

板書 計器用変流器の取り扱い

- 二次側には低インピーダンスの負荷を接続する（≒短絡する）。
- 一次側に電流が流れている状態で二次側を開放してはならない。

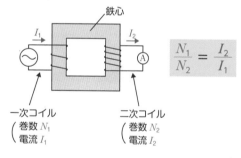

鉄心

一次コイル
（巻数 N_1
　電流 I_1）

二次コイル
（巻数 N_2
　電流 I_2）

$$\frac{N_1}{N_2} = \frac{I_2}{I_1}$$

二次コイルの巻数が多いほど電流は小さくなる。
$\qquad\quad N_2 \qquad\qquad\qquad I_2$

問題集 **問題77**

Ⅲ 計器用変圧器とは

計器用変圧器は，一次側の高電圧を二次側で低電圧に変換する機器です。

変圧比は巻数比に比例するため，一次コイルの巻数を多くし，二次コイルの巻数を少なくすることで，一次側の高電圧を低電圧に変換することができます。

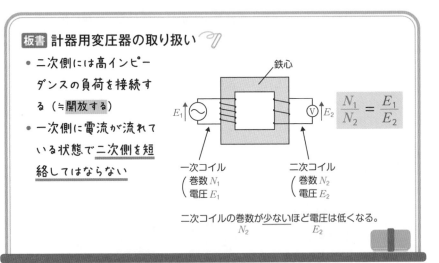

板書 計器用変圧器の取り扱い

- 二次側には高インピーダンスの負荷を接続する（≒開放する）
- 一次側に電流が流れている状態で二次側を短絡してはならない

鉄心

E_1 E_2

$$\frac{N_1}{N_2} = \frac{E_1}{E_2}$$

一次コイル
（巻数 N_1
電圧 E_1）

二次コイル
（巻数 N_2
電圧 E_2）

二次コイルの巻数が少ないほど電圧は低くなる。
N_2 E_2

ひとこと

計器用変流器→低インピーダンス負荷を接続して，絶対に開放不可。
計器用変圧器→高インピーダンス負荷を接続して，絶対に短絡不可。

7 零相変流器

重要度 ★★☆

I 零相変流器とは

<u>零相（れいそう・ぜろそう）変流器</u>（ZCT）とは，地絡事故が起こったときの<u>電流の不平衡を検出する機器</u>です。

零相変流器は三相分の電線を一括して変流器に貫通させているため，通常時は三相が平衡して二次側に電流は流れません。しかし，地絡事故が発生すると，三相が不平衡になり，二次側に電流が流れます。これを利用して，二次側に保護継電器を設置し，電流が流れたときに遮断器を開放するようにしておくと，地絡事故発生時に迅速に故障箇所を切り離すことができます。

ひとこと

通常の変流器は，短絡保護に使われますが，零相変流器は地絡保護に使われます。通常の変流器には1本の電線を通すのに対し，零相変流器は3本の電線を束ねて通します。

ひとこと

地絡事故が起こったときに流れる電流のことを，零相電流といいます。

問題集 問題78

8 保護継電器（保護リレー） 重要度★★★

I 保護継電器（保護リレー）とは

保護継電器（保護リレー） とは，計器用変成器を介して電力系統の故障を検知して，すばやく故障箇所を切り離すための制御信号を遮断器に発する機器です。

保護継電器には，おもに次のようなものがあります。

種類	説明
過電流（過電圧）継電器	電流（電圧）が設定した値を上回った場合に動作する。短絡故障に対しては瞬時に保護し，過負荷故障に対しては限時特性によって一定時間が経過した後に保護する。
不足電流（不足電圧）継電器	電流（電圧）が設定した値を下回った場合に動作する。
地絡過電流継電器	零相変流器によって地絡電流を検出し，地絡電流が設定した値を上回ったときに動作する。
地絡方向継電器	地絡したときに発生する電流（零相電流）と電圧（零相電圧）を計器用変成器で検出し，その大きさと零相電圧に対する零相電流の位相の関係により動作する。ケーブルのこう長が長い場合には，誤動作（不必要動作）防止のために地絡方向継電器が使われる。
差動継電器	保護区間に流入する電流と，流出する電流のベクトル差により動作する。
比率差動継電器	差動継電器の一種で，電流の誤差を検知して動作することを防ぐために，電流の比によって動作する。
ブッフホルツ継電器	急激な油流の変化や分解ガス量から，変圧器内部の故障を検知して動作する。

ひとこと

　限時とは，異常を検知してから動作を行うまでの時間のことです。一瞬だけ過電流が流れて，すぐに通常の値に戻る場合に，そのつど遮断器に信号を送っていては，頻繁に停電が起こってしまいます。これを防ぐために（遮断器に信号を送るかどうかを判断するために），限時特性を用います。

差動継電器
　通常は，流入する電流と流出する電流の値は同じですが，故障時には差ができ，差動継電器はこれを検知して動作します。

ブッフホルツ継電器
　ブッフホルツ継電器は，故障を機械的に検出する継電器です。重大な故障につながる軽度な故障（絶縁劣化）を，分解ガス量から事前に検知することができます。

　電力設備の保護には，主保護と後備保護があります。主保護は事故が発生したときに，はじめに動作して設備を保護します。また，後備保護は，主保護で保護しきれなかった場合に，主保護よりも遅れて動作して設備を保護することです。

Ⅱ 保護協調

　保護協調とは，故障が発生したときに故障が起こった系統以外への影響を防ぐために，あらかじめ各系統の継電器の動作時間や動作する電流の値などを調整することです。

　動作時間や動作する電流の値を決めることを整定といい，整定された値を整定値といいます。

　故障が発生したとき，故障が発生した系統のみを切り離し，ほかの系統に影響を及ぼさないようにするために，故障が発生した系統の継電器が一番早く動作するようにします。

板書 保護協調の例

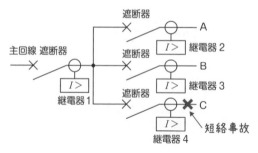

主回線の継電器1が先に動作すると，事故が起こっていないA,B系統も停電してしまう

→事故が起きたC系統の継電器4を，主回線の継電器1よりも早く動作するように調整する

　保護協調は，設備の経済性を考慮しながら迅速かつ確実に被害を最小限に抑えることができるように設計します。

ひとこと

　保護協調をより広い範囲で考えると，たとえば，需要家で起きた事故が電力会社の配電用変電所やほかの需要家へ波及しないように，需要家の保護継電器を配電用変電所の継電器よりも先に動作するように調整します。

問題集 問題79

170

9 ガス絶縁開閉装置 重要度★★★

Ⅰ ガス絶縁開閉装置とは

ガス絶縁開閉装置（GIS）とは，断路器，遮断器，避雷器，計器用変成器，変流器，母線などを金属容器に収納し，絶縁性と消弧能力の高いSF_6ガス（六ふっ化硫黄ガス）を封入して小型化した信頼性が高い装置です。充電部を支持する絶縁物には，おもにエポキシ樹脂などの固体絶縁体が用いられます。

板書 ガス絶縁開閉装置の特徴

ガス絶縁開閉装置…断路器，遮断器，避雷器，計器用変成器，変流器などがセットになっている。

長所

❶ 様々な機器が1つの容器に収められておりコンパクトなため，変電所用地を小さくでき，経済的である

❷ 天候や塩害，塵埃等の外部環境の影響を受けにくく，信頼性が高い

❸ SF_6ガスは不燃性・不活性のため，火災の危険性や絶縁物の劣化がなく，安全性・信頼性が高い

❹ 充電部が密閉され，金属容器は接地されているため，安全性が高い（感電の危険が少ない）

❺ 工場で組立てが可能なため，据付工期が短くなる

短所

❶ 金属容器に収められているため，内蔵機器を直接目視で点検できず，内部事故時の復旧時間が長い

問題集 問題80

10 調相設備

I 調相設備とは

調相設備とは，受電端電圧を一定に保つために，無効電力を吸収して力率を改善する設備です。

調相設備は，電力用コンデンサ，分路リアクトル，静止形無効電力補償装置 (SVC)，同期調相機の4つがあり，負荷と並列に接続します。

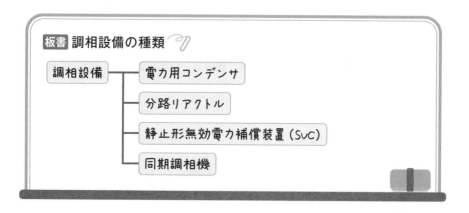

板書 調相設備の種類

- 調相設備
  - 電力用コンデンサ
  - 分路リアクトル
  - 静止形無効電力補償装置 (SVC)
  - 同期調相機

電力用コンデンサは，力率を進めるために用いられ，分路リアクトルは力率を遅らせるために用いられます。静止形無効電力補償装置 (SVC) と同期調相機は，力率を進めることも遅らせることもできます。

皮相電力を $S[\text{V·A}]$，有効電力を $P[\text{W}]$，無効電力を $Q[\text{var}]$ とすると，板書 のようなベクトル図を書くことができます。

板書 調相設備の役割 🖊

進み

S

P

Q

分路リアクトル
…遅らせる

遅れ

P

Q

S

電力用コンデンサ
…進ませる

静止形無効電力補償装置
(SVC)

と

同期調相機
…遅らせる・進ませる
どちらも可能

皮相電力：S[V・A]，有効電力：P[W]，無効電力：Q[var]

ひとこと

「力率を改善する」とは，力率を1に近づけることです。無効電力Qを0に近づけると，力率（$P \div S$）が1に近づきます。

ひとこと

「遅れ」のことを「遅相」「誘導性」などともいい，「進み」のことを「進相」「容量性」などともいいます。

II 電力用コンデンサ

電力用コンデンサは，電力系統から進み無効電力を吸収し，力率を改善する機器です。重負荷時には遅れ無効電力の消費が大きくなるため，電力用コンデンサを使って進み無効電力を吸収（＝遅れ無効電力を供給）し，受電端電圧の低下を抑制します。

Ⅲ 分路リアクトル

　分路リアクトルは，電力系統から遅れ無効電力を吸収し，力率を改善する機器です。軽負荷時には進み無効電力の消費が大きくなるため，分路リアクトルを使って遅れ無効電力を吸収（＝進み無効電力を供給）し，受電端電圧の上昇を抑制します。

問題集 問題81 問題82 問題83

Ⅳ 静止形無効電力補償装置（SVC）

　静止形無効電力補償装置（SVC）は，電力用コンデンサと分路リアクトルの並列回路に半導体スイッチ（サイリスタ）を接続したもので，遅れから進みまでを高速かつ連続的に制御して，力率を改善する機器です。

ひとこと

　サイリスタについては，機械 のパワーエレクトロニクスで学習します。

Ⅴ 同期調相機

　同期調相機とは，界磁電流を調整することで力率を遅れから進みまで連続的に制御して，力率を改善する機器です。

　同期調相機は無負荷で運転する同期電動機で，界磁電流を増やすと進み力率になり，界磁電流を減らすと遅れ力率になります。これは，電機子電流と界磁電流の関係を示したＶ曲線から理解することができます（機械）。

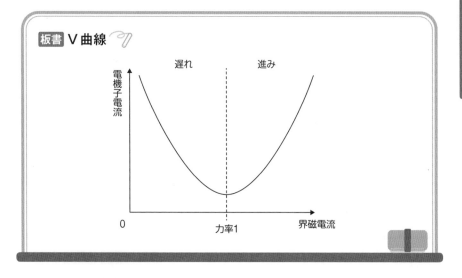

板書 V曲線

ひとこと

同期調相機は回転機であるため，保守管理に時間がかかり，騒音が発生し，高価であるなどの欠点があります。

問題集 問題84 問題85 問題86

Ⅵ 力率の計算

　力率を改善するために必要な調相設備の容量は，皮相電力，有効電力，無効電力のベクトル図より計算します。

基本例題 ─────────────────── 力率の改善（電力用コンデンサ）

　三相変圧器に遅れ力率0.85の三相負荷500kWが接続されているとき，力率を1とするために必要な電力用コンデンサ容量[kvar]の値を求めなさい。

解答

三相負荷の無効電力は，

$$500 \times \frac{\sqrt{1 - 0.85^2}}{0.85} \fallingdotseq 310 \text{ kvar}$$

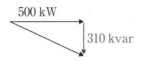

したがって，310 kvarの容量の電力用コンデンサを接続すれば，無効電力は0になり，力率が1になる。

よって，解答は310 kvarとなる。

問題集　問題87　問題88　問題89

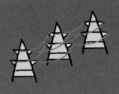

CHAPTER 06

送電

送電

発電所から変電所まで，変電所から変電所までの電線路を送電線路といいます。この単元では，送電線路の構成や，送電線で生じる障害，対策について学びます。

このCHAPTERで学習すること

SECTION 01 複線図と単線図

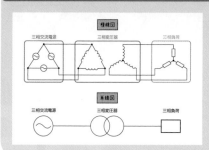

回路図の2つの描き方である複線図と単線図について学びます。

SECTION 02 架空送電線路

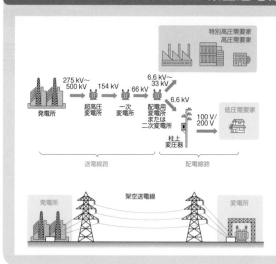

鉄塔に張った送電線で電気を送る架空送電線路について学びます。

SECTION 03 充電電流

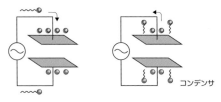

負荷なしで電源を接続したとき電線に流れる充電電流について学びます。

SECTION 04 線路定数

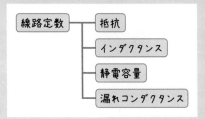

電線路の持つ抵抗やインダクタンス,静電容量,漏れコンダクタンスを表す線路定数について学びます。

SECTION 05 送電線のさまざまな障害

さまざまな障害 —— ・振動・・・微風振動, ギャロッピングなど
・雷害・・・落雷による障害
・コロナ放電・・・空気の絶縁が破壊されて電線表面から放電
・静電誘導障害・・・静電誘導による障害
・電磁誘導障害・・・電磁誘導による障害
・フェランチ効果・・・受電端電圧>送電端電圧
・過電圧・・・最高電圧を超える異常電圧

振動, 雷害, コロナ放電, 静電誘導障害, 電磁誘導障害, フェランチ効果,過電圧といった, 送電線のさまざまな障害について学びます。

- 非接地方式
- 直接接地方式
- 抵抗接地方式
- 消弧リアクトル接地方式

変圧器二次側の中性点を大地に接続する中性点接地の目的と方法，特徴について学びます。

SECTION 07 直流送電

交流を直流に変換して送電し，受電側で再び交流に変換する直流送電の方法について学びます。

傾向と対策

出題数

1〜3問 / 20問中

・論説問題中心

	H27	H28	H29	H30	R1	R2	R3	R4上	R4下	R5上
送電	2	1	3	2	2	3	1	2	1	1

ポイント

試験では，送電線路に使用される機材の用途や，送電線で発生する障害と対策，中性点接地の目的と方式について問われる問題が出題されます。障害が発生する原理や，接地方式の等価回路は，理論科目で学ぶ考え方が重要になるため，しっかりと復習しましょう。この単元も覚える用語や特徴が多く，他の科目と関連した内容です。

SECTION 01 複線図と単線図

このSECTIONで学習すること

1 複線図と単線図

回路図の2種類の描き方である複線図と単線図について学びます。

1 複線図と単線図 重要度★★★

回路図は描き方によって❶複線図と❷単線図に分類されます。

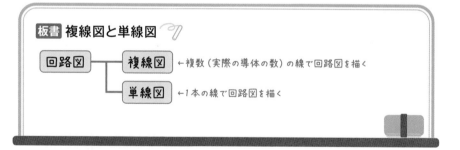

板書 複線図と単線図

回路図 ┬ 複線図 ←複数（実際の導体の数）の線で回路図を描く
　　　　└ 単線図 ←1本の線で回路図を描く

ひとこと

複線図は 理論 で学習した回路図の描き方です。電力 や 法規 では複線図に加えて，単線図の読み方もマスターする必要があります。

　ここでは，①電源から②単相変圧器を介して③2つの負荷に電気を供給する電気回路を，複線図と単線図を使って比較します。

I 複線図

複線図とは，回路素子どうしの電気的な接続を，回路素子の間につながれている実際の導線に対応する実線で表したものです。

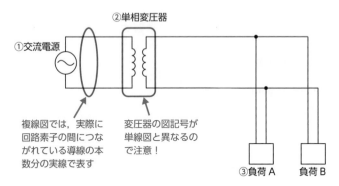

複線図では，実際に回路素子の間につながれている導線の本数分の実線で表す

変圧器の図記号が単線図と異なるので注意！

II 単線図

単線図は，電源，変圧器，負荷をつなぐ複数の電線を1本の実線で表した回路図のことです。

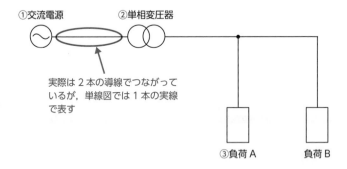

実際は2本の導線でつながっているが，単線図では1本の実線で表す

III 複線図と単線図の違い

複線図と単線図の違いをまとめると次のようになります。

	複線図	単線図
特徴	電気的接続を実際につながれている導線の本数分の実線で表す。	電気的接続を1本の実線で表す。
図記号の違い（三種に係るもの）	三相交流電源 Y結線 Δ結線	三相交流電源 または
	単相変圧器	単相変圧器
	三相変圧器 Δ結線 Y結線 または Δ結線　　Y結線	三相変圧器 または 三相変圧器の結線を記号で明示する場合もある。この場合は一次側がΔ結線，二次側がY結線。 Δ　Y

特に三相変圧器が含まれる三相交流回路は，複線図と単線図で表現が大きく異なります。

次の図は，三相変圧器が含まれる三相交流回路を，複線図と単線図で描いたものです。両者を同じ回路と認識できるようにしましょう。

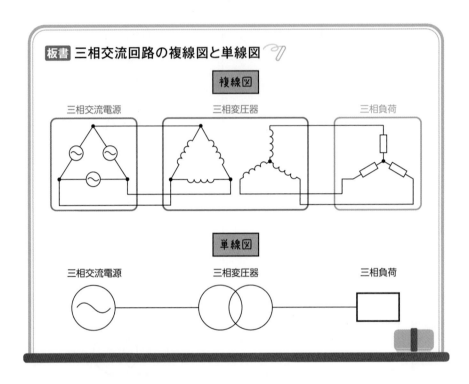

SECTION

02

架空送電線路

このSECTIONで学習すること

1 電線路

電気を輸送する道である電線路について学びます。

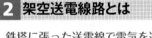

2 架空送電線路とは

鉄塔に張った送電線で電気を送る架空送電線路について学びます。

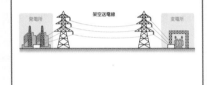

3 架空送電線路の構成

架空送電線路を構成する，送電線，支持物，がいし，架空地線などについて学びます。

1 電線路

重要度 ★★★

I 電線路の分類

電気を輸送する道である<mark>電線路</mark>は，送電線路と配電線路の2つに分類されます。

<mark>送電線路</mark>とは，発電所から変電所まで，変電所から変電所までの電線路のことをいいます。<mark>配電線路</mark>とは，変電所から需要家までの電線路のことをいいます。

<mark>発電所</mark>とは，電気を発生させる場所です。<mark>変電所</mark>とは，発電所や変電所から送られた電気の電圧や周波数を変え，需要家や他の変電所へ送り出す場所です。<mark>需要家</mark>とは，電気を消費する人，会社，設備などのことです。

板書 電線路まとめ 🖊

送電線路	配電線路
発電所～変電所 変電所～変電所	変電所～需要家

- <mark>発電所</mark>…電気を発生させる場所
- <mark>変電所</mark>…発電所などから送られた電気の電圧などを変えて送り出す場所
- <mark>需要家</mark>…電気を使う人，会社，設備など

→送り先が需要家である電線路は配電線路，それ以外は送電線路と覚えてもよいです。

ひとこと

電気を効率よく送るためには，高い電圧で送電するのが効果的です。
そのため，発電所でつくられた電気は，まず500 kVや275 kVといった超高圧に昇圧されます。
しかし，超高圧の電気を需要家でそのまま使うことはできません。
そのため，需要家に近づくに従い，いくつかの変電所で段階的に降圧することで，200 V，100 Vといった普段私たちが使用している電圧の電気を需要家に供給します。

Ⅱ 電線路の例

発電所から需要家までの送配電線路の例を示すと以下のようになります。

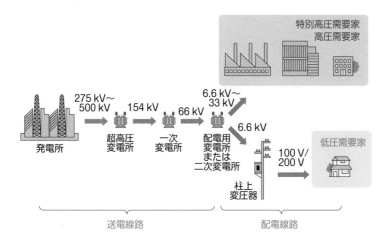

2 架空送電線路とは

架空送電線路とは，地上に鉄塔などを建て，それに送電線を張って電気を送る送電線路です。

架空送電線路は，送電線，支持物，がいし，架空地線などにより構成されています。

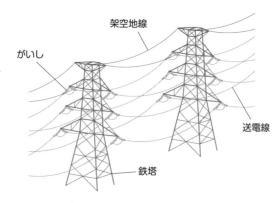

次項からは，それらの架空送電線路の構成物について説明していきます。

3 架空送電線路の構成 重要度★★★

I 送電線

　送電線には，硬銅より線や鋼心アルミより線が多く用いられています。送電線は，一般的に絶縁物で被覆されていません。

1 硬銅より線

　硬銅より線は，導電率の高い硬銅線を複数本より合わせたものです。

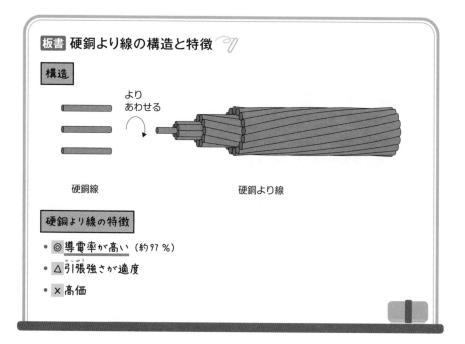

板書 硬銅より線の構造と特徴

構造

より
あわせる

硬銅線　　　　　　　　　　　硬銅より線

硬銅より線の特徴

* ◎ 導電率が高い（約97 %）
* △ 引張強さが適度
* × 高価

2 鋼心アルミより線

　鋼心アルミより線は，中心に引張強さの大きい亜鉛メッキ鋼線を使用し，その周囲に硬アルミ線をより合わせたものです。

板書 鋼心アルミより線の構造と特徴

構造

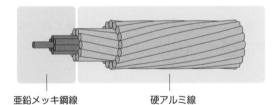

亜鉛メッキ鋼線　　　硬アルミ線

鋼心アルミより線の特徴

- △導電率は比較的よい（約61％）
- ◎硬銅より線に比べ<u>引張強さが大きい</u>
- ◎硬銅より線に比べ<u>安価</u>
- ◎硬銅より線に比べ<u>軽いため</u>，鉄塔にかかる荷重が小さい

  （鉄塔の間隔を広くできる）

- 同一抵抗の硬銅より線に比べ外径が大きい

  → ×風圧荷重が大きくなってしまう

  → ◎<u>コロナ放電が発生しにくい</u>

ひとこと

コロナ放電とは，送電電圧が非常に高い場合に，送電線の周囲の空気の絶縁が破壊され，送電線表面から放電する現象です。コロナ放電は電圧が高いほど，また電線が細いほど発生しやすくなります。コロナ放電が発生すると，コロナ損と呼ばれる電力損失や，通信線への誘導障害，放送電波の受信障害が生じます。

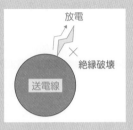

放電

×　絶縁破壊

送電線

3 硬銅より線と鋼心アルミより線の比較

板書 硬銅より線と鋼心アルミより線の比較

	硬銅より線	鋼心アルミより線
導電率	◎高い（約97％）	低い（約61％）
値段	高い	◎安い
引張強さ	小さい	◎大きい
重さ	重い	◎軽い
外径	◎小さい	大きい
風圧荷重	◎小さい	大きい
コロナ放電の発生しやすさ	発生しやすい	◎発生しにくい

4 多導体方式

　日本のほとんどの送電線は三相3線式（交流）です。三相3線式で送電する場合に，一相あたりの電線数を1本で送電する方式を<u>単導体方式</u>といいます。一方，一相あたりの電線数を2本以上にして送電する方式を<u>多導体方式</u>といいます。

ひとこと

　多導体方式では，一相を構成する電線どうしが接触しないように，スペーサで電線の間隔を保持します。

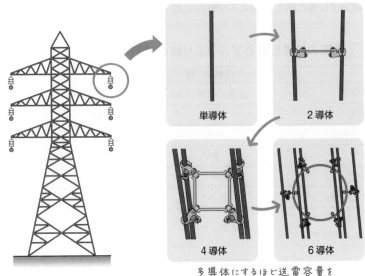

単導体

2導体

4導体

6導体

多導体にするほど送電容量を
大きくすることができます。

多導体には，以下のような特徴があります。

板書 **多導体の特徴**（単導体と比較した場合）

- コロナ放電が発生しにくい
  ↳コロナ放電は電線の断面積が大きいほど発生しにくいです。単導体を多導
    体にすると，単導体の断面積を大きくした場合と同じ効果が得られるため，
    コロナ放電が発生しにくくなる。
- 送電容量が増加する
  ↳同一断面積の単導体と比べて表皮効果が少ないので，電流容量が大きくな
    り，送電容量が増加します。
- 電線のインダクタンスが減少し，静電容量が増加する
- サブスパン振動（SEC05）が発生する
- 電線付属品が多くなるので，建設費が増加する

問題集 問題90

5 送電線の配列

日本の送電線の配列は，下図のような2回線垂直配列方式（かいせんすいちょくはいれつほうしき）が主流です。

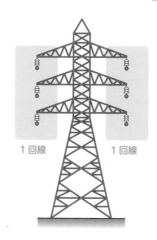

左右の回線は
それぞれ同じ電気を
送っています

1回線　　1回線

2回線垂直配列方式は，2回線がまったく同じ電気を送っているので，1回線で事故が発生しても，残りの1回線で送電を継続することが可能です。

また，次の図のように，各相の離隔距離が異なるため，各相の作用インダクタンスと作用静電容量が等しくありません。その結果，各相の線路の電圧降下が一様ではなくなり，三相不平衡が発生します。この三相不平衡を解消するために，電線の位置を入れ替えるねん架（が）を行います。

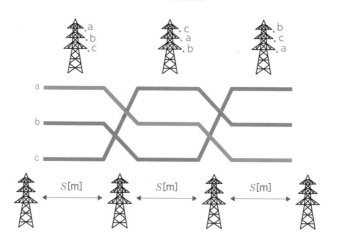

Ⅱ 支持物

支持物とは，鉄塔，鉄柱，鉄筋コンクリート柱，木柱などの電線を支持するための工作物のことをいいます。一般に，送電電圧66 kV以上の架空送電線路の支持物として鉄塔が使用されます。

Ⅲ がいし

がいしとは，電線と支持物を絶縁するために用いるものです。電線と支持物を絶縁することで，電線から支持物を伝って大地に電流が流れることを防ぎます。高電圧や自然劣化に耐える必要があるため，絶縁性能が高く劣化に強い硬質磁器が使われます。

1 がいしの種類
(1) 懸垂がいし
送電線路用として最も多く使われている笠状のがいしです。

複数個を連結して使い，使用電圧に応じて連結個数を増減します。

がいしの共通点として，下図のように内部にひだが設けられています。これは，ひだを設けることで，がいしの表面距離を長くし，がいし表面を伝わる漏れ電流を抑える効果があります。

(2) **長幹がいし**

　円柱形の磁器にひだを設けて，両端に連結金具をつけたがいしです。表面の汚れが雨によって洗い流される雨洗効果が大きいという特徴があります。多数の懸垂がいしを連結したものと同様の見た目をしています。

2　がいしの塩害対策

　海沿いの地域では，海から風によって塩分が運ばれ，がいしの表面に付着します。塩分は導電性物質であるので，がいし表面に塩分が付着すると，がいし表面に漏れ電流が流れます。この漏れ電流は，電波障害や可聴雑音，フラッシオーバ（後述Ⅴ）の原因となります。これを**がいしの塩害**といいます。がいしの塩害対策には，以下のようなものがあります。

板書 がいしの塩害対策 〽

● ひだを深くし，表面距離を長くした耐塩がいしの採用
　↳表面距離を長くすることで，漏れ電流が流れにくくなります。

● がいしにはっ水性物質を塗布する
　↳はっ水性物質を塗布することで，塩分が付着しにくくなります。

● 定期的にがいしの洗浄を行う
　↳がいしの洗浄を行い，がいし表面から塩分を除去します。

問題集 問題91

Ⅳ 架空地線

架空地線とは，鉄塔の最上部に張られる接地線です。

架空地線を鉄塔の最上部に張ると，雷は送電線ではなく架空地線に落ちるので，送電線への直撃雷を防止することができます。また，誘導雷の軽減や，通信線への電磁誘導障害を軽減する効果があります。

架空地線には亜鉛メッキ鋼より線が採用されることが多いですが，近年，光ファイバーを内蔵し，避雷設備としてだけでなく通信線としての機能も持つOPGWと呼ばれる架空地線が普及しています。光ファイバーは落雷や超高圧の送電電圧によって生み出される電磁界の影響を受けないので，架空地線に内蔵しても安定した通信を行うことができます。

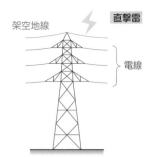

板書 架空地線

架空地線
直撃雷
電線

役割

• 送電線への直撃雷の防止
• 誘導雷の軽減
• 通信線への電磁誘導障害の軽減

Ⅴ 埋設地線

埋設地線（まいせつちせん）とは，鉄塔と大地をつなぐ接地線です。

鉄塔の接地抵抗が大きいと，鉄塔または架空地線に落雷したときに，鉄塔の電位が送電線の電位よりも非常に高くなります。その結果，がいしに非常に高い電圧が加わるので，がいしの絶縁が破壊されて鉄塔から送電線へ放電が発生し，雷電流（らいでんりゅう）が送電線へと流れてしまいます。これを**逆フラッシオーバ**といいます。

埋設地線を設置すると，鉄塔の接地抵抗が減少するので，落雷により発生する雷電流が大地へと流れていき，逆フラッシオーバの発生を防止できます。

板書 埋設地線 🌱

架空地線　　　　　**直撃雷**

埋設地線

役割

• 鉄塔の接地抵抗を減少→逆フラッシオーバの防止

ひとこと

フラッシオーバと逆フラッシオーバ
　フラッシオーバとは，送電線に異常電圧が発生したり，がいし表面に汚れが付着してがいしの絶縁が低下したときに，送電線から鉄塔へ放電し，送電線→がいし→鉄塔→大地へと電流が流れる現象のことをいいます。
　逆フラッシオーバとは，鉄塔または架空地線に雷が直撃したときに，鉄塔の電位が送電線の電位よりも非常に高くなると，がいしの絶縁が破壊されて鉄塔から送電線へ放電し，鉄塔→がいし→送電線へと電流が流れる現象のことをいいます。
　フラッシオーバと逆フラッシオーバでは，電流の流れる方向が反対になります。

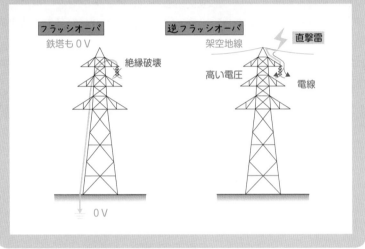

Ⅵ アークホーン

　フラッシオーバや逆フラッシオーバが発生したときに，がいし表面から放電すると，熱や衝撃によってがいしが破損するおそれがあります。これを防止するために，連結したがいしの両端に取りつける金属電極のことを<u>アークホーン</u>といいます。

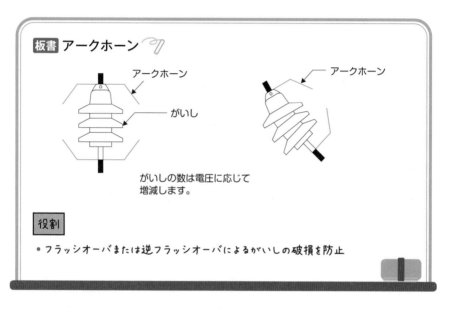

板書 アークホーン

アークホーン

がいし

アークホーン

がいしの数は電圧に応じて増減します。

役割

・フラッシオーバまたは逆フラッシオーバによるがいしの破損を防止

ひとこと

　フラッシオーバや逆フラッシオーバの発生箇所をアークホーン間に誘導することができます。

VII ダンパ

ダンパとは，送電線の振動を抑制するため，送電線に取り付けるおもりです。送電線に微風が吹くと，送電線の背後にカルマン渦と呼ばれる空気の渦が発生し，この渦により電線が上下に振動します。これを微風振動（びふうしんどう）といいます。微風振動が長期間継続すると，送電線は金属疲労により断線するおそれがあるので，ダンパによって微風振動を吸収します。

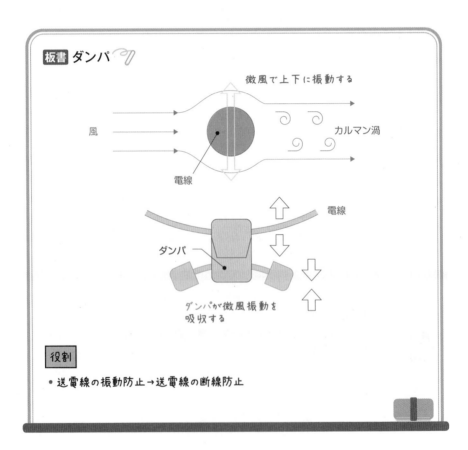

板書 ダンパ

微風で上下に振動する

風

カルマン渦

電線

電線

ダンパ

ダンパが微風振動を吸収する

役割

・送電線の振動防止→送電線の断線防止

VIII クランプ

クランプとは，送電線をがいしに引き留めるために使用される金具です。
送電線とジャンパをつなぐ役割もあります。

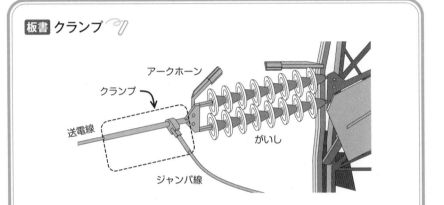

板書 クランプ

アークホーン

クランプ

送電線

がいし

ジャンパ線

役割

• 送電線をがいしに引き留める
• 送電線とジャンパをつなぐ

ジャンパとは，がいしを介して鉄塔に引き留められた送電線間を，電気的に接続する電線のことです。送電線はがいしを介して鉄塔に引き留められているので，送電線どうしは電気的に接続されていません。ジャンパによって送電線どうしをつなぐことで，はじめて2本の送電線は電気的に接続されます。

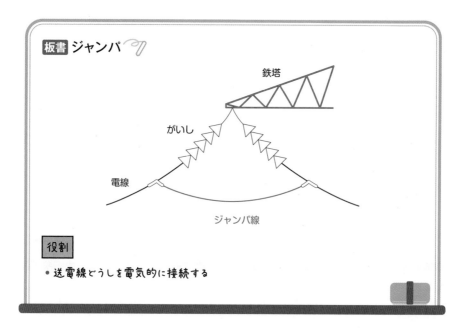

板書 ジャンパ

鉄塔

がいし

電線

ジャンパ線

役割

・送電線どうしを電気的に接続する

X アーマロッド

アーマロッドとは，振動による断線やフラッシオーバ時のアークによる溶断を防止するため，クランプ付近の送電線に巻きつける補強材です。

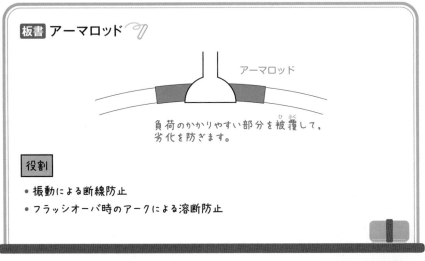

板書 アーマロッド

アーマロッド

負荷のかかりやすい部分を被覆して，劣化を防ぎます。

役割

• 振動による断線防止
• フラッシオーバ時のアークによる溶断防止

問題集 問題92 問題93

SECTION
03

充電電流

このSECTIONで学習すること

1 充電電流

負荷なしで電源を接続したとき，電線に流れる充電電流について学びます。

1 充電電流

重要度 ★★★

I 直流回路における充電電流

直流ではコンデンサを充電する電流を充電電流といいます。直流ではコンデンサに電荷が十分に蓄えられると電流は流れなくなります（理論）。

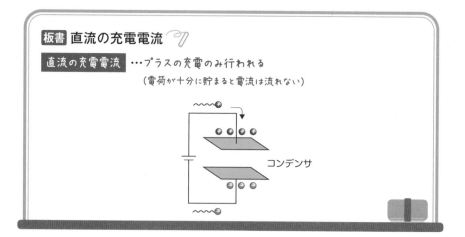

板書 直流の充電電流

直流の充電電流 …プラスの充電のみ行われる
（電荷が十分に貯まると電流は流れない）

コンデンサ

Ⅱ 交流回路における充電電流

交流では電流の向きと大きさが周期的に変化します。したがって，交流電源にコンデンサを接続すると充電と放電（マイナスの充電）が繰り返されます。充電や放電をする電流を**充電電流**といいます。

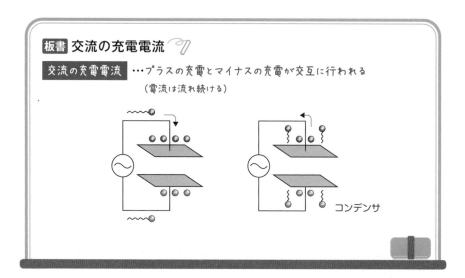

板書 **交流の充電電流**

交流の充電電流 …プラスの充電とマイナスの充電が交互に行われる

（電流は流れ続ける）

コンデンサ

　交流電源が接続されていれば，無負荷状態でも電線に充電電流が流れ続けます。

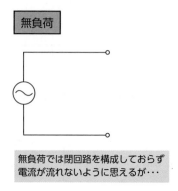

無負荷

無負荷では閉回路を構成しておらず
電流が流れないように思えるが・・・

　送電線には交流電流が流れているので，電子の移動の向きが交互に変化しています。

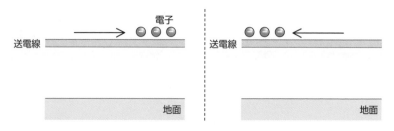

電子

送電線　　　　　　　　　　　　　　　　送電線

地面　　　　　　　　　　　　　　　　地面

　送電線での電子の移動に合わせて，正の電荷が大地の表面に引き寄せられます（理論静電誘導）。その結果，地面に電線があるかのように解釈することができます。

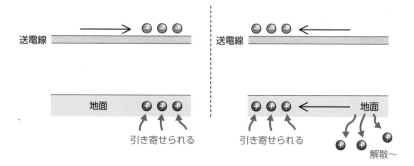

また，送電線（導体）と大地（仮想導体）の間にある空気は絶縁体です。したがって，導体で絶縁体を挟み込んだコンデンサのような状態になっているので，次の回路で表すことができます。

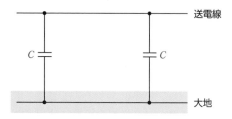

送電線と大地の間にある静電容量を1つのコンデンサとして考えると，無負荷状態は次のような回路で表すことができます。

すなわち，交流電源が接続されていれば，無負荷状態でも電線に充電電流が流れ続けます。しかし，無負荷の回路に流れる充電電流は，有負荷の回路に流れる負荷電流と比べて非常に小さいものです。

以上の考えは送電を理解するうえで重要です。

SECTION 04 線路定数

このSECTIONで学習すること

1 線路定数

電線路の持つ抵抗, インダクタンス, 静電容量, 漏れコンダクタンスを表す線路定数について学びます。

1 線路定数 重要度 ★★☆

線路定数とは, 電線路の持つ抵抗, インダクタンス, 静電容量, 漏れコンダクタンスのことです。これらは, 送配電線路に使用される電線の種類・断面積・配置などによって決まり, 電圧・電流にはほとんど影響されません。

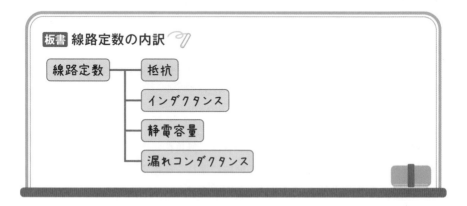

板書 線路定数の内訳

線路定数 ─┬─ 抵抗
　　　　　├─ インダクタンス
　　　　　├─ 静電容量
　　　　　└─ 漏れコンダクタンス

線路定数を無視した理想状態であれば，三相3線式の送電線路は下図左のような非常にシンプルな回路となりますが，実際の送電線路には線路定数が存在するので，下図右のような複雑な回路となります。

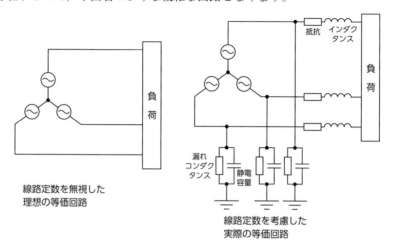

線路定数を無視した
理想の等価回路

線路定数を考慮した
実際の等価回路

Ⅰ 電線の抵抗

電線はおもに銅またはアルミニウムでできています。20℃における銅の抵抗率は $0.0181\ \Omega\cdot\mathrm{mm}^2/\mathrm{m}$，アルミニウムの抵抗率は $0.0286\ \Omega\cdot\mathrm{mm}^2/\mathrm{m}$ と非常に小さいですが，導体は非常に長いので，電線の抵抗は無視できない値となります。

たとえば，アルミニウム部分の断面積 $A = 410\ \mathrm{mm}^2$，こう長 $\ell = 4\ \mathrm{km}$，抵抗率 $\rho = 0.0286\ \Omega\cdot\mathrm{mm}^2/\mathrm{m}$ の鋼心アルミより線の抵抗値 $R\,[\Omega]$ は，

$$R = \rho \times \frac{\ell}{A} = 0.0286 \times \frac{4 \times 10^3}{410} \fallingdotseq 0.279\ \Omega$$

となります。

1 抵抗の温度係数

温度が上がると金属の抵抗率は大きくなるので，電線の抵抗は大きくなります。温度変化前の抵抗値を$R_1[\Omega]$，抵抗温度係数を$\alpha_R[°C^{-1}]$，温度変化前の温度を$t_1[°C]$，温度変化後の温度を$t_2[°C]$とすると，温度変化後の抵抗値$R_2[\Omega]$は，

$$R_2 = R_1\{1 + \alpha_R(t_2 - t_1)\}[\Omega]$$

となります。

抵抗温度係数 α_R とは，単位温度あたりの抵抗率の変化率です。

2 表皮効果

電線に交流が流れると，電線断面の中心部分で電流が流れにくくなり，実質的な断面積が減少するので，電線の抵抗が大きくなります。これを表皮効果といいます。周波数が高いほど，表皮効果は大きくなります。

Ⅱ 電線のインダクタンス

コイルに交流が流れると電流が時間的に変化し，それにより磁束が時間的に変化し，その結果，誘導起電力が発生します。誘導起電力$e[V]$，磁束の時間変化$\dfrac{\Delta\phi}{\Delta t}$，電流の時間変化$\dfrac{\Delta I}{\Delta t}$の関係は次式で表すことができます。

$$e = -N\frac{\Delta\phi}{\Delta t} = -L\frac{\Delta I}{\Delta t}[V]\cdots①$$

上式より，誘導起電力$e[V]$と電流の時間変化$\dfrac{\Delta I}{\Delta t}$は比例することがわかります。両者の関係式における比例定数Lがインダクタンスです。

鉄塔の間に張られた複数の電線も，コイルと同じと考えることができます。

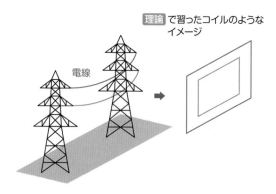

電線に交流が流れると，コイルと同様に電流が時間的に変化し，それにより磁束が時間的に変化し，その結果，誘導起電力が発生します。ゆえに，①式と同じ関係式が成立するので，電線もインダクタンスLを持つことがわかります。

■ 作用インダクタンス

1本の電線が持つインダクタンスを**作用インダクタンス**といいます。

板書 作用インダクタンスを求める公式 ✐

$$L = 0.05 + 0.4605\log_{10}\frac{D}{r}$$

L：電線1本，1kmあたりの作用インダクタンス$[\mathrm{mH/km}]$
D：電線間の距離$[\mathrm{m}]$
r：電線の半径$[\mathrm{m}]$

この公式を覚える必要はないですが，電線間の距離と電線の半径の比$\dfrac{D}{r}$が大きくなると，電線の作用インダクタンス$L[\mathrm{mH/km}]$が大きくなることを覚えておきましょう。

2 多導体のインダクタンス

　多導体の電線を使用すると，多導体の合計断面積と等しい断面積を持つ単導体の電線を使用するよりも，インダクタンスが小さくなります。それは，インダクタンスの計算に使用される半径r[m]が，単導体より多導体の方が大きくなるからです。このことを，「多導体では電線の等価半径が大きくなる」といいます。

Ⅲ 電線の静電容量

　電線は銅やアルミニウムなどの抵抗率が非常に小さい物質でできた導体です。それに比べると大地の抵抗率は大きいですが，断面積が途方もなく大きいので導体とみなすことができます。一方，空気は絶縁体です。電線間もしくは電線と大地間で，絶縁体を2つの導体が挟み込む関係となっており，これはコンデンサの構造と同じです。そのため，電線間および電線と大地間には静電容量が存在します。

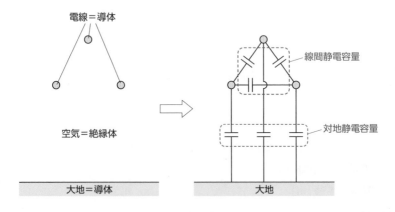

　電線と大地間の静電容量を対地静電容量，各線間の静電容量を線間静電容量といいます。

1　作用静電容量

1本の電線が持つ対地静電容量と線間静電容量の和を作用静電容量(さようせいでんようりょう)といいます。

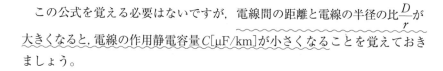

板書 作用静電容量を求める公式

$$C = \frac{0.02413}{\log_{10}\dfrac{D}{r}}$$

C：電線1本，1kmあたりの作用静電容量[μF/km]

D：電線間の距離[m]

r：電線の半径[m]

この公式を覚える必要はないですが，電線間の距離と電線の半径の比$\dfrac{D}{r}$が大きくなると，電線の作用静電容量C[μF/km]が小さくなることを覚えておきましょう。

Ⅳ 電線の漏れコンダクタンス

塩害などが原因でがいし表面の絶縁が低下したり，コロナ放電が発生した場合，がいし表面を漏れ電流が流れます。この漏れ電流による影響（損失など）を抵抗の逆数で表したものを漏れコンダクタンスといいます。

漏れコンダクタンスは非常に小さな値なので，通常の計算では無視されることが多いです。

SECTION 05 送電線のさまざまな障害

このSECTIONで学習すること

1 振動

電線に振動が生じる要因とその対策について学びます。

2 雷害

雷害の種類とその対策について学びます。

3 コロナ放電

コロナ放電による障害とその対策について学びます。

4 静電誘導障害

電線と通信線の間に発生する静電誘導障害の発生原理とその対策について学びます。

5 電磁誘導障害

電線を流れる電流が発生させる磁束によって起こる電磁誘導障害の発生原理とその対策について学びます。

6 フェランチ効果

送配電線路において受電端電圧が送電端電圧よりも高くなるフェランチ効果の発生原理や対策について学びます。

7 過電圧

過電圧の要因による分類について学びます。

1 振動

重要度 ★★★

I 振動の種類

電線が風などで振動すると，断線したり電線どうしが接触したりして危険です。振動による障害には以下のようなものがあります。

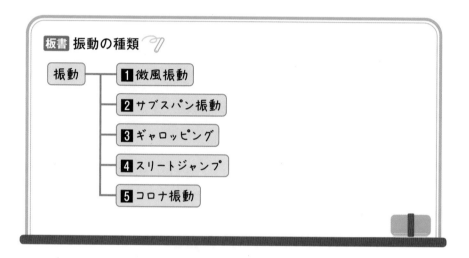

板書 振動の種類

振動 ─
- **1** 微風振動
- **2** サブスパン振動
- **3** ギャロッピング
- **4** スリートジャンプ
- **5** コロナ振動

1 微風振動

<ruby>微風振動<rt>び ふうしんどう</rt></ruby>とは，電線に対して直角に毎秒数メートル程度の微風を受けると，電線の背後にカルマン渦という空気の乱れが生じ，電線が上下に振動する現象です。微風振動は，電線が軽く，径間が長く，張力が大きいほど発生しやすくなります。

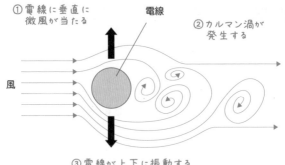

① 電線に垂直に微風が当たる

電線

② カルマン渦が発生する

風

③ 電線が上下に振動する

② サブスパン振動

サブスパン振動とは，多導体の送電線に風速10 m/sを超える風が当たると，空気の流れの影響により電線が振動する現象です。

③ ギャロッピング

ギャロッピングとは，氷雪が翼状に付着した電線に風が当たると，揚力が発生し，電線が上下に激しく振動する現象です。

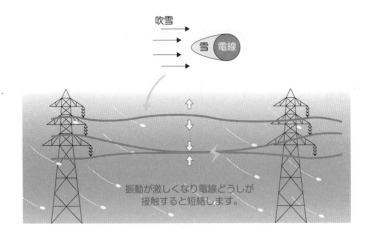

吹雪

雪 電線

振動が激しくなり電線どうしが
接触すると短絡します。

4 スリートジャンプ

スリートジャンプとは，電線に付着した氷雪が落下し，その反動で電線が跳ね上がる現象です。

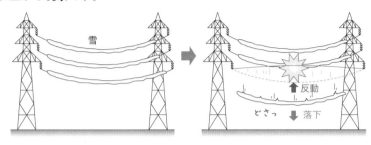

雪が落下する反動で
電線が跳ね上がる。

5 コロナ振動

コロナ振動とは，コロナ放電発生時に，電線に付着している水滴が飛ばされ，その反動により電線が細かく振動する現象です。

II 振動の対策

振動の対策には以下のようなものがあります。

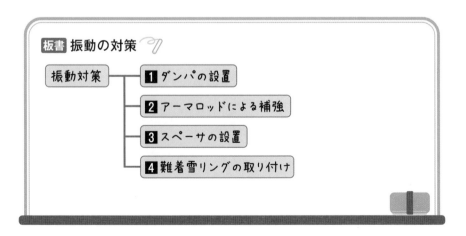

板書 振動の対策

振動対策 ─ 1 ダンパの設置
　　　　 ─ 2 アーマロッドによる補強
　　　　 ─ 3 スペーサの設置
　　　　 ─ 4 難着雪リングの取り付け

1 ダンパの設置

ダンパにより，電線の振動エネルギーを吸収します。

2 アーマロッドによる補強

アーマロッドにより補強することで，電線の振動による断線を防止します。

3 スペーサの設置

スペーサにより，多導体を構成する電線どうしの接触を防止します。

4 難着雪リングの取り付け

電線に難着雪リングを取り付け，電線への氷雪の付着を防ぎます。

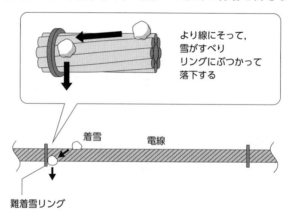

より線にそって，
雪がすべり
リングにぶつかって
落下する

着雪　　　　電線

難着雪リング

2 雷害

重要度 ★★★

I 雷害の種類

　落雷によって直接的または間接的に送電線に障害が発生することがあります。これを雷害といい，次のようなものがあります。

板書 雷害の種類

雷害 ── 1 直撃雷
　　　── 2 誘導雷
　　　── 3 逆フラッシオーバ

1 直撃雷

　直撃雷とは，電線に直接雷が落ちることをいいます。直撃雷が発生すると，数百万V以上の過電圧が電線に加わり，がいしがフラッシオーバします。

　がいしの絶縁能力が高すぎると，フラッシオーバせずに避雷器の性能を超えた過電圧が変電所設備に加わるので，がいしの絶縁能力が適切になるよう設計する必要があります。

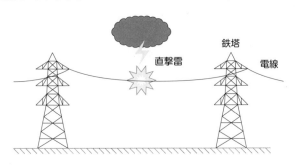

鉄塔

直撃雷　電線

2 誘導雷

　電荷を蓄えた雷雲が電線の上空に来ると，静電誘導により電線に雷雲と逆極性の電荷が蓄えられます。この状態で雷雲が放電すると，雷雲に蓄えられていた電荷がなくなるため，電線に蓄えられた電荷は拘束を解かれ，電線中を左右に分かれて進行していきます。この現象を**誘導雷**といいます。雷害のなかでも誘導雷が最も発生頻度が高いです。

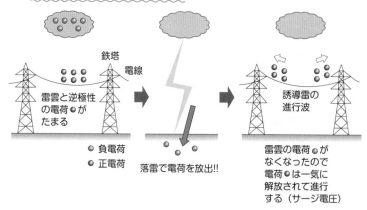

3 逆フラッシオーバ

　鉄塔または架空地線に落雷すると，鉄塔の電位が送電線の電位よりも非常に高くなり，がいしの絶縁が破壊されて鉄塔から送電線へ放電が発生し，雷電流が電線へと流れてしまいます。この現象を**逆フラッシオーバ**といいます。

Ⅱ 雷害対策

雷害の対策には以下のようなものがあります。

板書 雷害対策

雷害対策 ── **1** 架空地線の設置

── **2** 埋設地線の設置

── **3** アークホーンの設置

── **4** 不平衡絶縁の採用

1 架空地線の設置

架空地線（がくうちせん）とは，鉄塔の最上部に張られる接地線です。架空地線を鉄塔の最上部に張り，雷を送電線ではなく架空地線に落ちるように配置することで，送電線への直撃雷を軽減することができます。

架空地線から真下に下ろした鉛直線と，架空地線と電線とを結ぶ直線のなす角を遮へい角（しゃかく）といい，遮へい角が小さいほど直撃雷を防止する効果が高くなります。

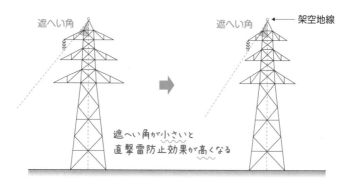

遮へい角

遮へい角 ← 架空地線

遮へい角が小さいと
直撃雷防止効果が高くなる

また，架空地線は誘導雷の軽減にも効果があります。電荷を蓄えた雷雲が電線の上空に来ると，静電誘導により電線に雷雲と逆極性の電荷が蓄えられますが，送電線の上に架空地線があるので，蓄えられる電荷が送電線と架空地線で分担されます。そのため，落雷時に電線を流れる電荷が少なくなるので，誘導雷の影響が軽減されます。

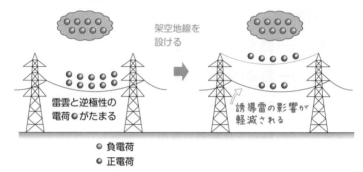

架空地線を設ける

雷雲と逆極性の電荷●がたまる

誘導雷の影響が軽減される

● 負電荷
● 正電荷

❷　埋設地線の設置

埋設地線とは，鉄塔と大地をつなぐ接地線です。

　埋設地線を設置すると，鉄塔の接地抵抗が減少するので，直撃雷により発生する雷電流が大地へと流れていき，逆フラッシオーバの発生を防止できます。

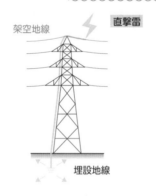

架空地線　　　直撃雷

埋設地線

3 アークホーンの設置

アークホーンとは，連結したがいしの両端に取り付ける金属製の金具です。

　フラッシオーバや逆フラッシオーバが発生したときに，がいし表面から雷電流を放電させると，熱や衝撃によってがいしが破損する恐れがあります。アークホーンを取り付けると，フラッシオーバが発生したときに，アークホーンの先端で放電が発生するため，がいしの破損を防止することができます。

放電

4 不平衡絶縁の採用

不平衡絶縁とは，2回線送電線路において，両回線の絶縁強度に差を設けることをいいます。両回線の絶縁強度に差を設けることにより，逆フラッシオーバによる雷電流が絶縁強度を低くしている回線にのみ流れるので，停電事故が2回線同時に発生することを防止できます。

がいしの個数	がいしの個数
多い	少ない
絶縁強度	絶縁強度
高い	低い

左右でがいしの数を変えて
絶縁強度に差をつける

問題集 問題95

3 コロナ放電

Ⅰ コロナ放電とは

　コロナ放電とは，超高圧の架空送電線で電線表面の電界が空気の絶縁耐力を超えると，空気の絶縁が破壊されて電線表面から放電する現象です。

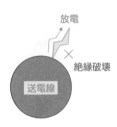

Ⅱ コロナ臨界電圧

　コロナ臨界電圧とは，コロナ放電が発生する最小の電圧のことです。架空送電線の場合，コロナ臨界電圧は，空気の絶縁が破壊されるときの電圧と同じです。

ひとこと

　コロナ臨界電圧は，標準状態（20℃，1013 hPa）において，電位の傾きが交流の最大値で約30 kV/cm，実効値で約21 kV/cmを超えるような電圧です。この値は，電線の太さ，電線表面の状態，電線間の距離，気象条件などによって異なります。

　気象条件では，気圧が低く，湿度が高いほうが，コロナ臨界電圧は低くなり，晴天時より雨天時のほうがコロナ放電は発生しやすくなります。

ひとこと

　電位の傾きとは，単位長さあたりの電圧（電位差）のことです。たとえば，電極間の電圧が100 V，電極間の距離が5 mのとき，電極間の電位の傾きは$\frac{100}{5}=20$ V/mとなります。電位の傾きの値と単位は電界の強さと同じですが，電位の傾きは電位が高い方向を正とし，電界の強さは電位が低い方向を正とするので，正負の符号が反対となります。

III コロナ障害

コロナ放電が発生すると，以下のような障害が生じます。

板書 **コロナ障害**

①コロナ損の発生

　コロナ損とは，コロナ放電による電力損失のこと。放電すると，電気が熱・光・音などに変化するので，エネルギー損失が発生する。

②通信線への誘導障害の発生

③テレビ，ラジオなどの受信障害の発生

④電線や付属機器の腐食

⑤地絡ではないため，消弧リアクトル接地方式（SEC06）では消弧不能である。

Ⅳ コロナ放電の対策

コロナ放電の発生防止のために，以下のような対策をとります。

板書 コロナ放電の対策

①**電線の太径化**

↳コロナ臨界電圧は電線が太いほど高くなるので，電線の太径化は
コロナ放電の防止に効果的

②**多導体の採用**

↳多導体は単導体よりも電線の等価半径が大きくなるので，コロナ
臨界電圧を高くできる

③**がいし金具の突起部をなくす**

↳金具の突起部には電荷が集まりやすく，そこからコロナ放電が発
生するため，金具に丸味をもたせてコロナ放電を防止する

問題集 問題96 問題97

4 静電誘導障害

重要度 ★★★

Ⅰ 静電誘導障害とは

電線（電力線）と通信線が接近して施設されている場合に，電線と通信線
の間に発生する静電誘導により電圧が誘導され，さまざまな障害が発生しま
す。これを**静電誘導障害**といいます。

静電誘導障害の例としては，通信線に電圧が生じて雑音などの通信障害が
発生したり，電線の直下にある金属に電圧が誘導されて，その金属と接触し
た人が感電したりします。

226

Ⅱ 発生原理

電線 ○

○ 通信線

大地

　上図のように，電線と通信線が接近して配置されているとします。電線と通信線はともに電気を通す導体です。また，大地も導体とみなすことができます（抵抗率は高いですが，断面積が大きく抵抗が小さくなるため）。

　一方，空気は絶縁体です。電線と通信線間，通信線と大地間は導体が絶縁体を挟み込んだ構造をしているコンデンサと同様の状態になっているので，静電容量が存在します。そのため，電線と通信線間の静電容量を C_1[F]，通信線と大地間の静電容量を C_2[F]とすると，次のような図を描くことができます。

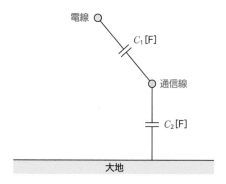

　電線の対地電圧を $\dot{V}$[V]とすると，通信線に誘導される電圧 $\dot{V_0}$[V]は，次の図と分圧の公式より，

$$\dot{V}_0 = \frac{-jX_{C2}}{-jX_{C1} + (-jX_{C2})} \dot{V}$$

$$= \frac{-j\dfrac{1}{\omega C_2}}{-j\dfrac{1}{\omega C_1} + \left(-j\dfrac{1}{\omega C_2}\right)} \dot{V}$$

$$= \frac{\dfrac{1}{C_2}}{\dfrac{1}{C_1} + \dfrac{1}{C_2}} \dot{V}$$

$$= \frac{C_1}{C_1 + C_2} \dot{V} [V]$$

> X_{C1}：電線と通信線間の容量性リアクタンス[Ω]
> X_{C2}：通信線と大地間の容量性リアクタンス[Ω]
> ω：交流の角周波数[rad/s]

となり，次の図のように通信線に電圧が誘導されることがわかります。

ひとこと

分圧の比は，インピーダンスの比から計算します。ちなみに静電容量の場合は逆比になります。

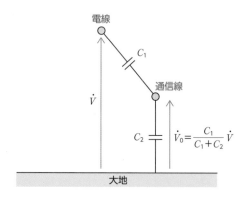

次に三相交流電線について考えます。

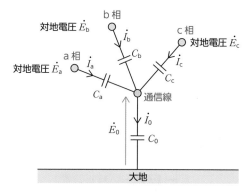

各相電線と通信線間の静電容量を$C_a[\text{F}]$，$C_b[\text{F}]$，$C_c[\text{F}]$，各相の対地電圧を$\dot{E}_a = E[\text{V}]$，$\dot{E}_b = a^2 E[\text{V}]$，$\dot{E}_c = aE[\text{V}]$（$a$は三相交流のベクトルオペレータ$-\frac{1}{2} + \text{j}\frac{\sqrt{3}}{2}$），各相の充電電流を$\dot{I}_a[\text{A}]$，$\dot{I}_b[\text{A}]$，$\dot{I}_c[\text{A}]$，通信線の対地電圧を$\dot{E}_0[\text{V}]$，通信線と大地間の静電容量を$C_0[\text{F}]$，通信線の充電電流を$\dot{I}_0[\text{A}]$とします。キルヒホッフの電流則より，

$$\dot{I}_0 = \dot{I}_a + \dot{I}_b + \dot{I}_c \cdots ①$$

オームの法則より，①式の充電電流を対地電圧と静電容量で表すと，

$$\text{j}\omega C_0 \dot{E}_0 = \text{j}\omega C_a(\dot{E}_a - \dot{E}_0) + \text{j}\omega C_b(\dot{E}_b - \dot{E}_0) + \text{j}\omega C_c(\dot{E}_c - \dot{E}_0)$$

$$C_0 \dot{E}_0 = C_a(\dot{E}_a - \dot{E}_0) + C_b(\dot{E}_b - \dot{E}_0) + C_c(\dot{E}_c - \dot{E}_0)$$

$$(C_0 + C_a + C_b + C_c)\dot{E}_0 = C_a\dot{E}_a + C_b\dot{E}_b + C_c\dot{E}_c$$

よって，$\dot{E}_0$は，

$$\dot{E}_0 = \frac{C_a\dot{E}_a + C_b\dot{E}_b + C_c\dot{E}_c}{C_0 + C_a + C_b + C_c}[\text{V}] \cdots ②$$

となります。C_a，C_b，C_cが等しい場合（$C = C_a = C_b = C_c$），②式は③式のように変形できます。

$$\dot{E}_0 = \frac{C_a\dot{E}_a + C_b\dot{E}_b + C_c\dot{E}_c}{C_0 + C_a + C_b + C_c} = \frac{C(\dot{E}_a + \dot{E}_b + \dot{E}_c)}{C_0 + 3C}[\text{V}] \cdots ③$$

各相の対地電圧の和$\dot{E}_a + \dot{E}_b + \dot{E}_c = 0$なので，③式より，通信線の対地電圧$\dot{E}_0$は0Vとなります。

しかし，C_a，C_b，C_cが異なる場合，②式より$\dot{E}_0$は0Vとなりません。この場合，通信線に電圧が誘導され，通信障害が発生するおそれがあります。

静電誘導障害を防止するために，次のような対策をとります。

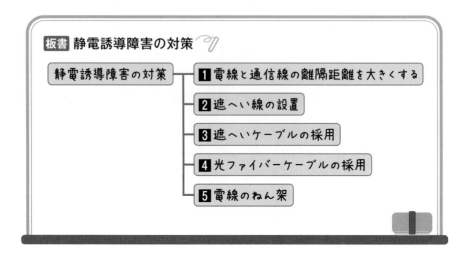

1 電線と通信線の離隔距離を大きくする

　電線と通信線の離隔距離を大きくすると，電線と通信線間の静電容量が小さくなり（理論），通信線に誘導される電圧が小さくなるため，静電誘導障害を抑えることができます。

2 電線と通信線の間に遮へい線を設ける

　遮へい線とは，電線と通信線の間に設ける接地線です。

　導電率の高い遮へい線を設けると，次の図のように通信線の代わりに遮へい線に静電誘導が起こり，電線の電荷と同じ符号を持つ電荷は大地へと流れるので，静電誘導障害を防止できます（理論）。

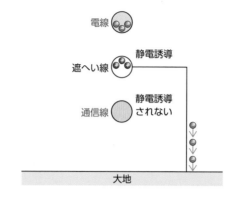

図記号を使って描くと下図のようになります。

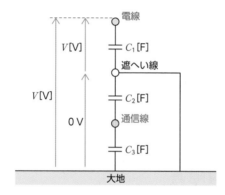

🔢 通信線に遮へい層があるケーブルを採用する

遮へい層が遮へい線と同様の働きをするので，静電誘導障害を防止できます。

🔢 通信線に光ファイバーケーブルを採用する

光ファイバーケーブルは電気的・磁気的な影響を受けないので，静電誘導障害を防止できます。

5 電線をねん架する

　三相交流電線では，各相電線と通信線間の距離が等しければ，各相電線と通信線間の静電容量は等しくなり，各相電線によって通信線に誘導される電圧の総和は0Vになるので，通信線の静電誘導障害は発生しません。

　しかし，実際の三相交流電線は，各相電線と通信線間の距離が等しくないことがほとんどです。そのため，次の図のように，電線の全長を3の倍数で等分し（3等分，6等分，9等分など），各相の電線の位置関係が全体として均等化するように，電線の位置を入れ替えます。これを<ruby>ねん架<rt>が</rt></ruby>といいます。

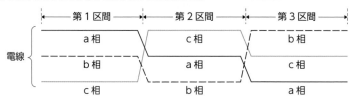

5 電磁誘導障害

重要度 ★★★

Ⅰ 電磁誘導障害とは

　電線と通信線が接近して施設されている場合に，電線を流れる電流が発生させる磁束により通信線に電圧が誘導されると，様々な障害が発生します。これを<ruby>電磁誘導障害<rt>でんじゆうどうしょうがい</rt></ruby>といいます。

　電磁誘導障害では，静電誘導障害と同様の障害が発生します。

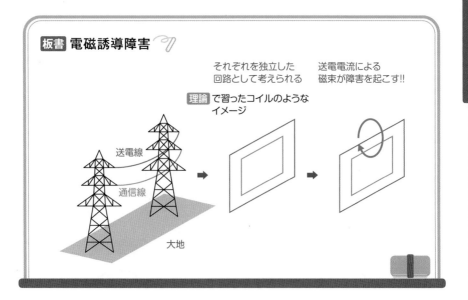

板書 電磁誘導障害

それぞれを独立した
回路として考えられる

送電電流による
磁束が障害を起こす!!

理論 で習ったコイルのような
イメージ

送電線

通信線

大地

Ⅱ 発生原理

　送電線に交流電流が流れると，その周りには時間的に向きと大きさが変化する磁束が発生します。これが通信線と大地の間を貫くとファラデーの電磁誘導の法則より通信線に誘導起電力を発生させます。これは 理論 で学習した相互誘導という現象と同じです。

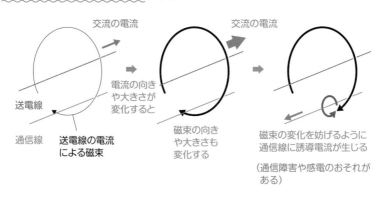

交流の電流

交流の電流

電流の向き
や大きさが
変化すると

磁束の向き
や大きさも
変化する

磁束の変化を妨げるように
通信線に誘導電流が生じる

（通信障害や感電のおそれが
ある）

送電線

通信線　送電線の電流
による磁束

電線を流れる電流を $\dot{I}$ [A]，交流の角周波数を ω [rad/s]，電線と通信線間の相互インダクタンスを M [H] とすると，通信線に誘導される電圧 $\dot{V_0}$ [V] は，

$$\dot{V_0} = \mathrm{j}\omega M \dot{I} \, [\mathrm{V}]$$

と表せます。

Ⅲ 対称三相交流の場合

次に三相交流電線について考えます。a相，b相，c相に流れる電流 $\dot{I_a}$，$\dot{I_b}$，$\dot{I_c}$ の周りには，磁束 $\dot{\phi_a}$，$\dot{\phi_b}$，$\dot{\phi_c}$ が発生します。電流の大きさに比例して周りの磁界の大きさも変化します。

三相が平衡状態の場合，a相，b相，c相には以下のような電流が流れており，各相の電流の合計はつねにゼロになります（理論）。

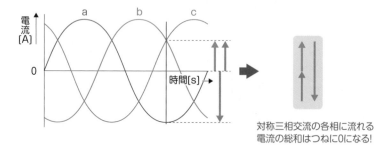

対称三相交流の各相に流れる
電流の総和はつねに0になる！

ここで，三相交流電線を互いに限りなく接近させたとすると，磁束 $\dot{\phi_a}$，$\dot{\phi_b}$，$\dot{\phi_c}$ がつねに打ち消し合って，その合計はゼロになります。したがって，通信線と大地の間で磁束変化がないので通信線に電圧が誘導されません。

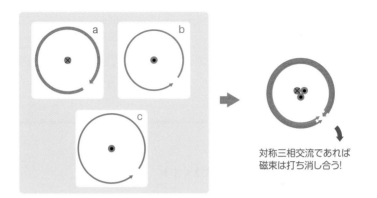

対称三相交流であれば
磁束は打ち消し合う!

Ⅳ 三相が不平衡になった場合

完全一線地絡が起きるなどして三相が不平衡となった場合，各相を流れる電流の和 $\dot{I}_a + \dot{I}_b + \dot{I}_c \neq 0\,\mathrm{A}$ となり，各相を流れる電流が発生させる磁束は打ち消し合わず，大きな値となります。そのため，通信線周囲の磁束の時間的変化が大きくなり，通信線に大きな電圧が誘導されます。

これにより感電事故や通信障害が発生する可能性があります。

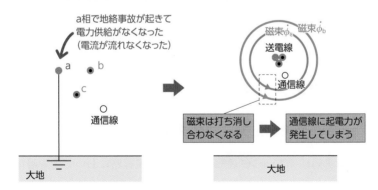

電磁誘導障害の対策

　静電誘導障害の対策は電磁誘導障害の対策にも有効です。それ以外にも，電磁誘導障害の対策として次のようなものがあります。

板書 電磁誘導障害の対策 🖊

- 電線と通信線の離隔距離を大きくする
- 遮へい線の設置
- 遮へいケーブルの採用
- 光ファイバーケーブルの採用
- 電線のねん架
- 中性点の接地抵抗を大きくする
  → 中性点の接地抵抗を大きくすることにより，地絡事故が発生したときの地絡電流が小さくなり，電磁誘導障害が小さくなります。
- 地絡故障箇所の遮断
  → 地絡発生時に故障箇所を速やかに遮断することで，電磁誘導障害の継続時間が短くなります。

---

6 フェランチ効果 　重要度 ★★★

Ⅰ フェランチ効果（フェランチ現象）とは

　フェランチ効果（フェランチ現象）とは，送配電線路において受電端電圧が送電端電圧よりも高くなる現象です。長距離送電線路や地中電線路などの静電容量が大きい電線路で，無負荷または極軽負荷の場合に，電線路を流れる電流が進み電流になることが原因で発生します。

Ⅱ 発生原理

まず，フェランチ効果が起きない通常負荷の場合について考えます。

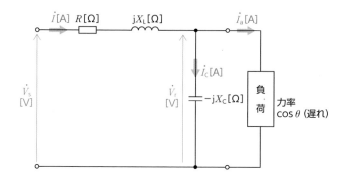

送電端電圧を $\dot{V}_s$[V]，受電端電圧を $\dot{V}_r$[V]，線路電流を $\dot{I}$[A]，充電電流を $\dot{I}_c$[A]，負荷電流を $\dot{I}_a$[A]，線路抵抗を R[Ω]，線路リアクタンスを X_L[Ω]，送電線路の容量性リアクタンスを X_C[Ω]，負荷の力率を $\cos\theta$ とします。

等価回路における電圧と電流をベクトル図にすると，次のようになります。

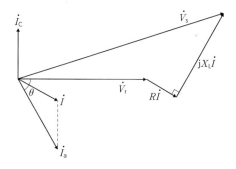

ベクトル図より，線路電流 $\dot{I} = \dot{I}_\mathrm{a} + \dot{I}_\mathrm{C}$ が遅れ電流であるとき，送電端電圧の大きさ $\left| \dot{V}_\mathrm{s} \right|$ が受電端電圧の大きさ $\left| \dot{V}_\mathrm{r} \right|$ よりも大きくなります。

　次に，軽負荷の場合について考えます。等価回路は通常負荷時と同じですが，負荷電流 $\dot{I}_\mathrm{a}$ は通常負荷時よりも小さくなります。軽負荷時の電圧と電流をベクトル図にすると，次のようになります。

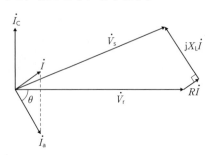

　ベクトル図より，$\dot{I}_\mathrm{a}$ が小さくなったことで $\dot{I}_\mathrm{C}$ の影響が大きくなり，$\dot{I}$ は進み電流となることがわかります。その結果，送電端電圧の大きさ $\left| \dot{V}_\mathrm{s} \right|$ が受電端電圧の大きさ $\left| \dot{V}_\mathrm{r} \right|$ よりも小さくなります。

　続いて，極軽負荷の場合について考えます。極軽負荷時には，負荷電流 $\dot{I}_\mathrm{a}$ が軽負荷時よりもさらに小さくなります。極軽負荷時の電圧と電流をベクトル図にすると，次のようになります。

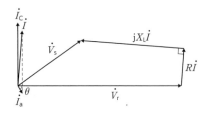

ベクトル図より，$\dot{I}_a$ がさらに小さくなったことで $\dot{I}_C$ の影響がさらに大きくなり，$\dot{I}$ はより位相の進んだ進み電流となることがわかります。その結果，送電端電圧の大きさ $|\dot{V}_s|$ が受電端電圧の大きさ $|\dot{V}_r|$ よりもさらに小さくなります。

以上より，<u>負荷が軽くなるほど進みの充電電流が線路電流に与える影響が大きくなり</u>，受電端電圧が送電端電圧よりも高くなる<u>フェランチ効果が発生しやすくなる</u>ことがわかります。

次に，通常負荷で，送電線路の静電容量が大きい場合について考えます。角周波数を ω [rad/s]，送電線路の静電容量を C [F] とすると，充電電流 $\dot{I}_C$ は，

$$\dot{I}_C = \frac{\dot{V}_r}{-jX_C} = \frac{\dot{V}_r}{-j\dfrac{1}{\omega C}} = \frac{\dot{V}_r}{\dfrac{1}{j\omega C}} = j\omega C \dot{V}_r \,[\text{A}]$$

となるので，送電線路の静電容量が大きいと充電電流も大きくなります。これをベクトル図にすると，下図のようになります。

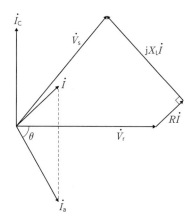

ベクトル図より，線路電流 $\dot{I} = \dot{I}_a + \dot{I}_C$ が進み電流であるとき，送電端電圧の大きさ $|\dot{V}_s|$ が受電端電圧の大きさ $|\dot{V}_r|$ よりも小さくなります。

このことから，<u>送電線路の静電容量が大きくなるほど進みの充電電流が線路電流に与える影響が大きくなり</u>，受電端電圧が送電端電圧よりも高くなる<u>フェランチ効果が発生しやすくなります</u>。

フェランチ効果は次のような場合に発生しやすくなります。

板書 フェランチ効果の発生要因

無負荷または極軽負荷

　　負荷の力率は一般的に遅れなので，負荷が小さいと負荷電流の遅れ成分が小さくなります。その結果，充電電流の進み成分の影響が大きくなり，線路電流が進み電流となるのでフェランチ効果が発生しやすくなります。

休日，夜間

　　休日，夜間は負荷が小さくなるので，フェランチ効果が発生しやすくなります。

送配電線路の静電容量が大きい

　　送配電線路の静電容量が大きいと，進み電流である充電電流が大きくなることで，線路電流の進み成分も大きくなるので，フェランチ効果が発生しやすくなります。

送配電線路のこう長が長い

　　送配電線路のこう長（同一線路の2点間の水平距離）が長いと送配電線路の静電容量が大きくなるので，フェランチ効果が発生しやすくなります。

地中電線路（電力 CH08参照）

　　地中電線路は架空電線路に比べて静電容量が大きくなるので，フェランチ効果が発生しやすくなります。

ひとこと

　　休日や夜間は，コイルがたくさん使われている電気機器が使用されなくなるなどの影響で負荷の誘導性リアクタンス成分が小さくなります。そして，電線路に接続されている電力用コンデンサなどの影響によってフェランチ効果が発生しやすくなります。

Ⅳ 対策

フェランチ効果の対策として，以下のものが挙げられます。

板書 フェランチ効果の対策 ✐

電力用コンデンサの開放

電力用コンデンサを電線路に接続していると，電線路の静電容量が大きくなり線路電流の進み成分が大きくなるので，休日，夜間などの軽負荷時には電力用コンデンサを開放して，フェランチ効果を発生しにくくします。

分路リアクトルの接続

分路リアクトルを電線路に接続すると，線路電流の遅れ成分が大きくなるので，フェランチ効果が発生しにくくなります。

Ⅴ 自己励磁現象（機械）

長距離送電線路に接続している同期発電機が無負荷または軽負荷運転しているとき，同期発電機に進み電流が流れます。その結果，電機子反作用（機械）が増磁作用となり，同期発電機の端子電圧が異常に上昇します。これを同期発電機の<u>自己励磁現象</u>といいます。

ひとこと

フェランチ効果と自己励磁現象は，進み電流が流れることで電圧が上昇するという点で共通していますが，あくまでも異なる現象ですので混同しないようにしましょう。自己励磁現象については 機械 で詳しく学習します。

板書 フェランチ効果

現象

送配電線路において受電端電圧が送電端電圧よりも高くなる現象

発生原理

静電容量が大きい電線路で，無負荷または極軽負荷の場合に，電線路を流れる電流が進み電流になることで発生

発生要因

①無負荷または極軽負荷
②休日，夜間
③送配電線路の静電容量が大きい
④送配電線路のこう長が長い
⑤地中電線路

対策

①電力用コンデンサの開放
②分路リアクトルの接続

問題集 問題98

7 過電圧　重要度 ★★☆

　公称電圧ごとに定められている最高電圧を超える異常電圧のことを過電圧といい，過電圧を要因で分類すると，外部過電圧と内部過電圧に分けられます。

Ⅰ 要因による分類

1 外部過電圧

　外部過電圧とは，電力系統の外部要因によって生じる過電圧です。外部過電圧には以下のものがあります。

板書 外部過電圧

直撃雷による過電圧

電線に直接雷が落ちることによって，電線に過電圧が発生します。

誘導雷による過電圧

電荷を蓄えた雷雲が電線の上空に来ると，静電誘導により電線に雷雲と逆極性の電荷が蓄えられます。この状態で雷雲が放電すると，雷雲に蓄えられた電荷がなくなるため，電線に蓄えられた電荷は拘束を解かれ，電線中を左右に分かれて進行していきます。これにより過電圧が発生します。

逆フラッシオーバによる過電圧

鉄塔または架空地線に落雷すると，鉄塔の電位が送電線の電位よりも非常に高くなります。その結果，がいしの絶縁が破壊されて鉄塔から送電線へ放電が発生し，過電圧が発生します。

---

2 内部過電圧

内部過電圧とは，電力系統の内部要因によって生じる過電圧です。内部過電圧には以下のものがあります。

板書 内部過電圧

間欠アーク地絡による過電圧

塩害などにより，がいし表面の絶縁が低下すると，がいし表面に間欠的なアークが発生し地絡します。このときに過電圧が発生します。

開閉設備の開閉による過電圧

開閉設備の開閉による急激な電流変化によって過電圧が発生します。

フェランチ現象による過電圧

無負荷または軽負荷などにより線路電流が進み電流になると，フェランチ現象が発生し，受電端電圧が過電圧となります。

自己励磁現象による過電圧

同期発電機を無負荷の長距離送電線に接続して運転すると，自己励磁現象により発電機の端子電圧が過電圧となります。

一線地絡時の健全相の対地電圧上昇による過電圧

一線地絡により健全相の対地電圧が上昇し，対地電圧が過電圧となります。

問題集 問題99

Ⅱ 再閉路方式

再閉路方式とは，過電圧により遮断器が電路を遮断したあと，一定時間経過後に遮断器を再投入することをいいます。雷による過電圧は瞬時的なものなので，遮断後一定時間経過してから遮断器を再投入すると問題なく送電を継続できることがほとんどです。そのため，雷を原因とする過電圧が多い架空送電線路では，再閉路方式により送電の信頼性を高めています。

SECTION

06

中性点接地

このSECTIONで学習すること

1 中性点接地

変圧器二次側の中性点を大地に接続
する中性点接地の目的と方法，特徴
について学びます。

1 中性点接地

I 中性点接地とは

中性点接地とは，変圧器二次側の中性点を直接または抵抗，リアクトルを介して大地に接続することです。

中性点接地には次のような目的があります。

板書 中性点接地の目的

①地絡事故発生時の異常電圧（健全相の対地電圧上昇）を抑制する。
異常電圧の抑制により，機器の絶縁強度を低減できる。

②地絡事故発生時に流れる地絡電流の大きさを調整することで，地絡継電器を確実に動作させ，地絡箇所を切り離す。

③消弧リアクトル接地方式の場合，地絡事故発生時に地絡電流を自動的に消滅させる。

II 中性点接地の方式

中性点接地には次の4種類の方式があります。

板書 中性点接地の方法

• 非接地方式
• 直接接地方式
• 抵抗接地方式
• 消弧リアクトル接地方式

Ⅲ 各接地方式の特徴

■ 非接地方式

非接地方式は，中性点を接地しない方式です。

非接地方式でc相に地絡が発生した場合の等価回路は下図のようになります。

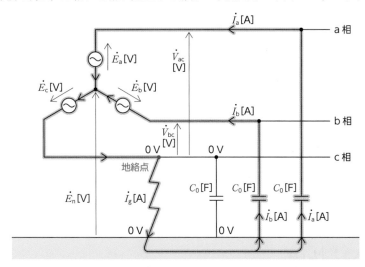

　a相・b相・c相の相電圧を$\dot{E}_a$[V]，$\dot{E}_b$[V]，$\dot{E}_c$[V]，ac相間の線間電圧を$\dot{V}_{ac}$[V]，bc相間の線間電圧を$\dot{V}_{bc}$[V]，中性点の対地電圧を$\dot{E}_n$[V]，地絡電流を$\dot{I}_g$[A]，a相・b相を流れる充電電流を$\dot{I}_a$[A]，$\dot{I}_b$[A]，各相の対地静電容量をC_0[F]とします。

　c相は地絡によって大地と同電位（0V）になっているので，c相の対地静電容量に加わる電圧は0Vとなり，充電電流は流れません。

　等価回路における電圧と電流のベクトル図を描くと，次の図のようになります。

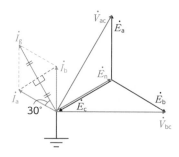

　等価回路とベクトル図より，a相の対地電圧が相電圧$\dot{E}_a$[V]から線間電圧$\dot{V}_{ac}$[V]となり，対地電圧の大きさが$\sqrt{3}$倍になることがわかります。同様に，b相の対地電圧が相電圧$\dot{E}_b$[V]から線間電圧$\dot{V}_{bc}$[V]となり，対地電圧の大きさが$\sqrt{3}$倍になることもわかります。このように，地絡していない相の対地電圧が上昇することを「健全相の対地電圧上昇」といいます。

　すなわち，各線間電圧の大きさを$V = \left| \dot{V}_{ac} \right| = \left| \dot{V}_{bc} \right|$，各相電圧の大きさを$E = \left| \dot{E}_a \right| = \left| \dot{E}_b \right| = \left| \dot{E}_c \right| = \left| \dot{E}_n \right|$とすれば，健全相の対地電圧は$V = \sqrt{3}E$となります。

　また，キルヒホッフの第一法則（電流則）およびベクトル図より，地絡電流の大きさ$\left| \dot{I}_g \right|$は，

$$\left| \dot{I}_g \right| = \left| \dot{I}_a + \dot{I}_b \right| = 2 \times \left| \dot{I}_a \right| \cos 30° = \sqrt{3} \left| \dot{I}_a \right|$$

等価回路より，$\left| \dot{I}_a \right| = \omega C_0 \left| \dot{V}_{ac} \right|$であるから，

$$\left| \dot{I}_g \right| = \sqrt{3} \left| \dot{I}_a \right| = \sqrt{3}\,\omega C_0 V = 3\,\omega C_0 E$$

となりますが，各相の対地静電容量は非常に小さいので，地絡電流$\dot{I}_g$も小さくなります。地絡電流が小さいので，電磁誘導障害は小さくなりますが，地絡継電器が地絡電流を検出することが難しくなります。

　以上のような特徴から，非接地方式は，健全相の対地電圧上昇が問題となりにくい比較的低い電圧（33 kV以下）の送配電線路に採用されています（6.6 kV以下はすべて非接地方式）。

板書 非接地方式の特徴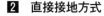

- 地絡電流が小さい
  - ➡ 電磁誘導障害が小さい
  - ➡ 地絡継電器の作動が困難
- 健全相の対地電圧が$\sqrt{3}$倍に上昇
  - ➡ 機器の絶縁強度の低減困難
- 33kV以下の送配電線路に採用

② 直接接地方式

直接接地方式は，中性点を導体で直接接地する方式です。直接接地方式でc相に地絡が発生した場合の等価回路は下図のようになります。

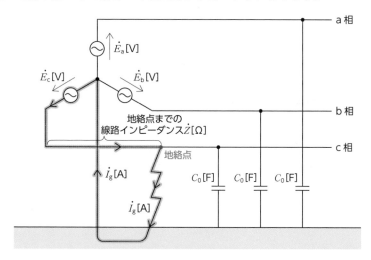

中性点は導体で直接接地されており，中性点と大地間は短絡状態となっているので，各相の対地静電容量に充電電流は流れません。

中性点が導体で直接接地されているので，中性点は大地と同電位（0V）です。そのため，健全相（a相，b相）の対地電圧は地絡前と変わらず，相電圧（$\dot{E}_a$[V]，$\dot{E}_b$[V]）のままとなります。健全相の対地電圧が地絡前と変わ

らないので，機器の絶縁強度が小さくてよく，設備費用が安くなります。

　また，c相の相電圧を$\dot{E}_{\mathrm{c}}[\mathrm{V}]$，地絡点までの線路インピーダンスを$\dot{Z}[\Omega]$とすると，地絡電流$\dot{I}_{\mathrm{g}}$は，

$$\dot{I}_{\mathrm{g}} = \frac{\dot{E}_{\mathrm{c}}}{\dot{Z}}[\mathrm{A}]$$

となりますが，$\dot{Z}[\Omega]$は非常に小さいので，地絡電流$\dot{I}_{\mathrm{g}}[\mathrm{A}]$は大きくなります。地絡電流が大きいので，地絡継電器が地絡電流を検出することが容易である一方，電磁誘導障害は大きくなります。

　以上のような特徴から，直接接地方式は，地絡電流の増大が問題になりにくい超高圧（187 kV以上）の送電線路に採用されています。

板書 直接接地方式の特徴

- 地絡電流が大きい
  - → 電磁誘導障害が大きい
  - → 地絡継電器の作動が容易
- 健全相の対地電圧が変わらない
  - → 機器の絶縁強度を低減可能
- 187 kV以上の送電線路に採用

3 抵抗接地方式

<u>抵抗接地方式</u>は，中性点を$100 \sim 1000 \, \Omega$程度の抵抗を介して接地する方式です。

抵抗接地方式でc相に地絡が発生した場合の等価回路を下図に示します。

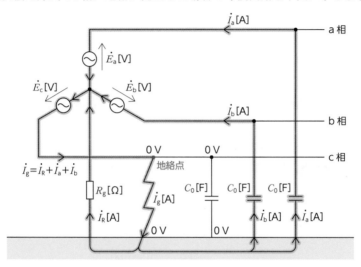

中性点が抵抗を介して接地されているので，<u>中性点の対地電圧上昇は非接地方式よりは小さく，直接接地方式よりは大きく</u>なります。

また，a相・b相を流れる充電電流を$\dot{I}_\mathrm{a}[\mathrm{A}]$，$\dot{I}_\mathrm{b}[\mathrm{A}]$，中性点に接続した抵抗$R_\mathrm{g}[\Omega]$を流れる電流を$\dot{I}_\mathrm{R}[\mathrm{A}]$とすると，キルヒホッフの電流則より，地絡電流$\dot{I}_\mathrm{g}[\mathrm{A}]$は，

$$\dot{I}_\mathrm{g} = \dot{I}_\mathrm{R} + \dot{I}_\mathrm{a} + \dot{I}_\mathrm{b}[\mathrm{A}]$$

となり，<u>非接地方式よりは大きく，直接接地方式よりは小さく</u>なります。

地絡電流は中性点に接続する抵抗によって変化するので，これを調整することで，<u>地絡継電器が検出可能かつ電磁誘導障害を生じない程度に地絡電流を抑える</u>ことができます。

以上より，抵抗接地方式は，<u>非接地方式と直接接地方式の中間の性能をもつ</u>といえます。

板書 抵抗接地方式の特徴

- 地絡電流は, 非接地方式より大, 直接接地方式より小
- 健全相の対地電圧上昇は, 非接地方式より小, 直接接地方式より大
- 抵抗の調整により, 地絡継電器が検出可能かつ電磁誘導障害を生じない程度に地絡電流を抑制可能
- 非接地方式と直接接地方式の中間の性能

4 消弧リアクトル接地方式

消弧リアクトル接地方式は, 中性点を消弧リアクトルを介して接地する方式です。

消弧リアクトル接地方式でc相に地絡が発生した場合の等価回路は次のようになります。

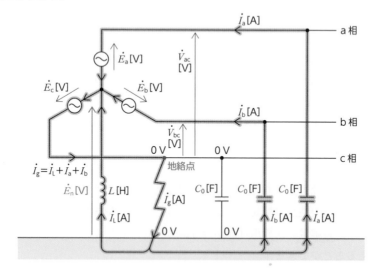

　a相・b相・c相の相電圧を$\dot{E}_\mathrm{a}$[V]，$\dot{E}_\mathrm{b}$[V]，$\dot{E}_\mathrm{c}$[V]，ac相間の線間電圧を$\dot{V}_\mathrm{ac}$[V]，bc相間の線間電圧を$\dot{V}_\mathrm{bc}$[V]，中性点の対地電圧を$\dot{E}_\mathrm{n}$[V]，地絡電流を$\dot{I}_\mathrm{g}$[A]，a相・b相を流れる充電電流を$\dot{I}_\mathrm{a}$[A]，$\dot{I}_\mathrm{b}$[A]，各相の対地静電容量をC_0[F]，消弧リアクトルのインダクタンスをL[H]，消弧リアクトルを流れる電流を$\dot{I}_\mathrm{L}$[A]とします。

　c相に充電電流が流れないのは，非接地方式と同じ理由です。

　等価回路における電圧と電流のベクトル図を描くと，次のようになります。

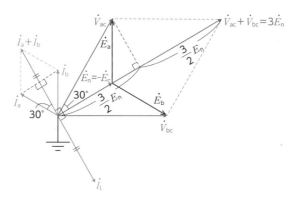

　等価回路とベクトル図より，非接地方式と同様に健全相の対地電圧上昇は$\sqrt{3}$倍となります。

　対地電圧の値を$|\dot{V}_\mathrm{ac}| = |\dot{V}_\mathrm{bc}| = V = \sqrt{3}E$とします。このときの充電電流の大きさ$|\dot{I}_\mathrm{a}|$および$|\dot{I}_\mathrm{b}|$は，

$$|\dot{I}_\mathrm{a}| = |\dot{I}_\mathrm{b}| = \omega C_0 V$$

となり，$\dot{I}_\mathrm{a}$および$\dot{I}_\mathrm{b}$はそれぞれ対地電圧$\dot{V}_\mathrm{ac}$，$\dot{V}_\mathrm{bc}$に対し位相が90°進みます。

　またベクトル図より，充電電流の和$|\dot{I}_\mathrm{a} + \dot{I}_\mathrm{b}|$は，

$$|\dot{I}_\mathrm{a} + \dot{I}_\mathrm{b}| = 2 \times |\dot{I}_\mathrm{a}| \cos30° = \sqrt{3}\,|\dot{I}_\mathrm{a}| = \sqrt{3}\,\omega C_0 V = 3\omega C_0 E$$

　一方，消弧リアクトルには電圧$\dot{E}_\mathrm{n}$が加わるので，消弧リアクトルを流れる電流の大きさ$|\dot{I}_\mathrm{L}|$は，

$$|\dot{I}_\mathrm{L}| = \frac{|\dot{E}_\mathrm{n}|}{\omega L} = \frac{E}{\omega L}$$

となり，位相は$\dot{E}_\mathrm{n}$に対し90°遅れます。

ここでベクトル図より，$\dot{I}_a + \dot{I}_b$ と $\dot{I}_L$ は位相が180°反転していることがわかります。そして，$\dot{I}_a + \dot{I}_b$ と $\dot{I}_L$ の大きさが等しければ，これらのベクトル和は0となります。このときの消弧リアクトルのインダクタンスLは，

$$\left| \dot{I}_a + \dot{I}_b \right| = \left| \dot{I}_L \right|$$

$$3\omega C_0 E = \frac{E}{\omega L}$$

$$\therefore L = \frac{1}{3\,\omega^2 C_0}\,[\text{H}]$$

　キルヒホッフの第一法則（電流則）より，地絡電流 $\dot{I}_g = \dot{I}_L + \dot{I}_a + \dot{I}_b$ であるから，上記のようなインダクタンスLの値をとれば，理論的に地絡電流$\dot{I}_g$は0 Aとなり自動的に消滅します。

　以上より，消弧リアクトル接地方式では，地絡電流$\dot{I}_g$は非常に小さくなります（理論的には0 A）。地絡電流が非常に小さいので，電磁誘導障害は小さくなりますが，地絡継電器が地絡電流を検出することが困難となります。

板書 消弧リアクトル接地方式の特徴

- 地絡電流が非常に小さい（理論的には0 A）
  - ➡ 電磁誘導障害が小さい
  - ➡ 地絡継電器の作動が困難
- 健全相の対地電圧が$\sqrt{3}$倍に上昇
  - ➡ 機器の絶縁強度の低減が困難

Ⅳ 各中性点接地方式のまとめ

板書 各中性点接地方式の特徴

	非接地	直接接地	抵抗接地	消弧リアクトル接地
1線地絡電流	小	大	中	微小
電磁誘導障害	小	大	中	微小
継電器の作動	困難	確実	確実	困難
健全相対地電圧上昇	大	小	中	大
適用電圧[kV]	6.6以下	187以上	22〜154	66または77

問題集 問題100

SECTION 07 直流送電

このSECTIONで学習すること

1 直流送電

交流を直流に変換して送電し，受電側で再び交流に変換する直流送電の長所と短所，利用例について学びます。

1 直流送電

重要度 ★★★

I 直流送電とは

　直流送電とは，交流を直流に変換して送電し，受電側で再び交流に変換する送電方式です。電力系統のほとんどは交流で送電していますが，異周波数系統を連系する場合や，長距離大電力送電を行う場合は直流により送電します。

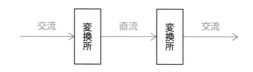

　直流送電は次のような場合に利用されます。

板書 直流送電の利用例

- 長距離大電力送電
  →直流送電では安定度の問題がなく，導体が2条で済むことから建設費が安く済むため，長距離大電力送電に直流送電が利用されます。

- 海底ケーブルによる送電
  →直流送電では充電電流が発生せず，送電容量が低減しないので，海底ケーブルによる送電に直流送電が利用されます。

- 異周波数系統間連系
  →交直変換時に周波数の変換が容易なので，異周波数系統間連系に直流送電が利用されます。

- 非同期連系
  →交流系統を同期連系すると短絡容量が増大します。しかし，交流系統を直流送電により非同期連系すると，短絡容量を増大させずに連系することができます。

直流送電には以下のような長所があります。

板書 直流送電の長所

- **電圧降下，電力損失が少ない**
  - →直流では無効電力が発生しないので，同一有効電力の交流を送電するよりも電圧降下，電力損失が少なくなります。

- **充電電流による影響がない**
  - →直流では一度電路が充電されれば充電電流が流れないので，充電電流によりケーブルの送電容量が低減しません。また，充電電流が原因のフェランチ効果も誘電損も発生しません。

- **絶縁強度を低減できる**
  - →絶縁強度は，電圧の波高値（最大値）により決められます。公称電圧が同じ場合，直流の最大値は交流の$\dfrac{1}{\sqrt{2}}$倍となるため（理論），絶縁強度を低減できます。

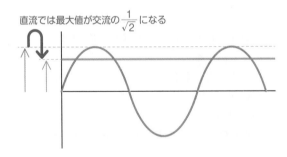

直流では最大値が交流の$\dfrac{1}{\sqrt{2}}$になる

- **異周波数系統の連系が可能**
  - →交直変換時に周波数を変換できるので，異周波数系統の連系が可能です。

- **導体が2条でよいので，送電線路の建設費が安い**
  - →交流送電は三相のため導体が3条必要ですが，直流送電は2条でよいので，送電線路の建設費が安くなります。

- 同期安定度の問題がない
  →直流ではリアクタンスの影響がないので，同期安定度の問題がなく，安定して電力を供給できます。
- 短絡容量を増加させずに系統連系が可能

ひとこと

同期安定度とは，電力系統に接続している多くの発電機が，周波数を一定に保って並行運転を維持できる度合いのことです。同期安定度が高ければ，事故や急激な負荷変動が発生しても，同一周波数の並行運転（同期運転）を維持できます。リアクタンスが同期安定度に与える影響を理解するには，電験二種以上の知識が必要ですので，ここでは割愛します。

Ⅲ 直流送電の短所

直流送電には以下のような短所があります。

板書 直流送電の短所

- **高価な交直変換設備が必要**
  →送電側と受電側の両方に高価な交直変換設備が必要です。

- **無効電力供給設備が必要**
  →受電側に遅れ無効電力や進み無効電力を供給するための無効電力供給設備
  が必要です。

- **高調波除去フィルタが必要**
  →交直変換設備から高調波が発生するので，高調波除去フィルタが必要です。

- **高電圧，大電流の直流遮断が困難**
  →直流は交流のように電圧電流のゼロ点がないので，遮断が困難です。そのた
  め，遮断器は交流側に設けられます。

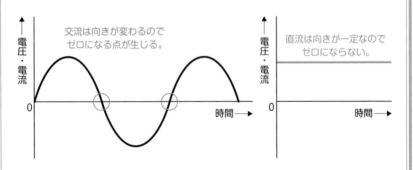

- **変圧が簡単にできない**
  →直流は交流のように変圧器を使って変圧できません。

Ⅳ まとめ

板書 直流送電

内容 …交流を直流に変換して送電し，受電側で再び交流に変換する送電方式

長所

①電圧降下，電力損失が少ない
②充電電流による影響がない
③絶縁強度を低減できる
④異周波数系統の連系が可能
⑤導体が2条でよい
⑥同期安定度の問題がない
⑦短絡容量を増加させずに系統連系が可能

短所

①高価な交直変換設備が必要
②無効電力供給設備が必要
③高調波除去フィルタが必要
④高電圧，大電流の直流遮断が困難
⑤変圧が簡単にできない

利用例

①長距離大電力送電
②海底ケーブルによる送電
③異周波数系統間連系
④非同期連系

問題集 問題101

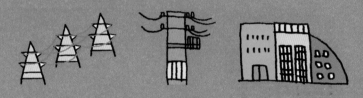

CHAPTER **07**

配電

配電

道路を歩いていると，電柱などの支持物や，電柱に設置されている電線を目にします。この単元では，電線の種類や，電気を送る方法，事故から電線を保護する方法について学びます。

このCHAPTERで学習すること

SECTION 01 架空配電線路

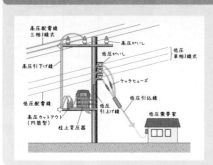

架空配電線路を構成する配電線やがいしなどについて学びます。

SECTION 02 電気方式

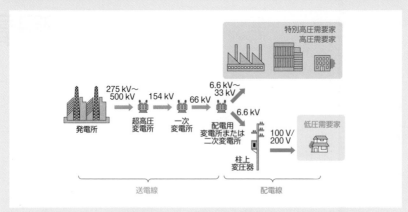

高圧配電線路と低圧配電線路，それぞれの電気方式を学びます。

高圧	低圧
樹枝状（放射状）方式 ループ（環状）方式	樹枝状（放射状）方式 スポットネットワーク方式 レギュラーネットワーク方式 低圧バンキング方式

変電所から需要家までの配電の方式を学びます。

傾向と対策

出題数

1〜3問程度／20問中

・論説問題中心

	H27	H28	H29	H30	R1	R2	R3	R4上	R4下	R5上
配電	2	1	2	1	1	2	1	3	4	3

ポイント

試験では，配電線用の機材の用途，需要家への配電方式，配電線の保護に関する問題が出題されます。配電線用の機材の設置場所や目的を正しく理解できるように，イラストと照らし合わせて覚えましょう。各配電方式の原理は複雑なものが多く，回路図を見ながらそれぞれの長所，短所を理解することが大切です。法規の科目と関連している部分もあるため，理解を深めましょう。

SECTION
01

架空配電線路

1 架空配電線路とは

重要度 ★★★

架空配電線路とは，配電用変電所から需要家までの電線路である配電線路のうち，地上に電柱を建て，その間に電線を張って柱上変圧器などさまざまな設備を通し，各家庭や工場へ電気を送る電線路のことです。

ひとこと

配電用変電所とは，需要家側からみて一番手前にある変電所のことです。

2 架空配電線路の構成

重要度 ★★★

I 架空配電線路を構成するもの

架空配電線路は，高圧配電線，低圧配電線，がいし，柱上変圧器，それらを支える電柱などの支持物で構成されます。また，配電線路は柱上変圧器を境にして，高圧配電線路と低圧配電線路に分けられます。

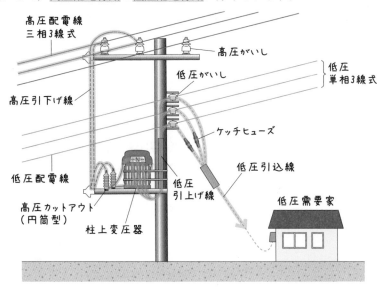

配電用変電所から，各家庭などの低圧需要家に電気を送るには，まず，配電用変電所から高圧配電線を使い6.6 kVの高圧で送ります。その6.6 kVの電圧を，柱上変圧器によって100 V/200 Vに降圧したあと，低圧配電線に送り，引込線を通して各家庭などの低圧需要家が受電することになります。

Ⅱ 架空配電線路の電線

架空配電線路の電線は，感電防止のため絶縁電線の使用が定められており，裸電線は使用できません。

1 高圧配電線

高圧配電線とは，配電用変電所で降圧された6.6 kVの電圧で送る電線で，大容量の幹線には，おもに屋外用架橋ポリエチレン絶縁電線（OC）が用いられます。

2 低圧配電線

低圧配電線とは，高圧配電線路の電圧（6.6 kV）から柱上変圧器によって100 V/200 Vに降圧された電圧で送る電線で，おもに屋外用ビニル絶縁電線（OW）が用いられます。

3 引込線

引込線とは，高圧配電線・低圧配電線のそれぞれから電気を引き込み，各高圧需要家・低圧需要家が電気を受け取るために用いられる電線です。

また，低圧需要家に対して用いられる低圧引込線は，引込用ビニル絶縁電線（DV）などが用いられ，低圧引込線の電柱側取付点には，過電流保護のためにケッチヒューズが取り付けられます。ケッチヒューズとは，変圧器の二次側に接続し，需要家側で事故が起きた場合に需要家の回路を遮断する装置です。

Ⅲ 支持物

　架空配電線路の**支持物**（電柱）は，強度や経済性などから，おもに鉄筋コンクリート柱が用いられています。また，鉄柱や木柱などが採用される場合もあります。これらの支持物（電柱）を支えて転倒や傾斜を防ぐために張られる線を**支線**といいます。

Ⅳ がいし

　がいしとは，電線と支持物を絶縁するために用いられるもので，電線を電柱に引き留めるさいに，その間に挿入して使います。

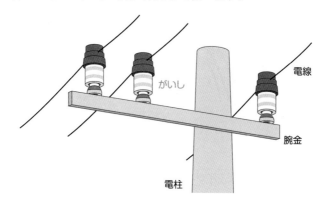

柱上変圧器とは，高圧配電線の電圧（6.6 kV）を，低圧需要家用の電圧（100 V/200 V）に降圧するための変圧器で，比較的小型のものが多く，電柱上に設置されるので柱上変圧器と呼ばれています。

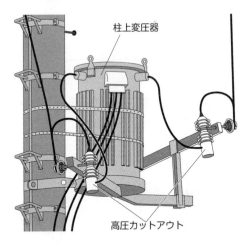

柱上変圧器

高圧カットアウト

問題集 問題103

Ⅵ 高圧カットアウト（プライマリカットアウト-PC）

高圧カットアウトとは，ヒューズを内蔵した開閉器で，柱上変圧器の一次側（高圧側）に設置します。低圧電線路や柱上変圧器の事故のさいに，内蔵されているヒューズが溶断して短絡電流などの過電流が配電線に流れることを防ぐ役割を果たしています。

問題集 問題104

Ⅶ 柱上開閉器（区分開閉器）

柱上開閉器とは，負荷電流を遮断できる開閉器であり，電柱上に設置されるので柱上開閉器と呼ばれています。柱上開閉器は，電線路の点検，修理，増設や，電線路に事故が発生したさいにその区間だけを切り離すためなどに用いられます。

また，柱上開閉器は，遮断器と同様に電極部が絶縁物で覆われており，開放時に発生するアークを消弧することができます。なお，架空電線路の支持物には，絶縁油を使用した開閉器（および，断路器，遮断器）の設置を禁止しているため（電気設備に関する技術基準を定める省令第36条），柱上開閉器には一般的に気中開閉器（PAS）が用いられており，一部では，真空開閉器（VCS）やガス開閉器（PGS）などが用いられています。

Ⅷ 避雷器

避雷器は，配電線や配電線路の各種機器を，雷害による異常電圧から保護するために用いられ，柱上変圧器や柱上開閉器の近くに設置されます。

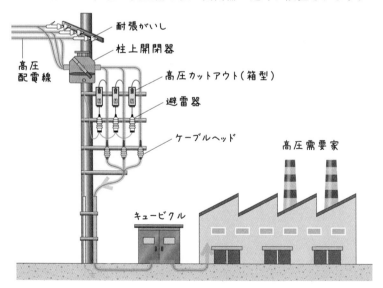

耐張がいし
柱上開閉器
高圧配電線
高圧カットアウト（箱型）
避雷器
ケーブルヘッド
高圧需要家
キュービクル

Ⅸ 自動電圧調整器（SVR）

　自動電圧調整器（SVR）とは，高圧配電線の途中に設置して電圧降下を防止する装置であり，変圧器，タップ切換装置，制御部などで構成され，電圧降下の程度に応じて自動で電圧調整を行います。配電線の途中に設置して電圧調整をするその他の機器として，昇圧器や静止形無効電力補償装置（SVC）などがあげられます。

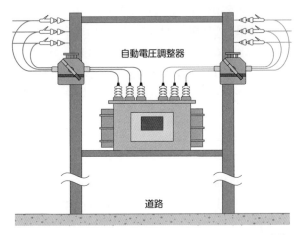

自動電圧調整器

道路

SECTION

02

電気方式

このSECTIONで学習すること

1 電気方式（高圧・低圧）

高圧配電線路，低圧配電線路それぞれにおける電気方式について学びます。

2 電気方式（単相2線・単相3線・三相3線・三相4線）

単相2線式，単相3線式，三相3線式，三相4線式それぞれの電気方式について学びます。

1 電気方式（高圧・低圧）　

I 高圧配電線路

　高圧配電線路における電気方式は，一般的に配電用変電所の変圧器二次側 Δ結線から引き出された6.6 kVの三相3線式が用いられますが，電力需要の多い都市部や工場が多く集まる場所では，22 kVや33 kVの三相3線式が用いられています。

問題集　問題107　問題108

II 低圧配電線路

　低圧配電線路における電灯用の電気方式としては，一般住宅などにおいては，単相2線式が用いられ，電力需要の大きい住宅や事務所などでは，単相3線式が用いられています。また，一般的な動力用としては，三相3線式が用いられ，高層ビルや大規模な工場などでは，三相4線式が用いられています。

　　低圧配電線路における電気方式は，大きく分けると，照明やコンセントなどに使われる電灯用と，モーターなどに使われる動力用に分けられます。一般的に，電灯用には単相が用いられ，動力用には三相が用いられます。

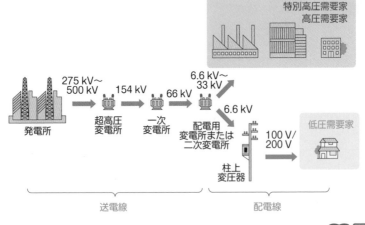

問題集　問題109

2 電気方式（単相2線・単相3線・三相3線・三相4線）重要度★★☆

I 単相2線式

　2本の電線で単相交流を供給する電気方式で，照明やコンセントなどの単相100 Vの小型家電のみを使用するような小規模な住宅に使われています。単相3線式よりも電圧降下や電力損失が大きいというデメリットがあります。

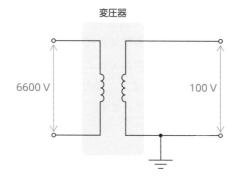

変圧器

6600 V　　100 V

II 単相3線式

　3本の電線で単相交流を供給する電気方式で，外側の2線（電圧線）と中性線を利用することで<u>100 V</u>を得ることができ，電圧線どうしを利用することで<u>200 V</u>を得ることができます。この配電方式は，一般家庭の多くで普及しており，100 Vは照明やコンセント，200 VはエアコンやIHクッキングヒーターなどに使われています。

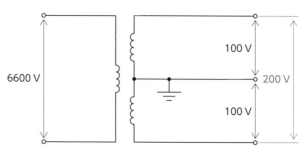

6600 V　　100 V　　200 V　　100 V

275

ひとこと

　単相3線式の特徴として，中性線が断線した場合，端子電圧が不平衡になり，機器を損傷することが挙げられます。そのため，中性線には，ヒューズやブレーカー等の自動遮断装置を設けてはいけません。また，上下の電圧線と中性線の間に接続されている2つの負荷が不平衡になる場合の対策として，配電線にバランサと呼ばれる特殊な変圧器を接続することで，電圧を平衡させ，中性線に流れる電流を0にします。

Ⅲ 三相3線式

　3本の電線で三相交流を供給する電気方式です。通常，配電用変電所からは，三相3線式の6.6 kVの配電線が出ています。ビルや工場などの高圧需要家には，このまま6.6 kVで配電します。また，三相3線式は工場や事務所などの200 V動力回路にも採用されています。

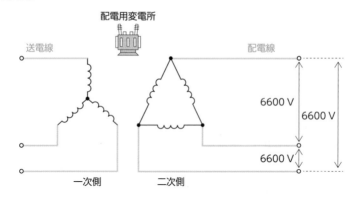

ひとこと

　電力需要の多い都市部や工場が多い場所では，22 kVや33 kVの三相3線式により配電します。

Ⅳ 三相4線式

4本の電線で三相交流を供給する電気方式です。三相変圧器の二次側にY結線を用いて，線間電圧を415 V，相電圧を240 Vになるように調整し，415 Vを動力用，240 Vを電灯用として使用します。このような配電方式を**電灯・動力共用方式**といいます。また，コンセント電源等には240 Vをさらに変圧器によって100 Vに降圧して供給されます。

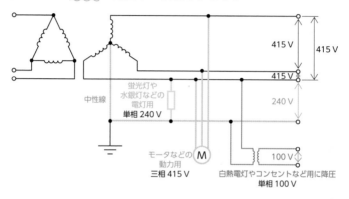

電気方式（単相2線・単相3線・三相3線・三相4線）

V 各種電気方式による特性比較

単相2線式を基準に，単相3線式，三相3線式，三相4線式の送電電力，電力損失，電線重量について比較します。

1 送電電力

送電電力の比較

線間電圧 V[V]，線電流 I[A]，力率 $\cos\theta$ を一定とした場合の，それぞれの方式の電線1条あたりの送電電力 p_1[W]，p_2[W]，p_3[W]，p_4[W] は次のようになります。

単相2線式　$p_1 = VI\cos\theta \div 2(\text{条数}) = \dfrac{VI\cos\theta}{2}$

単相3線式　$p_2 = 2VI\cos\theta \div 3(\text{条数}) = \dfrac{2VI\cos\theta}{3}$

三相3線式　$p_3 = \sqrt{3}\,VI\cos\theta \div 3(\text{条数}) = \dfrac{\sqrt{3}\,VI\cos\theta}{3}$

三相4線式　$p_4 = 3VI\cos\theta \div 4(\text{条数}) = \dfrac{3VI\cos\theta}{4}$

以上より単相2線式を基準（100 %）として比較すると以下のようになります。

単相2線式　100 %
単相3線式　133 %
三相3線式　115 %
三相4線式　150 %

❷ 電力損失

電力損失の比較

送電電力 $P[\mathrm{W}]$，線間電圧 $V[\mathrm{V}]$，力率 $\cos\theta$，電線のこう長 $\ell[\mathrm{m}]$ を一定とし電線の材質，断面積を同じにした場合，それぞれの電気方式の線電流 $I_1[\mathrm{A}]$，$I_2[\mathrm{A}]$，$I_3[\mathrm{A}]$，$I_4[\mathrm{A}]$ は，次のように表すことができます。

単相2線式　$P = VI_1\cos\theta\ [\mathrm{W}]$　　$\therefore I_1 = \dfrac{P}{V\cos\theta}[\mathrm{A}]$

単相3線式　$P = 2VI_2\cos\theta\ [\mathrm{W}]$　　$\therefore I_2 = \dfrac{P}{2V\cos\theta} = \dfrac{1}{2}I_1[\mathrm{A}]$

三相3線式　$P = \sqrt{3}\,VI_3\cos\theta\ [\mathrm{W}]$　$\therefore I_3 = \dfrac{P}{\sqrt{3}\,V\cos\theta} = \dfrac{1}{\sqrt{3}}I_1[\mathrm{A}]$

三相4線式　$P = \sqrt{3}\,VI_4\cos\theta\ [\mathrm{W}]$　$\therefore I_4 = \dfrac{P}{\sqrt{3}\,V\cos\theta} = \dfrac{1}{\sqrt{3}}I_1[\mathrm{A}]$

電線のこう長 $\ell[\mathrm{m}]$ は一定で電線の材質，断面積は同じなので，それぞれの電気方式の電線1条あたりの抵抗 $R[\Omega]$ は等しくなります。また，電力損失は $P_\ell = 条数 \times I^2R[\mathrm{W}]$ となるので，それぞれの電気方式の電力損失 $P_{\ell 1}[\mathrm{W}]$，$P_{\ell 2}[\mathrm{W}]$，$P_{\ell 3}[\mathrm{W}]$，$P_{\ell 4}[\mathrm{W}]$ は，次のように表すことができます。

単相2線式　$P_{\ell 1} = 2(条数) \times I_1^2R = 2I_1^2R[\mathrm{W}]$

単相3線式　$P_{\ell 2} = 2(条数) \times I_2^2R = 2\left(\dfrac{1}{2}I_1\right)^2R = \dfrac{I_1^2R}{2} = \dfrac{1}{4}P_{\ell 1}[\mathrm{W}]$

三相3線式　$P_{\ell 3} = 3(条数) \times I_3^2R = 3\left(\dfrac{1}{\sqrt{3}}I_1\right)^2R = I_1^2R = \dfrac{1}{2}P_{\ell 1}[\mathrm{W}]$

三相4線式　$P_{\ell 4} = 3(条数) \times I_4^2R = 3\left(\dfrac{1}{\sqrt{3}}I_1\right)^2R = I_1^2R = \dfrac{1}{2}P_{\ell 1}[\mathrm{W}]$

以上より単相2線式を基準（100 %）として比較すると以下のようになります。

単相2線式	100 %
単相3線式	25 %
三相3線式	50 %
三相4線式	50 %

3 電線重量

電線重量の比較

送電電力 $P[\mathrm{W}]$，線間電圧 $V[\mathrm{V}]$，力率 $\cos\theta$，電線のこう長 $\ell[\mathrm{m}]$，電線の比重 $\sigma[\mathrm{kg/m^3}]$，電力損失 $P_\ell[\mathrm{W}]$ を一定とし電線の材質を同じにした場合，それぞれの電気方式の電線重量 $m_1[\mathrm{kg}]$，$m_2[\mathrm{kg}]$，$m_3[\mathrm{kg}]$，$m_4[\mathrm{kg}]$ は次のようになります。

2 の電力損失の比較結果と条件 $P_{\ell 1}=P_{\ell 2}=P_{\ell 3}=P_{\ell 4}$ より，

単相2線式 　$P_{\ell 1}=2I_1^2R_1[\mathrm{W}]$

単相3線式 　$P_{\ell 2}=\dfrac{1}{2}I_1^2R_2=P_{\ell 1}[\mathrm{W}]$ 　　　$\therefore R_2=4R_1[\Omega]$

三相3線式 　$P_{\ell 3}=I_1^2R_3=P_{\ell 1}[\mathrm{W}]$ 　　　$\therefore R_3=2R_1[\Omega]$

三相4線式 　$P_{\ell 4}=I_1^2R_4=P_{\ell 1}[\mathrm{W}]$ 　　　$\therefore R_4=2R_1[\Omega]$

ここで，電線重量は，電線の断面積を $A[\mathrm{m^2}]$ とすると，$m=a(条数)\times\sigma A\ell[\mathrm{kg}]$ で表され，電気抵抗 $R=\rho(抵抗率)\times\dfrac{\ell}{A}[\Omega]$ より $A=\dfrac{\rho\ell}{R}[\mathrm{m^2}]$ で表されることから，

$$m=a\times\sigma A\ell=a\times\frac{\sigma\rho\ell}{R}\ell=a\times\frac{\sigma\rho\ell^2}{R}[\mathrm{kg}]$$

となるので，

単相2線式 　$m_1=2\times\dfrac{\sigma\rho\ell^2}{R_1}=\dfrac{2\sigma\rho\ell^2}{R_1}[\mathrm{kg}]$

単相3線式 　$m_2=3\times\dfrac{\sigma\rho\ell^2}{4R_1}=\dfrac{3\sigma\rho\ell^2}{4R_1}=\dfrac{3}{8}m_1[\mathrm{kg}]$

三相3線式 　$m_3=3\times\dfrac{\sigma\rho\ell^2}{2R_1}=\dfrac{3\sigma\rho\ell^2}{2R_1}=\dfrac{3}{4}m_1[\mathrm{kg}]$

三相4線式 　$m_4=4\times\dfrac{\sigma\rho\ell^2}{2R_1}=\dfrac{2\sigma\rho\ell^2}{R_1}=m_1[\mathrm{kg}]$

以上より単相2線式を基準に比較すると以下のようになります。

単相2線式 　100 %

単相3線式 　37.5 %

三相3線式 　75 %

三相4線式 　100 %

1 ～ 3 をまとめると次のようになります。　問題集 問題110

三相交流母線

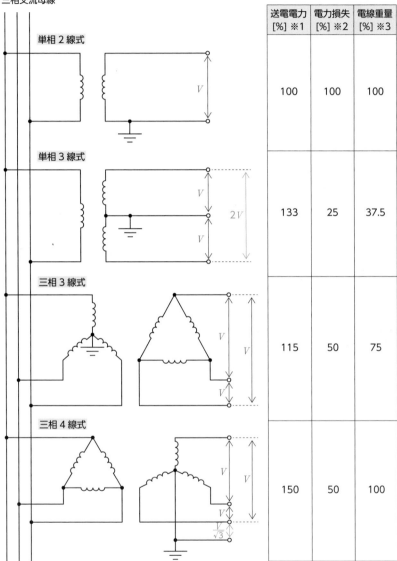

	送電電力 [%] ※1	電力損失 [%] ※2	電線重量 [%] ※3
単相2線式	100	100	100
単相3線式	133	25	37.5
三相3線式	115	50	75
三相4線式	150	50	100

※1 線間電圧 V, 線電流 I, 力率 $\cos\theta$ が同じ
※2 送電電力 P, 線間電圧 V, 力率 $\cos\theta$, 電線のこう長 ℓ, 電線の断面積 A, 電線の材質（抵抗率 ρ）が同じ
※3 送電電力 P, 線間電圧 V, 力率 $\cos\theta$, 電線のこう長 ℓ, 電力損失 P_ℓ, 電線の材質（比重 σ, 抵抗率 ρ）が同じ,
　中性線の断面積は電圧線の断面積と同じ

SECTION
03 配電の構成と保護

このSECTIONで学習すること

1 配電方式

変電所から各需要家までの配電線路の形状によって分類した配電方式について学びます。

2 配電線の保護形式

配電線で事故が起きた際の保護形式である時限順送方式について学びます。

1 配電方式

重要度 ★★☆

I 配電方式の種類

　配電用変電所から各需要家までの配電線路の形状から、配電方式を分類することができます。高圧配電線路では、おもに樹枝状（放射状）方式、ループ（環状）方式などが用いられます。低圧配電線路では、一般的に樹枝状（放射状）方式が用いられ、そのほかにスポットネットワーク方式、レギュラーネットワーク方式、低圧バンキング方式などが用いられます。

高圧	低圧
樹枝状（放射状）方式 ループ（環状）方式	樹枝状（放射状）方式 スポットネットワーク方式 レギュラーネットワーク方式 低圧バンキング方式

Ⅱ 樹枝状（放射状）方式

樹枝状（放射状）方式とは，配電用変圧器ごとに幹線を引き出し，幹線から分岐線を木の枝のように出す方式です。特徴として，構成が簡単で建設費が安い，需要の増加への対応が容易などの長所がある一方で，事故時の停電範囲が広くなり信頼度が低い，そのほかの方式よりも電力損失，電圧変動が大きいなどの短所があります。

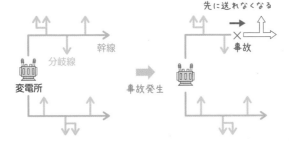

板書 樹枝状（放射状）方式

先に送れなくなる

幹線

分岐線

変電所

事故発生

事故

長所

● 構成が簡単で建設費が安い
● 需要の増加への対応が容易

短所

● 事故時の停電範囲が広くなり信頼度が低い
● ほかの方式よりも電力損失，電圧変動が大きい

Ⅲ ループ（環状）方式

ループ（環状）方式とは，幹線をループ状にしてループ上に結合開閉器を置き，2方向から電力を供給する方式です。結合開閉器は常時開放しておき，

事故時にはこれを自動投入し，健全なルートを用いて送電を継続することができます。特徴として，樹枝状（放射状）方式より建設費が高くなりますが，信頼度が高く，負荷が密集している地域に用いられます。

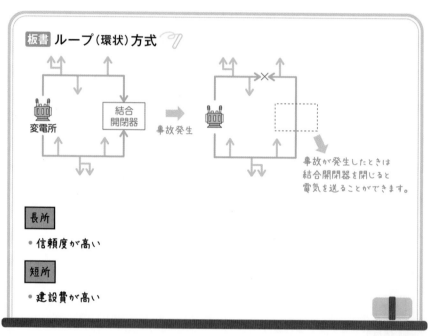

板書 ループ（環状）方式

変電所　結合開閉器　事故発生

事故が発生したときは
結合開閉器を閉じると
電気を送ることができます。

長所

● 信頼度が高い

短所

● 建設費が高い

問題集 問題111

Ⅳ バンキング方式

バンキング方式とは，同じ特別高圧または高圧幹線に複数の変圧器を接続し，それぞれの変圧器の二次側に区分ヒューズを介して負荷を並列に接続する方式です。特徴として，低圧幹線の電圧降下や電力損失が少ない，フリッカ（電圧降下による蛍光灯などのちらつき）が少ない，事故や作業の際の停電範囲が限定できるなどの長所がある一方で，樹枝状（放射状）方式より建設費が高い，カスケーディングを起こす可能性があるなどの短所があげられます。

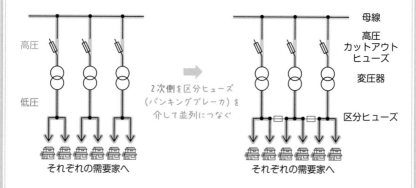

板書 バンキング方式

高圧

低圧

2次側を区分ヒューズ
（バンキングブレーカ）を
介して並列につなぐ

それぞれの需要家へ

母線

高圧
カットアウト
ヒューズ

変圧器

区分ヒューズ

それぞれの需要家へ

長所

- 低圧幹線の電圧降下や電力損失が少ない
- フリッカ（電圧降下による蛍光灯などのちらつき）が少ない
- 事故や作業のさいの停電範囲が限定できる

短所

- 樹枝状（放射状）方式より建設費が高い
- カスケーディングを起こす可能性がある

ひとこと

　　カスケーディングとは，高圧カットアウトヒューズと区分ヒューズとの保護協調がとれていない（高圧カットアウトヒューズが先に溶断する設計の場合）ときに生じる現象で，事故などにより1台の変圧器が使用できなくなったときに，ほかの変圧器のヒューズが次々に切れ，停電範囲が拡大してしまうことをいいます。

Ⅴ　スポットネットワーク方式

　スポットネットワーク方式とは，大都市などにある高層ビルや大規模な工場などの大口需要家に対して用いられる方式です。複数の特別高圧配電線から断路器やネットワーク変圧器，ネットワークプロテクタを通じて，各回線

の二次側を共通のネットワーク母線に並列接続し，各負荷に配電します。

　1つの需要設備に複数の回線（通常3回線）で供給するので，事故などで1つの回線が停電しても，ほかの回線から送電することで，無停電で供給を続けることができ，信頼度が高いという特徴があります。また，電圧変動率が小さい，フリッカが少ない，負荷を増設しやすいといった長所がある一方で，回路や保護装置が複雑で建設費が高いといった短所があります。

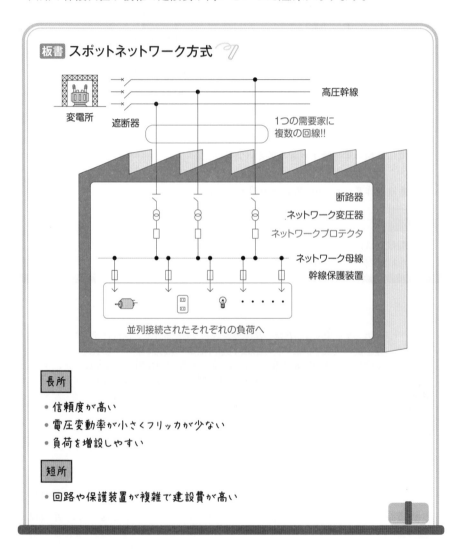

板書 スポットネットワーク方式

変電所
遮断器
高圧幹線
1つの需要家に複数の回線!!

断路器
ネットワーク変圧器
ネットワークプロテクタ
ネットワーク母線
幹線保護装置

並列接続されたそれぞれの負荷へ

長所
・信頼度が高い
・電圧変動率が小さくフリッカが少ない
・負荷を増設しやすい

短所
・回路や保護装置が複雑で建設費が高い

板書 ネットワークプロテクタ

　ネットワークプロテクタとは，プロテクタヒューズ，プロテクタ遮断器，電力方向継電器などから構成されており，以下のような機能があります。

① 無電圧投入

　ネットワークプロテクタの二次側（ネットワーク母線）が無電圧状態のとき，一次側（高圧幹線）が充電されると遮断器が投入され，二次側に送電します。

② 差電圧投入

　ネットワークプロテクタの一次側，二次側ともに電圧がある状態のとき，一次側の電圧の方が高い場合に遮断器を投入します。

③ 逆電力遮断

　二次側から一次側に逆電流が流れるおそれがある場合に，遮断器を開放し逆流を防止します。

問題集 問題112

Ⅵ 低圧ネットワーク方式（レギュラーネットワーク方式）

　低圧ネットワーク方式（レギュラーネットワーク方式）とは，おもに大都市中心部の低圧需要家に対して用いられる方式で，複数回線の特別高圧幹線（または高圧幹線）から，ネットワーク変圧器やネットワークプロテクタを通して格子状の低圧配電線に電力を供給します。特徴として，スポットネットワーク方式と同様に，1回線が停電しても残りの設備で電力を供給できるため信頼度が高い，変圧器の一次側のヒューズや遮断器を省略できるなどの長所がある一方で，建設費が高いといった短所があげられます。

板書 低圧ネットワーク方式（レギュラーネットワーク方式）

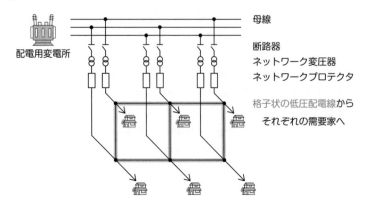

配電用変電所

母線

断路器
ネットワーク変圧器
ネットワークプロテクタ

格子状の低圧配電線から

　それぞれの需要家へ

長所

- 信頼度が高い
- 変圧器の一次側のヒューズや遮断器を省略できる

短所

- 建設費が高い

2 配電線の保護形式 重要度★★★

I 配電線の保護

　配電線で短絡事故や地絡事故が起きたさいには，過電流継電器（OCR）や地絡継電器（GR），地絡方向継電器（DGR）などの保護継電器（R：リレー）によって，事故を検出し，遮断器を動作させて送電を停止します。その際に，時限（継電器が故障を検出してから，制御信号を発するまでの時間）を利用すると，事故区間の特定をすることが可能になります。そのようなしくみのひとつである，時限順送方式について説明します。

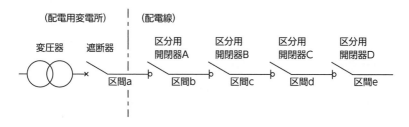

II 時限順送方式

① 健全時（事故前），配電線路の遮断器やすべての開閉器は投入された状態で送電しています。

② 配電線路のどこかで事故が発生すると，保護継電器によって事故を検出して遮断器を開放し，送電を停止します。このさい，すべての区分開閉器を開放します。

③ 遮断器を再投入し（再閉路），配電用変電所からの送電を検出すると，一定時間後に電源側（遮断器に近い側）から順番に一定の時間間隔で区分開閉器が投入されます。

④ 配電線路の事故が継続している場合は，事故区間直前の区分開閉器が動作した直後に，再び保護継電器が事故を検出し，遮断器を再開放して再度送電を停止します。

⑤　遮断器を再々投入し，事故区間直前の区分開閉器の手前の開閉器まで順に投入していき，部分的に送電します。

　③から④までの送電再開から送電を再度停止するまでの時間を計測することにより，配電線路の事故区間を判別することができ，この方式を時限順送方式といいます。なお，配電方式がループ方式の場合，時限順送方式を組み合わせると，事故点前後の区分開閉器を開放することで事故区間以外の送電を継続することが出来ます。

事故区間判別方法

区分開閉器の動作時間が7秒間隔の場合

　再閉路の7秒後，14秒後，21秒後，28秒後にそれぞれ，区分開閉器A，B，C，Dが順に投入されることになります。このような状態のときに，再閉路後0〜6.9秒の間に再び遮断器が動作した場合は，区間aが事故区間だと判断できます。以下同様に再閉路後7〜13.9秒，14〜20.9秒，21〜27.9秒の間に遮断器が動作した場合は，それぞれ区間b，c，dが事故区間であると判断でき，28秒後以降に遮断器が動作した場合は区間e以降が事故区間であると判断されます。

問題集 問題113 問題114 問題115 問題116 問題117

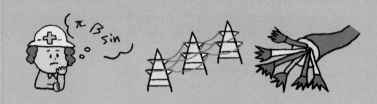

CHAPTER **08**

地中電線路

空中に張った電線路を架空電線路というのに対して，地中に埋めた電線路を地中電線路といいます。この単元では，地中電線路に使用するケーブルの種類や特徴，布設方式について学びます。

このCHAPTERで学習すること

SECTION 01 地中電線路

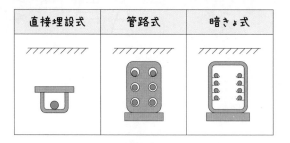

直接埋設式	管路式	暗きょ式

電線路を地中に埋め込む地中電線路について学びます。

SECTION 02 ケーブルの諸量の計算

ケーブルの損失や許容電流，送電容量，静電容量とインダクタンスなどさまざまな値の計算方法を学びます。

傾向と対策

1～3問/20問中

・論説問題（空所補充，正誤判定）中心

	H27	H28	H29	H30	R1	R2	R3	R4上	R4下	R5上
地中電線路	2	2	3	1	1	1	1	2	1	1

ポイント

地中ケーブルの種類別の素材や絶縁方式，布設方式の長所や短所について問われるため，イメージ図を参考にしながら，特徴の違いを正しく説明できるようにしましょう。ケーブルの損失，許容電流を理解するためには，理論で学んだ公式を使用するため，復習しておきましょう。毎年出題されている単元なので，確実に得点できるようにしましょう。

地中電線路

1 地中電線路

送電と配電，地中電線路，電線とケーブルの違いについて学びます。

2 地中ケーブルの種類

OFケーブル，CVケーブル，CVTケーブルについて学びます。

3 地中ケーブルの布設方式

地中にケーブルを布設するための方式である，直接埋設式，管路式，暗きょ式について学びます。

1 地中電線路 重要度 ★★★

I 地中電線路とは

電線路は，架空電線路と地中電線路に分かれます。架空電線路では電線路を空に架け，地中電線路では電線路を地中に埋めます。また，電線路は用途によって送電線路と配電線路に分かれます。

送電とは，発電所から変電所，ある変電所から別の変電所まで電気を輸送することです。配電とは，変電所から需要家（各家庭など）まで電気を輸送することです。

これらをまとめると次のようになります。

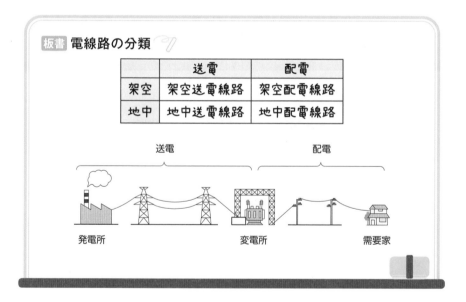

板書 電線路の分類

	送電	配電
架空	架空送電線路	架空配電線路
地中	地中送電線路	地中配電線路

送電　　　　　　　　　　　配電

発電所　　　　　　　　変電所　　　　　　　需要家

地中電線路は，電力ケーブル，それを収める管路，電力ケーブルの布設や接続，撤去を行うためのマンホール，地上設置形変圧器などから構成されます。

II 電線とケーブル

電線には，**裸電線**と**絶縁電線**があります。裸電線は導体がむき出しの電線で，おもに架空送電線路に使用されています。絶縁電線は，導体に絶縁被覆を施したもので，おもに架空配電線路に使用されています。

ケーブルは，導体に絶縁被覆を施し，その外側を保護被覆で包んで強化したもので，地中送電線路に使うことができるのはケーブルのみです。

板書 電線とケーブル

- 裸電線＝裸電線（導体むき出し）　　　…おもに架空送電で使用
- 絶縁電線＝裸電線＋絶縁被覆　　　　…おもに架空配電で使用
- ケーブル＝裸電線＋絶縁被覆＋保護被覆…おもに地中送配電で使用

ひとこと

裸電線は，絶縁被覆が意味をなさないくらいの特別高圧，つまり架空送電で使用されます。接触すると感電します。

III 地中電線路の特徴

架空電線路と比較したとき，地中電線路の長所と短所は次のようになります。

板書 地中電線路の長所と短所

長所

原因	長所
地中に埋めている から	①景観が保たれる
	②露出部が少なく感電などの危険が少ない
	③天候や接触などの影響を受けにくいので一定の環境下で安定した電力を提供できる（信頼度が高い）
ケーブルを使うから	④通信線に対する誘導障害が少ない（地中ケーブルでは3線が密着しており、3線の周りでは互いに磁束を打ち消しあうから）

短所

原因	短所
地中に埋めるから	①建設費が高い
	②故障箇所の発見や復旧が難しい
ケーブルを使うから	③架空電線路に比べて送電容量が少なくなる（放熱性が悪く、温度上昇がしやすいので大きな電流を流せない）
	④フェランチ効果の影響が大きくなる（ケーブルの静電容量が大きいため）
	⑤誘電損（ケーブルの絶縁体で生じる損失）が発生する

地中ケーブルの種類 重要度 ★★★

I 地中ケーブルとは

地中ケーブルは，導体の周りを絶縁物で覆って絶縁し，その周りに金属テープを巻いて通信線への電磁誘導を防ぎ，さらにその外側を**シース**（保護被覆）で覆って強化したものです。

代表的な地中ケーブルとして，絶縁方式の違いから，**OFケーブル**（Oil filled Cable）と**CVケーブル**の2つがあります。また，CVケーブルの一種として**CVTケーブル**があります。

II OFケーブル

OFケーブルとは，紙と油を絶縁体に使用するケーブルです。シースには一般的にアルミが使われています。

OFケーブルでは，粘度の低い絶縁油を充てんし，導体の周りに巻かれた絶縁紙に油を染み込ませて絶縁しています。絶縁油に常時大気圧以上の圧力をかけることで，絶縁体内のボイド（気泡）の発生を防ぎ，絶縁耐力を向上させています。

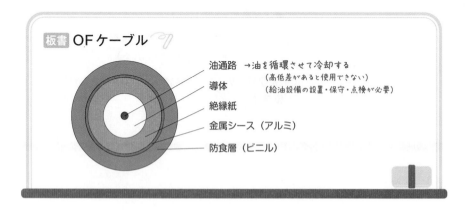

板書 OFケーブル

- 油通路 →油を循環させて冷却する
  （高低差があると使用できない）
  （給油設備の設置・保守・点検が必要）
- 導体
- 絶縁紙
- 金属シース（アルミ）
- 防食層（ビニル）

Ⅲ CVケーブル

CVケーブルとは，架橋ポリエチレンを絶縁体に使用するケーブルです。シースにはビニルが使われています。工事や保守が容易であることから，現在はCVケーブルが多く使われています。

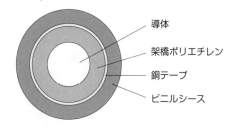

板書 CVケーブル

- 導体
- 架橋ポリエチレン
- 銅テープ
- ビニルシース

CVケーブルの特徴

① 誘電正接$\tan\delta$，比誘電率ε_rが小さいため，誘電損や充電電流が小さい

② 最高許容温度が高いため，許容電流が大きい

③ 軽量で作業性がよい

④ 水トリー現象（亀裂）が発生する

⑤ 給油設備が不要

⑥ 高低差の大きい場所でも使用できる

ひとこと

架橋ポリエチレンとは，ポリエチレンの分子を架橋（橋を架けたように結合）して網目状にすることで，耐熱性を高めたものです。

ひとこと

水トリー現象とは，CVケーブルに水が浸入することによって，絶縁体に木の枝のような亀裂が発生し，絶縁性能を著しく低下させる現象です。

Ⅳ OFケーブルとCVケーブルの比較

OFケーブルとCVケーブルの比較をまとめると，次のようになります。

板書 OFケーブルとCVケーブルの比較

	OFケーブル	CVケーブル
給油設備	必要	不要
高低差の大きい場所	使用不可能	使用可能
最高許容温度	80 ℃	90 ℃
誘電正接・比誘電率	OF > CV	
許容電流・送電容量	OF < CV	

Ⅴ CVTケーブル

CVTケーブルとは，CVケーブルの一種で，単心のCVケーブルを3本より合わせたものです。正式にはトリプレックス形CVケーブルと呼ばれます。

試験では，3心共通シース形CVケーブルとの比較がよく出題されます。

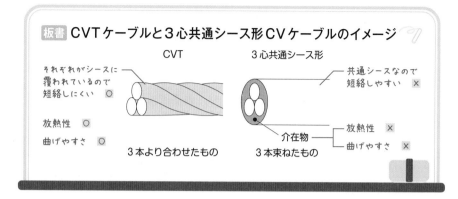

板書 CVTケーブルと3心共通シース形CVケーブルのイメージ

CVT

3心共通シース形

それぞれがシースに
覆われているので
短絡しにくい ○

共通シースなので
短絡しやすい ×

放熱性 ○

放熱性 ×

曲げやすさ ○

介在物

曲げやすさ ×

3本より合わせたもの

3本束ねたもの

3心共通シース形CVケーブルと比べて，CVTケーブルは以下の利点があります。

板書 CVTケーブル

① 放熱性がよく，許容電流を大きくできる

② 軽くて曲げやすく，端末処理が簡単で，接続作業性がよい

③ 絶縁破壊が起きた場合でも，短絡事故が起きにくく安全

（それぞれがシースで覆われているため）

ひとこと

3心共通シース形CVケーブルは，介在物でがちがちに固められていると
イメージをしておくと，曲げにくく，放熱性が悪いことなどを想像できま
す。

問題集 問題118 問題119 問題120 問題121

3 地中ケーブルの布設方式

Ⅰ 地中ケーブルの布設方式

　地中ケーブルを地中に布設する方式には，**直接埋設式**，**管路式**，**暗きょ式**の3つがあります。

　直接埋設式の特徴は「布設が簡単・安価・点検が困難」，暗きょ式の特徴は「布設が大変・高価・点検が簡単」，管路式は直接埋設式と暗きょ式の中間といえます。

板書 布設方式の特徴 🖊

	直接埋設式	管路式	暗きょ式
工事費	安い	普通	高い
工期	短い	普通	長い
外傷	受けやすい	普通	受けにくい
保守点検	難しい	普通	簡単
増設・引替え	難しい	普通	簡単
事故復旧	難しい	普通	簡単
許容電流	大きい	小さい	大きい

Ⅱ 直接埋設式

直接埋設式とは，コンクリートトラフなどの防護物内にケーブルを収めて埋設する方法です。

地面からケーブルまでの埋設深さのことを<ruby>土冠<rt>どかむり</rt></ruby>といい，「電気設備技術基準の解釈」で規定されている深さに埋設しなければなりません。

板書 直接埋設式

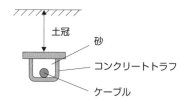

土冠
砂
コンクリートトラフ
ケーブル

長所

①ほかの方式と比べて，**工事が簡単**で，工事費が少なく，工期が短い

②ほかの方式と比べて，**ケーブルの放熱性がよく，許容電流が大きい**

短所

①**外傷を受けやすい**

②作業を行うために掘り返さなければならないため，ケーブルの保守点検や増設，引替えなどの**作業が難しい**

③掘り返さなければならないため，**事故時の復旧に時間がかかる**

「電気設備技術基準の解釈」で規定されている埋設深さとは，一般の場所では0.6 m以上，重量物の圧力を受ける場所では1.2 m以上と規定されています。

Ⅲ 管路式

　管路式とは，コンクリートに穴を設けて管路をつくり，管路内にケーブルを引き入れる方式です。

　適当な間隔でマンホール（人孔）を設けて，ケーブルの引き入れや接続を行います。

板書 管路式

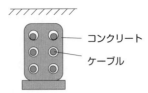

コンクリート
ケーブル

長所

① 直接埋設式に比べて，マンホールのなかで作業できるため，保守点検が簡単

② 直接埋設式に比べて，増設や引替えが簡単

③ 比較的外傷を受けにくい

短所

① 直接埋設式に比べて，工事費が高く，工期が長い

② ケーブル条数が多くなると，熱によって許容電流が小さくなる

Ⅳ 暗きょ式

暗^{あん}きょ式とは，コンクリート製の暗きょ（トンネル・洞道）のなかに支持金具などでケーブルを支持する方式です。暗きょには人が入ることができます。

暗きょ式の一種で，通信線やガス管，上下水道管などを一緒に布設したものを共同溝^{きょうどうこう}といいます。

板書 暗きょ式

ケーブル
コンクリート

通信線
ガス管
ケーブル
水道管

共同溝（暗きょ式の一種）

長所

①ほかの方式と比べて，ケーブルの保守点検や増設，引替えなどの<u>作業が簡単</u>

②換気設備が設けられるので放熱性がよく，許容電流が大きくなる

③多くの条数の布設に適している

短所

①ほかの方式に比べて，<u>工事費が非常に高く，工期が長い</u>

問題集 問題122 問題123

ケーブルの諸量の計算

このSECTIONで学習すること

1 ケーブルの損失

ケーブルに発生する損失である抵抗損，誘電損，シース損について学びます。

2 誘電正接

誘電損を求めるために必要な誘電正接について学びます。

3 ケーブルの許容電流・送電容量

ケーブルの許容電流や送電容量を大きくする方法について学びます。

4 ケーブルの静電容量とインダクタンス

ケーブルの静電容量やインダクタンスについて学びます。

5 地中電線路の診断

地中電線路に故障が発生したときの故障点の特定方法と，絶縁劣化の診断方法について学びます。

1 ケーブルの損失

重要度 ★★★

I ケーブルの損失の種類

ケーブルに発生する損失には，抵抗損，誘電損，シース損の3つがあります。損失は熱を発生させ，ケーブルの温度が上昇することによって許容電流と送電容量が小さくなります。

シース損には，渦電流損とシース回路損があります。

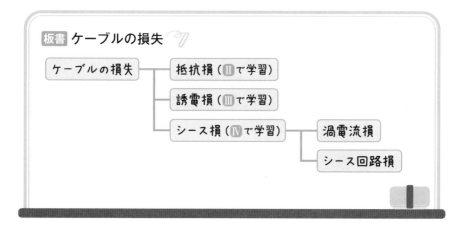

板書 ケーブルの損失

```
ケーブルの損失 ── 抵抗損（IIで学習）
              ── 誘電損（IIIで学習）
              ── シース損（IVで学習） ── 渦電流損
                                    ── シース回路損
```

II 抵抗損

抵抗損とは，ケーブルの抵抗によって導体に発生する損失です。

公式 抵抗損

$$P = RI^2 \, [\text{W}]$$

抵抗損：$P\,[\text{W}]$
抵抗：$R\,[\Omega]$
電流：$I\,[\text{A}]$

$$R = \rho \frac{\ell}{A} [\Omega]$$

抵抗：$R [\Omega]$
抵抗率：$\rho [\Omega \cdot m]$
断面積：$A [m^2]$
長さ：$\ell [m]$

抵抗損の公式 $P = RI^2 [W]$ より，次のことがわかります（**理論**）。

① 抵抗損は電流の2乗に比例する。
② 導体の抵抗が大きいほど，抵抗損も大きくなる。

抵抗損を小さくするには，導体の抵抗を小さくする必要があります。導体の抵抗を求める公式 $R = \rho \dfrac{\ell}{A} [\Omega]$ より，導体の抵抗を小さくするためには，次のような導体を使用します。

・抵抗率の小さい導体＝導電率の大きい導体
・太い（断面積の大きい）導体
・長さの短い導体

導電率は抵抗率の逆数です。導電率の単位は $[S/m] = [1/\Omega \cdot m]$，抵抗率の単位は $[\Omega \cdot m]$ です。

III 誘電損（誘電体損）

誘電損とは，ケーブルの架橋ポリエチレンなどの絶縁体（誘電体）に発生する損失です。

$$P = \omega C V^2 \tan \delta \ [\text{W}]$$
$$= 2\pi f C V^2 \tan \delta \ [\text{W}]$$

誘電損：P[W]
角周波数：ω[rad/s]
ケーブルの静電容量：C[F]
電圧：V[V]
周波数：f[Hz]
誘電正接：$\tan \delta$

公式 静電容量

$$C = \varepsilon \frac{A}{\ell} \ [\text{F}]$$

静電容量：C[F]
誘電率：ε[F/m]
面積：A[m²]
極板間距離：ℓ[m]

上の2つの公式，$P = \omega C V^2 \tan \delta \ [\text{W}]$，$C = \varepsilon \dfrac{A}{\ell} [\text{F}]$ より，誘電損を小さ
くするには，誘電率 ε と誘電正接 $\tan \delta$ が小さい絶縁体を使用します。

なお，絶縁体が劣化すると，誘電損が大きくなります。

ひとこと

そういえば…

誘電損の熱を有効に利用した「誘電加熱」という加熱方法については
機械 で学習します。誘電加熱は，身近な例では電子レンジなどに使われて
います。

Ⅳ シース損

シース損とは，ケーブルの金属シースに発生する損失です。

ひとこと

ふむ ふむ

シース損は，銅や鉛，アルミなどの金属シースに発生します（ビニルシース
は含みません）。

ひとこと

　ケーブルに電流を流すと磁界が発生し，金属シースに電磁誘導が起こります。このときに金属シースに流れる誘導電流による損失がシース損です。シース損は，単心ケーブルで発生し，CVTケーブルなどの3心ケーブルでは，磁界を打ち消し合うためほとんど発生しません。

　シース損には，渦電流損とシース回路損があります。

　渦電流損は，シースの円周方向に流れる電流によって発生する損失です。シース回路損は，シースの長手方向（軸方向）に流れる電流によって発生する損失です。

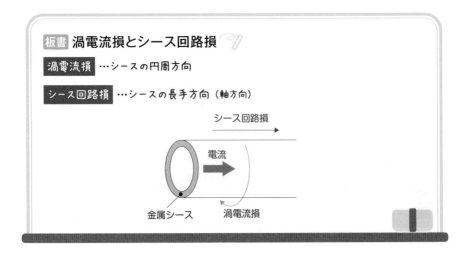

板書 渦電流損とシース回路損

渦電流損 …シースの円周方向

シース回路損 …シースの長手方向（軸方向）

シース回路損

電流

金属シース　　　　渦電流損

　シース回路損を小さくする方法として，**クロスボンド接地方式**があります。

　クロスボンド接地方式とは，各相の金属シースを別の相の金属シースに接続することにより，シース電流を打ち消し合うようにする方式です。

問題集 問題124

2 誘電正接

重要度 ★★★

I 誘電正接とは

<ruby>誘電正接<rt>ゆうでんせいせつ</rt></ruby>とは，誘電損を求める式中の $\tan\delta$ のことで，電圧と同相の電流 I_R と電圧より $90°$ 進んだ電流 I_C の比 $\left(\dfrac{I_R}{I_C}\right)$ のことです。

絶縁体（誘電体）を接続した回路は次のような等価回路とベクトル図で表されます。

板書 **等価回路・ベクトル図**

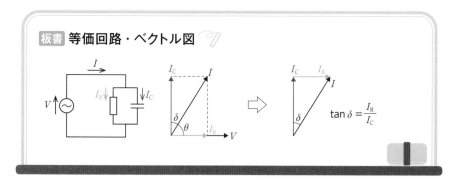

誘電正接 $\tan\delta = \dfrac{I_R}{I_C}$ より，I_C に対して I_R が小さいときは，誘電正接が小さくなり，誘電損も小さくなります。また，I_C に対して I_R が大きいときは，誘電正接が大きくなり，誘電損も大きくなります。等価回路の抵抗部分に流れる電流 I_R が大きいほど，誘電損が大きくなるのです。

ひとこと

　誘電損は，等価回路の抵抗部分に流れる電流（電圧と同相の電流）によって発生する損失なので，単相交流回路の場合，$P = VI_R$ で求められます。これに，$I_R = I_C\tan\delta$，$I_C = \omega CV$ を代入すると，誘電損の公式 $P = \omega CV^2\tan\delta$ を導くことができます。

ひとこと

絶縁体（誘電体）には基本的に電流は流れませんが，交流電圧を加えると誘電分極という現象が起こり，外からみると電流が流れているようにみえるので，電流が流れているものとして扱います。

基本例題 誘電体損

電圧66 kV，周波数50 Hz，こう長5 kmの交流三相3線式地中電線路において，ケーブルの心線1線あたりの静電容量が0.43 μF/km，誘電正接が0.03 ％であるとき，このケーブル心線3線合計の誘電体損を求めなさい。

解答

一相あたりの誘電体損P[W]は，電圧をV[V]，電圧と同相の電流をI_R[A]とすると，

$$P_1 = \frac{V}{\sqrt{3}} I_R [\text{W}] \quad \cdots ①$$

電圧より90°進んだ電流I_C[A]は，角周波数ω[rad/s]，周波数f[Hz]，静電容量C[F]とすると，

$$I_C = \frac{V}{\sqrt{3}} \div \frac{1}{\omega C} = \omega C \frac{V}{\sqrt{3}}$$

$$= 2\pi f C \frac{V}{\sqrt{3}} [\text{A}] \quad \cdots ②$$

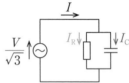

誘電正接を$\tan \delta$とすると，

$$I_R = I_C \tan \delta [\text{A}] \quad \cdots ③$$

①，②，③より，ケーブル心線3線合計の誘電体損P_3[W]は，

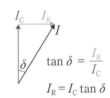

$$P_3 = 3 \times \frac{V}{\sqrt{3}} \times 2\pi f C \frac{V}{\sqrt{3}} \times \tan \delta$$

$$= 2\pi f C V^2 \tan \delta [\text{W}] \quad \cdots ④$$

こう長5 kmのケーブルの心線1線あたりの静電容量C[F]は，

$$C = 5 \times 0.43 \times 10^{-6} = 2.15 \times 10^{-6} \text{ F}$$

④式に各値を代入すると，

$$P_3 = 2\pi \times 50 \times 2.15 \times 10^{-6} \times (66 \times 10^3)^2 \times 0.03 \times 10^{-2} \fallingdotseq 883 \text{ W}$$

よって，解答は883 Wとなる。

3 ケーブルの許容電流・送電容量 重要度 ★★★

Ⅰ ケーブルの許容電流とは

　ケーブルに電流を流すと、抵抗損、誘電損、シース損などの損失によって熱が発生します。ケーブルの温度が高くなると、絶縁物の劣化や焼損などにつながるため、ケーブルに流すことのできる電流量には限界があります。この電流量のことを**許容電流**といいます。

　許容電流と**送電容量**は比例し、許容電流が増加すれば送電容量も大きくなります。

ひとこと

架空送電線路ではおもに裸電線を使用しますが、地中電線路は絶縁体やシースに覆われたケーブルを使用して、地中に埋められるため、電線に比べて放熱が難しく、温度が上昇しやすくなります。

Ⅱ 許容電流・送電容量を大きくするには

　ケーブルの温度が上昇しやすいほど、また、ケーブルの素材が熱に弱いほど、許容電流・送電容量が小さくなります。

　したがって、ケーブルの許容電流・送電容量を大きくするためには、ケーブルの発熱を抑えて放熱したり、熱に強い素材を利用したりする必要があります。

板書 送電容量を大きくする方法

① ケーブルの発熱を抑える（損失を減らす）

② ケーブルを冷やす（放熱する）

③ ケーブルを熱に強い素材でつくる

313

1 ケーブルの発熱を抑える方法

損失を小さくすることで，発熱を抑えることができます。

板書 ケーブルの発熱を抑える方法

① **抵抗損を少なくする**

$$P = RI^2 [\text{W}], \quad R = \rho \frac{\ell}{A} [\Omega]$$

- 導体を太くする（断面積を大きくする）
- 抵抗率の小さい（導電率の大きい）導体を使用する

② **誘電損を少なくする**

$$P = \omega C V^2 \tan \delta \, [\text{W}], \quad C = \varepsilon \frac{A}{\ell} [\text{F}]$$

- 比誘電率または誘電正接の小さい絶縁体を使用する

③ **シース損を少なくする**

- クロスボンド接地方式を採用する

2 ケーブルを冷却する方法

ケーブルを冷却することで，発生した熱を強制的に除去し，許容電流を大きくできます。

冷却方法は，①ケーブルの内部に冷却媒体を循環させて内側から冷却する**内部冷却方式**と，②ケーブルを外側から冷却する**外部冷却方式**があります。

外部冷却方式は，ケーブルの通っている管路に冷却水を循環させて直接冷却する**直接水冷方式**と，冷却水の通路を別に設けて間接的に冷却する**間接水冷方式**などがあります。

板書 ケーブルの冷却方法

1. **内部冷却** …ケーブルの内部に冷却媒体を循環させる

2. **外部冷却** …ケーブルを外側から冷却する

　　┌─ **直接水冷方式** …ケーブルの管路に冷却水を循環させる

　　└─ **間接水冷方式** …冷却水用の管路に冷却水を循環させる

油通路
（冷却媒体）

内部冷却（OF ケーブル）

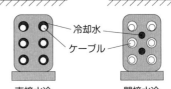

冷却水

ケーブル

直接水冷　　　　　間接水冷

ひとこと

　CVケーブルに水が浸入すると，水トリー現象が発生して絶縁性能が著しく低下するので，CVケーブルの内部には水が浸入しないようにする必要があります。

3　ケーブルの耐熱性を上げる方法

　ケーブルの絶縁材料に耐熱性の高いものを採用することで，許容温度を高くして許容電流を引き上げます。

 問題集 問題125

4 ケーブルの静電容量とインダクタンス 重要度 ★★★

Ⅰ 地中ケーブルの特性

地中ケーブルは，架空電線と比較して❶静電容量が大きく，❷インダクタンスが小さいという特性があります。

1 静電容量について

静電容量とは，電荷を蓄える能力のことで，誘電体の誘電率に比例します（理論）。地中ケーブルは誘電体（絶縁体）で覆われているため，静電容量が大きくなります。

静電容量が大きいため，電流の位相が進みになり，**フェランチ効果**が起こりやすくなります。

ひとこと

フェランチ効果とは，送電端電圧より受電端電圧の方が高くなる現象のことをいいます。

2 インダクタンスについて

地中ケーブルでは3線を互いに密着させているため，それぞれの電流がつくる磁束は効果的に打ち消し合います。その結果，誘導作用がほとんど起こらず，インダクタンスは小さくなります。

3線を密着させると磁束を打ち消し合う

ひとこと

架空電線では，3線が短絡しないように互いに距離をとっているので，地中電線ほど磁束が互いに打ち消し合いません。

5 地中電線路の診断 重要度 ★★★

Ⅰ 故障点の標定方法

　地中電線路で事故が起こったとき，故障点を標定する必要がありますが，目視による故障点の発見が難しいため，電気的な方法によって故障点を探します。さまざまな標定方法がありますが，ここでは，**マーレーループ法**，**パルスレーダ法**，**静電容量測定法**の3つを説明します。

1 マーレーループ法

　マーレーループ法とは，地絡事故が起こったときに，ブリッジ回路を用いて地絡点を標定する方法です。

　この方法は，ホイートストンブリッジの原理（**理論**）にもとづいており，故障したケーブルと，これに並行する同じ長さの故障していないケーブルの導体どうしを接続し，その反対側にマーレーループ装置を接続して測定を行います。

公式 故障点までの距離（マーレーループ法）

$$x = \frac{aL}{500} \, [\text{m}]$$

故障点までの距離：x[m]
ケーブルの長さ：L[m]
ブリッジが平衡したときの目盛：a

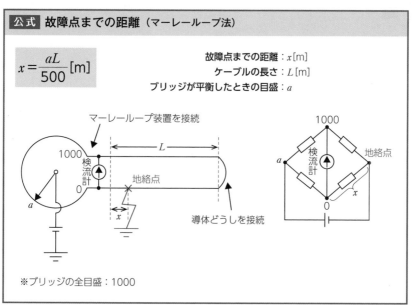

※ブリッジの全目盛：1000

ひとこと

マーレーループ法では，地絡点の地絡抵抗が低い（地絡電流が大きい）ほうがより高い精度で測定できます。

2 パルスレーダ法

パルスレーダ法とは，故障したケーブルの端からパルスを送り，パルスが故障点で反射して返ってくるまでの到達時間から故障点を標定する方法です。

公式 故障点までの距離（パルスレーダ法）

$$x = \frac{vt}{2} \, [\text{m}]$$

故障点までの距離：x[m]
パルスの伝わる速度：v[m/μs]
パルスが反射して返ってくるまでの時間：t[μs]

ひとこと

パルスの伝わる速度 v は約160〜170 m/μsです。

3 静電容量測定法

せいでんようりょうそくていほう
静電容量測定法とは，ケーブルの静電容量がケーブルの長さに比例することを利用して，故障したケーブルと，同じ長さの故障していないケーブルの静電容量を測定して故障点を標定する方法です。

公式 故障点までの距離（静電容量測定法）

$$x = \frac{C_x}{C} L \, [\text{m}]$$

故障点までの距離：x[m]
故障したケーブルの静電容量：C_x[μF]
故障していないケーブルの静電容量：C[μF]
ケーブルの長さ：L[m]

Ⅱ 絶縁劣化の診断方法

地中ケーブルは，経年劣化や水トリーなど，さまざまな要因によって絶縁性能が劣化します。絶縁劣化の診断方法には，次のようなものがあります。

板書 絶縁劣化の診断方法 ✍

① **直流漏れ電流測定**（直流高電圧法）

…ケーブルに直流高電圧を加えたときの漏れ電流の大きさや，その時間特性の変化から，絶縁劣化を診断する方法

② **部分放電法**

…ケーブルに高電圧を加えたときの部分放電の有無から，絶縁劣化を診断する方法

↳部分放電は，ケーブルの傷や亀裂などによって発生

③ **誘電正接法**

…絶縁体（誘電体）に交流電圧を加えたときの誘電正接$\tan\delta$の値から，絶縁劣化を診断する方法

↳絶縁が劣化すると，誘電正接$\tan\delta$の値も大きくなる

④ **絶縁油中ガス分析法**

…OFケーブルに使われている絶縁油の成分を分析し，絶縁劣化を診断する方法

CHAPTER **09**

電気材料

電気材料

電気に関する材料には，電気を通す導電材料，電気を通さない絶縁材料，磁気的な性質を持った磁性材料があります。この単元では，主に使用される材料の名称と，それぞれの特徴について学びます。

このCHAPTERで学習すること

SECTION 01 電気材料

電気を通すための導体や，絶縁物などの電気材料について学びます。

傾向と対策

出題数

1問/20問中

・論説問題中心

	H27	H28	H29	H30	R1	R2	R3	R4上	R4下	R5上
電気材料	1	1	1	1	1	1	1	1	1	1

ポイント

各電気材料の特徴や，電気的，化学的な性質について問われるため，公式と関連させながら理解することが大切です。また，関連する理論のCH01〜CH03と並行して学習することによって，理解を深めることができます。試験では，各電気材料の特徴を正しく理解していれば，短時間で解答することができます。

SECTION
01
電気材料

このSECTIONで学習すること

1 電気材料

電気材料とは何かについて学びます。

2 導電材料

導電材料の特徴について学びます。

3 絶縁材料

絶縁材料の特徴について学びます。

4 磁性材料

磁性材料の特徴について学びます。

1 電気材料

重要度 ★★☆

電気材料とはおもに，電気を通すための導体（電線など），それらを絶縁する絶縁物，鉄心などの強磁性体のことで，それぞれ導電材料，絶縁材料，磁性材料といいます。

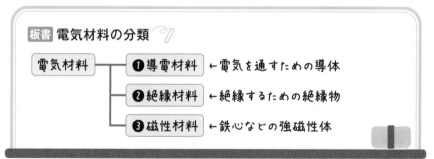

板書 電気材料の分類

電気材料 ── ❶導電材料 ←電気を通すための導体
         ── ❷絶縁材料 ←絶縁するための絶縁物
         ── ❸磁性材料 ←鉄心などの強磁性体

ひとこと

わからなくなったときは 理論 の教科書を読み返しましょう。導電材料，絶縁材料，磁性材料についてはそれぞれCH01（直流回路），CH02（静電気），CH03（電磁力）の記述とリンクしています。

Ⅰ 導電材料とは

導電材料（どうでんざいりょう）とは，電線やケーブルなど，電流を導くための導体のことをいいます。電力損失を減らすため，導電材料には以下のような条件が求められます。

板書 導電材料に求められる条件

- 抵抗値が小さい（導電率が大きい）
- 温度の変化による影響が小さい
- 引張強さ・可とう性がある
- 加工・接続が容易
- 耐食性に優れている
- 原料となる資源が豊富で安価

ひとこと

加工や接続が困難であったり，貴重で高価な原料を用いると，電力損失が低くても，結果としてコストが増してしまいます。

Ⅱ 抵抗と抵抗率・導電率

抵抗率（ていこうりつ）とは一般に，電流の流れにくさを表したもので，20℃における断面積$1\,\mathrm{mm}^2$，長さ１ｍあたりの抵抗値をいいます。また，抵抗率の逆数を導電率（どうでんりつ）といい，電流の流れやすさを表します。

$$\rho = R \times \frac{A}{\ell} \, [\Omega \cdot \text{mm}^2/\text{m}]$$

$$\sigma = \frac{1}{\rho} \, [\text{S} \cdot \text{m}/\text{mm}^2]$$

$$R = \frac{\rho \ell}{A} = \frac{\ell}{\sigma A} \, [\Omega]$$

抵抗率：$\rho \, [\Omega \cdot \text{mm}^2/\text{m}]$
抵抗値：$R \, [\Omega]$
断面積：$A \, [\text{mm}^2]$
　長さ：$\ell \, [\text{m}]$
導電率：$\sigma \, [\text{S} \cdot \text{m}/\text{mm}^2]$

ひとこと

実際の電線で考えたとき，断面積が $1 \, \text{m}^2$ だと単位が大きすぎるので $1 \, \text{mm}^2$ で考えます。

III 温度による変化

長さや抵抗値が温度の変化に大きく左右されるものは電線材料に向きません。

公式 導電材料の温度変化

$$L_2 = L_1\{1 + a_\text{L}(t_2 - t_1)\} \, [\text{m}]$$

温度変化前の実長：$L_1 \, [\text{m}]$
温度変化後の実長：$L_2 \, [\text{m}]$
　　線膨張係数：$a_\text{L} \, [℃^{-1}]$
温度変化前の温度：$t_1 \, [℃]$
温度変化後の温度：$t_2 \, [℃]$

$$R_2 = R_1\{1 + a_\text{R}(t_2 - t_1)\} \, [\Omega]$$

温度変化前の抵抗値：$R_1 \, [\Omega]$
温度変化後の抵抗値：$R_2 \, [\Omega]$
　　抵抗温度係数：$a_\text{R} \, [℃^{-1}]$
温度変化前の温度：$t_1 \, [℃]$
温度変化後の温度：$t_2 \, [℃]$

Ⅳ 導電材料に求められる性質

架空線と支持物との間には，たるみが適切な大きさになるように張力が働いています。また，風圧や積雪などの荷重も考慮して，これに耐えうる強度が求められます。

地中ケーブルや，一般家庭で用いられている電線，コードなどは，力が加わることで破損することのないよう柔軟さも求められます。

ひとこと

引張強さを超えた荷重が加わると断線し，十分な可とう性（柔軟性・たわみやすさ）がないと折れてしまいます。

一般にさびといわれるような酸化反応が起こると，導体の抵抗値や強度などに影響が出てしまいます。

ひとこと

酸化による劣化を腐食といい，これに耐えうる性能を耐（腐）食性といいます。

Ⅴ 銅線とアルミニウム電線

電線の材料として用いられるのは，電流の流れやすい銅やアルミニウムなどです。常温で引き伸ばした銅を硬銅（こうどう）といい，これを450～600℃で焼きなましたものを軟銅（なんどう）といいます。

ひとこと

銅に不純物が混じると，導電率は著しく低下します。そのため，電気分解を利用して精錬（せいれん）し，純度を高めます。

焼きなましとは，加熱した後，十分な時間をかけて冷却することで内部組織を均一化し，抵抗値を下げ柔らかくする加工のことです。また，この処理によって引張強さは小さくなります。

20℃において抵抗率が$\dfrac{1}{58}$ Ω·mm²/m の軟銅を**標準軟銅**といい，標準軟銅の導電率を基準としたときの各金属の導電率を**パーセント導電率**といいます。この値が大きいほど電流が流れやすくなります。

板書 パーセント導電率

銀	106 %	導電率は銅より高いが高価
標準軟銅（基準）	100 %	可とう性がある
硬銅	97 %	引張強さがある
金	75 %	薄く伸びるため電気部品などに用いられる
硬アルミニウム	61 %	比重が銅の約1/3で軽い
鉄	18 %	導電率は硬アルミの3割ほど

硬アルミニウムは，導電率が軟銅の61 %であり，同一電流を流すためには径を太くする必要があります。軟銅線に比べ径は太くなりますが，比重が3分の1程度と非常に軽いため軽量化できます。

身近な例として，銅硬貨とアルミ硬貨の重さを比べてみるといいかもしれません。

問題集 問題126 問題127

3 絶縁材料

Ⅰ 絶縁材料とは

電気を通しにくい物質を絶縁体といい，意図しない電流が流れることを防ぐ目的で用いられる絶縁体を絶縁材料といいます。絶縁材料は，気体，液体，固体と多種多様であるため，用途に応じた材料が用いられています。

板書 絶縁材料に求められる条件

	（固体・液体・気体）で それぞれ求められる条件		
絶縁抵抗 が大きい	固体	液体	気体
絶縁耐力 が高い	固体	液体	気体
耐熱性が 高い	固体	液体	気体
誘電損が 小さい	固体	液体	気体
劣化 しにくい	固体	液体	
放熱性が よい	固体	液体	
粘度が 低い		液体	

熱伝導率が高く温度上昇しにくい絶縁材料が，冷却材としての役割も担っています。

Ⅱ 絶縁抵抗・絶縁耐力

絶縁材料に流れるごくわずかな電流を漏れ電流といいます。加えた電圧と漏れ電流の関係から求められる，絶縁材料の抵抗を絶縁抵抗といいます。

導電材料は電流を流すことが目的のため，抵抗が小さいほどよく，絶縁材料は流さないことが目的のため，絶縁抵抗が大きいほどよいとされます。

漏れ電流から求められる絶縁抵抗は非常に大きな値になるため，単位に[MΩ]などを用います。

規格外の高電圧により絶縁状態が保てなくなり，突然大電流が流れることを絶縁破壊といいます。絶縁破壊を起こさない限界の電圧や電界強度を絶縁耐力といいます。材料中の水分が少ないほど電流が流れにくくなり，絶縁耐力が高くなります。

問題集 問題128

絶縁抵抗や絶縁耐力は，温度変化や風雨などのさまざまな要因により，絶縁材料が経年劣化して低下します。

Ⅲ 絶縁材料の耐熱クラス

使用中の機器は各種損失により熱を生じるため，その温度で劣化や状態変化・焼損しないよう，絶縁材料の種類ごとに使用可能な温度の上限が定められています。この温度のことを許容最高温度といいます。絶縁材料は許容最高温度の低い順にY，A，E，B，F，H…のように区分されていて，この分類のことを耐熱クラスといいます。

耐熱クラス	Y	A	E	B	F	H	N	R	ー
許容最高温度 [℃]	90	105	120	130	155	180	200	220	250

ひとこと

　　学習効率を考えると，「耐熱クラスというものがある」という程度の理解で十分です。

　多くの絶縁材料は温度が高く，使用時間が長時間であるほど，熱劣化により絶縁耐力が低くなり，誘電損が大きくなります。

Ⅳ 気体絶縁材料

　気体絶縁材料は乾燥空気，窒素，水素，六ふっ化硫黄（SF$_6$）などがあり，圧力を加えることにより絶縁耐力が大きくなります。

板書 六ふっ化硫黄（SF$_6$）ガス

- 無色・無臭・無毒・不燃性
- 空気よりも比重が大きい
- 空気よりも絶縁耐力が高い
- アーク消弧能力が空気より優れている
- 化学的に安定で不活性
- 温室効果ガスの一種で同質量の二酸化炭素より地球温暖化に及ぼす影響が大きい

ひとこと

　　気体絶縁材料は，一時的な絶縁破壊でコロナ放電やアーク放電が起こっても，絶縁性能を自己回復します。

問題集 問題129 問題130 問題131

Ⅴ 液体絶縁材料

液体絶縁材料はおもに，変圧器などで絶縁と冷却を目的として用いられる絶縁油のことをいい，粘度が低く流動的な材料ほど冷却効果が大きくなります。また，気体絶縁材料と異なり，圧力をかけても絶縁耐力がほとんど変化しません。絶縁油には，石油からつくられる鉱油や，鉱油の欠点を改善した合成油，環境にやさしい植物油などがあります。

ひとこと

天然油である鉱油は可燃性で，水分や酸素など不純物の影響を受けて劣化しやすいため，現在では化学的に合成される合成油が主流になっています。

問題集 問題132 問題133 問題134 問題135 問題136

Ⅵ 固体絶縁材料

固体絶縁材料は，一般に気体や液体の絶縁材料より絶縁耐力が高いものが多く，電線やケーブルの被覆などに用いられるビニルやゴム，プラスチック（合成樹脂）のような身近にある絶縁材料です。固体絶縁材料は熱的，電気的，機械的，化学的原因などにより劣化します。

板書 固体絶縁材料が劣化するおもな原因

- 膨張・収縮の繰り返しによるひずみ
- 風や振動などの外力による衝撃や摩擦
- 直射日光などの紫外線による材料の化学的変化
- 絶縁体内部の非常に小さな空げき（すき間）により生じる部分放電

ひとこと

微小な空げきのことをボイドといい，部分放電をボイド放電ということも
あります。水分が主原因となりCVケーブルの絶縁体中にボイドが生じ，水
トリーといわれる劣化現象が起こります。

問題集 問題137 問題138

4 磁性材料

重要度 ★★★

I 磁性材料とは

　磁性材料とは一般に，永久磁石や電磁石，変圧器の鉄心として用いられる
ような**強磁性体**のことをいい，永久磁石の材料に適した**磁石材料**と，電磁石
や変圧器の鉄心の材料に適した**磁心材料**などに分けられます。

ひとこと

　外部からのエネルギー供給がない状態でも磁石として働くものを永久磁石
といい，電流が流れているときだけ磁石として働くものを電磁石といいま
す。

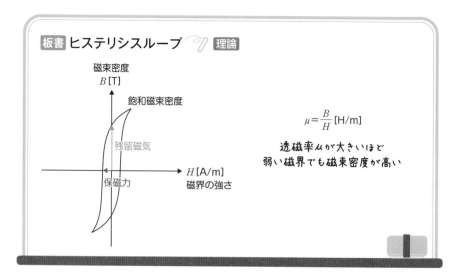

板書 ヒステリシスループ **理論**

磁束密度
B [T]

飽和磁束密度

残留磁気

保磁力

H [A/m]
磁界の強さ

$$\mu = \frac{B}{H} \text{[H/m]}$$

透磁率 μ が大きいほど
弱い磁界でも磁束密度が高い

Ⅱ 磁石材料と磁心材料の特性

1 磁石材料

ほかの磁界により容易に磁化されない残留磁気・保磁力の大きな強磁性体を磁石材料といいます。

2 磁心材料

鉄，コバルト，ニッケルなどの残留磁気・保磁力が小さく，透磁率の大きい強磁性体の合金（ケイ素鋼やアモルファス合金）を磁心材料として用います。

ひとこと

ヒステリシス損はヒステリシス曲線に囲まれた面積の大きさに比例します。ヒステリシス損は，残留磁気・保磁力が小さく透磁率が大きいほど小さくなります（理論）。

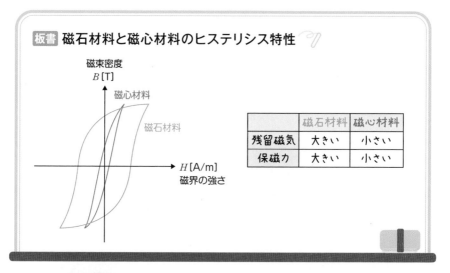

板書 **磁石材料と磁心材料のヒステリシス特性**

磁束密度
B [T]

磁心材料

磁石材料

H [A/m]
磁界の強さ

	磁石材料	磁心材料
残留磁気	大きい	小さい
保磁力	大きい	小さい

ひとこと

影響を受けにくい（保磁力が大きい）という意味から磁石材料を硬質磁性材料，影響を受けやすい（保磁力が小さい）という意味から磁心材料を軟質磁性材料ともいいます。

問題集 問題139 問題140

Ⅲ おもな磁心材料

鉄心にはおもに，鉄にケイ素（シリコン：Si）を加えた合金である**ケイ素鋼**やアモルファス合金が用いられます。両者の特徴の比較は次のとおりです。

	ケイ素鋼		アモルファス合金
価格	安い	＜	高い
鉄損	大きい	＞	小さい
強度	小さい	＜	大きい
加工性	優れる	＞	劣る
重量	軽い	＜	重い

ひとこと

　ケイ素を含まない磁心材料も存在するため，ケイ素鋼を電磁鋼ともいいます。

ひとこと

◆アモルファスとは
　構成単位としての原子・イオン・分子の配列に規則性がない固体物質を非結晶質・非晶質といいます。非結晶質のことをアモルファス（amorphous）ということから，非結晶質の合金をアモルファス合金といいます。

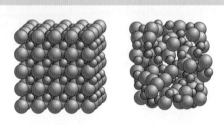

結晶　　　　　　　アモルファス

　鉄などの強磁性体にホウ素（ボロン：B）などを加え，非結晶化しやすくします。液体状態の金属は原子が規則正しく配列していません。急速に冷却することで，原子の配列が液体状態のまま固体に状態変化し，非結晶質になります。

問題集　問題141

CHAPTER **10**

電力計算

CHAPTER 10

電力計算

電気を送るための電線路では，電圧の低下や，損失の発生といった，さまざまな問題が起こります。この単元では，電線路で生じる損失，短絡事故が発生したときの電流値の計算方法について学びます。

このCHAPTERで学習すること

SECTION 01 パーセントインピーダンス

$$\%Z = \frac{Z \quad I_n}{E_n} \times 100$$

パーセントインピーダンス [%]、インピーダンス [Ω]、定格電流 [A]、定格電圧 [V]

パーセントインピーダンスの定義や基準容量換算について学びます。

SECTION 02 変圧器の負荷分担

並列に接続された各変圧器が負荷を分担する方法について学びます。

SECTION 03 三相短絡電流

三相回路において，3本の電線が低いインピーダンスによって接続されたときに流れる三相短絡電流の求め方について学びます。

SECTION 04 電力と電力損失

$$P_\ell = 3RI^2$$
$$= 3R\left(\frac{P}{\sqrt{3}V_r\cos\theta}\right)^2 = \frac{RP^2}{V_r^2\cos^2\theta}$$

三相電力や三相3線式電線路における電力損失について学びます。

$$v = \sqrt{3}\, I(R\cos\theta + X\sin\theta)\,[\text{V}]$$

$$v = \frac{PR + QX}{V_r}\,[\text{V}]$$

送配電線路の抵抗と誘導性リアクタンスによって発生する線路の電圧降下について学びます。

$$P_d = 2\pi f C V_\ell^2 \tan\delta$$

電線路が無負荷のときの充電電流や重電容量，絶縁体に高圧電流を加えたときに発生する誘電損について計算方法を学びます。

傾向と対策

出題数

・計算問題のみ

4〜6 問程度 / 20問中

	H27	H28	H29	H30	R1	R2	R3	R4上	R4下	R5上
電力計算	4	4	2	4	5	3	3	3	4	6

ポイント

パーセントインピーダンスを使用する問題が多く，パーセントインピーダンスの概念を理解する必要があります。電力損失，電圧降下の計算問題は，計算する前に等価回路図やベクトル図を描き，求める値を明確にすることが大切です。毎年の出題数はA・B問題ともに多く，計算量が多いため，過去問を何度も解いて計算に慣れるようにしましょう。

SECTION 01 パーセントインピーダンス

このSECTIONで学習すること

1 変圧器の定格容量

変圧器を安全に使用できる限度を皮相電力で表した，変圧器の定格容量の計算方法について学びます。

2 パーセントインピーダンス

インピーダンスに定格電流が流れたときの電圧降下と定格電圧の比を表したパーセントインピーダンスについて，計算方法を学びます。

3 パーセントインピーダンスの基準容量換算

任意に設定した基準容量に合わせてパーセントインピーダンスを再計算する方法について学びます。

4 パーセント抵抗とパーセントリアクタンス

抵抗に定格電流が流れたときの電圧降下と定格電圧の比を表すパーセント抵抗と，リアクタンスに定格電流が流れたときの電圧降下と定格電圧の比を表すパーセントリアクタンスについて学びます。

1 変圧器の定格容量 機械 重要度 ★★★

Ⅰ 単相変圧器の定格容量

変圧器の**定格容量**とは，変圧器を安全に使用できる限度を皮相電力で表したものです。電験の問題では単に**容量**と表現されることもあります。**定格**とは，メーカーが保証している使用限度（または基準としている値）のことです（機械）。

たとえば，「容量15 MV・A」であれば，15 MV・Aまでの皮相電力ならば扱える電気機器であるということです。

単相変圧器の定格容量P_n[V・A]は，定格電圧V_n[V]と定格電流I_n[A]の積で求められます。

公式 単相変圧器の定格容量①

定格容量　定格電圧　定格電流
$$P_n = V_n \quad I_n$$
[V・A]　　[V]　　[A]

ひとこと

変圧器に電流を流すと，巻線抵抗によりジュール熱RI^2t[J]が発生します。このジュール熱が大きくなりすぎて巻線温度が許容温度を超えると，巻線の絶縁が劣化し，変圧器の寿命が短くなります。そこで皮相電力を使って変圧器が使用に耐えられる限度を定めます。

上式の定格電圧と定格電流は一次側と二次側どちらの値を使っても定格容量を求めることができます。しかし，定格電圧が一次側なら定格電流も一次側に，定格電圧が二次側なら定格電流も二次側に揃える必要があります。

公式 単相変圧器の定格容量②

$$P_n = V_{1n}I_{1n} = V_{2n}I_{2n} \, [\text{V·A}]$$

単相変圧器の定格容量：$P_n \, [\text{V·A}]$
定格一次電圧：$V_{1n} \, [\text{V}]$
定格一次電流：$I_{1n} \, [\text{A}]$
定格二次電圧：$V_{2n} \, [\text{V}]$
定格二次電流：$I_{2n} \, [\text{A}]$

定格一次電流

定格一次電圧

I_{1n}

V_{1n}

I_{2n}

定格二次電流

V_{2n}

定格二次電圧

Ⅱ 三相変圧器の定格容量

三相変圧器の定格容量は以下の式で求めることができます。

公式 三相変圧器の定格容量①

$$P_n = 3\,V_{np}I_{np} = \sqrt{3}\,V_{n\ell}I_{n\ell}\ [\text{V}\cdot\text{A}]$$

三相変圧器の定格容量：$P_n[\text{V}\cdot\text{A}]$
定格電圧（相）：$V_{np}[\text{V}]$
定格電圧（線間）：$V_{n\ell}[\text{V}]$
定格電流（相）：$I_{np}[\text{A}]$
定格電流（線）：$I_{n\ell}[\text{A}]$

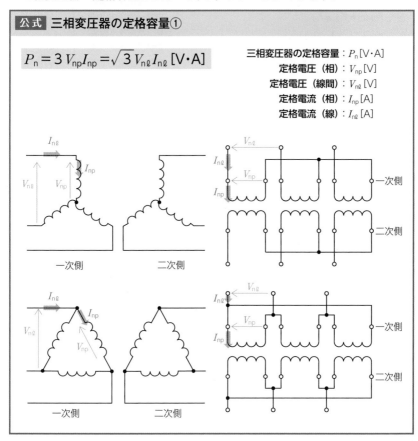

三相変圧器の定格容量の計算でも単相変圧器と同様に，定格電圧と定格電流を一次側または二次側に揃える必要があります。

341

$$P_n = \sqrt{3}\, V_{1n\ell} I_{1n\ell}$$
$$= \sqrt{3}\, V_{2n\ell} I_{2n\ell}$$
$$= 3\, V_{1np} I_{1np}$$
$$= 3\, V_{2np} I_{2np} \,[\text{V·A}]$$

三相変圧器の定格容量：$P_n\,[\text{V·A}]$
定格一次電圧（線間）：$V_{1n\ell}\,[\text{V}]$
定格一次電流（線）：$I_{1n\ell}\,[\text{A}]$
定格二次電圧（線間）：$V_{2n\ell}\,[\text{V}]$
定格二次電流（線）：$I_{2n\ell}\,[\text{A}]$
定格一次電圧（相）：$V_{1np}\,[\text{V}]$
定格一次電流（相）：$I_{1np}\,[\text{A}]$
定格二次電圧（相）：$V_{2np}\,[\text{V}]$
定格二次電流（相）：$I_{2np}\,[\text{A}]$

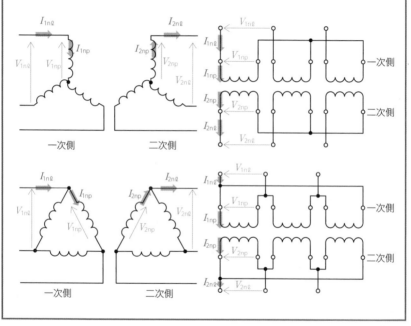

問題集 問題142

2 パーセントインピーダンス 重要度 ★★★

Ⅰ パーセントインピーダンスとは

　パーセントインピーダンス $\%Z$ とは，インピーダンス $Z[\Omega]$ に定格電流 $I_n[\mathrm{A}]$ が流れたときの電圧降下 $ZI_n[\mathrm{V}]$ と，定格電圧 $E_n[\mathrm{V}]$ の比を百分率で表したものです。パーセントインピーダンスは，定格電流が流れたときの電圧降下が定格電圧と等しくなるインピーダンスを基準（100 %）とすることで，インピーダンスの大きさを $[\Omega]$ でなく $[\%]$ で表したものともいえます。

ひとこと

　パーセントインピーダンスの概念の理解には，変圧器の一次側・二次側換算の理解が必須です。変圧器の一次側・二次側換算を学習されていない方は，一度， 機械 の変圧器の章を学習しましょう。

　単相交流回路のパーセントインピーダンスは次のように求めることができます。

公式 単相交流回路のパーセントインピーダンス①

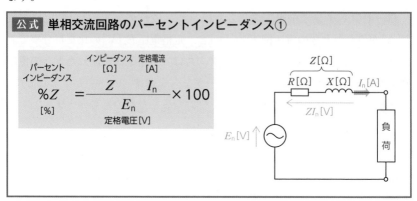

パーセント
インピーダンス
$\%Z$
[%]

インピーダンス　定格電流
[Ω]　　　　[A]

$$\%Z = \frac{Z \quad I_n}{E_n} \times 100$$

定格電圧[V]

$Z[\Omega]$

$R[\Omega]$　$X[\Omega]$　$I_n[A]$

$ZI_n[V]$

$E_n[V]$

負荷

　上の公式の分母・分子に E_n を掛けると，$\%Z$ は，

$$\%Z = \frac{Z I_n \times E_n}{E_n \times E_n} \times 100 = \frac{E_n I_n Z}{E_n^{\,2}} \times 100 = \frac{P_n Z}{E_n^{\,2}} \times 100$$

と表すこともできます。

公式 単相交流回路のパーセントインピーダンス②

パーセント
インピーダンス
$\%Z$
[%]

定格容量　インピーダンス
[V・A]　　　[Ω]

$$\%Z = \frac{P_n \quad Z}{E_n^{\,2}} \times 100$$

定格電圧[V]

Ⅲ パーセントインピーダンスを使う理由

パーセントインピーダンスを使う代わりにインピーダンスを使っても，回路の諸量を計算することはできます。

では，なぜパーセントインピーダンスを学習し，使いこなせるようにしなければならないのでしょうか。

電力系統（発電所から需要家まで続く電気の通り道）の途中には，次の図のように，いくつもの変圧器が存在しています。

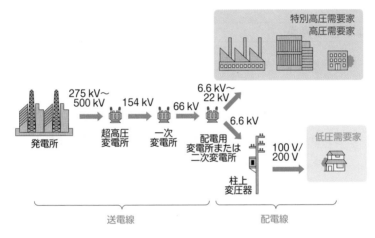

変圧器がある回路で回路計算を行う場合，インピーダンスの一次側または二次側どちらかを基準にして換算をしなければなりません（機械）。そのため，電力系統で短絡事故が発生したときに流れる短絡電流や，発電所から需要家に送電するまでに発生する電圧降下を計算するときに，変圧器の台数分だけインピーダンスの換算をしなければならず，非常に面倒です。

ところが，パーセントインピーダンスを使って回路計算を行うと，回路に変圧器がある場合でも，インピーダンスの換算をする必要がありません。なぜなら，パーセントインピーダンスは変圧器の一次側と二次側で同じ値になるからです。

これがパーセントインピーダンスを使って計算する利点です。

3 パーセントインピーダンスの基準容量換算 重要度 ★★★

Ⅰ パーセントインピーダンスの基準容量換算とは

　パーセントインピーダンスの基準容量換算とは，パーセントインピーダンスの算出に使用した容量がそれぞれ異なる場合に，1つの基準容量を任意に設定し，その基準容量に合わせてパーセントインピーダンスを再計算することをいいます。

Ⅱ 基準容量換算

　パーセントインピーダンスの定義式は，

$$\%Z = \frac{P_n Z}{E_n^2} \times 100 [\%]$$

です。この式はパーセントインピーダンスが容量 $P_n[\mathrm{V \cdot A}]$ に比例することを示しています。よって，パーセントインピーダンスを基準容量に合わせて再計算する場合，定格容量 P_n に対する基準容量 P_B の比 $\dfrac{P_B}{P_n}$ を，パーセントインピーダンスに掛けて計算します。

公式 パーセントインピーダンスの基準容量換算

$$\%Z' = \frac{P_B}{P_n} \times \%Z$$

基準容量換算後のパーセントインピーダンス：$\%Z'[\%]$
基準容量：$P_B[\mathrm{V \cdot A}]$
定格容量：$P_n[\mathrm{V \cdot A}]$
定格容量から算出したパーセントインピーダンス：$\%Z[\%]$

III パーセントインピーダンスの合成

　パーセントインピーダンスはインピーダンスの大きさを[Ω]でなく[%]で表しただけなので，[Ω]で表した場合と同様に合成することができます。

　ただし，パーセントインピーダンスの合成には，各パーセントインピーダンスの算出に使用した容量がすべて等しくなければならない，という条件があります。

　また，パーセントインピーダンスは「インピーダンス」なので，抵抗成分とリアクタンス成分がありますが，電験三種では特に言及されていない限り，抵抗成分を無視してリアクタンス成分のみを考えます。そのため，パーセントインピーダンスの位相はすべて同じ（虚軸方向）となるので，パーセントインピーダンスの合成はベクトル合成ではなく単純な足し算となります。

■ 直列接続されているパーセントインピーダンスの合成

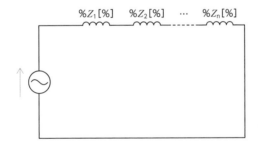

　上図のように，インピーダンスがn個直列接続されている回路があり，それぞれのパーセントインピーダンスが$\%Z_1[\%]$，$\%Z_2[\%]$，…，$\%Z_n[\%]$で，各パーセントインピーダンスの算出に使用した容量がすべて等しいとき，この回路の合成パーセントインピーダンス$\%Z[\%]$は，

$$\%Z = \%Z_1 + \%Z_2 + \cdots + \%Z_n[\%]$$

となり，次の図のように等価変換できます。

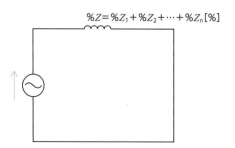

$$\%Z = \%Z_1 + \%Z_2 + \cdots + \%Z_n [\%]$$

公式 直列接続の合成パーセントインピーダンス

$$\%Z = \%Z_1 + \%Z_2 + \cdots + \%Z_n$$

直列接続の合成パーセントインピーダンス：$\%Z[\%]$
直列接続されているパーセントインピーダンス：
$\%Z_1,\ \%Z_2,\ \cdots,\ \%Z_n[\%]$

※ただし各パーセントインピーダンスの算出に使用した容量がすべて等しい場合

---

2 並列接続されているパーセントインピーダンスの合成

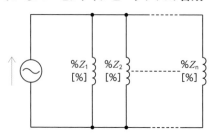

上図のように，インピーダンスがn個並列接続されている回路があり，それぞれのパーセントインピーダンスが$\%Z_1[\%]$，$\%Z_2[\%]$，$\cdots$，$\%Z_n[\%]$で，各パーセントインピーダンスの算出に使用した容量がすべて等しいとき，この回路の合成パーセントインピーダンス$\%Z[\%]$は，

$$\%Z = \cfrac{1}{\cfrac{1}{\%Z_1} + \cfrac{1}{\%Z_2} + \cdots + \cfrac{1}{\%Z_n}}[\%]$$

となり，次の図のように等価変換できます。

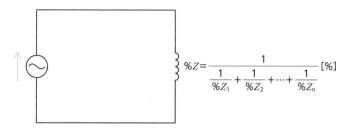

$$\%Z = \cfrac{1}{\cfrac{1}{\%Z_1} + \cfrac{1}{\%Z_2} + \cdots + \cfrac{1}{\%Z_n}} \ [\%]$$

公式 並列接続の合成パーセントインピーダンス

$$\%Z = \cfrac{1}{\cfrac{1}{\%Z_1} + \cfrac{1}{\%Z_2} + \cdots + \cfrac{1}{\%Z_n}}$$

並列接続の合成パーセントインピーダンス：$\%Z\,[\%]$
並列接続されているパーセントインピーダンス：
$$\%Z_1,\ \%Z_2,\ \cdots,\ \%Z_n\,[\%]$$

$$\%Z = \frac{\%Z_1\%Z_2}{\%Z_1 + \%Z_2}$$ ←変圧器が2台の場合

※ただし各パーセントインピーダンスの算出に使用した容量がすべて等しい場合

---

4 パーセント抵抗とパーセントリアクタンス 重要度★★☆

Ⅰ パーセント抵抗

パーセント抵抗$\%R$とは，抵抗$R[\Omega]$に定格電流$I_\mathrm{n}[\mathrm{A}]$が流れたときの電圧降下$RI_\mathrm{n}[\mathrm{V}]$と，定格電圧$E_\mathrm{n}[\mathrm{V}]$の比を百分率で表したものです。

パーセント抵抗は，定格電流が流れたときの電圧降下が定格電圧と等しくなる抵抗を基準（100 %）として，<u>抵抗の大きさを$[\Omega]$でなく$[\%]$で表したもの</u>です。

公式 **単相回路のパーセント抵抗**

$$\%R = \frac{RI_\mathrm{n}}{E_\mathrm{n}} \times 100 = \frac{P_\mathrm{n}R}{E_\mathrm{n}^2} \times 100$$

単相回路のパーセント抵抗：$\%R[\%]$
抵抗：$R[\Omega]$
定格電流：$I_\mathrm{n}[\mathrm{A}]$
定格電圧：$E_\mathrm{n}[\mathrm{V}]$
定格容量：$P_\mathrm{n}[\mathrm{V\cdot A}]$

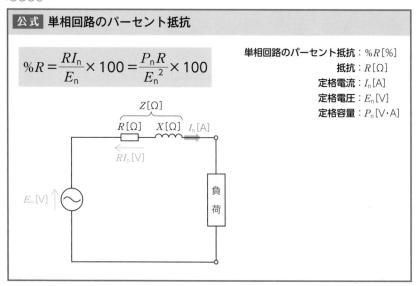

Ⅱ パーセントリアクタンス

パーセントリアクタンス$\%X$とは，リアクタンス$X[\Omega]$に定格電流$I_\mathrm{n}[\mathrm{A}]$が流れたときの電圧降下$XI_\mathrm{n}[\mathrm{V}]$と，定格電圧$E_\mathrm{n}[\mathrm{V}]$の比を百分率で表したものです。

パーセントリアクタンスは，定格電流が流れたときの電圧降下が定格電圧と等しくなるリアクタンスを基準（100 %）とし，<u>リアクタンスの大きさを$[\Omega]$でなく$[\%]$で表したもの</u>です。

公式 単相回路のパーセントリアクタンス

$$\%X = \frac{XI_{\mathrm{n}}}{E_{\mathrm{n}}} \times 100 = \frac{P_{\mathrm{n}}X}{E_{\mathrm{n}}^{2}} \times 100$$

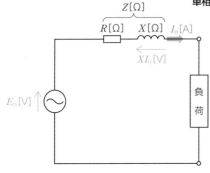

単相回路のパーセントリアクタンス：$\%X[\%]$
リアクタンス：$X[\Omega]$
定格電流：$I_{\mathrm{n}}[\mathrm{A}]$
定格電圧：$E_{\mathrm{n}}[\mathrm{V}]$
定格容量：$P_{\mathrm{n}}[\mathrm{V \cdot A}]$

Ⅲ パーセント抵抗の合成, パーセントリアクタンスの合成

　パーセント抵抗の合成およびパーセントリアクタンスの合成はパーセントインピーダンスと同様の方法で行うことができます。

公式 直列接続の合成パーセント抵抗

$$\%R = \%R_{1} + \%R_{2} + \cdots + \%R_{\mathrm{n}}$$

直列接続の合成パーセント抵抗：$\%R[\%]$
直列接続されているパーセント抵抗：
$\%R_{1},\ \%R_{2},\ \cdots,\ \%R_{\mathrm{n}}[\%]$

※ただし各パーセント抵抗の算出に使用した容量がすべて等しい場合

公式 **並列接続の合成パーセント抵抗**

$$\%R = \cfrac{1}{\cfrac{1}{\%R_1} + \cfrac{1}{\%R_2} + \cdots + \cfrac{1}{\%R_n}}$$

並列接続の合成パーセント抵抗：$\%R\,[\%]$
並列接続されているパーセント抵抗：
$$\%R_1,\ \%R_2,\ \cdots,\ \%R_n\,[\%]$$

$$\%R = \frac{\%R_1 \%R_2}{\%R_1 + \%R_2}$$ ←パーセント抵抗が2個の場合

※ただし各パーセント抵抗の算出に使用した容量がすべて等しい場合

公式 **直列接続の合成パーセントリアクタンス**

$$\%X = \%X_1 + \%X_2 + \cdots + \%X_n$$

直列接続の合成パーセントリアクタンス：$\%X\,[\%]$
直列接続されているパーセントリアクタンス：
$$\%X_1,\ \%X_2,\ \cdots,\ \%X_n\,[\%]$$

※ただし各パーセントリアクタンスの算出に使用した容量がすべて等しい場合

公式 **並列接続の合成パーセントリアクタンス**

$$\%X = \cfrac{1}{\cfrac{1}{\%X_1} + \cfrac{1}{\%X_2} + \cdots + \cfrac{1}{\%X_n}}$$

並列接続の合成パーセントリアクタンス：$\%X\,[\%]$
並列接続されているパーセントリアクタンス：
$$\%X_1,\ \%X_2,\ \cdots,\ \%X_n\,[\%]$$

$$\%X = \frac{\%X_1 \%X_2}{\%X_1 + \%X_2}$$ ←パーセントリアクタンスが2個の場合

※ただし各パーセントリアクタンスの算出に使用した容量がすべて等しい場合

Ⅳ パーセントインピーダンス%Z,パーセント抵抗%R,パーセントリアクタンス%Xの関係

インピーダンス$Z[\Omega]$，抵抗$R[\Omega]$，リアクタンス$X[\Omega]$の間には，

$$Z^2 = R^2 + X^2 \cdots ①$$

の関係が成立します（**理論**）。①式の両辺に$\left(\dfrac{P_\mathrm{n}}{E_\mathrm{n}^{\,2}} \times 100\right)^2$を掛けると，

$$\left(\frac{P_\mathrm{n}}{E_\mathrm{n}^{\,2}} \times 100\right)^2 \times Z^2 = \left(\frac{P_\mathrm{n}}{E_\mathrm{n}^{\,2}} \times 100\right)^2 \times R^2 + \left(\frac{P_\mathrm{n}}{E_\mathrm{n}^{\,2}} \times 100\right)^2 \times X^2$$

$$\left(\frac{P_\mathrm{n}Z}{E_\mathrm{n}^{\,2}} \times 100\right)^2 = \left(\frac{P_\mathrm{n}R}{E_\mathrm{n}^{\,2}} \times 100\right)^2 + \left(\frac{P_\mathrm{n}X}{E_\mathrm{n}^{\,2}} \times 100\right)^2$$

よって，$\%Z^2 = \%R^2 + \%X^2$

となるので，パーセントインピーダンス$\%Z[\%]$，パーセント抵抗$\%R[\%]$，パーセントリアクタンス$\%X[\%]$の間にも①式と同様の関係が成立します。

公式 %Z, %R, %Xの関係

$$\%Z^2 = \%R^2 + \%X^2$$	パーセントインピーダンス：$\%Z[\%]$ パーセント抵抗：$\%R[\%]$ パーセントリアクタンス：$\%X[\%]$

$\%Z$，$\%R$，$\%X$の関係は次のような直角三角形で表すことができます。

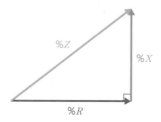

SECTION 02 変圧器の負荷分担

1 変圧器の負荷分担　重要度 ★★★

　変圧器の負荷分担とは，変圧器が並列に接続されている場合に，各変圧器が負荷を分担することをいいます。

　変圧器の負荷分担を考える上で，3つの重要なポイントがあります。

変圧器の分担負荷

(1)　各変圧器が分担する負荷は，定格容量を超えてはならない。

(2)　各変圧器が分担する負荷の比は，基準容量換算された各変圧器のパーセントインピーダンスの逆比に等しい。

(3)　分担負荷の和 = 全体の負荷となる。

(2)より，

$$\frac{P_B}{P_A} = \frac{\%Z_A{}'}{\%Z_B{}'}$$

変圧器Aの分担負荷：P_A[V·A]
変圧器Bの分担負荷：P_B[V·A]
基準容量換算された変圧器Aのパーセントインピーダンス：$\%Z_A{}'$[%]
基準容量換算された変圧器Bのパーセントインピーダンス：$\%Z_B{}'$[%]
全体の負荷：P[V·A]

(3)より，

$$P = P_A + P_B$$

(2)および(3)より，

$$P_A = \frac{\%Z_B{}'}{\%Z_A{}' + \%Z_B{}'} \times P$$

$$P_B = \frac{\%Z_A{}'}{\%Z_A{}' + \%Z_B{}'} \times P$$

※電験三種の問題では，各変圧器のインピーダンスについて，「抵抗とリアクタンスの比が等しい」または「抵抗成分を無視する」という条件が付くので，(2)(3)が成り立ちます。

問題集　問題144

SECTION 03 三相短絡電流

このSECTIONで学習すること

1 三相短絡電流

三相回路において，3本の電線が低いインピーダンスによって接続されてしまったときに流れる三相短絡電流について学びます。

1 三相短絡電流

重要度 ★★★

I 三相短絡電流とは

三相回路において，3本の電線が極めて低いインピーダンスにより接続されてしまう現象を<mark>三相短絡</mark>といいます。この三相短絡時に流れる電流が<mark>三相短絡電流</mark>です。

三相短絡時，短絡点のインピーダンスは理論的には0Ω，負荷のインピーダンスはZ[Ω]なので，分流則により，<u>短絡点よりも負荷側には電流が流れません</u>。

また，<u>非常に小さい線路インピーダンスZ_s[Ω]に電源電圧が加わることになるので，三相短絡電流は非常に大きくなります。</u>

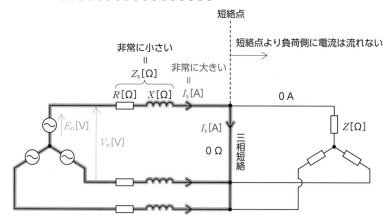

三相短絡時の等価回路から，三相短絡電流の値を導きます。

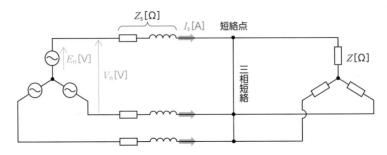

　上図は三相短絡時の等価回路です。ここで，定格電圧（相）を$E_n[V]$，定格電圧（線間）を$V_n[V]$，線路インピーダンスを$Z_s[\Omega]$，三相短絡電流をI_s[A]とします。

　短絡点より負荷側には電流が流れないので，短絡点より負荷側の回路を取り除くことができます。よって，次の図のように等価変換できます。

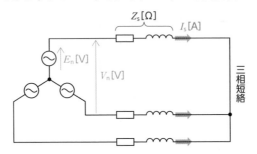

　この回路は三相の電線が1点で接続されており，この形は電気的にみてＹ結線と同じです。よって，次の図のように変形できます。

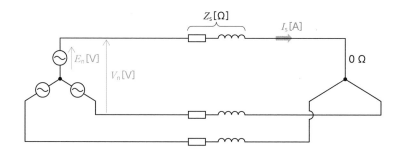

　この回路は三相平衡なY－Y回路なので，一相分を取り出すことができます。一相分を取り出すと，次のようになります。

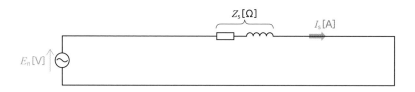

　一相分を取り出した回路図より，三相短絡電流$I_s[\text{A}]$は，

$$I_s = \frac{E_n}{Z_s}[\text{A}]$$

となります。

公式 三相短絡電流	
$I_s = \dfrac{E_n}{Z_s}[\text{A}]$	三相短絡電流：$I_s[\text{A}]$ 定格電圧（相）：$E_n[\text{V}]$ 線路インピーダンス：$Z_s[\Omega]$

Ⅲ パーセントインピーダンスによる三相短絡電流の定義式

線路インピーダンスを$Z_s[\Omega]$，定格電流を$I_n[A]$，定格電圧（相）を$E_n[V]$とすると，パーセントインピーダンスの定義式より，線路のパーセントインピーダンス$\%Z_s[\%]$は，

$$\%Z_s = \frac{Z_s I_n}{E_n} \times 100[\%]$$

となるので，$Z_s[\Omega]$は，

$$Z_s = \frac{\%Z_s E_n}{100 I_n}[\Omega] \cdots ①$$

三相短絡電流の定義式より，三相短絡電流$I_s[A]$は，

$$I_s = \frac{E_n}{Z_s}[A] \cdots ②$$

②式に①式を代入すると，

$$I_s = \frac{E_n}{\dfrac{\%Z_s E_n}{100 I_n}} = \frac{100}{\%Z_s} \times I_n[A]$$

となり，パーセントインピーダンスを使って三相短絡電流を表すことができます。

もし，任意の基準容量を設定してパーセントインピーダンスを基準容量換算した場合は，定格電流も基準容量換算しなければなりません。つまり，定格電流にも定格容量に対する基準容量の比$\dfrac{P_B}{P_n}$を掛ける必要があります。

この場合，基準容量換算後のパーセントインピーダンスを$\%Z_s'[\%]$，基準容量換算後の定格電流を$I_n'[A]$とすると，短絡電流I_sは，

$$I_s = \frac{100}{\%Z_s'} \times I_n'[A]$$

と表すことができます。

パーセントインピーダンスによる三相短絡電流の定義式をまとめると，次のようになります。

公式 パーセントインピーダンスによる三相短絡電流の定義式

$$I_s = \frac{100}{\%Z_s} \times I_n = \frac{100}{\%Z_s{}'} \times I_n{}' \, [\text{A}]$$

三相短絡電流：$I_s \, [\text{A}]$

定格容量から算出した線路のパーセントインピーダンス：$\%Z_s \, [\%]$

定格電流：$I_n \, [\text{A}]$

基準容量換算後の線路のパーセントインピーダンス：$\%Z_s{}' \, [\%]$

基準容量換算後の定格電流：$I_n{}' \, [\text{A}]$

問題集 問題145 問題146 問題147 問題148 問題149

SECTION
04 電力と電力損失

このSECTIONで学習すること

---

1 電力

交流における電力や単相電力，三相電力について学びます。

2 電力損失

送配電時に電線路で発生する電力損失について，計算方法を学びます。

1 電力 重要度 ★★★

I 電力とは 理論

電力とは，1秒間あたりに負荷が消費する電気エネルギーのことです。

II 交流における電力 理論

直流では，電力 $P = VI$[W]で表され，これは電力の定義どおり「1秒間あたりに負荷が消費する電気エネルギー」を意味します。

しかし，交流には電力と呼ばれるものが①皮相電力，②有効電力，③無効電力の3つあり，このうち皮相電力と無効電力については電力の定義「1秒間あたりに負荷が消費する電気エネルギー」とは意味が異なります。

皮相電力，有効電力，無効電力の違いをまとめると以下のとおりです。

①皮相電力 S [V·A]	負荷に加わる電圧 V×負荷を流れる電流 Iで表される見かけ上の電力。皮相電力はあくまで見かけ上の電力なので，皮相電力のすべてが負荷で消費されるわけではない。量記号は S，単位は[V·A]。
②有効電力 P [W]	1秒間あたりに負荷が消費する電気エネルギー。皮相電力に力率を掛けたもの。消費電力ともいう。電力というと，一般的に有効電力を指す。量記号は P，単位は[W]。
③無効電力 Q [var]	1秒間あたりに電源と負荷との間で授受される電気エネルギー。皮相電力に無効率＝$\sqrt{1-力率^2}$を掛けたもの。負荷のリアクタンス（コイル，コンデンサ）成分は電源から電気エネルギーを受け取るが，受け取った分をすべて電源に送り返すので，電気エネルギーをまったく消費しない。量記号は Q，単位は[var]。

皮相電力，有効電力，無効電力を求める式は次のとおりです。

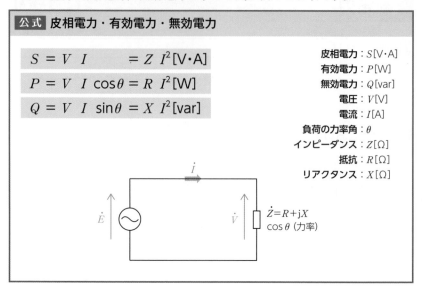

公式 皮相電力・有効電力・無効電力

$$S = V\,I \qquad = Z\,I^2\,[\text{V·A}]$$

$$P = V\,I\,\cos\theta = R\,I^2\,[\text{W}]$$

$$Q = V\,I\,\sin\theta = X\,I^2\,[\text{var}]$$

皮相電力：$S\,[\text{V·A}]$
有効電力：$P\,[\text{W}]$
無効電力：$Q\,[\text{var}]$
電圧：$V\,[\text{V}]$
電流：$I\,[\text{A}]$
負荷の力率角：θ
インピーダンス：$Z\,[\Omega]$
抵抗：$R\,[\Omega]$
リアクタンス：$X\,[\Omega]$

$\dot{Z} = R + \mathrm{j}X$
$\cos\theta$（力率）

皮相電力，有効電力，無効電力の間には以下の関係が成立します。

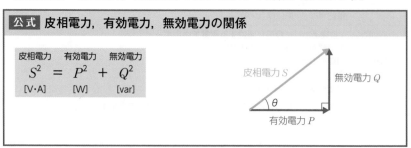

公式 皮相電力，有効電力，無効電力の関係

皮相電力　　有効電力　　無効電力
$$S^2 \;=\; P^2 \;+\; Q^2$$
[V·A]　　　[W]　　　[var]

皮相電力 S　　無効電力 Q

θ

有効電力 P

III 単相電力 理論

単相電力とは，単相負荷が消費する有効電力のことです。

単相電力は次の公式で求めることができます。

公式 単相電力

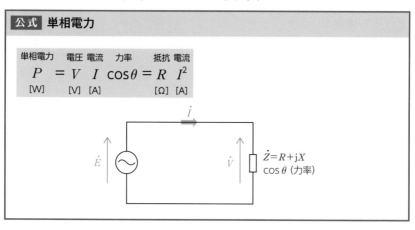

単相電力　電圧 電流　力率　　抵抗 電流

$$P = V\ I\ \cos\theta = R\ I^2$$
[W]　　[V] [A]　　　　[Ω] [A]

$\dot{Z}=R+\mathrm{j}X$
$\cos\theta$ (力率)

Ⅳ 三相電力 理論

<ruby>三相電力<rt>さんそうでんりょく</rt></ruby>とは，三相負荷が消費する有効電力のことです。

三相電力は次の公式で求めることができます。

公式 三相電力

| 三相電力 | 相電圧 | 相電流 | 力率 | | 線間電圧 | 線電流 | 力率 | 抵抗 | 相電流 |

$$P = 3 \, V_\mathrm{p} \, I_\mathrm{p} \, \cos\theta = \sqrt{3} \, V_\ell \, I_\ell \, \cos\theta = 3 \, R \, I_\mathrm{p}^{\,2}$$

[W] [V] [A] [V] [A] [Ω] [A]

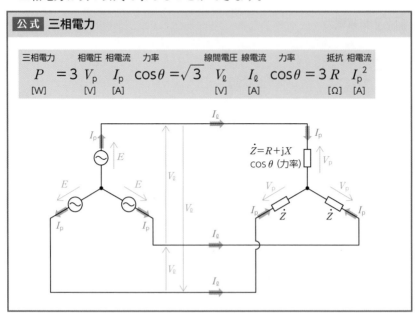

また，線路抵抗を無視した場合，次式のように，送電端線間電圧，受電端線間電圧，電線1線あたりのリアクタンスから受電端の三相電力を求めることもできます。

公式 受電端の三相電力

$$P = \frac{V_\mathrm{s} V_\mathrm{r}}{X} \sin\delta \ [\mathrm{W}]$$

※ただし線路抵抗は無視する

三相電力：P[W]
送電端電圧（線間）：V_s[V]
受電端電圧（線間）：V_r[V]
電線1線あたりのリアクタンス：X[Ω]
送電端電圧と受電端電圧の位相差：δ

受電端の三相電力の導き方

　線路抵抗を無視した三相3線式送電線路の等価回路は下図のようになります。

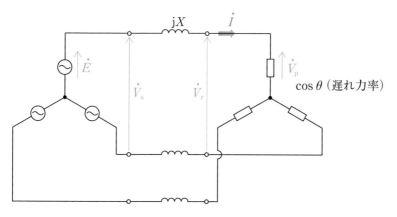

　送電端線間電圧が$\dot{V}_s$[V]，受電端線間電圧が$\dot{V}_r$[V]，電源電圧が$\dot{E}$[V]，受電端相電圧が$\dot{V}_p$[V]，線電流が$\dot{I}$[A]，電線1線あたりのリアクタンスがX[Ω]，負荷の力率が$\cos\theta$です。

　上図の等価回路から一相分を取り出したものが次の図です。

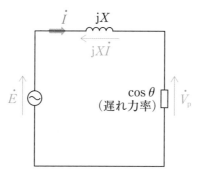

この回路にキルヒホッフの電圧則を適用すると，

$$\dot{E} = \dot{V}_\mathrm{p} + \mathrm{j}X\dot{I} \cdots ①$$

①式より，$\dot{V}_\mathrm{p}$ を基準として電圧と電流のベクトル図を描くと，下図のようになります。

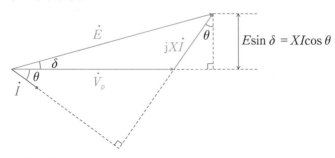

$$E\sin \delta = XI\cos \theta$$

δ は $\dot{E}$ と $\dot{V}_\mathrm{p}$ の位相差を表します。

一相分の受電端電力 P_1[W]は，

$$P_1 = V_\mathrm{p}I\cos \theta \ [\mathrm{W}] \cdots ②$$

このベクトル図より，

$$E\sin \delta = XI\cos \theta$$

よって，$I\cos \theta = \dfrac{E}{X}\sin \delta \cdots ③$

②式に③式を代入すると，

$$P_1 = \frac{EV_\mathrm{p}}{X}\sin \delta \ [\mathrm{W}]$$

受電端の三相電力 P_3[W]は P_1 の3倍なので，

$$P_3 = 3P_1 = 3\frac{EV_\mathrm{p}}{X}\sin \delta \ [\mathrm{W}]$$

線間電圧は相電圧の $\sqrt{3}$ 倍なので，

$$P_3 = 3 \times \frac{\dfrac{V_\mathrm{s}}{\sqrt{3}} \times \dfrac{V_\mathrm{r}}{\sqrt{3}}}{X}\sin \delta = \boxed{\frac{V_\mathrm{s}V_\mathrm{r}}{X}\sin \delta} \ [\mathrm{W}]$$

となります。

問題集 問題150

2 電力損失

重要度 ★★★

Ⅰ 電力損失とは

電力損失とは，送配電時に電線路で発生する損失のことです。これは，送電端電力（発電所から送り出した電力）から受電端電力（負荷で消費される電力）を差し引いた値と等しくなります。

電力損失には線路抵抗により発生する抵抗損，電線路のコロナ放電によるコロナ損，がいしからの漏れ電流による漏れ電流損がありますが，電力損失の計算では一般的に抵抗損のみを電力損失として扱います。

Ⅱ 電力損失の計算

一般的に電力損失は抵抗損のみであり，抵抗損は線路抵抗で消費される電力です。つまり，電線1線あたりの電力損失$P_{\ell 1}$[W]は，次のように表されます。

公式 電線1線あたりの電力損失

電力損失　　線路抵抗　線電流
$$P_{\ell 1} = R \quad I^2$$
[W]　　　[Ω]　　[A]

三相3線式では電線が3本になるため，三相3線式電線路の電力損失P_{ℓ}[W]は，

$P_{\ell} = 3RI^2$[W]　となります。

また，三相3線式電線路の受電端電力P[W]は，受電端電圧をV_r[V]とすると，

$$P = \sqrt{3}\, V_r I \cos\theta \ [\text{W}]$$

なので，これをI[A]を求める式にすると，

$$I = \frac{P}{\sqrt{3}\, V_r \cos\theta}[\text{A}]$$

となります。これを三相3線式電線路の電力損失の式に代入すると，次のようになります。

公式 **三相3線式電線路の電力損失**

$$P_\ell = 3RI^2$$
$$= 3R\left(\frac{P}{\sqrt{3}V_r\cos\theta}\right)^2 = \frac{RP^2}{V_r^2\cos^2\theta}$$

三相3線式電線路の電力損失：P_ℓ [W]
線電流：I [A]
線路抵抗（1線あたり）：R [Ω]
受電端電力：P [W]
受電端電圧（線間）：V_r [V]
力率：$\cos\theta$

? **基本例題** ────────────────── 電力損失（H17A9改）

受電端電圧が20 kVの三相3線式の送電線路において，受電端での電力が2 000 kW，力率が0.9（遅れ）である場合，この送電線路での抵抗による全電力損失[kW]の値を求めよ。

ただし，送電線1線当たりの抵抗値は8 Ωとし，線路のインダクタンスは無視するものとする。

解答

三相3線式電線路の電力損失の公式に各値を代入すると，

$$P_\ell = \frac{RP^2}{V_r^2\cos^2\theta} = \frac{8 \times (2000 \times 10^3)^2}{(20 \times 10^3)^2 \times 0.9^2} \fallingdotseq 98770 \text{ W} = 98.77 \text{ kW}$$

よって，解答は98.77 kWとなる。

問題集 問題151 問題152 問題153 問題154 問題155

SECTION
05

線路の電圧降下

このSECTIONで学習すること

1 線路の電圧降下とは

送配電線路の抵抗と誘導性リアクタンスによって発生する線路の電圧降下について学びます。

2 線路の電圧降下の計算

線路の電圧降下の計算方法について学びます。

1 線路の電圧降下とは

重要度 ★★★

　<u>線路の電圧降下</u>とは，送配電線路の抵抗と誘導性リアクタンスにより発生する電圧降下であり，送電端電圧（線間）と受電端電圧（線間）のベクトルの差のことです。長距離送電線路以外では静電容量による影響は非常に小さいので，線路の電圧降下の計算では抵抗とインダクタンス（誘導性リアクタンス）のみ考慮します。

2 線路の電圧降下の計算

重要度 ★★★

I 三相送配電線路

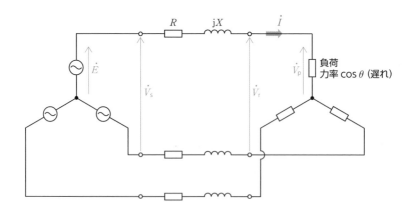

　上図のような三相送配電線路の電圧降下v[V]を求めていきます。

　送電端電圧（線間）が$\dot{V}_s$[V]，電源電圧（相）が$\dot{E}$[V]，受電端電圧（線間）が$\dot{V}_r$[V]，受電端電圧（相）が$\dot{V}_p$[V]，電線1線あたりの抵抗がR[Ω]，電線1線あたりの誘導性リアクタンスがX[Ω]，線電流が$\dot{I}$[A]，負荷の力率が$\cos\theta$（遅れ）とします。

一相分を取り出した等価回路は次のようになります。

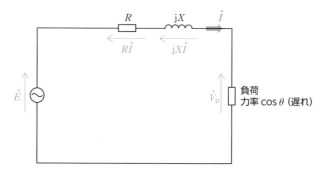

この等価回路にキルヒホッフの電圧則を適用すると，

$$\dot{E} = \dot{V}_{\mathrm{p}} + R\dot{I} + \mathrm{j}X\dot{I} \cdots ①$$

①式と等価回路をもとに，電圧と電流のベクトル図を描いていきます。

(1)受電端電圧（相）$\dot{V}_{\mathrm{p}}$を基準とします。

(2)負荷の力率は遅れなので，$\dot{V}_{\mathrm{p}}$から力率角θだけ遅れの方向に線電流$\dot{I}$を描きます。

(3)線路抵抗における電圧降下$R\dot{I}$を，$\dot{I}$と平行になるように$\dot{V}_{\mathrm{p}}$の先端から描きます。

(4)線路リアクタンスにおける電圧降下$\mathrm{j}X\dot{I}$を，$\dot{I}$から見て90°進みとなるように，$R\dot{I}$の先端から描きます。

(5)①式より，$\dot{V}_{\mathrm{p}}$と$R\dot{I}$と$\mathrm{j}X\dot{I}$のベクトルをつなげたものが電源電圧（相）$\dot{E}$となるので，$\dot{V}_{\mathrm{p}}$の根元から$\mathrm{j}X\dot{I}$の先端に伸びるベクトルが$\dot{E}$となります。

(1)～(5)により描かれたベクトル図は次のようになります。

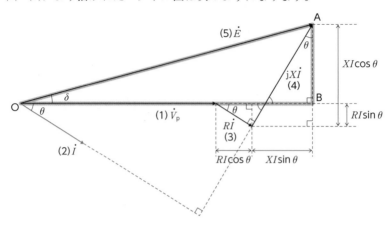

上図の三角形OABに三平方の定理を適用すると，

$$E = \sqrt{(V_\mathrm{p} + RI\cos\theta + XI\sin\theta)^2 + (XI\cos\theta - RI\sin\theta)^2}$$

一般的に送電端電圧（相）$\dot{E}$ と受電端電圧（相）$\dot{V}_\mathrm{p}$ との相差角 δ は小さいので，$XI\cos\theta - RI\sin\theta \fallingdotseq 0$ とみなせるから，

$$E = V_\mathrm{p} + RI\cos\theta + XI\sin\theta$$

よって，$E - V_\mathrm{p} = RI\cos\theta + XI\sin\theta \cdots$②

②式の両辺を $\sqrt{3}$ 倍すると，

$$\sqrt{3}E - \sqrt{3}V_\mathrm{p} = \sqrt{3}RI\cos\theta + \sqrt{3}XI\sin\theta$$

$$\sqrt{3} \times \frac{V_\mathrm{s}}{\sqrt{3}} - \sqrt{3} \times \frac{V_\mathrm{r}}{\sqrt{3}} = \sqrt{3}I(R\cos\theta + X\sin\theta)$$

よって，$V_\mathrm{s} - V_\mathrm{r} = \sqrt{3}I(R\cos\theta + X\sin\theta)$

三相送配電線路の電圧降下 v[V] は送電端電圧（線間）V_s[V] と受電端電圧（線間）V_r[V] の大きさの差なので，

$$v = V_\mathrm{s} - V_\mathrm{r} = \sqrt{3}I(R\cos\theta + X\sin\theta)\,[\mathrm{V}]\cdots③$$

となります。

公式 三相送配電線路の電圧降下①

$$v = \sqrt{3}\, I(R\cos\theta + X\sin\theta)\ [\mathrm{V}]$$

三相送配電線路の電圧降下：$v[\mathrm{V}]$
線電流：$I[\mathrm{A}]$
電線1線あたりの抵抗：$R[\Omega]$
電線1線あたりの誘導性リアクタンス：$X[\Omega]$
負荷の力率角：θ（遅れ）

また，③式の右辺の分母分子に V_r を掛けると，

$$v = \sqrt{3}\, I(R\cos\theta + X\sin\theta) = \frac{\sqrt{3}\, V_\mathrm{r} I\cos\theta \times R + \sqrt{3}\, V_\mathrm{r} I\sin\theta \times X}{V_\mathrm{r}}$$

$\sqrt{3}\, V_\mathrm{r} I\cos\theta$ は三相負荷の有効電力 $P[\mathrm{W}]$，$\sqrt{3}\, V_\mathrm{r} I\sin\theta$ は三相負荷の無効電力 $Q[\mathrm{var}]$ なので，電圧降下 $v[\mathrm{V}]$ は，

$$v = \frac{PR + QX}{V_\mathrm{r}}[\mathrm{V}]$$

と表すこともできます。

公式 三相送配電線路の電圧降下②

$$v = \frac{PR + QX}{V_\mathrm{r}}[\mathrm{V}]$$

三相送配電線路の電圧降下：$v[\mathrm{V}]$
三相負荷の有効電力：$P[\mathrm{W}]$
電線1線あたりの抵抗：$R[\Omega]$
三相負荷の無効電力：$Q[\mathrm{var}]$
電線1線あたりの誘導性リアクタンス：$X[\Omega]$
受電端電圧（線間）：$V_\mathrm{r}[\mathrm{V}]$

問題集 問題156 問題157 問題158 問題159 問題160 問題161

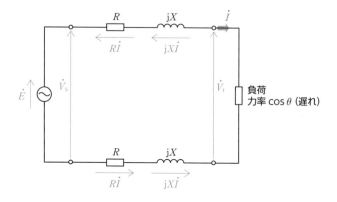

　上図の単相2線式送配電線路の電圧降下 v[V] を求めていきます。

　送電端電圧が $\dot{V}_\mathrm{s}$[V]，受電端電圧が $\dot{V}_\mathrm{r}$[V]，電線1線あたりの抵抗が R[Ω]，電線1線あたりの誘導性リアクタンスが X[Ω]，線電流が $\dot{I}$[A]，負荷の力率が $\cos\theta$（遅れ）です。

　この等価回路にキルヒホッフの電圧則を適用すると，

$$\dot{V}_\mathrm{s} = \dot{V}_\mathrm{r} + 2R\dot{I} + \mathrm{j}2X\dot{I} \cdots ①$$

　①式と等価回路をもとに描いた電圧と電流のベクトル図は次のようになります。

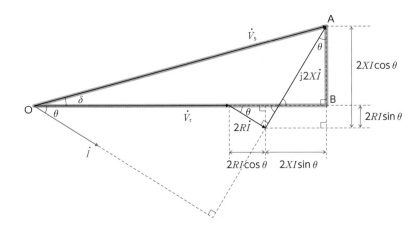

上図の**三角形OAB**に三平方の定理を適用すると，

$$V_s = \sqrt{(V_r + 2RI\cos\theta + 2XI\sin\theta)^2 + (2XI\cos\theta - 2RI\sin\theta)^2}$$

一般的に相差角 δ は小さいので，$2XI\cos\theta - 2RI\sin\theta \fallingdotseq 0$ とみなせるから，

$$V_s = V_r + 2RI\cos\theta + 2XI\sin\theta$$

よって，$V_s - V_r = 2I(R\cos\theta + X\sin\theta)$

単相2線式送配電線路の電圧降下 $v[\text{V}]$ は，送電端電圧 $V_s[\text{V}]$ と受電端電圧 $V_r[\text{V}]$ の大きさの差なので，

$$v = V_s - V_r = 2I(R\cos\theta + X\sin\theta)[\text{V}]$$

となります。

公式 **単相2線式電線路の電圧降下**

$$v = 2I(R\cos\theta + X\sin\theta)[\text{V}]$$

単相2線式送配電線路の電圧降下：$v[\text{V}]$
線電流：$I[\text{A}]$
電線1線あたりの抵抗：$R[\Omega]$
電線1線あたりの誘導性リアクタンス：$X[\Omega]$
負荷の力率角：θ（遅れ）

負荷電力1000 kW，力率0.8（遅れ）の負荷に電力を供給している三相3線式高圧配電線路がある。電線1線当たりの抵抗が0.5 Ω，電線1線当たりのリアクタンスが1 Ω，受電端電圧が6000 Vのとき，送電端電圧 V_s[V]を求めよ。

解答

受電端電圧を V_r[V]，負荷の力率を $\cos\theta$，負荷電流を I[A]とすると，負荷電力 P は，

$$P=\sqrt{3}V_r I\cos\theta \ [\text{W}]$$

と表されるので，I は，

$$I=\frac{P}{\sqrt{3}V_r\cos\theta}=\frac{1000\times10^3}{\sqrt{3}\times6000\times0.8}\fallingdotseq120 \text{ A}$$

電線1線当たりの抵抗を R[Ω]，電線1線当たりのリアクタンスを X[Ω]とすると，三相配電線路の電圧降下 v[V]は，

$$
\begin{aligned}
v&=\sqrt{3}\,I(R\cos\theta+X\sin\theta)\\
&=\sqrt{3}\times120\times(0.5\times0.8+1\times\sqrt{1-0.8^2})\fallingdotseq208 \text{ V}
\end{aligned}
$$

$v=V_s-V_r$ より，V_s[V]は，

$$208=V_s-6000$$

よって，$V_s=6208$ V となる。

問題集 問題162 問題163 問題164

電力計算

SECTION 06 充電電流・充電容量・誘電損

このSECTIONで学習すること

1 無負荷充電電流・無負荷充電容量

電線路が無負荷のときの充電電流・充電容量について，計算方法を学びます。

2 誘電損

絶縁体に交流電圧を加えたときに発生する誘電損について，計算方法を学びます。

Ⅰ 無負荷充電電流とは

無負荷充電電流とは，電線路に交流電源をつないだときに無負荷状態であっても電線の静電容量によって電線に流れる進み電流のことです。等価回路において電線の静電容量は負荷と並列に接続されるので，無負荷時，負荷時にかかわらず充電電流は流れます。

Ⅱ 無負荷充電容量とは

無負荷充電容量とは，無負荷充電電流に電線の対地電圧（相電圧）を掛けて求められる進み無効電力のことです。

Ⅲ 無負荷充電電流・無負荷充電容量の計算

電線の静電容量以外の線路定数を無視した場合，無負荷時の三相電線路の等価回路は次のようになります。

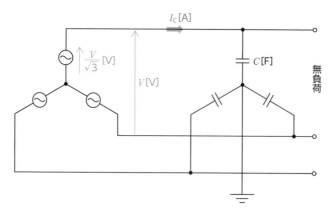

　$C[\mathrm{F}]$は電線1線あたりの作用静電容量です。電線1線あたりの静電容量のことを作用静電容量（＝対地静電容量：単心ケーブルの場合）といい，静電容量は前図のようにY結線した等価回路で表すことができます。前図の等価回路から一相分を取り出すと下図のようになります。

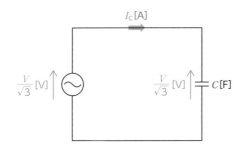

　この等価回路を流れる電流が無負荷充電電流です。角周波数を$\omega[\mathrm{rad/s}]$，周波数を$f[\mathrm{Hz}]$とすると，電線1線あたりの容量性リアクタンス$X_{\mathrm{C}}[\Omega]$は，

$$X_{\mathrm{C}} = \frac{1}{\omega C} = \frac{1}{2\pi f C}\,[\Omega]$$

となるので，線間電圧を$V[\mathrm{V}]$とすると，無負荷充電電流$I_{\mathrm{C}}[\mathrm{A}]$は，

$$I_{\mathrm{C}} = \frac{\dfrac{V}{\sqrt{3}}}{X_{\mathrm{C}}} = \frac{V}{\sqrt{3} \times \dfrac{1}{\omega C}} = \frac{V}{\sqrt{3} \times \dfrac{1}{2\pi f C}} = \frac{2\pi f C V}{\sqrt{3}}\,[\mathrm{A}]$$

となります。

公式 無負荷充電電流	
$$I_{\mathrm{C}} = \dfrac{\dfrac{V}{\sqrt{3}}}{X_{\mathrm{C}}} = \dfrac{\omega C V}{\sqrt{3}} = \dfrac{2\pi f C V}{\sqrt{3}}$$	無負荷充電電流：$I_{\mathrm{C}}[\mathrm{A}]$ 線間電圧：$V[\mathrm{V}]$ 電線1線あたりの容量性リアクタンス：$X_{\mathrm{C}}[\Omega]$ 角周波数：$\omega[\mathrm{rad/s}]$ 電線1線あたりの静電容量：$C[\mathrm{F}]$ 周波数：$f[\mathrm{Hz}]$

無負荷充電容量は，対地電圧（相電圧）と無負荷充電電流の積なので，一相分の無負荷充電容量 $Q_1[\text{var}]$ は，

$$Q_1 = \frac{V}{\sqrt{3}} \times I_{\text{C}} = \frac{V}{\sqrt{3}} \times \frac{2\pi fCV}{\sqrt{3}} = \frac{2\pi fCV^2}{3}[\text{var}]$$

　よって，三相分の無負荷充電容量 $Q_3[\text{var}]$ は，

$$Q_3 = 3 \times Q_1 = 3 \times \frac{2\pi fCV^2}{3} = 2\pi fCV^2[\text{var}]$$

となります。また，

$$Q_3 = 3 \times Q_1 = 3 \times \frac{V}{\sqrt{3}} \times I_{\text{C}} = \sqrt{3}\,VI_{\text{C}}[\text{var}]$$

と表すこともできます。

公式 **無負荷充電容量**

$$Q_3 = \sqrt{3}\,VI_{\text{C}} = 2\pi fCV^2$$

線間電圧：$V[\text{V}]$
無負荷充電電流：$I_{\text{C}}[\text{A}]$
無負荷充電容量：$Q_3[\text{var}]$
周波数：$f[\text{Hz}]$
電線1線当たりの静電容量：$C[\text{F}]$

基本例題 ─────────────────────── 無負荷充電電流・無負荷充電容量

　電圧 66 kV，周波数 60 Hz，こう長 5 km，1回線の三相地中送電線路がある。ケーブルの心線1線当たりの静電容量を 0.4 μF/km とするとき，無負荷充電電流[A]と無負荷充電容量[kvar]の値を求めよ。

解答

　ケーブルの心線1線当たりの静電容量 $C[\text{F}]$ は，

$$C = 0.4 \times 10^{-6} \times 5 = 2 \times 10^{-6}\,\text{F}$$

　無負荷充電電流 $I_{\text{C}}[\text{A}]$ は，

$$I_{\text{C}} = \frac{2\pi fCV}{\sqrt{3}}$$

$$= \frac{2\pi \times 60 \times 2 \times 10^{-6} \times 66 \times 10^3}{\sqrt{3}} = 28.731\cdots \fallingdotseq 28.7\,\text{A}$$

　無負荷充電容量 $Q_3[\text{var}]$ は，

$$Q_3 = \sqrt{3}\,VI_{\text{C}} = \sqrt{3} \times 66 \times 10^3 \times 28.7 \fallingdotseq 3281 \times 10^3\,\text{var} = 3281\,\text{kvar}$$

ひとこと

ふむ ふむ 　三相電線路において，特に指示がない場合，「電圧」は「線間電圧」のことを指します。

問題集 問題165 問題166 問題167 問題168

2 誘電損 　　　　重要度 ★★★

Ⅰ 誘電損とは

　誘電損（誘電体損）とは，誘電体（絶縁体）に交流電圧を加えたときに発生する損失のことです。電力でよく出題されるのは，ケーブルに交流電圧を加えたときに発生する誘電損の計算です。

Ⅱ 誘電損の発生原理

ケーブルの構造

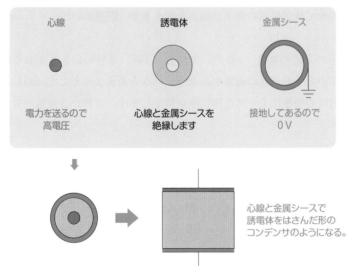

心線	誘電体	金属シース
電力を送るので高電圧	心線と金属シースを絶縁します	接地してあるので0V

心線と金属シースで誘電体をはさんだ形のコンデンサのようになる。

前図はケーブルの断面図です。心線と金属シースは誘電体を挟みこんでいるので，コンデンサと同じ構造になっています。そのため，心線と金属シース間には静電容量が存在します。金属シースは接地されているので，誘電体には対地電圧が加わり，対地電圧に対して90°位相が進んだ充電電流が流れます。このときの電圧と電流のベクトル図は次のようになります。

　対地電圧が（相電圧）$\dot{V}$[V]，静電容量により流れる充電電流が$\dot{I}_\mathrm{C}$[A]です。$\dot{V}$と$\dot{I}_\mathrm{C}$の位相差は90°なので，有効電力$VI_\mathrm{C}\cos90° = 0$ W となり，理論上は誘電体に熱は発生しないはずです。しかし，実際には誘電損と呼ばれる熱が発生します。

　この熱は以下のような原理で発生します。

　誘電体に電圧を加えても電流は流れませんが，電圧によって発生する電界の向きに合わせて誘電体内の分子は向きを変えます（理論 誘電分極）。

　さらに電圧が交流の場合，1秒間に周波数×2回，電界の向きが変わるので，誘電体中の分子もそれに追随するように向きを変えようとして振動します。その振動時の摩擦により誘電体に熱が発生します。これが誘電損が発生する原理です。

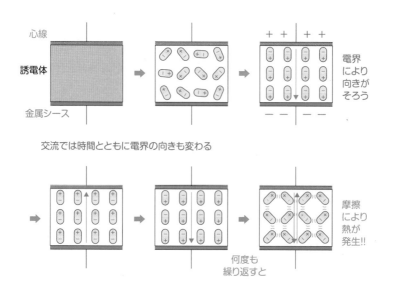

交流では時間とともに電界の向きも変わる

何度も
繰り返すと

　物質から熱が発生するときには，その物質内部で電気エネルギーなどのエネルギーが消費されています。これは，有効電力が消費されているということです。有効電力が消費されているならば，有効電力は電圧 V とそれと同相の電流 I の積（$VI\cos\theta$）なので，電流に電圧と同相の成分がなければなりません。

　つまり，物質から熱が発生するとき，電流に電圧と同相の成分があるということになります。したがって，ケーブルに交流電圧を加えた場合の充電電流と誘電損を考慮した実際の電圧と電流のベクトル図は次のようになります。

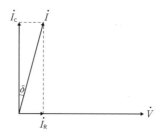

　$\dot{I}_{\mathrm{R}}$[A]が誘電損を発生させる電圧と同相の電流，$\dot{I}$[A]が$\dot{I}_{\mathrm{C}}$と$\dot{I}_{\mathrm{R}}$の和，δ [rad]が$\dot{I}_{\mathrm{C}}$と$\dot{I}$の位相差です。

Ⅲ 誘電損の計算

ベクトル図より，ω[rad/s]を角周波数，f[Hz]を周波数とすると，一相分の誘電損P_{d1}[W]は，

$$P_{d1} = VI_R = VI_C\tan \delta$$
$$= \omega CV^2\tan \delta = 2\pi fCV^2\tan \delta \ [W]\cdots①$$

となります。$\tan \delta$は誘電正接と呼ばれます。

また，線間電圧の大きさをV_ℓ[V]とすると，三相分の誘電損P_d[W]は，

$$P_d = 3P_{d1}$$
$$= 3 \times 2\pi fCV^2\tan \delta$$
$$= 3 \times 2\pi fC\left(\frac{V_\ell}{\sqrt{3}}\right)^2\tan \delta$$
$$= 2\pi fCV_\ell^2\tan \delta \ [W] \quad となります。$$

公式 誘電損

$$P_d = 2\pi fCV_\ell^2\tan \delta$$

ケーブルの心線3線合計の誘電損：P_d[W]
周波数：f[Hz]
ケーブルの心線1線あたりの静電容量：C[F]
線間電圧：V_ℓ[V]
誘電正接：$\tan \delta$

基本例題 ────────────────────────── 誘電損

電圧33 kV，周波数50 Hz，こう長10 kmの交流三相3線式地中電線路において，ケーブルの心線1線あたりの静電容量が0.43 μF/km，誘電正接が0.06 %であるとき，このケーブル心線3線合計の誘電損を求めなさい。

解答

こう長10 kmのケーブルの心線1線あたりの静電容量C[F]は，
$$C = 0.43 \times 10^{-6} \times 10 = 4.3 \times 10^{-6} \ F$$
誘電損の式に各値を代入すると，ケーブル心線3線合計の誘電損P_d[W]は，
$$P_d = 2\pi fCV_\ell^2\tan \delta$$
$$= 2\pi \times 50 \times 4.3 \times 10^{-6} \times (33 \times 10^3)^2 \times 0.06 \times 10^{-2} \fallingdotseq 883 \ W$$

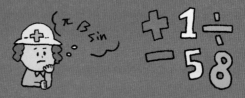

CHAPTER **11**

線路計算

CHAPTER 11

線路計算

私たちが住んでいる一般的な住宅に電気を送る方法として，単相3線式および単相2線式が主に採用されています。この単元では，単相3線式の回路や単相2線式のループ線路の計算方法について学びます。

このCHAPTERで学習すること

SECTION 01 配電線路の計算

- 真ん中の線を中性線，外側の2線を電圧線という
- 中性線の電位は0V
- 100Vと200Vの2種類の電圧を使うことができる

単相3線式の計算方法とループ線路の計算方法について学びます。

傾向と対策

出題数

0〜3問／20問中

・計算問題中心

	H27	H28	H29	H30	R1	R2	R3	R4上	R4下	R5上
線路計算	0	3	0	2	0	2	1	0	0	0

ポイント

試験では，単相3線式，単相2線式のループ線路の電圧降下，電流値を求める計算問題が出題されます。この単元も，計算する前に等価回路図を描き，求める値を明確にすることが大切です。理論のCH01で学ぶキルヒホッフの法則を用いる計算が多いため，繰り返し問題を解くことによって慣れましょう。

SECTION
01

配電線路の計算

このSECTIONで学習すること

1 単相3線式

3本の電線で負荷に単相交流を供給する配電方式である単相3線式について学びます。

2 ループ線路

ループ線路の計算方法を学びます。

1 単相3線式

Ⅰ 単相3線式とは

単相3線式とは，低圧配電線路における電気方式の1つであり，3本の電線で負荷に単相交流を供給する方式です。一般住宅用の電気方式のほとんどは単相3線式です。

Ⅱ 単相3線式の回路

単相3線式の回路は下図のようになります。

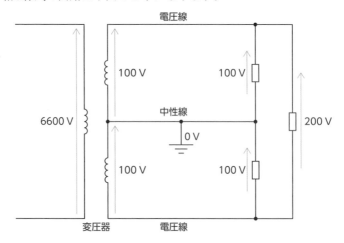

変圧器一次側が高圧の6600 V，二次側が低圧の200 Vです。

変圧器二次側巻線の真ん中から出ている線を中性線，変圧器二次側の外側の2線を電圧線といいます。中性線は接地されるので，中性線の電位は0 Vです。

変圧器二次側全体の電圧は200 Vであり，中性線の電位は0 Vで変圧器二次側の巻線の真ん中から出ているので，一方の電圧線と中性線間の電圧は100 Vとなります。また，電圧線間には変圧器二次側全体の電圧が加わるので，電圧線間の電圧は200 Vとなります。つまり，単相3線式の回路では，

100 Vと200 Vの2種類の電圧を使うことができます。

板書 単相3線式の回路

- 真ん中の線を中性線, 外側の2線を電圧線という
- 中性線の電位は0 V
- 100 Vと200 Vの2種類の電圧を使うことができる

Ⅲ 単相3線式回路の電流

　単相3線式回路の電流の流れについて, **1**上下の100 V負荷が同一の場合と, **2**上下の100 V負荷が同一ではない場合に分けて説明します。ただし, いずれの場合でも各負荷の力率は等しいとします。

1 上下の100 V負荷が同一の場合

　上下の100 V負荷が同一の場合, 電流は次の図のように流れます。

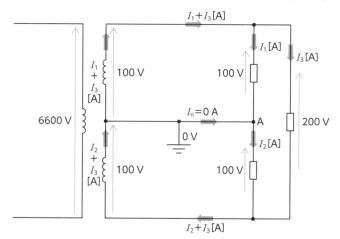

負荷が同一なので，上側の 100 V 負荷を流れる電流 I_1[A]と，下側の 100 V 負荷を流れる電流 I_2[A]は等しくなります。

中性線を流れる電流を I_n[A]として，図中の A 点にキルヒホッフの電流則を適用すると，

$$I_1 + I_n = I_2$$
$$\therefore I_n = I_2 - I_1$$

$I_1 = I_2$ なので，

$$I_n = 0$$

となり，中性線には電流が流れません。

❷　上下の100 V負荷が同一ではない場合

上下の 100 V 負荷が同一ではない場合，電流は次の図のように流れます。

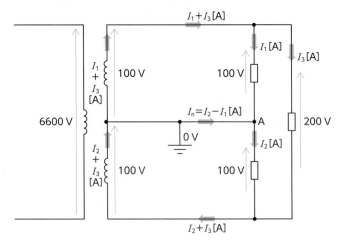

負荷が同一ではないので，上側の 100 V 負荷を流れる電流 I_1[A]と，下側の 100 V 負荷を流れる電流 I_2[A]は異なります。

中性線を流れる電流を I_n[A]として，図中の A 点にキルヒホッフの電流則を適用すると，

$$I_1 + I_n = I_2$$
$$\therefore I_n = I_2 - I_1 \cdots ①$$

となり，$I_1 \neq I_2$ なので，中性線に電流が流れます。

前図では中性線を右向きに流れる電流をI_nとしています。そのため，①式より，$I_2 > I_1$のとき，I_nは右向きに流れ，$I_1 > I_2$のとき，I_nは左向きに流れます。

板書 単相3線式回路の電流の流れ 📎
- 上下の100 V負荷が同一の場合，中性線に電流は流れない。
- 上下の100 V負荷が異なる場合，中性線に電流が流れる。

❓ 基本例題 ──────────────────────────── 単相3線式(1)

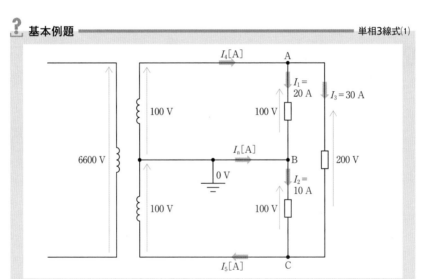

上記の回路図を流れる電流I_4[A]，I_5[A]，I_n[A]を求めよ。ただし，各負荷の力率は等しいとする。

A点にキルヒホッフの電流則を適用すると，I_4は，

$$I_4 = I_1 + I_3$$

よって，$I_4 = 20 + 30 = 50$ A

B点にキルヒホッフの電流則を適用すると，I_nは，

$$I_n + I_1 = I_2$$

よって，$I_n = I_2 - I_1 = 10 - 20 = -10$ A

回路図より，I_nは中性線を右方向に流れる電流を正としているので，中性線には左方向に10 Aの電流が流れる。

C点にキルヒホッフの電流則を適用すると，I_5は，

$$I_5 = I_2 + I_3$$

よって，$I_5 = 10 + 30 = 40$ A

Ⅳ 中性線断線時の単相3線式回路

単相3線式回路において線路インピーダンスが存在しないと仮定すると，上下の100 V負荷には等しく100 Vの電圧が加わります。

しかし，次の図のように中性線が断線すると，各負荷の力率が等しければ，変圧器二次側の電圧200 Vが各負荷のインピーダンスの比に応じて加わることになります。

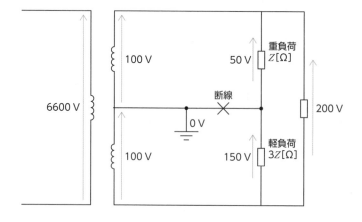

インピーダンスが大きい負荷（軽負荷）では100 Vより大きい電圧が加わるので，機器が破損するおそれがあります。インピーダンスが小さい負荷（重負荷）では100 Vより小さい電圧が加わるので，機器が正常に動作しません。そのため，中性線にはヒューズやブレーカなどの自動遮断装置を接続してはいけません。

ひとこと

重負荷とは，ある電圧を加えたときに，より大きな電力を消費する負荷のことをいいます。

電力$P = VI\cos\theta$ [W]であり，電流$I = \dfrac{V}{Z}$[A]であるので，各負荷の力率が等しい場合，より大きな電流が流れる負荷，つまりよりインピーダンスが小さい負荷が重負荷となります。なお，軽負荷は重負荷の逆の説明となります。

板書 中性線断線時の単相3線式回路

- 中性線断線時，軽負荷の電圧が過大になり，重負荷の電圧が過小になる。

Ⅴ 単相3線式回路の電圧降下

単相3線式回路の電線にも，わずかですがインピーダンスが存在します。そのため，電線のインピーダンスに電流が流れることにより電圧降下が発生します。したがって，100 V負荷に加わる電圧は100 Vにならず，200 V負荷に加わる電圧は200 Vにはなりません。

板書 単相3線式回路の電圧降下

- 電線のインピーダンスで電圧降下が発生し，負荷に加わる電圧が低下する。

基本例題を使って，電線のインピーダンスを考慮した単相3線式回路の負荷に加わる電圧を求める方法を解説していきます。

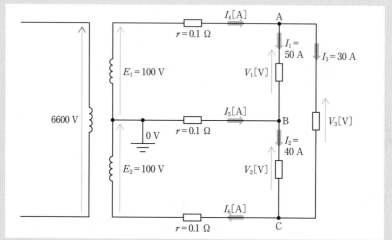

　上記の回路図の負荷に加わる電圧 $V_1[\mathrm{V}]$，$V_2[\mathrm{V}]$，$V_3[\mathrm{V}]$ を求めよ。ただし，各負荷と電線インピーダンスは抵抗成分のみとする。

解答

　「各負荷と電線インピーダンスは抵抗成分のみとする」とは，回路内のすべてのインピーダンスが抵抗成分のみであり，回路内の電流の位相がすべて等しく，電流の合成をベクトル合成ではなく単純な足し算で行うことができるということを意味する。

　A点にキルヒホッフの電流則を適用すると，上側の電圧線を右方向に流れる電流 $I_4[\mathrm{A}]$ は，
　　$I_4 = I_1 + I_3 = 50 + 30 = 80\ \mathrm{A}$
　B点にキルヒホッフの電流則を適用すると，中性線を右方向に流れる電流 $I_5[\mathrm{A}]$ は，
　　$I_5 = I_2 - I_1 = 40 - 50 = -10\ \mathrm{A}$
　C点にキルヒホッフの電流則を適用すると，下側の電圧線を左方向に流れる電流 $I_6[\mathrm{A}]$ は，
　　$I_6 = I_2 + I_3 = 40 + 30 = 70\ \mathrm{A}$

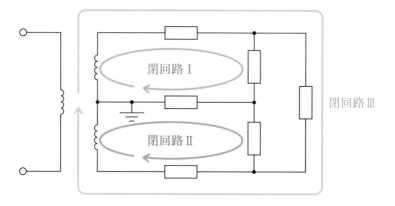

上図の閉回路Ⅰにキルヒホッフの電圧則を適用すると,

$$E_1 = rI_4 + V_1 - rI_5$$
$$100 = 0.1 \times 80 + V_1 - 0.1 \times (-10)$$

よって,$V_1 = 100 - 8 - 1 = 91\,\text{V}$

上図の閉回路Ⅱにキルヒホッフの電圧則を適用すると,

$$E_2 = rI_5 + V_2 + rI_6$$
$$100 = 0.1 \times (-10) + V_2 + 0.1 \times 70$$

よって,$V_2 = 100 + 1 - 7 = 94\,\text{V}$

上図の閉回路Ⅲにキルヒホッフの電圧則を適用すると,

$$E_1 + E_2 = rI_4 + V_3 + rI_6$$
$$100 + 100 = 0.1 \times 80 + V_3 + 0.1 \times 70$$

よって,$V_3 = 200 - 8 - 7 = 185\,\text{V}$

問題集 問題169 問題170

1 バランサとは

バランサとは，巻数比1の単巻変圧器のことです。

単相3線式では，上下2つの100 V回路の負荷が不平衡な場合や中性線が断線した場合に，負荷に加わる電圧が不平衡となります。また，上下2つの100 V回路の負荷が不平衡になると，中性線に電流が流れたり，線路損失が増大することがあります。このとき，バランサを接続すると，これらの問題を解消できます。

バランサは回路図上で，次の図のように描かれます。

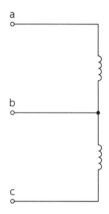

板書 バランサ

・バランサとは，巻数比1の単巻変圧器のこと。

・負荷不平衡時や中性線断線時でも，負荷に加わる電圧が等しくなる。

・負荷不平衡時でも，中性線を流れる電流が0になる。

・負荷不平衡時の線路損失を減少できる。

2 バランサを接続した回路

　バランサを単相3線式回路に接続すると，次の図のようになります。

　バランサは巻数比1の単巻変圧器なので，端子a-b間とb-c間の電圧を等しくすることができます。つまり，負荷に加わる電圧が等しくなります。

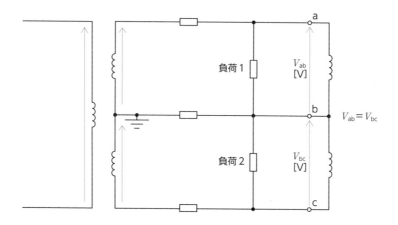

　バランサは負荷に加わる電圧を等しくさせると同時に，中性線を流れる電流をすべて端子bに呼び込む性質があります。そのため，負荷1を流れる電流を$I_1 = 30$ A，負荷2を流れる電流を$I_2 = 20$ Aとするとき，中性線を流れる電流$I_n = 0$ Aとなり，バランサの端子bを右方向に流れる電流$I_b = 10$ Aとなります。

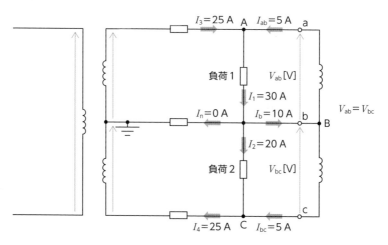

端子bに呼び込まれた電流は，前図のB点でa-b間を流れる電流$I_{ab}=5\,\text{A}$とb-c間を流れる電流$I_{bc}=5\,\text{A}$に等しく分流されます。

　a-b間を流れる電流とb-c間を流れる電流は，前図のA点とC点において上下の電圧線を流れる電流と合流します。結果として，両電圧線を流れる電流は$I_3=I_4=25\,\text{A}$となり，両電圧線での電圧降下も等しくなります。

　また，条件を変えた別の例を考えてみます。負荷1を流れる電流を$I_1=20\,\text{A}$，負荷2を流れる電流を$I_2=30\,\text{A}$とした場合，バランサ接続回路の電流分布は次の図のようになります。やはり，中性線を流れる電流$I_n=0\,\text{A}$となり，両電圧線を流れる電流は$I_3=I_4=25\,\text{A}$となります。

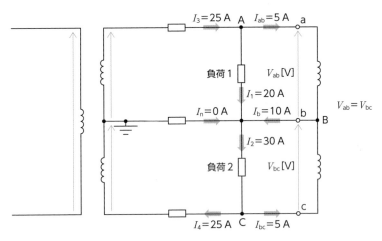

板書 バランサを接続した回路

- 負荷に加わる電圧が等しくなる。
- 中性線を流れる電流が0になり，中性線に流れるはずの電流がバランサに流れ込む。
- バランサに流れ込んだ電流は2つの巻線に等しく分流される。
- 両電圧線を流れる電流が等しくなる。

❸ バランサ接続回路の計算

　バランサ接続回路を流れる電流について求める方法を次の基本例題を通してみていきましょう。

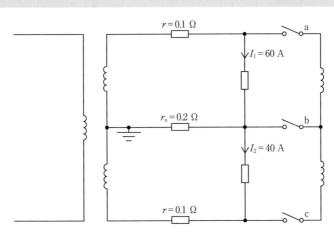

　図のように，電圧線及び中性線の抵抗がそれぞれ0.1 Ω及び0.2 Ωの100/200 V単相3線式配電線路に，力率が100 ％で電流がそれぞれ60 A及び40 Aの二つの負荷が接続されている。この配電線路にバランサを接続した場合について，次の(a)及び(b)に答えよ。ただし，負荷電流は一定とし，線路抵抗以外のインピーダンスは無視するものとする。
(a)　バランサに流れる電流の値[A]を求めよ。
(b)　バランサを接続したことによる線路損失の減少量[W]の値を求めよ。

解答

　「力率が100 ％で……二つの負荷が接続されている」と「線路抵抗以外のインピーダンスは無視する」の記述から，この回路のインピーダンスはすべて抵抗成分のみであることがわかる。そのため，回路内の電流の位相はすべて等しくなるので，電流の合成をベクトル合成ではなく単純な足し算で行うことができる。

(a) キルヒホッフの電流則より，バランサ接続前の中性線を左方向に流れる電流 I_n[A]は，

$$I_n = I_1 - I_2 = 60 - 40 = 20\ \text{A}$$

ゆえに，バランサ接続前は次図のように電流が流れている。

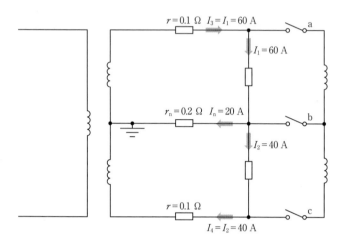

ここでバランサを接続すると，バランサ接続前に中性線を流れていた電流はバランサの端子bへと流入し，流入した電流はバランサの各巻線に等しく分流される。ゆえに，バランサ接続後は次図のように電流が流れる。

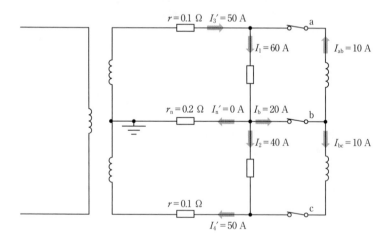

「バランサに流れる電流」とは，バランサの巻線を流れる電流I_{ab}，I_{bc}のことなので，図より，解答は10 Aとなる。

(b) バランサ接続前の線路損失P_1[W]は，
$$P_1 = rI_3{}^2 + r_nI_n{}^2 + rI_4{}^2$$
$$= 0.1 \times 60^2 + 0.2 \times 20^2 + 0.1 \times 40^2 = 360 + 80 + 160 = 600 \text{ W}$$
バランサ接続後の線路損失P_2[W]は，
$$P_2 = rI_3{}'^2 + r_nI_n{}'^2 + rI_4{}'^2$$
$$= 0.1 \times 50^2 + 0.2 \times 0^2 + 0.1 \times 50^2 = 250 + 0 + 250 = 500 \text{ W}$$
したがって，バランサを接続したことによる線路損失の減少量ΔP[W]は，
$$\Delta P = P_1 - P_2 = 600 - 500 = 100 \text{ W}$$
よって，解答は100 Wとなる。

2 ループ線路

重要度 ★★★

Ⅰ ループ線路とは

ループ線路とは，環状になっている配電線路のことです。

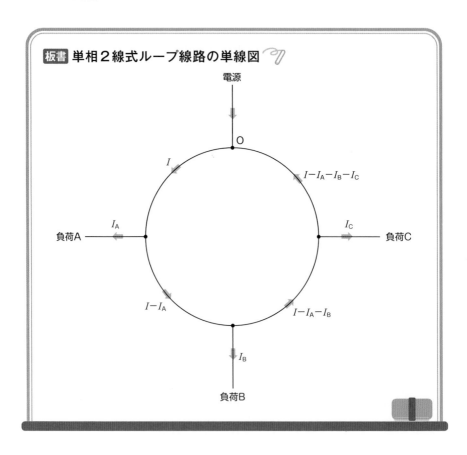

板書 単相２線式ループ線路の単線図

電源

O

I

$I - I_A - I_B - I_C$

I_A

負荷A

I_C

負荷C

$I - I_A$

$I - I_A - I_B$

I_B

負荷B

板書 単相2線式ループ線路の複線図 ⍁

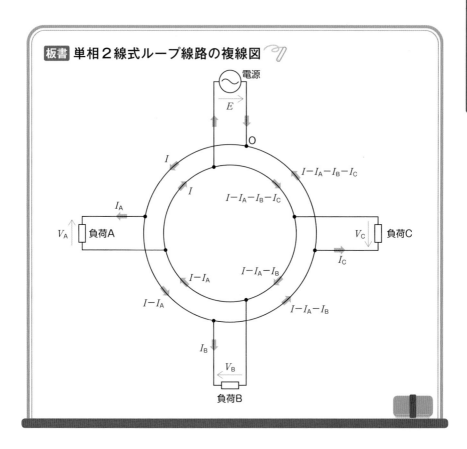

それぞれの図では，供給点Oから反時計回りに電流が流れると仮定して，電流の向きを書いていますが，実際にそうなるとは限りません。もし実際の電流の向きが仮定した電流の向きと異なる場合は，電流の値が－（マイナス）となります。

電験三種の問題では，ループ線路は単線図で描かれます。

Ⅱ ループ線路の計算

ループ線路の問題は，以下の手順で解いていきます。

> **板書 ループ線路の問題の解き方**
>
> ① ループ線路のある部分を流れる電流をIと置き，ほかの部分を流れる電流をIを使って表す
> ② 「電圧降下の総和＝0」の式を立てる
> ③ ループ線路の各部を流れる電流を求める
> ④ ループ線路の各部の電圧降下を求める

問題集 問題171 問題172

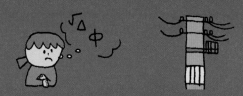

CHAPTER **12**

電線のたるみと支線

CHAPTER **12**

電線のたるみと支線

電線は周囲の温度によって伸び縮みしたり，風や雪の影響を受けたりするため，安全に配慮して張る必要があります。この単元では，電線に生じるたるみの長さや，電柱を支える支線の張力の計算方法について学びます。

このCHAPTERで学習すること

SECTION 01 電線のたるみと支線

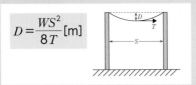

$$D = \frac{WS^2}{8T}\,[\text{m}]$$

電線のたるみや支線の張力の計算方法について学びます。

傾向と対策

出題数

0～1問程度／20問中

・計算問題中心

	H27	H28	H29	H30	R1	R2	R3	R4上	R4下	R5上
電線のたるみと支線	0	0	1	0	1	0	2	0	0	0

ポイント

公式を覚えていないと解けない問題が出題されるため，イラストと照らし合わせながら公式を覚えることが大切です。電線と支線のモーメントのつり合いを考えるときは，取り付け高さや角度に注意して計算しましょう。試験ではほとんど出題されない範囲ですが，法規にも登場する内容なので，しっかりと学習して理解を深めましょう。

SECTION
01

電線のたるみと支線

このSECTIONで学習すること

1 電線のたるみと実長

電線のたるみや実長の計算方法について学びます。

2 支線の張力

支線の張力の計算方法について学びます。

電線を鉄塔や電柱の間に張る場合，電線の自重によって**たるみ（弛度）**が生じます。たるみを小さくするためには，電線を強く引っ張る必要がありますが，周囲の温度によって電線の長さは伸縮します。夏は電線が伸び，冬は電線が縮むため，夏に電線を強く引っ張ると冬に電線が切れるおそれがあります。逆に，弱く引っ張ると，だらんとたれて人や建物に触れてしまうおそれがあります。

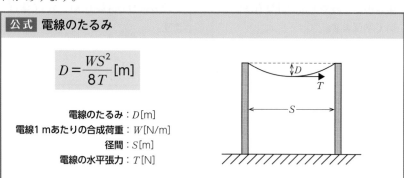

公式 **電線のたるみ**

$$D = \frac{WS^2}{8T}\,[\text{m}]$$

電線のたるみ：$D\,[\text{m}]$
電線1 mあたりの合成荷重：$W\,[\text{N/m}]$
径間：$S\,[\text{m}]$
電線の水平張力：$T\,[\text{N}]$

電線の合成荷重は，電線の自重と風圧荷重，氷雪荷重を考慮したものになります。電線の自重と氷雪荷重は垂直方向に，風圧荷重は水平方向にかかる荷重です。

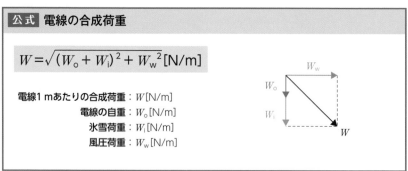

公式 **電線の合成荷重**

$$W = \sqrt{(W_\text{o} + W_\text{i})^2 + W_\text{w}{}^2}\,[\text{N/m}]$$

電線1 mあたりの合成荷重：$W\,[\text{N/m}]$
電線の自重：$W_\text{o}\,[\text{N/m}]$
氷雪荷重：$W_\text{i}\,[\text{N/m}]$
風圧荷重：$W_\text{w}\,[\text{N/m}]$

ひとこと

電線のたるみは，正確にはカテナリー曲線という難度の高い数式によって記述されますが，放物線で近似できることからこのような公式が導かれます。公式の導出は電験三種のレベルを超えるため，参考程度にとどめておきましょう。

ひとこと

電線の水平張力 T は，安全を考慮して電線の許容引張荷重以下にしなければなりません（少し弱い力で電線を張る）。許容引張荷重は，引張強さ÷安全率で求めることができ，安全率は基本的に問題文で与えられます。安全率を使った問題は電力よりも法規で出てくることが多いです。

電線の実長は，たるみが発生するため，径間よりも少し長くなります。実長とは，電線の実際の長さのことで，次のように求められます。

公式 電線の実長

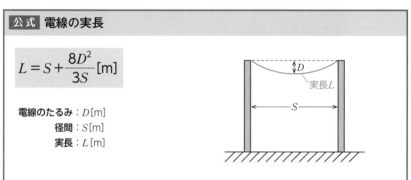

$$L = S + \frac{8D^2}{3S}\,[\mathrm{m}]$$

電線のたるみ：$D\,[\mathrm{m}]$
径間：$S\,[\mathrm{m}]$
実長：$L\,[\mathrm{m}]$

また，金属は温度が上がると膨張し，電線は長くなります。逆に，温度が下がると収縮し，電線は短くなります。

電線の線膨張係数 α を使って，温度変化後の電線の実長を次のように求められます。

411

公式 温度変化後の実長

$$L_2 = L_1 + \underbrace{L_1\,\alpha\,(t_2 - t_1)}_{\text{膨張した長さ}}\ [\mathrm{m}]$$

$$= L_1\{1 + \alpha\,(t_2 - t_1)\}\ [\mathrm{m}]$$

温度変化前の実長：$L_1\,[\mathrm{m}]$
温度変化後の実長：$L_2\,[\mathrm{m}]$
電線の線膨張係数：$\alpha\,[\mathrm{℃}^{-1}]$
温度上昇前の温度：$t_1\,[\mathrm{℃}]$
温度上昇後の温度：$t_2\,[\mathrm{℃}]$

ひとこと

法規 でもこの範囲は出てくるので，公式を覚えておきましょう。

? 基本例題 ──────────────────────────── 電線のたるみ

両端の高さが同じで径間距離250 m架空電線路があり，電線の重量と水平風圧の合成荷重が20 N/mであった。水平引張荷重が40 kNの状態で架線されているときのたるみの値を求めなさい。

解答

電線1 mあたりの合成荷重を $W[\mathrm{N/m}]$，径間距離を $S[\mathrm{m}]$，水平引張荷重を $T[\mathrm{N}]$ とすると，電線のたるみの公式より，たるみ D [m]は，

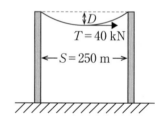

$$D = \frac{WS^2}{8T}\ [\mathrm{m}]$$

$$= \frac{20 \times 250^2}{8 \times 40 \times 10^3} \fallingdotseq 3.91\ \mathrm{m}$$

よって，解答は3.91 mとなる。

基本例題 ──────────────────────────── 電線のたるみと温度変化前後の実長

　　両端の高さが同じで径間距離100 mの架空電線路において，導体の温度が30
℃のとき，たるみは2 mであった。導体の温度が60℃になったときのたるみの
値を求めなさい。ただし，電線の線膨張係数は1℃につき1.5×10^{-5}とする。

(解答)

　この問題は，①温度変化前の実長，②温度変化後の実長，③温度変化後のたる
みの順番で計算する。

①　径間距離をS[m]，温度変化前のたるみをD_1[m]とすると，電線の実長を
　求める公式より，温度変化前の実長L_1[m]は，

$$L_1 = S + \frac{8D_1{}^2}{3S}[\text{m}]$$

$$= 100 + \frac{8 \times 2^2}{3 \times 100} \fallingdotseq 100.11 \text{ m}$$

②　電線の線膨張係数をa [1/℃]，温度変化前の温度をt_1[℃]，温度変化後の
　温度をt_2[℃]とすると温度変化後の実長を求める公式より，温度変化後の実
　長L_2[m]は，

$$L_2 = L_1\{1 + a(t_2 - t_1)\}[\text{m}]$$

$$= 100.11 \times \{1 + 1.5 \times 10^{-5} \times (60 - 30)\} \fallingdotseq 100.155 \text{ m}$$

③　温度変化後のたるみD_2[m]は，電線の実長を求める公式より，

$$L_2 = S + \frac{8D_2{}^2}{3S}[\text{m}]$$

$$100.155 = 100 + \frac{8 \times D_2{}^2}{3 \times 100}$$

$$\therefore D_2 = \sqrt{(100.155 - 100) \times \frac{3 \times 100}{8}} \fallingdotseq 2.41 \text{ m}$$

よって，解答は2.41 mとなる。

問題集　問題173　問題174

2 支線の張力

重要度 ★★☆

支線は，電線の張力の方向と反対方向に張り，電柱などの支持物が傾いたり，倒れたりすることを防止します。

支線の張力（引張荷重）は，電線の水平張力と等しくなるような式を立てて求めます（力のつり合い）。

公式 電線の水平張力と支線の張力（引張荷重）の関係①
（取り付け高さが等しい＆取り付け角がわかっているとき）

$$P = T\sin\theta \ [\text{N}]$$

電線の水平張力：$P[\text{N}]$
支線の張力（引張荷重）：$T[\text{N}]$
支線の角度：$\theta[°]$

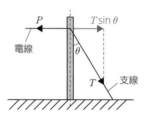

公式 電線の水平張力と支線の張力（引張荷重）の関係②
（取り付け高さが等しい＆取り付け高さと支線の根開きがわかっているとき）

$$P = T\frac{\ell}{\sqrt{h^2+\ell^2}} \ [\text{N}]$$

電線の水平張力：$P[\text{N}]$
支線の張力（引張荷重）：$T[\text{N}]$
取り付け高さ：$h[\text{m}]$
支線の根開き：$\ell[\text{m}]$
支線の長さ：$\sqrt{h^2+\ell^2}[\text{m}]$

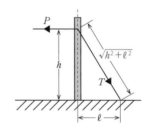

ひとこと

公式②の $\dfrac{\ell}{\sqrt{h^2+\ell^2}}$ は $\dfrac{対辺}{斜辺}$，つまり $\sin\theta$ です。したがって，片方の公式を覚えておけば，もう片方の公式を導くことが可能です。

公式①と公式②は，電線の取り付け高さと支線の取り付け高さが等しい場合にのみ適用できる公式です。

電線の取り付け高さと支線の取り付け高さが異なる場合は，電柱の根元からのモーメント（力×距離）のつり合いより，次の公式を適用します。

公式 電線の水平張力と支線の張力（引張荷重）の関係③
（取り付け高さが異なる場合（電線1本））

$$Ph = TH\sin\theta \ [\text{N·m}]$$

電線の水平張力：$P[\text{N}]$
支線の張力（引張荷重）：$T[\text{N}]$
電線の取り付け高さ：$h[\text{m}]$
支線の取り付け高さ：$H[\text{m}]$
支線の角度：$\theta[°]$

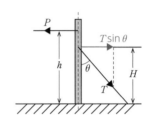

また，電線が2本の場合は，公式③の左辺にモーメントを加えます。

公式 電線の水平張力と支線の張力（引張荷重）の関係④
（取り付け高さが異なる場合（電線2本））

$$P_1 h_1 + P_2 h_2 = TH\sin\theta \ [\text{N·m}]$$

電線の水平張力：$P_1, P_2[\text{N}]$
支線の張力（引張荷重）：$T[\text{N}]$
電線の取り付け高さ：$h_1, h_2[\text{m}]$
支線の取り付け高さ：$H[\text{m}]$
支線の角度：$\theta[°]$

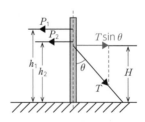

ひとこと

　電線と支線の取り付け高さが等しい場合は力のつり合いを，異なる場合はモーメントのつり合いを考えると，万が一公式を忘れてしまっても解くことができます。

基本例題 ─────────────── 取り付け高さが等しい場合の支線の張力

　次のような電柱に電線と支線が取り付けられているとき，支線の張力 T[kN] を求めなさい。

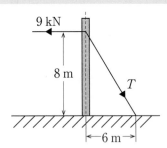

解答

　この問題では，電線と支線の取り付け高さが等しく，支線の取り付け角は不明であるが，取り付け高さと電柱と支線の根開きがわかっているため，公式②を使って解く。

　支線の張力を T[N]，支線の根開きを ℓ[m]，取り付け高さを h[m]とすると，電線の水平張力 P[N]は，

$$P = T \frac{\ell}{\sqrt{h^2 + \ell^2}} [\text{N}]$$

$$9 \times 10^3 = T \times \frac{6}{\sqrt{8^2 + 6^2}}$$

$$\therefore T = 9 \times 10^3 \times \frac{\sqrt{8^2 + 6^2}}{6} = 15 \times 10^3 \,\text{N}$$

よって，解答は 15 kN となる。

基本例題 ━━━━━━━━━━━━━━ 取り付け高さが異なる場合の支線の張力

次のような電柱に電線と支線が取り付けられているとき，支線の張力 T[kN] を求めなさい。

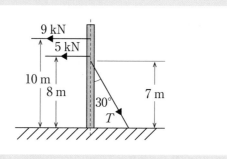

解答

この問題では，電線と支線の取り付け高さが異なり，電線が2本であるため，公式④を使って解く。水平張力と取り付け高さをそれぞれ P_1[kN]，P_2[kN]，h_1[m]，h_2[m]，支線の張力を T[kN]，支線の取り付け高さを H[m]，支線の角度を θ[°] とすると，

$$P_1 h_1 + P_2 h_2 = TH\sin\theta \ [\text{kN·m}]$$
$$9 \times 10 + 5 \times 8 = T \times 7 \times \sin30°$$
$$= T \times 7 \times \frac{1}{2}$$
$$T = \frac{9 \times 10 + 5 \times 8}{7 \times \frac{1}{2}} ≒ 37.1 \ \text{kN}$$

よって，解答は 37.1 kN となる。

問題集 問題175

索 引

418

419

memo

第3版

みんなが欲しかった！

電験三種 電力の

教科書&問題集

第2分冊

問題集編

第 **2** 分冊

問題集編

※問題の難易度は下記の通りです

- A　平易なもの
- B　少し難しいもの
- C　相当な計算・思考が求められるもの

難易度がAとBの問題は必ず解けるようにしましょう

第**2**分冊 ▨問題集編▨

CHAPTER 01

水力発電

問題01 水力発電所に用いられるダムの種別と特徴に関する記述として，誤っているものを次の(1)〜(5)のうちから一つ選べ。

(1) 重力ダムとは，コンクリートの重力によって水圧などの外力に耐えられるようにしたダムであって，体積が大きくなるが構造が簡単で安定性が良い。我が国では，最も多く用いられている。

(2) アーチダムとは，水圧などの外力を両岸の岩盤で支えるようにアーチ型にしたダムであって，両岸の幅が狭く，岩盤が丈夫なところに作られ，コンクリートの量を節減できる。

(3) ロックフィルダムとは，岩石を積み上げて作るダムであって，内側には，砂利，アスファルト，粘土などが用いられている。ダムは大きくなるが，資材の運搬が困難で建設地付近に岩石や砂利が多い場所に適している。

(4) アースダムとは，土壌を主材料としたダムであって，灌漑用の池などを作るのに適している。基礎の地質が，岩などで強固な場合にのみ採用される。

(5) 取水ダムとは，水路式発電所の水路に水を導入するため河川に設けられるダムであって，ダムの高さは低く，越流形コンクリートダムなどが用いられている。

H29-A1

	①	②	③	④	⑤
学 習 日					
理 解 度 (○/△/×)					

解説

(1) 重力ダムとは，コンクリートの重力によって水圧などの外力に耐えられるようにしたダムである。構造が簡単で安定性が良く，最もよく用いられる種類のダムである。よって，(1)は正しい。

(2) アーチダムとは，水圧などの外力を両岸の岩盤で支えるように，アーチ型にしたダムである。両岸の幅が狭く，岩盤が丈夫なところに作られ，ダムの厚さが薄いのでコンクリートの量を節減できる。よって，(2)は正しい。

(3) ロックフィルダムとは，岩石を積み上げて作るダムである。内側には水を透さない粘土質の土（コア），コアの両側を保護する砂利（フィルタ），表面には水漏れを防ぐためのアスファルトなどが用いられている。ダムは非常に大きくなる一方，資材の運搬が困難で建設地付近に岩石や砂利が多い場所に適している。よって，(3)は正しい。

(4) アースダムとは，最も古くから採用されている種類のダムであり，同質の材料（粘土や土など）を使って安価に構築することができる。また，コンクリートを主材料としたダムと異なり，地面の基礎部分を広く確保する方式であるため，**地盤が強固である必要がない**。よって，(4)は**誤り**。

(5) 取水ダムとは，水路式発電所の水路に水を導入するため河川に設けられるダムである。取水ダムは流水の貯留を目的としていないので，ダムの高さは低い。また，越流形コンクリートダム（高さを低くして，洪水時に水を流させる方式のダム）などが用いられる。よって，(5)は正しい。

以上より，(4)が正解。

解答… (4)

難易度 A 流水の運動エネルギー

教科書 SECTION 02

問題02 水力発電所の水圧管内における単位体積当たりの水が保有している運動エネルギー[J/m³]を表す式として，正しいのは次のうちどれか。

ただし，水の速度は水圧管の同一断面において管路方向に均一とする。また，ρ は水の密度[kg/m³]，v は水の速度[m/s]を表す。

(1) $\dfrac{1}{2}\rho^2 v^2$　　(2) $\dfrac{1}{2}\rho^2 v$　　(3) $2\rho v$　　(4) $\dfrac{1}{2}\rho v^2$　　(5) $\sqrt{2\rho v}$

H11-A2

	①	②	③	④	⑤
学 習 日					
理 解 度 (○/△/×)					

解説

運動エネルギー$W[\mathrm{J}]$は,

$$W = \frac{1}{2}mv^2[\mathrm{J}]$$

単位体積当たりの運動エネルギーを求めるから,体積$V[\mathrm{m}^3]$でこれを割ると,

$$\frac{W}{V} = \frac{1}{2}\frac{m}{V}v^2[\mathrm{J/m}^3]$$

ここで,質量÷体積は密度に等しいことから,

$$\frac{m[\mathrm{kg}]}{V[\mathrm{m}^3]} = \rho\,[\mathrm{kg/m}^3]$$

したがって,単位体積当たりの運動エネルギー$\dfrac{W}{V}[\mathrm{J/m}^3]$は,

$$\frac{W}{V} = \frac{1}{2}\rho v^2[\mathrm{J/m}^3]$$

よって,(4)が正解。

解答… (4)

問題03 図において，基準面からh_1[m]の高さにおける水管中の流速をv_1[m/s]，圧力をp_1[Pa]，水の密度をρ[kg/m³]とすれば，質量m[kg]の流水が持っているエネルギーは，位置エネルギーmgh_1[J]，運動エネルギー　(ア)　[J]及び圧力によるエネルギー　(イ)　[J]である。これらのエネルギーの和は，エネルギー保存の法則により，最初に水が持っていた　(ウ)　に等しく，高さや流速が変化しても一定となる。これを　(エ)　という。ただし，管路には損失がないものとする。

　上記の記述中の空白箇所(ア)，(イ)，(ウ)及び(エ)に記入する語句又は式として，正しいものを組み合わせたのは次のうちどれか。

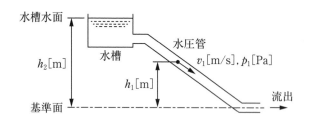

	(ア)	(イ)	(ウ)	(エ)
(1)	$\dfrac{1}{2}mv_1^2$	$m\dfrac{p_1}{\rho}$	位置エネルギー	ベルヌーイの定理
(2)	mv_1^2	$m\dfrac{\rho}{p_1}$	位置エネルギー	パスカルの原理
(3)	$\dfrac{1}{2}mv_1^2$	$\dfrac{p_1}{\rho g}$	運動エネルギー	ベルヌーイの定理
(4)	$\dfrac{1}{2}mv_1$	$m\dfrac{p_1}{\rho}$	運動エネルギー	パスカルの原理
(5)	$\dfrac{1}{2}\dfrac{v_1^2}{g}$	$\dfrac{p_1}{\rho g}$	圧力によるエネルギー	ベルヌーイの定理

H16-A2

解説

質量 m[kg]の流水が持っているエネルギーは，位置エネルギー mgh_1[J]，運動エネルギー(ア)$\frac{1}{2}mv_1^2$[J]及び圧力によるエネルギー(イ)$m\frac{p_1}{\rho}$[J]（圧力エネルギーは圧力と体積の積で求められ，体積を質量 m と密度 ρ の比 $\frac{m}{\rho}$ で表す）である。

これらのエネルギーの和は，エネルギー保存の法則により，最初に水が持っていた(ウ)**位置エネルギー**に等しく，高さや流速が変化しても一定となる。これを(エ)**ベルヌーイの定理**という。

よって，(1)が正解。

解答… (1)

ポイント

圧力エネルギーは単位を計算することで次元の確認ができます。

$$m\frac{p_1}{\rho}=[kg]\cdot\frac{[N/m^2]}{[kg/m^3]}=[N\cdot m]=[J]$$

	①	②	③	④	⑤
学 習 日					
理 解 度 (○/△/×)					

連続の定理とベルヌーイの定理

問題04 図の水管内を水が充満して流れている。点Aでは管の内径2.5 mで，これより30 m低い位置にある点Bでは内径2.0 mである。点Aでは流速4.0 m/sで圧力は25 kPaと計測されている。このときの点Bにおける流速v[m/s]と圧力p[kPa]に最も近い値を組み合わせたのは次のうちどれか。

なお，圧力は水面との圧力差とし，水の密度は1.0×10^3 kg/m³とする。

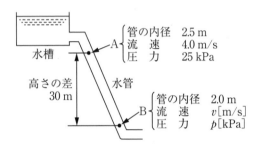

	流速v[m/s]	圧力p[kPa]
(1)	4.0	296
(2)	5.0	296
(3)	5.0	307
(4)	6.3	307
(5)	6.3	319

H18-A12

	①	②	③	④	⑤
学 習 日					
理 解 度 (○/△/×)					

解説

流量を$Q[\mathrm{m^3/s}]$，点Aの断面積を$A_1[\mathrm{m^2}]$，点Bの断面積を$A_2[\mathrm{m^2}]$，点Aの流速を$v_1[\mathrm{m/s}]$，点Bの流速を$v_2[\mathrm{m/s}]$とすると，連続の定理より，

$$Q = A_1 v_1 = A_2 v_2$$

内径（直径）を$D[\mathrm{m}]$とすると，水管は円形なので，断面積は$\pi \times \left(\dfrac{D}{2}\right)^2 = \dfrac{\pi D^2}{4}$で求められる。点Aの内径を$D_1[\mathrm{m}]$，点Bの内径を$D_2[\mathrm{m}]$とすると，

$$\frac{\pi D_1{}^2}{4}v_1 = \frac{\pi D_2{}^2}{4}v_2$$

$$\frac{\pi \times 2.5^2}{4} \times 4 = \frac{\pi \times 2^2}{4} \times v_2$$

$$\therefore v_2 \fallingdotseq 6.3 \ \mathrm{m/s}$$

ベルヌーイの定理より，左辺をA点，右辺をB点における量とすると，

$$30 + \frac{4^2}{2 \times 9.8} + \frac{25 \times 10^3}{1000 \times 9.8} = 0 + \frac{6.3^2}{2 \times 9.8} + \frac{p}{1000 \times 9.8}$$

$$\therefore p = (1000 \times 9.8) \times \left(30 + \frac{4^2 - 6.3^2}{2 \times 9.8} + \frac{25 \times 10^3}{1000 \times 9.8}\right)$$

$$= 294 \times 10^3 + (4^2 - 6.3^2) \times 500 + 25 \times 10^3$$

$$= 319 \times 10^3 + (4^2 - 6.3^2) \times 500$$

$$\fallingdotseq 319 \times 10^3 - 11.8 \times 10^3$$

$$= 307200 \ \mathrm{Pa} \fallingdotseq 307 \ \mathrm{kPa}$$

よって，(4)が正解。

解答… (4)

問題05 水力発電所において，有効落差100 m，水車効率92 %，発電機効率94 %，定格出力2 500 kWの水車発電機が80 %負荷で運転している。このときの流量$[\mathrm{m^3/s}]$の値として，最も近いのは次のうちどれか。

(1) 1.76　　(2) 2.36　　(3) 3.69　　(4) 17.3　　(5) 23.1

H21-A1

	①	②	③	④	⑤
学 習 日					
理 解 度 (○/△/×)					

問題06 最大使用水量15 $\mathrm{m^3/s}$，総落差110 m，損失落差10 mの水力発電所がある。年平均使用水量を最大使用水量の60 %とするとき，この発電所の年間発電電力量$[\mathrm{GW \cdot h}]$の値として，最も近いのは次のうちどれか。

ただし，発電所総合効率は90 %一定とする。

(1) 7.1　　(2) 70　　(3) 76　　(4) 84　　(5) 94

H14-A1

	①	②	③	④	⑤
学 習 日					
理 解 度 (○/△/×)					

解説

流量を $Q[\mathrm{m^3/s}]$, 有効落差を $H[\mathrm{m}]$, 水車効率を η_w, 発電機効率を η_g とすると, 水力発電所の水車の出力 $P[\mathrm{kW}]$ を求める式より,

$$P = 9.8QH\eta_w\eta_g[\mathrm{kW}]$$

80 %出力で運転しているから,

$$2500 \times 0.8 = 9.8 \times Q \times 100 \times 0.92 \times 0.94$$

$$Q = \frac{2500 \times 0.8}{9.8 \times 100 \times 0.92 \times 0.94}$$

$$\fallingdotseq 2.36\ \mathrm{m^3/s}$$

よって, (2)が正解。

解答… (2)

ポイント

定格出力とは, 100 %負荷という意味です。80 %負荷ならば, 出力は定格出力の0.8倍となります。

解説

流量を $Q[\mathrm{m^3/s}]$, 有効落差を $H[\mathrm{m}]$, 発電所総合効率を η とすると, 水力発電所の水車の出力 $P[\mathrm{kW}]$ を求める式より,

$$P = 9.8QH\eta\ [\mathrm{kW}]$$

年間発電電力量 $W[\mathrm{GW \cdot h}]$ を求めるため, 出力に365日×24時間を掛けて計算する。

$$W = 9.8 \times (15 \times 0.6) \times (110 - 10) \times 0.9 \times (365 \times 24)$$

$$\fallingdotseq 70 \times 10^6\ \mathrm{kW \cdot h} = 70\ \mathrm{GW \cdot h}$$

よって, (2)が正解。

解答… (2)

ポイント

出力に結びつく落差を有効落差といい, 有効落差＝総落差－損失落差となります。

問題07 次の文章は，水力発電の理論式に関する記述である。

図に示すように，放水地点の水面を基準面とすれば，基準面から貯水池の静水面までの高さH_g[m]を一般に ___(ア)___ という。また，水路や水圧管の壁と水との摩擦によるエネルギー損失に相当する高さh_1[m]を ___(イ)___ という。さらに，H_gとh_1の差$H = H_g - h_1$を一般に ___(ウ)___ という。

いま，Q[m³/s]の水が水車に流れ込み，水車の効率をη_wとすれば，水車出力P_wは ___(エ)___ になる。さらに，発電機の効率をη_gとすれば，発電機出力Pは ___(オ)___ になる。ただし，重力加速度を9.8 m/s²とする。

上記の記述中の空白箇所(ア)，(イ)，(ウ)，(エ)及び(オ)に当てはまる組合せとして，正しいものを次の(1)～(5)のうちから一つ選べ。

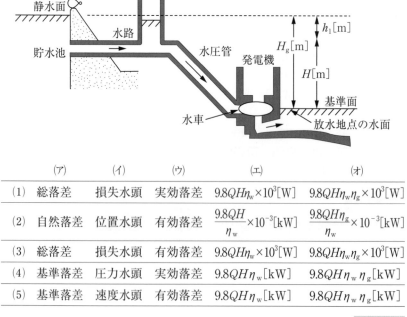

	(ア)	(イ)	(ウ)	(エ)	(オ)
(1)	総落差	損失水頭	実効落差	$9.8QH\eta_w \times 10^3$[W]	$9.8QH\eta_w\eta_g \times 10^3$[W]
(2)	自然落差	位置水頭	有効落差	$\dfrac{9.8QH}{\eta_w} \times 10^{-3}$[kW]	$\dfrac{9.8QH\eta_g}{\eta_w} \times 10^{-3}$[kW]
(3)	総落差	損失水頭	有効落差	$9.8QH\eta_w \times 10^3$[W]	$9.8QH\eta_w\eta_g \times 10^3$[W]
(4)	基準落差	圧力水頭	実効落差	$9.8QH\eta_w$[kW]	$9.8QH\eta_w\eta_g$[kW]
(5)	基準落差	速度水頭	有効落差	$9.8QH\eta_w$[kW]	$9.8QH\eta_w\eta_g$[kW]

H24-A1

解説

(ア)(イ)(ウ)

　静水面と放水地点の水面の高さの差を(ア)**総落差**という。水が水路を流れるときに摩擦によってエネルギー損失が発生してしまうが，その損失を高さ（水頭）に換算したものを(イ)**損失水頭**という。損失を考慮した実質的な高さ（水頭）は総落差から損失水頭を差し引いて求めることができ，それを(ウ)**有効落差**という。

　なお，「位置水頭」「圧力水頭」「速度水頭」はベルヌーイの定理に用いられる単語である。

(エ)(オ)

　有効落差 H[m]から Q[m^3/s]の水が水車に流れ込んだときの理論水力は $9.8QH$[kW]で求められる。水車の効率 η_w を考慮すると，水車出力 P_w[W]は，

　　$P_\mathrm{w} = 9.8QH\eta_\mathrm{w}$[kW]$=$(エ)$9.8QH\eta_\mathrm{w} \times 10^3$[W]

　次に，発電機の効率 η_g を考慮すると，発電機出力 P[W]は，

　　$P = 9.8QH\eta_\mathrm{w}\eta_\mathrm{g}$[kW]$=$(オ)$9.8QH\eta_\mathrm{w}\eta_\mathrm{g} \times 10^3$[W]

　以上より，**(3)**が正解。

解答…　(3)

	①	②	③	④	⑤
学 習 日					
理 解 度 (○/△/×)					

問題08 次の文章は，水力発電に用いる水車に関する記述である。

水をノズルから噴出させ，水の位置エネルギーを運動エネルギーに変えた流水をランナに作用させる構造の水車を　(ア)　水車と呼び，代表的なものに　(イ)　水車がある。また，水の位置エネルギーを圧力エネルギーとして，流水をランナに作用させる構造の代表的な水車に　(ウ)　水車がある。さらに，流水がランナを軸方向に通過する　(エ)　水車もある。近年の地球温暖化防止策として，農業用水・上下水道・工業用水など少水量と低落差での発電が注目されており，代表的なものに　(オ)　水車がある。

上記の記述中の空白箇所(ア)，(イ)，(ウ)，(エ)及び(オ)に当てはまる組合せとして，正しいものを次の(1)～(5)のうちから一つ選べ。

	(ア)	(イ)	(ウ)	(エ)	(オ)
(1)	反　動	ペルトン	プロペラ	フランシス	クロスフロー
(2)	衝　動	フランシス	カプラン	クロスフロー	ポンプ
(3)	反　動	斜　流	フランシス	ポンプ	プロペラ
(4)	衝　動	ペルトン	フランシス	プロペラ	クロスフロー
(5)	斜　流	カプラン	クロスフロー	プロペラ	フランシス

H25-A1

		①	②	③	④	⑤
学 習 日						
理 解 度 (○/△/×)						

解説

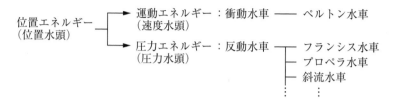

水をノズルから噴出させ，水の位置エネルギーを運動エネルギーに変えた流水を
ランナに作用させる構造の水車を(ア)**衝動水車**と呼び，代表的なものに(イ)**ペルトン水
車**がある。

また，水の位置エネルギーを圧力エネルギーとして，流水をランナに作用させる
構造の代表的な水車に(ウ)**フランシス水車**がある。さらに，流水がランナを軸方向に
通過する(エ)**プロペラ水車**もある。

近年の地球温暖化防止策として，農業用水・上下水道・工業用水など少水量と低
落差での発電が注目されており，代表的なものに(オ)**クロスフロー水車**がある。

よって，(4)が正解。

解答… (4)

問題09 次の文章は，水車に関する記述である。

衝動水車は，位置水頭を ［ (ア) ］ に変えて，水車に作用させるものである。この衝動水車は，ランナ部で ［ (イ) ］ を用いないので，［ (ウ) ］ 水車のように，水流が ［ (エ) ］ を通過するような構造が可能となる。

上記の記述中の空白箇所(ア)，(イ)，(ウ)及び(エ)に当てはまる語句として，正しいものを組み合わせたのは次のうちどれか。

	(ア)	(イ)	(ウ)	(エ)
(1)	圧力水頭	速度水頭	フランシス	空気中
(2)	圧力水頭	速度水頭	フランシス	吸出管中
(3)	速度水頭	圧力水頭	フランシス	吸出管中
(4)	速度水頭	圧力水頭	ペルトン	吸出管中
(5)	速度水頭	圧力水頭	ペルトン	空気中

H22-A1

	①	②	③	④	⑤
学 習 日					
理 解 度 (○/△/×)					

解説

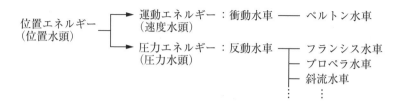

衝動水車は，位置水頭を(ア)**速度水頭**に変えて，水車に作用させるものである。この衝動水車は，ランナ部で(イ)**圧力水頭**を用いないので，(ウ)**ペルトン**水車のように，水流が(エ)**空気中**を通過するような構造が可能となる。

これに対し，反動水車は，位置水頭を圧力水頭に変えて，水車に作用させるものである。代表的なものに，フランシス水車やプロペラ水車がある。

よって，(5)が正解。

解答… (5)

水車の比速度

問題10 次の文章は，水車の比速度に関する記述である。

比速度とは，任意の水車の形（幾何学的形状）と運転状態（水車内の流れの状態）とを　(ア)　変えたとき，　(イ)　で単位出力（1 kW）を発生させる仮想水車の回転速度のことである。

水車では，ランナの形や特性を表すものとしてこの比速度が用いられ，水車の　(ウ)　ごとに適切な比速度の範囲が存在する。

水車の回転速度を $n[\text{min}^{-1}]$，有効落差を $H[\text{m}]$，ランナ1個当たり又はノズル1個当たりの出力を $P[\text{kW}]$ とすれば，この水車の比速度 n_s は，次の式で表される。

$$n_s = n \cdot \frac{P^{\frac{1}{2}}}{H^{\frac{5}{4}}}$$

通常，ペルトン水車の比速度は，フランシス水車の比速度より　(エ)　。

比速度の大きな水車を大きな落差で使用し，吸出し管を用いると，放水速度が大きくなって，　(オ)　やすくなる。そのため，各水車には，その比速度に適した有効落差が決められている。

上記の記述中の空白箇所(ア)〜(オ)に当てはまる組合せとして，正しいものを次の(1)〜(5)のうちから一つ選べ。

	(ア)	(イ)	(ウ)	(エ)	(オ)
(1)	一定に保って有効落差を	単位流量（1 m³/s）	出力	大きい	高い効率を得
(2)	一定に保って有効落差を	単位落差（1 m）	種類	大きい	キャビテーションが生じ
(3)	相似に保って大きさを	単位流量（1 m³/s）	出力	大きい	高い効率を得
(4)	相似に保って大きさを	単位落差（1 m）	種類	小さい	キャビテーションが生じ
(5)	相似に保って大きさを	単位流量（1 m³/s）	出力	小さい	高い効率を得

R5上-A1

解説

(ア)(イ)

水車の比速度とは，実物水車の「形と運転状態」を(ア)**相似に保って大きさを変え**た仮想水車が，(イ)**単位落差（1 m）で単位出力（1 kW）を発生させる回転速度で**ある。

(ウ)(エ)

水車の(ウ)**種類**ごとに適切な比速度の範囲は決まっている。各水車の適用落差と適切な比速度の範囲は次表の通り。

種類	適用落差[m]	比速度
ペルトン水車	150～800	19～29
フランシス水車	40～500	89～377
斜流水車（デリア水車）	40～180	145～390
プロペラ水車	5～80	276～1217

上表より，ペルトン水車の比速度は，フランシス水車の比速度より(エ)**小さい**。

(オ)

比速度の大きな水車を大きな落差で使用し，吸出し管を用いた反動水車とすると，放水速度が大きくなり，(オ)**キャビテーション**が生じやすくなる。

よって，(4)が正解。

解答… (4)

	①	②	③	④	⑤
学習日					
理解度 (○/△/×)					

問題11 次の文章は，水車の調速機の機能と構造に関する記述である。

　水車の調速機は，発電機を系統に並列するまでの間においては水車の回転速度を制御し，発電機が系統に並列した後は ⬜(ア) を調整し，また，事故時には回転速度の異常な ⬜(イ) を防止する装置である。調速機は回転速度などを検出し，規定値との偏差などから演算部で必要な制御信号を作って，パイロットバルブや配圧弁を介してサーボモータを動かし，ペルトン水車においては ⬜(ウ) ，フランシス水車においては ⬜(エ) の開度を調整する。

　上記の記述中の空白箇所(ア)，(イ)，(ウ)及び(エ)に当てはまる組合せとして，正しいものを次の(1)～(5)のうちから一つ選べ。

	(ア)	(イ)	(ウ)	(エ)
(1)	出　力	上　昇	ニードル弁	ガイドベーン
(2)	電　圧	上　昇	ニードル弁	ランナベーン
(3)	出　力	下　降	デフレクタ	ガイドベーン
(4)	電　圧	下　降	デフレクタ	ランナベーン
(5)	出　力	上　昇	ニードル弁	ランナベーン

H26-A1

	①	②	③	④	⑤
学習日					
理解度 (○/△/×)					

解説

　調速機は，水車の回転速度を一定に保つ機器のことで，発電機を系統に並列するまでの間においては水車の回転速度を制御し，発電機が系統に並列した後は流量（(ア)**出力**）を調整することによって回転速度を一定に保つ。また，事故時には負荷が急減することにより発電機の回転速度が上昇する。調速機は，回転速度の異常な(イ)**上昇**を防止する装置である。

　調速機は，回転速度などを検出し，規定値との偏差などから演算部で必要な制御信号を作って，パイロットバルブや配圧弁を介してサーボモータを動かし，ペルトン水車においては(ウ)**ニードル弁**，フランシス水車においては(エ)**ガイドベーン**（案内羽根）の開度を調整する。

　よって，(1)が正解。

解答… 　(1)

問題12 ペルトン水車を1台もつ水力発電所がある。図に示すように，水車の中心線上に位置する鉄管のA点において圧力p[Pa]と流速v[m/s]を測ったところ，それぞれ3 000 kPa，5.3 m/sの値を得た。また，このA点の鉄管断面は内径1.2 mの円である。次の(a)及び(b)の問に答えよ。

ただし，A点における全水頭H[m]は位置水頭，圧力水頭，速度水頭の総和として$h + \dfrac{p}{\rho g} + \dfrac{v^2}{2g}$より計算できるが，位置水頭$h$はA点が水車中心線上に位置することから無視できるものとする。また，重力加速度は$g = 9.8$ m/s²，水の密度は$\rho = 1\,000$ kg/m³とする。

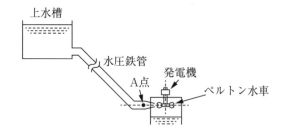

上水槽
水圧鉄管
発電機
A点
ペルトン水車

(a) ペルトン水車の流量の値[m³/s]として，最も近いものを次の(1)〜(5)のうちから一つ選べ。

(1) 3　　(2) 4　　(3) 5　　(4) 6　　(5) 7

(b) 水車出力の値[kW]として，最も近いものを次の(1)〜(5)のうちから一つ選べ。

ただし，A点から水車までの水路損失は無視できるものとし，また水車効率は88.5 %とする。

(1) 13 000　　(2) 14 000　　(3) 15 000　　(4) 16 000　　(5) 17 000

H26-B15

解説

(a) A点の鉄管断面積を$A\,[\mathrm{m^2}]$として，流量$Q\,[\mathrm{m^3/s}]$を求める。

$$Q = Av$$
$$= \frac{\pi \times 1.2^2}{4} \times 5.3 \fallingdotseq 6\ \mathrm{m^3/s}$$

よって，(4)が正解。

(b) 問題文より，位置水頭$h\,[\mathrm{m}]$は無視できるから，全水頭$H\,[\mathrm{m}]$は，

$$H = \frac{v^2}{2g} + \frac{p}{\rho g}$$
$$= \frac{5.3^2}{2 \times 9.8} + \frac{3000 \times 10^3}{1000 \times 9.8}$$
$$\fallingdotseq 308\ \mathrm{m}$$

水車効率をη_wとすると，水力発電所の水車の出力$P\,[\mathrm{kW}]$を求める式より，

$$P = 9.8QH\eta_\mathrm{w}$$
$$= 9.8 \times 6 \times 308 \times 0.885$$
$$\fallingdotseq 16000\ \mathrm{kW}$$

よって，(4)が正解。

解答… **(a)**(4) **(b)**(4)

	①	②	③	④	⑤
学習日					
理解度 (○/△/×)					

CHAPTER 02

火力発電

問題13 火力発電所のボイラ設備の説明として，誤っているものを次の(1)〜(5)のうちから一つ選べ。

(1) ドラムとは，水分と飽和蒸気を分離するほか，蒸発管への送水などをする装置である。

(2) 過熱器とは，ドラムなどで発生した飽和蒸気を乾燥した蒸気にするものである。

(3) 再熱器とは，熱効率の向上のため，一度高圧タービンで仕事をした蒸気をボイラに戻して加熱するためのものである。

(4) 節炭器とは，ボイラで発生した蒸気を利用して，ボイラ給水を加熱し，熱回収することによって，ボイラ全体の効率を高めるためのものである。

(5) 空気予熱器とは，火炉に吹き込む燃焼用空気を，煙道を通る燃焼ガスによって加熱し，ボイラ効率を高めるための熱交換器である。

H23-A2

	①	②	③	④	⑤
学習日					
理解度(○/△/×)					

(1) ドラムは，水を保有し，蒸発管で発生した飽和蒸気と水を分離するほか，蒸発管への送水などの役割を果たす。よって，(1)は正しい。

(2) ボイラで生成された蒸気には，一部水が混じっている。この状態の蒸気を飽和蒸気（湿り蒸気）という。過熱器では，この湿り蒸気をさらに加熱して乾燥した蒸気（過熱蒸気）を生成する。よって，(2)は正しい。

(3) 高圧タービン（最初のタービン）で仕事をした蒸気はエネルギーを消費するため，温度が低下して湿り蒸気となる。その蒸気を再び加熱して過熱蒸気にするために，再熱器を利用する。その後，低圧タービン（2番目のタービン）で蒸気は再び仕事をする。よって，(3)は正しい。

(4)(5) 節炭器とは，熱効率向上のため，**煙道を通る燃焼ガスの余熱を利用して**ボイラ給水を加熱する機器である。よって，(4)は**誤り**。

また，同じく煙道を通る燃焼ガスの余熱を利用する設備として，燃焼用空気を加熱する空気予熱器がある。よって，(5)は正しい。

以上より，(4)が正解。

解答… (4)

燃焼ガスの余熱回収

教科書 SECTION 02

問題14 火力発電所において，ボイラから煙道に出ていく燃焼ガスの余熱を回収するために，煙道に多数の管を配置し，これにボイラへの ⎡(ア)⎤ を通過させて加熱する装置が ⎡(イ)⎤ である。同じく煙道に出ていく燃焼ガスの余熱をボイラへの ⎡(ウ)⎤ 空気に回収する装置が，⎡(エ)⎤ である。

上記の記述中の空白箇所(ア)，(イ)，(ウ)及び(エ)に記入する語句として，正しいものを組み合わせたのは次のうちどれか。

	(ア)	(イ)	(ウ)	(エ)
(1)	給　水	再熱器	燃焼用	過熱器
(2)	蒸　気	節炭器	加熱用	過熱器
(3)	給　水	節炭器	加熱用	過熱器
(4)	蒸　気	再熱器	燃焼用	空気予熱器
(5)	給　水	節炭器	燃焼用	空気予熱器

R5上-A3

	①	②	③	④	⑤
学 習 日					
理 解 度 (○/△/×)					

解説

(ア)(イ)

　ボイラへの(ア)**給水**を加熱するために，煙道を通る燃焼ガスの余熱を利用する装置が(イ)**節炭器**である。煙道に多数の管を配置し，その管にボイラへの給水を通過させることで，ボイラへの給水が加熱され，ボイラでの燃料使用量が減るため，ボイラでの熱効率が高くなる。

(ウ)(エ)

　ボイラへの(ウ)**燃焼用**空気を加熱するため，煙道を通る燃焼ガスの余熱を利用する装置が(エ)**空気予熱器**である。燃焼ガスの余熱を利用して燃焼用空気を加熱することで，ボイラでの熱効率が高くなる。

　よって，(5)が正解。

　　　　　　　　　　　　　　　　　　　　　　　　　　　　　解答… 　(5)

問題15 汽力発電所のボイラに関する記述として，誤っているものは次のうちどれか。

(1) 自然循環ボイラは，蒸発管と降水管中の水の比重差によってボイラ水を循環させる。

(2) 強制循環ボイラは，ボイラ水を循環ポンプで強制的に循環させるため，自然循環ボイラに比べて各部の熱負荷を均一にでき，急速起動に適する。

(3) 強制循環ボイラは，自然循環ボイラに比べてボイラ高さは低くすることができるが，ボイラチューブの径は大きくなる。

(4) 貫流ボイラは，ドラムや大形管などが不要で，かつ，小口径の水管となるので，ボイラ重量を軽くできる。

(5) 貫流ボイラは，亜臨界圧から超臨界圧まで適用されている。

H17-A3

	①	②	③	④	⑤
学習日					
理解度 (○/△/×)					

(1) 自然循環ボイラにおいて，蒸発管では比重の小さい蒸気が存在し，降水管では比重の大きい冷たい水が存在する。これら蒸発管と降水管中の水の比重差によってボイラ水を循環させる。よって，(1)は正しい。

(2) 強制循環ボイラは，循環ポンプでボイラ水を強制的に循環させるため，各部の温度を一定に保たせるのに必要な熱量である熱負荷を均一にすることができる。また，強制的に熱負荷を均一にできることから，自然循環ボイラよりも起動時間を短縮することができる。よって，(2)は正しい。

(3) 強制循環ボイラは，水の比重差が小さくて済むため，ボイラ高さを大きくすることによる自発的な循環力の向上をする必要がない。また，ボイラ高さを小さくできるため，ボイラチューブの強度を高くする必要がなく，**ボイラチューブの径は小さくて済む**。よって，(3)は誤り。

(4) 貫流ボイラでは水は臨界状態となるため，水と蒸気を分離する必要がなく，ドラムや大形管が不要である。また，小口径の水管となるのでボイラ全体の重量を軽くすることができる。よって，(4)は正しい。

(5) 貫流ボイラは，臨界温度以下かつ臨界圧力前後である亜臨界圧から，臨界温度以上かつ臨界圧力以上の超臨界圧まで適用される。よって，(5)は正しい。

以上より，(3)が正解。

解答… **(3)**

火力発電 CH 02

問題16 蒸気の使用状態による蒸気タービンの分類に関する記述として，誤っているのは次のうちどれか。

(1) 復水タービン：タービンの排気を復水器で復水させて高真空を得ることにより，蒸気をタービン内で十分低圧まで膨張させるタービン。

(2) 背圧タービン：タービンで仕事をさせた後の排気を，工場用蒸気その他に利用するタービン。

(3) 抽気タービン：タービンの中間から膨張途中の蒸気を取り出し，工場用蒸気その他に利用するタービン。

(4) 再生タービン：タービンの中間から一部膨張した蒸気を取り出し，再加熱してタービンの低圧段に戻し，さらに仕事をさせるタービン。

(5) 混圧タービン：異なった圧力の蒸気を同一タービンに入れて仕事をさせるタービン。

H15-A2

	①	②	③	④	⑤
学 習 日					
理 解 度 (○/△/×)					

(4) 再生タービン：タービンの中間から蒸気の一部を取り出し，その蒸気で給水を加熱して熱効率を向上させるタービン。したがって，誤り。

よって，(4)が正解。

解答… (4)

(4)は再熱タービンの説明です。

　再熱タービン：タービンの中間から一部膨張した蒸気を取り出し，再加熱してタービンの低圧段に戻し，さらに仕事をさせるタービン。

問題17 汽力発電所における蒸気の作用及び機能や用途による蒸気タービンの分類に関する記述として，誤っているものを次の(1)～(5)のうちから一つ選べ。

(1) 復水タービンは，タービンの排気を復水器で復水させて高真空とすることにより，タービンに流入した蒸気をごく低圧まで膨張させるタービンである。

(2) 背圧タービンは，タービンで仕事をした蒸気を復水器に導かず，工場用蒸気及び必要箇所に送気するタービンである。

(3) 反動タービンは，固定羽根で蒸気圧力を上昇させ，蒸気が回転羽根に衝突する力と回転羽根から排気するときの力を利用して回転させるタービンである。

(4) 衝動タービンは，蒸気が回転羽根に衝突するときに生じる力によって回転させるタービンである。

(5) 再生タービンは，ボイラ給水を加熱するため，タービン中間段から一部の蒸気を取り出すようにしたタービンである。

H25-A3

	①	②	③	④	⑤
学 習 日					
理 解 度 (○/△/×)					

(1)　復水タービンとは，タービンで仕事した蒸気を復水器で水に戻す系における
　　タービンを指す。復水器に通す冷却水の温度を低くして蒸気との温度差を大き
　　くするほど真空の度合いが高くなることで，蒸気が勢いよく復水器に向かうた
　　めタービンの回転力が高まり，その分熱効率が上がる。よって，(1)は正しい。

(2)　背圧タービンとは，タービンで仕事をした蒸気を別の用途に活用する系にお
　　けるタービンを指す。復水タービンが発電所のタービンとして採用されるのに
　　対して，背圧タービンは大規模工場内の自家発電設備のタービンとして採用さ
　　れ，復水器で失う熱エネルギーを工場の生産プロセスに活用することができる。
　　よって，(2)は正しい。

(3)(4)　衝動水車と反動水車の区別と同様に，衝動タービンは衝動力のみを利用し
　　たタービンであるのに対し，反動タービンは衝撃力と反動力を利用したタービ
　　ンである。

　　　(3)(4)の設問文に当てはめると，蒸気が回転羽根に衝突する力が衝撃力で，回
　　転羽根から排気するときの力が反動力となる。

　　　一見すると(3)(4)ともに正しい記述のように見えるが，(3)の「固定羽根で蒸気
　　圧力を上昇させ」という記述が誤りである。

　　　衝動水車であるペルトン水車を例にして考えると，ノズルから噴出される前
　　の水には圧力が加わっているが，ノズルから噴出されると圧力が下がる。衝動
　　タービンの固定羽根は蒸気の流れを制御するため衝動水車のノズルと同じよう
　　に考えることができる。つまり，**固定羽根を通過した後の蒸気は圧力が下がる。**
　　よって，(3)は誤りであり，(4)は正しい。

(5)　再生タービンとは，熱効率向上のために，タービン中間段から一部の蒸気を
　　取り出し，ボイラ給水を加熱するタービンである。よって，(5)は正しい。

以上より，(3)が正解。

解答… (3)

問題18　次の文章は，汽力発電所のタービン発電機の特徴に関する記述である。

汽力発電所のタービン発電機は，水車発電機に比べ回転速度が｜　(ア)　｜なるため，｜　(イ)　｜強度を要求されることから，回転子の構造は｜　(ウ)　｜にし，水車発電機よりも直径を｜　(エ)　｜しなければならない。このため，水車発電機と同出力を得るためには軸方向に｜　(オ)　｜することが必要となる。

上記の記述中の空白箇所(ア)，(イ)，(ウ)，(エ)及び(オ)に当てはまる組合せとして，最も適切なものを次の(1)～(5)のうちから一つ選べ。

	(ア)	(イ)	(ウ)	(エ)	(オ)
(1)	高　く	熱　的	突極形	小さく	長　く
(2)	低　く	熱　的	円筒形	大きく	短　く
(3)	高　く	機械的	円筒形	小さく	長　く
(4)	低　く	機械的	円筒形	大きく	短　く
(5)	高　く	機械的	突極形	小さく	長　く

H24-A2

	①	②	③	④	⑤
学 習 日					
理 解 度 (○/△/×)					

　汽力発電所のタービン発電機は，水車発電機に比べ磁極数が少ないため，回転速度が(ア)**高く**なる（$N = \dfrac{120f}{p}$）。

　回転速度が高くなると大きな遠心力がかかることから，(イ)**機械的**強度を要求され，回転子の構造は(ウ)**円筒形**にし，水車発電機よりも直径を(エ)**小さく**しなければならない。このため，水車発電機と同出力，つまり誘導起電力を得るためには軸方向に(オ)**長く**して，導体（固定子巻線）を長くすることが必要となる。

　なお，水車発電機の回転子の構造は突極形であり，タービン発電機よりも直径が大きい。

　よって，(3)が正解。

解答… (3)

問題19 汽力発電所の復水器はタービンの ⎡ (ア) ⎤蒸気を冷却水で冷却凝結し，真空を作るとともに復水にして回収する装置である。復水器によるエネルギー損失は熱サイクルの中で最も ⎡ (イ) ⎤，復水器内部の真空度を ⎡ (ウ) ⎤保持してタービンの ⎡ (エ) ⎤を低下させることにより，⎡ (オ) ⎤の向上を図ることができる。

上記の記述中の空白箇所(ア)，(イ)，(ウ)，(エ)及び(オ)に当てはまる語句として，正しいものを組み合わせたのは次のうちどれか。

	(ア)	(イ)	(ウ)	(エ)	(オ)
(1)	抽　気	大きく	低　く	抽気圧力	熱効率
(2)	排　気	小さく	低　く	抽気圧力	利用率
(3)	排　気	大きく	低　く	排気温度	利用率
(4)	抽　気	小さく	高　く	排気圧力	熱効率
(5)	排　気	大きく	高　く	排気圧力	熱効率

H18-A1

	①	②	③	④	⑤
学 習 日					
理 解 度 (○/△/×)					

解説

　汽力発電所の復水器は，タービンの㋐**排気**蒸気を冷却水で冷却凝結し，真空を作るとともに復水にして回収する装置である。復水器によるエネルギー損失は熱サイクルの中で最も㋑**大きく**，復水器内部の真空度を㋒**高く**保持してタービンの㋓**排気圧力**を低下させることにより，㋔**熱効率**の向上を図ることができる。

　よって，(5)が正解。

解答…　(5)

問題20 汽力発電所の復水器に関する一般的説明として，誤っているものを次の(1)～(5)のうちから一つ選べ。

(1) 汽力発電所で最も大きな損失は，復水器の冷却水に持ち去られる熱量である。

(2) 復水器の冷却水の温度が低くなるほど，復水器の真空度は高くなる。

(3) 汽力発電所では一般的に表面復水器が多く用いられている。

(4) 復水器の真空度を高くすると，発電所の熱効率が低下する。

(5) 復水器の補機として，復水器内の空気を排出する装置がある。

H23-A3

	①	②	③	④	⑤
学 習 日					
理 解 度 (○/△/×)					

解説

(1) 問題文の通り，汽力発電で最も大きな損失は，復水器の冷却水に持ち去られる熱量である。水から水蒸気に状態変化させるために奪われる熱量は非常に大きい。よって，(1)は正しい。

(2) 冷却水の温度が低くなるほど，水蒸気が水になって体積が小さくなりやすいため，真空度が高くなる。よって，(2)は正しい。

(3) 復水器の種類は，①表面復水器と②直接接触復水器に分けられる。

表面復水器とは，海水などの冷却水を復水器冷却管内を通し，タービン蒸気とは直接接触しないようにして，タービン蒸気を冷却し水に戻す形式の復水器である。

直接接触復水器とは，冷却水とタービン蒸気を混合させて冷却して，タービン蒸気を水に戻す形式の復水器である。

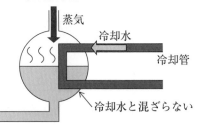
表面復水器のイメージ

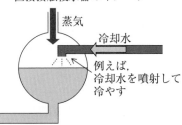
直接接触復水器のイメージ

汽力発電所では冷却水として海水を使っているため，タービンを回転させるためのタービン蒸気と混ぜるわけにはいかない。そこで，汽力発電所では，一般的に表面復水器が利用される。よって，(3)は正しい。

(4) タービンの後ろにある復水器の真空度を高めることで，タービン手前の蒸気は十分に膨張することができ，タービンの羽根車に大きな回転力を与えることになる。これは，**発電所全体の熱効率が上昇することに寄与する**。よって，(4)は**誤り**。

(5) 復水器内の空気を排出することでも真空度を高めることができる。よって，(5)は正しい。

以上より，(4)が正解。

解答… (4)

問題21 図は，汽力発電所の基本的な熱サイクルの過程を，体積Vと圧力Pの関係で示したPV線図である。

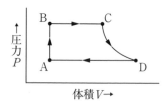

体積V→

　図の汽力発電の基本的な熱サイクルを $\boxed{\quad (ア) \quad}$ という。A→Bは，給水が給水ポンプで加圧されボイラに送り込まれる $\boxed{\quad (イ) \quad}$ の過程である。B→Cは，この給水がボイラで加熱され，飽和水から乾き飽和蒸気となり，さらに加熱され過熱蒸気となる $\boxed{\quad (ウ) \quad}$ の過程である。C→Dは，過熱蒸気がタービンで仕事をする $\boxed{\quad (エ) \quad}$ の過程である。D→Aは，復水器で蒸気が水に戻る $\boxed{\quad (オ) \quad}$ の過程である。

　上記の記述中の空白箇所(ア)，(イ)，(ウ)，(エ)及び(オ)に当てはまる語句として，正しいものを組み合わせたのは次のうちどれか。

	(ア)	(イ)	(ウ)	(エ)	(オ)
(1)	ランキンサイクル	断熱圧縮	等圧受熱	断熱膨張	等圧放熱
(2)	ブレイトンサイクル	断熱膨張	等圧放熱	断熱圧縮	等圧放熱
(3)	ランキンサイクル	等圧受熱	断熱膨張	等圧放熱	断熱圧縮
(4)	ランキンサイクル	断熱圧縮	等圧放熱	断熱膨張	等圧受熱
(5)	ブレイトンサイクル	断熱圧縮	等圧受熱	断熱膨張	等圧放熱

H20-A3

	①	②	③	④	⑤
学習日					
理解度 (○/△/×)					

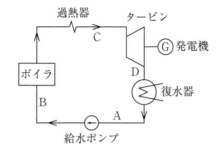

汽力発電の基本的な熱サイクルを(ア)**ランキンサイクル**という。

A→Bは，給水が給水ポンプで加圧されボイラに送り込まれる(イ)**断熱圧縮**の過程である。

B→Cは，この給水がボイラで加熱され，飽和水から乾き飽和蒸気となり，さらに加熱され過熱蒸気となる(ウ)**等圧受熱**の過程である。

C→Dは，過熱蒸気がタービンで仕事をする(エ)**断熱膨張**の過程である。

D→Aは，復水器で蒸気が水に戻る(オ)**等圧放熱**の過程である。

よって，(1)が正解。

解答… (1)

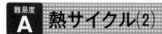
問題22 図は汽力発電所の熱サイクルを示している。図の各過程に関する記述として，誤っているのは次のうちどれか。

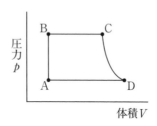

(1) A→Bは，等積変化で給水の断熱圧縮の過程を示す。

(2) B→Cは，ボイラ内で加熱される過程を示し，飽和蒸気が過熱器でさらに過熱される過程も含む。

(3) C→Dは，タービン内で熱エネルギーが機械エネルギーに変換される断熱圧縮の過程を示す。

(4) D→Aは，復水器内で蒸気が凝縮されて水になる等圧変化の過程を示す。

(5) A→B→C→D→Aの熱サイクルをランキンサイクルという。

H14-A2

	①	②	③	④	⑤
学 習 日					
理 解 度 (○/△/×)					

(3) C→Dは，タービン内で熱エネルギーが機械エネルギーに変換される**断熱膨張**の過程を示す。したがって，**誤り**。

よって，(3)が正解。

解答… (3)

問題23 図に示す汽力発電所の熱サイクルにおいて，各過程に関する記述として誤っているものを次の(1)〜(5)のうちから一つ選べ。

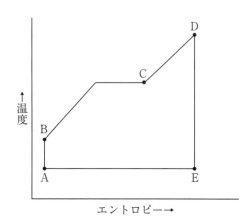

(1) A→B：給水が給水ポンプによりボイラ圧力まで高められる断熱膨張の過程である。

(2) B→C：給水がボイラ内で熱を受けて飽和蒸気になる等圧受熱の過程である。

(3) C→D：飽和蒸気がボイラの過熱器により過熱蒸気になる等圧受熱の過程である。

(4) D→E：過熱蒸気が蒸気タービンに入り復水器内の圧力まで断熱膨張する過程である。

(5) E→A：蒸気が復水器内で海水などにより冷やされ凝縮した水となる等圧放熱の過程である。

H26-A2

	①	②	③	④	⑤
学 習 日					
理 解 度 (○/△/×)					

解説

(1)　A→B：エントロピーの変化がないため断熱で，断熱時に温度を上昇させる
には圧力が必要である。よって**断熱圧縮**の過程である。

　このような熱サイクルをランキンサイクルといい，各過程を図で示すと下図
のようになる。したがって，**誤り**。

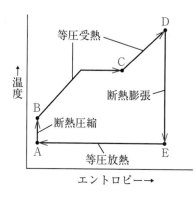

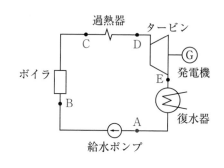

よって，(1)が正解。

解答…　(1)

問題24 最大出力5 000 kWの自家用汽力発電所がある。発熱量44 000 kJ/kgの重油を使用して50日間連続運転した。この間の重油使用量は1 200 t,設備利用率は60 %であった。次の(a)及び(b)に答えよ。

(a) 発電電力量[MW·h]の値として,正しいのは次のうちどれか。

　(1)　1 200　　(2)　1 800　　(3)　2 160　　(4)　3 600　　(5)　6 000

(b) 発電端における熱効率[%]の値として,正しいのは次のうちどれか。

　(1)　24.5　　(2)　26.5　　(3)　28.5　　(4)　30.5　　(5)　32.5

H12-B11

		①	②	③	④	⑤
学習日						
理解度 (○/△/×)						

(a) 最大出力×設備利用率で平均出力を求め，それを利用して発電電力量 W [MW·h]を求める。

$$W = (5000 \times 0.6) \times (50\,日 \times 24\,時間)$$
$$= 3 \times 10^3 \times 12 \times 10^2$$
$$= 3600 \times 10^3\,\mathrm{kW \cdot h} = 3600\,\mathrm{MW \cdot h}$$

よって，(4)が正解。

(b) 効率とは入力に対する出力の比のことなので，発電端における熱効率 η_p[%]は，

$$\eta_\mathrm{p} = \frac{発電機の出力}{ボイラへの入力} \times 100$$

$$= \frac{3600 \times 発電電力量}{重油使用量 \times 発熱量} \times 100$$

$$= \frac{3600 \times 3600 \times 10^3}{1200 \times 10^3 \times 44000} \times 100$$

$$\fallingdotseq 24.5\,\%$$

よって，(1)が正解。

解答… (a)(4) (b)(1)

火 CH
力 02
発
電

ポイント

効率は入力に対する出力の比なので，分母と分子の単位がそろっていないといけません。

$[\mathrm{W}] = \left[\dfrac{\mathrm{J}}{\mathrm{s}}\right]$ より，

$$[\mathrm{W}] \cdot [\mathrm{h}] = \left[\frac{\mathrm{J}}{\mathrm{s}}\right] \cdot [\mathrm{h}] = \left[\frac{\mathrm{J}}{\mathrm{s}}\right] \times 3600[\mathrm{s}] = 3600[\mathrm{J}] = 3.6[\mathrm{kJ}]$$

となることを覚えておきましょう。

問題25 汽力発電設備があり，発電機出力が18 MW，タービン出力が20 MW，使用蒸気量が80 t/h，蒸気タービン入口における蒸気の比エンタルピーが3 550 kJ/kg，復水器入口における蒸気の比エンタルピーが2 450 kJ/kgで運転しているとき，次の(a)及び(b)に答えよ。

(a) 発電機効率[%]の値として，正しいのは次のうちどれか。
(1) 74　(2) 85　(3) 90　(4) 95　(5) 98

(b) タービン効率[%]の値として，最も近いのは次のうちどれか。
(1) 69　(2) 82　(3) 85　(4) 87　(5) 90

H13-B11

	①	②	③	④	⑤
学習日					
理解度 (○/△/×)					

解説

(a) 発電機効率 $\eta_G[\%]$ は，

$$\eta_G = \frac{発電機出力}{タービン出力} \times 100$$

$$= \frac{18 \times 10^6}{20 \times 10^6} \times 100 = 90\ \%$$

よって，(3)が正解。

(b) タービン効率 $\eta_t[\%]$ は，

$$\eta_t = \frac{タービン出力}{タービンで消費した熱量} \times 100$$

蒸気タービン入口における蒸気の比エンタルピーを h_1，復水器入口における蒸気の比エンタルピーを h_2 とすると，蒸気の流れと熱量は下図のように表せる。

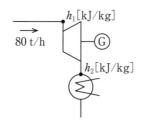

タービンで消費した熱量 $W[\text{MW}]$ は，

$$W = (3550 - 2450) \times 80 \times 10^3$$

$$= 1100 \times 80 \times 10^3$$

$$= 88 \times 10^6\ \text{kJ/h} = \frac{88 \times 10^6}{3600}\ \text{kJ/s}$$

$$\fallingdotseq 24.4 \times 10^3\ \text{kW} = 24.4\ \text{MW}$$

したがって，タービン効率 $\eta_t[\%]$ は，

$$\eta_t = \frac{20 \times 10^6}{24.4 \times 10^6} \times 100 \fallingdotseq 82\ \%$$

よって，(2)が正解。

解答… **(a)**(3) **(b)**(2)

問題26 図は，汽力発電所の熱サイクルを示したものである。このサイクルの熱効率を表す式として，正しいのは次のうちどれか。

ただし，i_w, i_s, i_e はそれぞれの箇所のエンタルピー[J/kg]を表す。また，ボイラ，タービン，復水器以外でのエンタルピーの増減は無視するものとする。

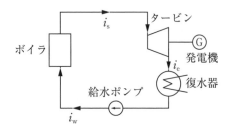

(1) $\dfrac{i_s - i_e}{i_s - i_w}$ (2) $\dfrac{i_s - i_e}{i_e - i_w}$ (3) $\dfrac{i_s - i_w}{i_s - i_e}$ (4) $\dfrac{i_e - i_w}{i_s - i_e}$ (5) $\dfrac{i_e - i_w}{i_s - i_w}$

H11-A3

	①	②	③	④	⑤
学 習 日					
理 解 度 (○/△/×)					

解説

　物質の持つ熱量をエンタルピーという。本問においてボイラ，タービン，復水器以外でのエンタルピーの増減は無視するので，各熱量の関係式として，

　　　ボイラでの吸収熱量＝タービンでの消費熱量＋復水器での廃熱量

が成り立つ。

　サイクルの熱効率とは入力（ボイラでの吸収熱量）に対する出力（タービンでの消費熱量）の比のことなので，

$$\text{サイクルの熱効率} = \frac{\text{出力}}{\text{入力}}$$

$$= \frac{\text{タービンでの消費熱量}}{\text{ボイラでの吸収熱量}}$$

$$= \frac{i_s - i_e}{i_s - i_w}$$

よって，(1)が正解。

解答… 　(1)

ポイント

　タービン入口のエンタルピーからタービン出口のエンタルピーを引くと，タービンで減少したエンタルピーがわかります。

問題27 ある汽力発電所において，各部の汽水の温度及び単位質量当たりのエンタルピー（これを「比エンタルピー」という。）[kJ/kg]が，下表の値であるとき，このランキンサイクルの効率[%]の値として，最も近いのは次のうちどれか。

ただし，ボイラ，タービン，復水器以外での温度及びエンタルピーの増減は無視するものとする。

		温　度 $t[\text{℃}]$		比エンタルピー $h[\text{kJ/kg}]$
ボイラ出口蒸気	t_1	570	h_1	3 487
タービン排気	t_2	33	h_2	2 270
給水ポンプ入口給水	t_3	33	h_3	138

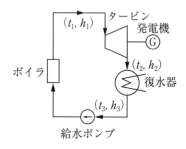

(1) 34.9　　(2) 36.3　　(3) 39.1　　(4) 43.3　　(5) 53.6

H19-A2

	①	②	③	④	⑤
学 習 日					
理 解 度 (○/△/×)					

本問においてボイラ，タービン，復水器以外でのエンタルピーの増減は無視するので，各熱量の関係式として，

　　ボイラでの吸収熱量＝タービンでの消費熱量＋復水器での廃熱量

が成り立つ。

ランキンサイクルの効率とは入力（ボイラでの吸収熱量）に対する出力（タービンでの消費熱量）の比のことなので，

$$\text{ランキンサイクルの効率} = \frac{\text{出力}}{\text{入力}} \times 100$$

$$= \frac{\text{タービンでの消費熱量}}{\text{ボイラでの吸収熱量}} \times 100$$

$$= \frac{h_1 - h_2}{h_1 - h_3} \times 100$$

$$= \frac{3487 - 2270}{3487 - 138} \times 100$$

$$\fallingdotseq 36.3 \%$$

よって，(2)が正解。

解答… (2)

問題28 出力 700 MW で運転している汽力発電所で，発熱量 26 000 kJ/kg の石炭を毎時 230 t 使用している。タービン室効率 47.0 %，発電機効率 99.0 % であるとき，次の(a)及び(b)に答えよ。

(a) 発電端熱効率[%]の値として，最も近いのは次のうちどれか。

(1) 39.6 (2) 42.1 (3) 44.3 (4) 46.5 (5) 47.5

(b) ボイラ効率[%]の値として，最も近いのは次のうちどれか。

(1) 83.4 (2) 85.1 (3) 88.6 (4) 89.6 (5) 90.6

H15-B15

	①	②	③	④	⑤
学習日					
理解度 (○/△/×)					

(a) 発電端における熱効率 η_P[%]は，

$$\eta_P = \frac{3600 \times \text{発電端出力}}{\text{燃料使用量} \times \text{燃料発熱量}} \times 100$$

$$= \frac{3600 \times 700 \times 10^3}{230 \times 10^3 \times 26000} \times 100 \doteqdot 42.1 \%$$

よって，(2)が正解。

(b) 発電端熱効率 η_P[%]は，ボイラ効率 η_B[%]とタービン室効率 η_T[%]，発電機効率 η_G[%]の積で求めることができるので，

$$\eta_P = \eta_B \, \eta_T \, \eta_G$$

$$\therefore \eta_B = \frac{\eta_P}{\eta_T \, \eta_G} \times 100$$

$$= \frac{0.421}{0.470 \times 0.990} \times 100 \doteqdot 90.5 \%$$

よって，最も近い値である(5)が正解。

解答… (a)(2) (b)(5)

問題29 汽力発電所において，定格容量5 000 kV・Aの発電機が9時から22時の間に下表に示すような運転を行ったとき，発熱量44 000 kJ/kgの重油を14 t消費した。この9時から22時の間の運転について，次の(a)及び(b)に答えよ。

　ただし，所内率は5 ％とする。

発電機の運転状態

時　刻	皮相電力[kV・A]	力　率[%]
9 時～13時	4 500	遅れ 85
13時～18時	5 000	遅れ 90
18時～22時	4 000	進み 95

(a)　発電端の発電電力量[MW・h]の値として，正しいのは次のうちどれか。

　(1)　12　　(2)　23　　(3)　38　　(4)　53　　(5)　59

(b)　送電端熱効率[%]の値として，最も近いのは次のうちどれか。

　(1)　28.8　　(2)　29.4　　(3)　31.0　　(4)　31.6　　(5)　32.2

H20-B15

	①	②	③	④	⑤
学 習 日					
理解度 (○/△/×)					

解説

(a) 皮相電力を$S[\text{V·A}]$，力率を$\cos\theta$とすると，有効電力$P[\text{W}]$は，

$$P = S\cos\theta\,[\text{W}]$$

電力量$W[\text{W·h}]$は，時間を$T[\text{h}]$とすると，

$$W = PT[\text{W·h}]$$

表を用いて，各時刻の発電電力量を求める。9時から13時は4時間，13時から18時は5時間，18時から22時は4時間であるから，

$$9\,\text{時}\sim13\,\text{時}：4500 \times 0.85 \times 4 = 15300\,\text{kW·h}$$
$$13\,\text{時}\sim18\,\text{時}：5000 \times 0.90 \times 5 = 22500\,\text{kW·h}$$
$$18\,\text{時}\sim22\,\text{時}：4000 \times 0.95 \times 4 = 15200\,\text{kW·h}$$

これらを合算すると，9時〜22時の発電端の発電電力量$W[\text{W·h}]$を求めることができる。

$$W = 15300 + 22500 + 15200 = 53000\,\text{kW·h} = 53\,\text{MW·h}$$

よって，(4)が正解。

(b) 送電端熱効率$\eta_S[\%]$は，発電端熱効率$\eta_P[\%]$と所内率Lを用いて以下の式で求められる。

$$\eta_S = \eta_P(1-L)\,[\%]$$

9時から22時の間の発電端熱効率$\eta_P[\%]$は，

$$\eta_P = \frac{3600 \times 発電電力量}{燃料消費量 \times 燃料発熱量} \times 100$$

$$= \frac{3600 \times 53 \times 10^3}{14 \times 10^3 \times 44000} \times 100 \fallingdotseq 31.0\,\%$$

したがって，送電端熱効率$\eta_S[\%]$は，

$$\eta_S = \eta_P(1-L)$$
$$= 31.0 \times (1-0.05) \fallingdotseq 29.5\,\%$$

よって，最も近い値である(2)が正解。

解答… (a)(4) (b)(2)

問題30 出力125 MWの火力発電所が60日間運転したとき, 発熱量36 000 kJ/kgの燃料油を24 000 t消費した。この間の発電所の熱効率が30 %, 所内率が3 %であるとき, 次の(a)及び(b)に答えよ。

(a) 設備利用率[%]の値として, 最も近いのは次のうちどれか。

(1) 20 (2) 25 (3) 35 (4) 40 (5) 65

(b) 送電端電力量[MW·h]の値として, 最も近いのは次のうちどれか。

(1) 66 000 (2) 69 800 (3) 72 000 (4) 74 200 (5) 78 000

H16-B15

	①	②	③	④	⑤
学習日					
理解度 (○/△/×)					

解説

(a) この発電所が定格出力で60日間運転すると，その発電電力量[MW·h]は，

$$125 \times 24 \times 60 = 180000 \ \text{MW·h}$$

実際にこの発電所を60日間運転したときの発電電力量[MW·h]は，発電端熱効率の公式より，

$$発電端熱効率 = \frac{3600 \times 発電電力量}{燃料消費量 \times 燃料発熱量} \times 100$$

$$\therefore 発電電力量 = \frac{発電端熱効率 \times 燃料消費量 \times 燃料発熱量}{3600 \times 100}$$

$$= \frac{30 \times 24000 \times 10^3 \times 36000}{3600 \times 100}$$

$$= 72000 \times 10^3 \ \text{kW·h} = 72000 \ \text{MW·h}$$

したがって，設備利用率[%]は，

$$\frac{72000}{180000} \times 100 = 40 \ \%$$

よって，(4)が正解。

(b) 送電端電力量[MW·h]は，発電電力量から所内電力量を引いて求める。

$$送電端電力量 = 72000 \times (1 - 0.03) \fallingdotseq 69800 \ \text{MW·h}$$

よって，(2)が正解。

解答… (a)(4) (b)(2)

ポイント

$$設備利用率 = \frac{ある期間中における発電電力量}{同期間中に定格出力で運転したとして得られる電力量} \times 100[\%]$$

の式で設備利用率を求めることができます。

63

問題31 最大発電電力600 MWの石炭火力発電所がある。石炭の発熱量を26 400 kJ/kgとして、次の(a)及び(b)に答えよ。

(a) 日負荷率95.0 %で24時間運転したとき、石炭の消費量は4 400 tであった。発電端熱効率[%]の値として、最も近いのは次のうちどれか。

なお、日負荷率[%]=$\dfrac{平均発電電力}{最大発電電力}\times 100$とする。

(1) 37.9　　(2) 40.2　　(3) 42.4　　(4) 44.6　　(5) 46.9

(b) タービン効率45.0 %、発電機効率99.0 %、所内比率3.00 %とすると、発電端効率が40.0 %のときのボイラ効率[%]の値として、最も近いのは次のうちどれか。

(1) 40.4　　(2) 73.5　　(3) 87.1　　(4) 89.8　　(5) 92.5

H22-B15

	①	②	③	④	⑤
学習日					
理解度 (○/△/×)					

(a) 問題文の条件より,

$$平均発電電力 = \frac{日負荷率}{100} \times 最大発電電力$$

$$= 0.95 \times 600 = 570 \text{ MW}$$

発電端熱効率 $\eta_P[\%]$ は,

$$\eta_P = \frac{3600 \times 発電端出力}{燃料消費量 \times 燃料の発熱量} \times 100$$

$$= \frac{3600 \times 570 \times 10^3 \times 24[\text{h}]}{4400 \times 10^3 \times 26400} \times 100$$

$$\fallingdotseq 42.4 \%$$

よって,(3)が正解。

(b) 発電端熱効率 η_P は,ボイラ効率 η_B とタービン室効率 η_T,発電機効率 η_G の積で求めることができる。また,この問題では,タービン効率とタービン室効率は同じものとして考える。したがって η_P は,

$$\eta_P = \eta_B \, \eta_T \, \eta_G$$

よって,百分率で表記したボイラ効率 $\eta'_B[\%]$ は,

$$\eta'_B = \frac{\eta_P}{\eta_T \, \eta_G} \times 100 = \frac{\dfrac{40.0}{100}}{\dfrac{45.0}{100} \times \dfrac{99.0}{100}} \times 100$$

$$\fallingdotseq 89.8 \%$$

よって,(4)が正解。

解答… **(a)**(3) **(b)**(4)

ポイント

問題文に「タービン効率」とありますが,これは「タービン効率」ではなく,「タービン室効率」と考えないと問題を解くことができません。しかし,通常の学習では,「タービン効率」と「タービン室効率」は区別して理解しましょう。

問題32 定格出力300 MWの石炭火力発電所について，次の(a)及び(b)の問に答えよ。

(a) 定格出力で30日間連続運転したときの送電端電力量[MW·h]の値として，最も近いものを次の(1)〜(5)のうちから一つ選べ。

　　ただし，所内率は5％とする。

(1) 184 000　　(2) 194 000　　(3) 205 000

(4) 216 000　　(5) 227 000

(b) 1日の間に下表に示すような運転を行ったとき，発熱量28 000 kJ/kgの石炭を1 700 t消費した。この1日の間の発電端熱効率[％]の値として，最も近いものを次の(1)〜(5)のうちから一つ選べ。

1日の運転内容

時　　刻	発電端出力[MW]
0時〜 8時	150
8時〜13時	240
13時〜20時	300
20時〜24時	150

(1) 37.0　　(2) 38.5　　(3) 40.0　　(4) 41.5　　(5) 43.0

H24-B15

	①	②	③	④	⑤
学 習 日					
理 解 度 (○/△/×)					

解説

(a) 送電端電力量[MW・h]は，発電端電力量から所内電力量を引いて求める。問題文より，30日間連続運転したときの値を用いる。

送電端電力量 $= (300 \times 24 \times 30) \times (1 - 0.05) = 205200$ MW・h

よって，最も近い値である(3)が正解。

(b) 表を用いて，各時刻の発電端電力量[MW・h]を求める。0時から8時は8時間，8時から13時は5時間，13時から20時は7時間，20時から24時は4時間であるから，

0 時〜 8 時：$150 \times 8 = 1200$ MW・h

8 時〜13時：$240 \times 5 = 1200$ MW・h

13時〜20時：$300 \times 7 = 2100$ MW・h

20時〜24時：$150 \times 4 = 600$ MW・h

これらを合算すると，この1日の間の発電端電力量 W[MW・h]を求めることができる。

$W = 1200 + 1200 + 2100 + 600 = 5100$ MW・h

以上より，発電端熱効率 η_P[%]は，

$$\eta_P = \frac{3600 \times 発電端電力量}{燃料消費量 \times 燃料の発熱量} \times 100$$

$$= \frac{3600 \times 5100 \times 10^3}{1700 \times 10^3 \times 28000} \times 100$$

$$\fallingdotseq 38.6 \%$$

よって，最も近い値である(2)が正解。

解答… (a)(3) (b)(2)

問題33 復水器の冷却に海水を使用する汽力発電所が定格出力で運転している。次の(a)及び(b)の問に答えよ。

(a) この発電所の定格出力運転時には発電端熱効率が38 %，燃料消費量が40 t/hである。1時間当たりの発生電力量[MW·h]の値として，最も近いものを次の(1)～(5)のうちから一つ選べ。

　　ただし，燃料発熱量は44 000 kJ/kgとする。

(1) 186 　(2) 489 　(3) 778 　(4) 1 286 　(5) 2 046

(b) 定格出力で運転を行ったとき，復水器冷却水の温度上昇を7 Kとするために必要な復水器冷却水の流量[m³/s]の値として，最も近いものを次の(1)～(5)のうちから一つ選べ。

　　ただし，タービン熱消費率を8 000 kJ/(kW·h)，海水の比熱と密度をそれぞれ4.0 kJ/(kg·K)，1.0×10^3 kg/m³，発電機効率を98 %とし，提示していない条件は無視する。

(1) 6.8 　(2) 8.0 　(3) 14.8 　(4) 17.9 　(5) 21.0

H25-B15

	①	②	③	④	⑤
学習日					
理解度 (○/△/×)					

解説

(a) 発電端熱効率 η_P[%]を求める公式より,

$$\eta_P = \frac{3600 \times \text{発電端電力}}{\text{燃料消費量} \times \text{燃料発熱量}} \times 100$$

これを整理して発電端電力[MW]を求めると,

$$\text{発電端電力} = \frac{\eta_P \times \text{燃料消費量} \times \text{燃料発熱量}}{3600 \times 100}$$

$$= \frac{38 \times 40 \times 10^3 \times 44000}{3600 \times 100}$$

$$\fallingdotseq 186 \times 10^3\,\text{kW} = 186\,\text{MW}$$

1時間当たりの発生電力量は,

$$186\,\text{MW} \times 1\,\text{h} = 186\,\text{MW·h}$$

よって, (1)が正解。

(b) まず, 発電機効率の公式より,

$$\text{発電機効率} = \frac{\text{発電端電力}[\text{kW}]}{\text{タービン出力}[\text{kW}]}$$

これを整理して,

$$\text{タービン出力}[\text{kW}] = \frac{\text{発電端電力}[\text{kW}]}{\text{発電機効率}}$$

$$= \frac{186 \times 10^3}{0.98} \fallingdotseq 190 \times 10^3\,\text{kW}$$

次に, タービン熱消費率の公式より,

$$\text{タービン熱消費率} = \frac{\text{タービン熱消費量}[\text{kJ/h}]}{\text{タービン出力}[\text{kW}]}$$

これを整理して,

$$\text{タービン熱消費量}[\text{kJ/h}] = \text{タービン熱消費率}[\text{kJ/(kW·h)}] \times \text{タービン出力}[\text{kW}]$$

$$= 8000 \times 190 \times 10^3$$

$$= 1520 \times 10^6\,\text{kJ/h}$$

さらに, タービン熱消費量の公式より,

タービン熱消費量[kJ/h]＝タービン出力[kJ/h]

　　　　　　　　＋復水器冷却水が受け取る熱量[kJ/h]

これを整理して，

　　復水器冷却水が受け取る熱量[kJ/h]

　　　　＝タービン熱消費量[kJ/h]－タービン出力[kJ/h]

　　　　＝1520×10^6 kJ/h－$190 \times 10^3 \times 3600$ kJ/h

　　　　＝1520×10^6 kJ/h－684×10^6 kJ/h

　　　　＝836×10^6 kJ/h

最後に，復水器冷却水が受け取る熱量[kJ/h]は，

　　流量[m³/h]×密度[kg/m³]×比熱[kJ/kg・K]×温度上昇[K]＝836×10^6[kJ/h]

これを整理して，

$$流量 = \frac{836 \times 10^6}{密度 \times 比熱 \times 温度上昇}$$

$$= \frac{836 \times 10^6}{1.0 \times 10^3 \times 4.0 \times 7}$$

$$\fallingdotseq 30 \times 10^3 \ \text{m}^3/\text{h} = \frac{30 \times 10^3}{3600} \ \text{m}^3/\text{s} \fallingdotseq 8.0 \ \text{m}^3/\text{s}$$

よって，(2)が正解。

解答… **(a)(1)** **(b)(2)**

ポイント

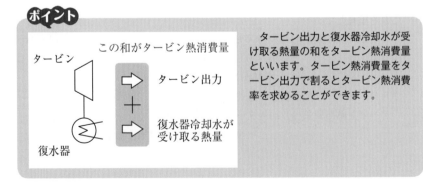

この和がタービン熱消費量

タービン

タービン出力

＋

復水器冷却水が
受け取る熱量

復水器

タービン出力と復水器冷却水が受け取る熱量の和をタービン熱消費量といいます。タービン熱消費量をタービン出力で割るとタービン熱消費率を求めることができます。

復水器が運び去る熱量(2)

問題34 復水器の冷却に海水を使用し，運転している汽力発電所がある。このときの復水器冷却水流量は$30\,\mathrm{m^3/s}$，復水器冷却水が持ち去る毎時熱量は$3.1 \times 10^9\,\mathrm{kJ/h}$，海水の比熱容量は$4.0\,\mathrm{kJ/(kg \cdot K)}$，海水の密度は$1.1 \times 10^3\,\mathrm{kg/m^3}$，タービンの熱消費率は$8\,000\,\mathrm{kJ/(kW \cdot h)}$ である。

この運転状態について，次の(a)及び(b)の問に答えよ。

ただし，復水器冷却水が持ち去る熱以外の損失は無視するものとする。

(a) タービン出力の値[MW]として，最も近いものを次の(1)～(5)のうちから一つ選べ。

(1) 350 (2) 500 (3) 700 (4) 800 (5)1 000

(b) 復水器冷却水の温度上昇の値[K]として，最も近いものを次の(1)～(5)のうちから一つ選べ。

(1) 3.3 (2) 4.7 (3) 5.3 (4) 6.5 (5) 7.9

R1-B15

	①	②	③	④	⑤
学 習 日					
理 解 度 (○/△/×)					

解説

(a) タービンの熱消費率 H_t[kJ/(kW·h)]は,「タービンの出力 P_t[kW]」に対する「タービン室(タービン+復水器)で,毎時失われる蒸気の熱エネルギー Q_T [kJ/h]」の割合であり,次の式で表される。

$$H_t = \frac{Q_T}{P_t}$$

$$\therefore Q_T = H_t P_t \cdots ①$$

この Q_T[kJ/h]は,タービン出力(毎秒当たりの出力エネルギー)P_t[kW]と復水器冷却水が持ち去る毎時熱量 Q_W[kJ/h]の合計に等しくなる。P_tの単位を[kJ/h]に換算し,毎時の入出力エネルギーについての関係式を立てると,

$$Q_T = 3600P_t + Q_W \cdots ②$$

①,②式から Q_T を消去して,$H_t = 8000$ kJ/(kW·h),$Q_W = 3.1 \times 10^9$ kJ/hを代入すると,

$$H_t P_t = 3600P_t + Q_W$$

$$(H_t - 3600)P_t = Q_W$$

$$\therefore P_t = \frac{Q_W}{H_t - 3600} = \frac{3.1 \times 10^9}{8000 - 3600}$$

$$\fallingdotseq 704.5 \times 10^3 \text{ kW} \fallingdotseq 700 \text{ MW}$$

よって,(3)が正解。

(b) 冷却水の流量を q[m³/s],海水の比熱を c[kJ/(kg·K)],海水の密度を ρ [kg/m³],冷却水の温度上昇を ΔT[K]とすると,復水器の冷却水が持ち去る熱量 Q_W[kJ/s]は,

$$Q_W = qc\rho\Delta T[\text{kJ/s}]$$

ここで,問題文で与えられた熱量 Q_W の値の単位を[kJ/s]に換算した上で,冷却水の温度上昇 ΔT[K]を求めると,

$$\Delta T = \frac{Q_W}{qc\rho} = \frac{\dfrac{3.1 \times 10^9}{3600}}{30 \times 4.0 \times 1.1 \times 10^3} \fallingdotseq 6.5 \text{ K}$$

よって,(4)が正解。

解答… **(a)**(3) **(b)**(4)

汽力発電における二酸化炭素発生量(1)

問題35 定格出力200 MWの石炭火力発電所がある。石炭の発熱量は 28 000 kJ/kg, 定格出力時の発電端熱効率は36 %で, 計算を簡単にするため潜熱の影響は無視するものとして, 次の(a)及び(b)の問に答えよ。

ただし, 石炭の化学成分は重量比で炭素70 %, 水素他30 %, 炭素の原子量を12, 酸素の原子量を16とし, 炭素の酸化反応は次のとおりである。

$$C + O_2 \rightarrow CO_2$$

(a) 定格出力にて1日運転したときに消費する燃料重量の値[t]として, 最も近いものを次の(1)〜(5)のうちから一つ選べ。

(1) 222 (2) 410 (3) 1 062 (4) 1 714 (5) 2 366

(b) 定格出力にて1日運転したときに発生する二酸化炭素の重量の値[t]として, 最も近いものを次の(1)〜(5)のうちから一つ選べ。

(1) 327 (2) 1 052 (3) 4 399 (4) 5 342 (5) 6 285

H26-B17

	①	②	③	④	⑤
学習日					
理解度 (○/△/×)					

(a) 発電端における熱効率 $\eta_P[\%]$ は,

$$\eta_P = \frac{3600 \times 発電端出力}{消費する燃料重量 \times 燃料の発熱量} \times 100$$

消費する燃料重量を $B[\text{kg}]$ とすると,

$$36 = \frac{3600 \times 200 \times 10^3 \times 24}{B \times 28000} \times 100$$

$$B = \frac{3600 \times 200 \times 10^3 \times 24}{36 \times 28000} \times 100$$

$$\doteqdot 1714 \times 10^3 \text{ kg} = 1714 \text{ t}$$

よって,(4)が正解。

(b) 炭素Cの原子量が12,酸素Oの原子量が16なので炭素の酸化反応の式より,炭素1kgあたりの二酸化炭素の発生量は $\dfrac{44}{12}$ kgとなる。

$$化学反応式：C \quad + \quad O_2 \quad \rightarrow \quad CO_2$$
$$原子量：12 \quad + \quad 32 \quad \rightarrow \quad 44$$
$$炭素1kgあたり：1\text{ kg} + \frac{32}{12}\text{ kg} \rightarrow \frac{44}{12}\text{ kg}$$

1日運転したときに消費する燃料重量の値に炭素の重量比70%を掛け,発生する二酸化炭素の重量の値 $M[\text{t}]$ を求める。

$$M = 1714 \times 0.7 \times \frac{44}{12} \doteqdot 4399 \text{ t}$$

よって,(3)が正解。

解答… (a)(4) (b)(3)

問題36　石炭火力発電所が1日を通して定格出力600 MWで運転されるとき，燃料として使用される石炭消費量が150 t/h，石炭発熱量が34 300 kJ/kgで一定の場合，次の(a)及び(b)の問に答えよ。

ただし，石炭の化学成分は重量比で炭素が70 %，水素が5 %，残りの灰分等は燃焼に影響しないものと仮定し，原子量は炭素12，酸素16，水素1とする。燃焼反応は次のとおりである。

$$C + O_2 \rightarrow CO_2$$
$$2H_2 + O_2 \rightarrow 2H_2O$$

(a)　発電端効率の値[%]として，最も近いものを次の(1)～(5)のうちから一つ選べ。

(1)　41.0　　(2)　41.5　　(3)　42.0　　(4)　42.5　　(5)　43.0

(b)　1日に発生する二酸化炭素の重量の値[t]として，最も近いものを次の(1)～(5)のうちから一つ選べ。

(1)　3.8×10^2　(2)　2.5×10^3　(3)　3.8×10^3　(4)　9.2×10^3　(5)　1.3×10^4

R5上-B15

	①	②	③	④	⑤
学 習 日					
理 解 度 (○/△/×)					

(a) 定格出力を $P_G = 600\,\text{MW} = 600 \times 10^3\,\text{kW}$，石炭消費量を $B = 150\,\text{t/h} = 150 \times 10^3\,\text{kg/h}$，石炭発熱量を $H = 34\,300\,\text{kJ/kg}$ とおくと，発電端効率 $\eta\,[\%]$ は，

$$\eta = \frac{3600 P_G}{BH} \times 100 = \frac{3600 \times 600 \times 10^3}{150 \times 10^3 \times 34300} \times 100 = 41.98 \rightarrow 42.0\,\%$$

よって，(3)が正解。

(b) 1日に消費される石炭の量 $M\,[\text{t}]$ は，

$$M = 24B \times 10^{-3} = 24 \times 150 \times 10^3 \times 10^{-3} = 3600\,\text{t}$$

この石炭のうち，重量比で70%が炭素なので，炭素の質量を $M_C\,[\text{t}]$ とすると，

$$M_C = \frac{70}{100} M = 0.7 \times 3600 = 2520\,\text{t}$$

問題文中の炭素の原子量より，1日分の燃料に含まれる炭素原子のモル数 n_C $[\text{mol}]$ は，

$$n_C = \frac{M_C \times 10^6}{12} = \frac{2520 \times 10^6}{12} = 210 \times 10^6\,\text{mol}$$

問題文中の $C + O_2 \rightarrow CO_2$ の化学反応式より，炭素（C）1molが完全燃料すると二酸化炭素（CO_2）が1mol発生することがわかる。本問の場合，1日に炭素が 210×10^6 mol燃焼するため，発生する二酸化炭素のモル数も 210×10^6 mol となる。

問題文中の炭素と酸素の原子量より，二酸化炭素のモル質量 $m_{CO2}\,[\text{g/mol}]$ は，

$$m_{CO2} = 12 + 16 \times 2 = 44\,\text{g/mol}$$

したがって，1日に発生する二酸化炭素の質量 $M_{CO2}\,[\text{t}]$ は，

$$M_{CO2} = m_{CO2} \times 210 \times 10^6 \times 10^{-6} = 44 \times 210 \times 10^6 \times 10^{-6} = 9.24 \times 10^3 \rightarrow 9.2 \times 10^3\,\text{t}$$

よって，(4)が正解。

解答⋯ **(a)**(3) **(b)**(4)

コンバインドサイクル発電所の燃焼用空気 教科書 SECTION 05

問題37 排熱回収方式のコンバインドサイクル発電におけるガスタービンの燃焼用空気に関する流れとして，正しいのは次のうちどれか。

(1) 圧縮機→タービン→排熱回収ボイラ→燃焼器

(2) 圧縮機→燃焼器→タービン→排熱回収ボイラ

(3) 燃焼器→タービン→圧縮機→排熱回収ボイラ

(4) 圧縮機→タービン→燃焼器→排熱回収ボイラ

(5) 燃焼器→圧縮機→排熱回収ボイラ→タービン

H18-A2

	①	②	③	④	⑤
学 習 日					
理 解 度 (○/△/×)					

解説

　排熱回収方式のコンバインドサイクル発電におけるガスタービンの燃焼用空気の流れは，**圧縮機→燃焼器→タービン→排熱回収ボイラ**となる。

　よって，(2)が正解。

解答… **(2)**

ポイント

　コンバインドサイクル発電の空気の流れは，
　　圧縮機→燃焼器→ガスタービン→排熱回収ボイラ
　水の流れは
　　排熱回収ボイラ→蒸気タービン→復水器→給水ポンプ
となっています。

問題38 排熱回収形コンバインドサイクル発電方式と同一出力の汽力発電方式とを比較した次の記述のうち，誤っているのはどれか。

(1) コンバインドサイクル発電方式の方が，熱効率が高い。

(2) 汽力発電方式の方が，単位出力当たりの排ガス量が少ない。

(3) コンバインドサイクル発電方式の方が，単位出力当たりの復水器の冷却水量が多い。

(4) 汽力発電方式の方が大形所内補機が多く，所内率が大きい。

(5) コンバインドサイクル発電方式の方が，最大出力が外気温度の影響を受けやすい。

R5上-A2

	①	②	③	④	⑤
学習日					
理解度 (○/△/×)					

(1) コンバインドサイクル発電では，ガスタービンの排気を有効利用するため，同一出力の汽力発電方式と比較して熱効率が高い。よって，(1)は正しい。

(2) コンバインドサイクル発電では，ガスタービンを回すために大量の空気を圧縮して燃料を燃焼させるため，排ガス量が多くなる。汽力発電方式の方が，単位出力当たりの排ガス量が少ない。よって，(2)は正しい。

(3) コンバインドサイクル発電では，出力をガスタービンと蒸気タービンで分担するため，同一出力の汽力発電方式と比較して蒸気タービンの出力分担が少ない。そのため，単位出力当たりの復水器の冷却水量は**少なくなる**。よって，(3)は**誤り**。

(4) 所内率とは，発電した電力のうち発電所の内部で使う電力の割合をいう。発電所内の設備が多いほど，発電所内部で消費する電力が大きくなるため，所内率は大きくなる。コンバインドサイクル発電はガスタービン部分の設備が比較的単純であるため，同一出力の汽力発電方式と比べると所内率は小さくなる。したがって，コンバインドサイクル発電方式と比較すると，同一出力の汽力発電方式の方が大形所内補機が多く，所内率が大きい。よって，(4)は正しい。

(5) 外気温度が上昇すると，空気は膨張し密度が下がるため，単位体積あたりの吸い込む空気の量が少なくなり，ガスタービン発電の出力は減少する。外気温度が低くなると，空気の密度が上がり，単位体積あたりの吸い込む空気の量が多くなり，ガスタービン発電の出力は増加する。ガスタービン発電の最大出力は外気温度の影響を受けやすく，コンバインドサイクル発電ではガスタービン発電を行うため，同一出力の汽力発電方式と比較して，コンバインドサイクル発電の方が最大出力が外気温度の影響を受けやすい。よって，(5)は正しい。

以上より，(3)が正解。

解答… (3)

問題39 複数の発電機で構成されるコンバインドサイクル発電を，同一出力の単機汽力発電と比較した記述として，誤っているのは次のうちどれか。

(1) 熱効率が高い。

(2) 起動停止時間が長い。

(3) 部分負荷に対応するため，運転する発電機数を変えるので，熱効率の低下が少ない。

(4) 最大出力が外気温度の影響を受けやすい。

(5) 蒸気タービンの出力分担が少ないので，その分復水器の冷却水量が少なく，温排水量も少なくなる。

H22-A3

	①	②	③	④	⑤
学 習 日					
理解度 (○/△/×)					

(1) コンバインドサイクル発電はガスタービンの排気を有効利用するので，熱効率が50％以上と高い。最新鋭のものでは，熱効率が60％を超える。対して，汽力発電の熱効率は40％程度である。よって，(1)は正しい。

(2) コンバインドサイクル発電は，急速起動・停止が可能なガスタービンと小型の蒸気タービンの組み合わせで構成されているので，起動・停止時間が**短い**。よって，(2)は**誤り**。

(3) コンバインドサイクル発電は，小容量のコンバインドサイクル発電機を複数台組み合わせて運用するため，台数制御により高効率の出力点で出力を配分できるので，部分負荷に対応可能であり，全体としての熱効率の低下は少ない。よって，(3)は正しい。

(4) 空気は，温度が上がると膨張し，密度が低下する。外気温度が上がると，密度の低下した空気を吸入することになり，吸い込む空気の量が少なくなる。その結果，圧縮後の空気量も少なくなり，出力も減少する。逆に，外気温度が下がると空気は収縮するため密度が上昇し，吸い込む空気の量が多くなるので出力が増加する。これより，コンバインドサイクル発電は出力が外気温度の影響を受けやすいといえる。よって，(4)は正しい。

(5) コンバインドサイクル発電は蒸気タービンの出力分担が少ないので，復水器の冷却水量が少なく，温排水量も少なくなる。よって，(5)は正しい。

以上より，(2)が正解。

解答… (2)

問題40 次の文章は，コンバインドサイクル発電の高効率化に関する記述である。

コンバインドサイクル発電の出力増大や熱効率向上を図るためにはガスタービンの高効率化が重要である。

高効率化の方法には，ガスタービンの入口ガス温度を ［　(ア)　］ することや空気圧縮機の出口と入口の ［　(イ)　］ 比を増加させることなどがある。このためには，燃焼器やタービン翼などに用いられる ［　(ウ)　］ 材料の開発や部品の冷却技術の向上が重要であり，同時に ［　(エ)　］ の低減が必要となる。

上記の記述中の空白箇所(ア)，(イ)，(ウ)及び(エ)に当てはまる組合せとして，正しいものを次の(1)～(5)のうちから一つ選べ。

	(ア)	(イ)	(ウ)	(エ)
(1)	高　く	温　度	耐　熱	窒素酸化物
(2)	高　く	圧　力	触　媒	窒素酸化物
(3)	低　く	圧　力	耐　熱	ばいじん
(4)	低　く	温　度	触　媒	ばいじん
(5)	高　く	圧　力	耐　熱	窒素酸化物

H26-A3

	①	②	③	④	⑤
学 習 日					
理 解 度 (○/△/×)					

一般に，気体を加熱すると膨張するが，容量一定の容器の中で加熱した場合，膨張することができないため圧力が上昇する。

流体は圧力の高いところから低いところへと移動する性質がある。

圧力の高いところと低いところの間にタービンを置き回転させると，熱エネルギーを機械エネルギーに変換できる。

圧力の差が大きいほど流れ込むガスの流量が増加するため，タービンの出力は上昇する。そのため，高効率化の方法には，ガスタービンの入口ガス温度を(ア)**高く**することや，空気圧縮機の出口と入口の(イ)**圧力比**を増加させることなどがある。ガスの燃焼温度を高くするために，燃焼器やタービン翼などに用いられる(ウ)**耐熱材料**が必要となる。

高温・高圧による燃焼時，空気中の窒素が酸化し窒素酸化物（NO_x）が発生する。燃焼温度が高くなると窒素酸化物が増加してしまう。したがって，ガスタービンの入口ガス温度を高くする場合には，同時に(エ)**窒素酸化物**の低減が必要となる。

よって，(5)が正解。

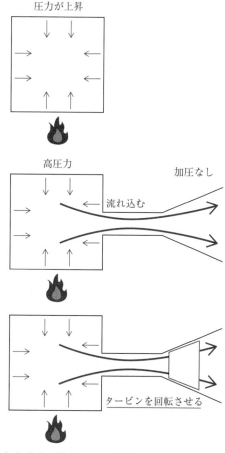

圧力が上昇

高圧力　　　　　加圧なし

流れ込む

タービンを回転させる

解答… **(5)**

問題41 排熱回収方式のコンバインドサイクル発電所において，コンバインドサイクル発電の熱効率が48％，ガスタービン発電の排気が保有する熱量に対する蒸気タービン発電の熱効率が20％であった。

ガスタービン発電の熱効率[％]の値として，最も近いものを次の(1)～(5)のうちから一つ選べ。

ただし，ガスタービン発電の排気はすべて蒸気タービン発電に供給されるものとする。

(1) 23　　(2) 27　　(3) 28　　(4) 35　　(5) 38

H25-A2

	①	②	③	④	⑤
学 習 日					
理 解 度 (○/△/×)					

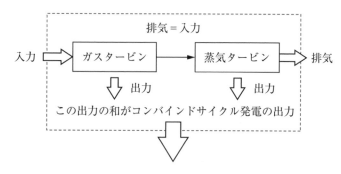

コンバインドサイクル発電の入力をP[MW]，ガスタービンの熱効率をη_g[%]，蒸気タービンの熱効率をη_s[%]，コンバインドサイクル発電の熱効率をη[%]とすると，ガスタービンの排気はすべて蒸気タービンに供給されるので，

ガスタービンの排気＝ガスタービンの入力－ガスタービンの出力

$$= P - P\eta_g$$

$$= P(1 - \eta_g)\,[\mathrm{MW}]\,(＝蒸気タービンの入力)$$

したがって，コンバインドサイクル発電の出力について式を立てると，

コンバインドサイクル発電の出力＝ガスタービンの出力＋蒸気タービンの出力

$$P \times \eta = P \times \eta_g + P(1 - \eta_g) \times \eta_s$$

$$\eta = \eta_g + (1 - \eta_g) \times \eta_s$$

$$0.48 = \eta_g + (1 - \eta_g) \times 0.2$$

$$= \eta_g + 0.2 - 0.2\eta_g$$

$$0.28 = 0.8\eta_g$$

$$\therefore \eta_g = \frac{0.28}{0.8} = 0.35 = 35\ \%$$

よって，(4)が正解。

解答… (4)

問題42 排熱回収方式のコンバインドサイクル発電所が定格出力で運転している。そのときのガスタービン発電効率が η_g，ガスタービンの排気の保有する熱量に対する蒸気タービン発電効率が η_s であった。このコンバインドサイクル発電全体の効率を表わす式として，正しいのは次のうちどれか。

ただし，ガスタービン排気はすべて蒸気タービン発電側に供給されるものとする。

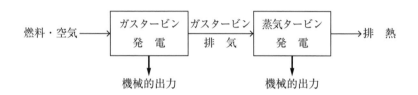

- (1)　$\eta_g + \eta_s$
- (2)　$\eta_s + (1 - \eta_g)\,\eta_g$
- (3)　$\eta_s + (1 - \eta_g)\,\eta_s$
- (4)　$\eta_g + (1 - \eta_g)\,\eta_s$
- (5)　$\eta_g + (1 - \eta_s)\,\eta_g$

H16-A3

	①	②	③	④	⑤
学 習 日					
理 解 度 (○/△/×)					

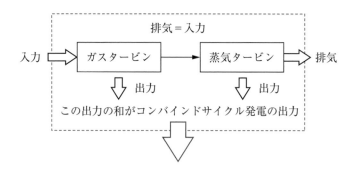

コンバインドサイクル発電の入力をP[MW]，ガスタービンの熱効率をη_g[%]，蒸気タービンの熱効率をη_s[%]，コンバインドサイクル発電の熱効率をη[%]とすると，ガスタービンの排気はすべて蒸気タービンに供給されるので，

ガスタービンの排気＝ガスタービンの入力－ガスタービンの出力

$$= P - P\eta_g$$

$$= P(1 - \eta_g) \,[\text{MW}] \,(=\text{蒸気タービンの入力})$$

したがって，コンバインドサイクル発電の出力について式を立てると，

コンバインドサイクル発電の出力＝ガスタービンの出力＋蒸気タービンの出力

$$P \times \eta = P \times \eta_g + P(1 - \eta_g) \times \eta_s$$

$$\therefore \eta = \eta_g + (1 - \eta_g)\eta_s$$

よって，(4)が正解。

解答… (4)

CHAPTER 03

原子力発電

難易度 **A** 原子力発電の発電原理　　　　　　　教科書 SECTION 01

問題43 次の文章は，原子力発電に関する記述である。

　原子力発電は，原子燃料が出す熱で水を蒸気に変え，これをタービンに送って熱エネルギーを機械エネルギーに変えて，発電機を回転させることにより電気エネルギーを得るという点では，　(ア)　と同じ原理である。原子力発電では，ボイラの代わりに　(イ)　を用い，　(ウ)　の代わりに原子燃料を用いる。現在，多くの原子力発電所で燃料として用いている核分裂連鎖反応する物質は　(エ)　であるが，天然に産する原料では核分裂連鎖反応しない　(オ)　が99％以上を占めている。このため，発電用原子炉にはガス拡散法や遠心分離法などの物理学的方法で　(エ)　の含有率を高めた濃縮燃料が用いられている。

　上記の記述中の空白箇所(ア)，(イ)，(ウ)，(エ)及び(オ)に当てはまる語句として，正しいものを組み合わせたのは次のうちどれか。

	(ア)	(イ)	(ウ)	(エ)	(オ)
(1)	汽力発電	原子炉	自然エネルギー	プルトニウム239	ウラン235
(2)	汽力発電	原子炉	化石燃料	ウラン235	ウラン238
(3)	内燃力発電	原子炉	化石燃料	プルトニウム239	ウラン238
(4)	内燃力発電	燃料棒	化石燃料	ウラン238	ウラン235
(5)	太陽熱発電	燃料棒	自然エネルギー	ウラン235	ウラン238

H21-A4

	①	②	③	④	⑤
学 習 日					
理 解 度 (○/△/×)					

(ア)(イ)(ウ)　汽力発電と原子力発電のモデル図を比較すると，次のようになる。どちらも水を蒸気に変えて，その蒸気の力を利用して発電を行っているため，原子力発電は(ア)**汽力発電**と同じ原理である。また，汽力発電のボイラに対応する原子力発電の部分は(イ)**原子炉**である。

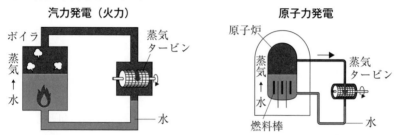

汽力発電（火力）

ボイラ　蒸気タービン

蒸気↑水　火　水

原子力発電

原子炉

蒸気↑水　蒸気タービン

燃料棒　水

CH 03　原子力発電

　　汽力発電では石油などの(ウ)**化石燃料**を利用するが，原子力発電ではウラン235などの原子燃料を利用する。

(エ)(オ)　現在，多くの原子力発電所で燃料として用いられている核分裂連鎖反応する物質は，(エ)**ウラン235**である。原子力発電では，ウラン235の含有率を人工的に3％程度まで高めた低濃縮ウランを核燃料として使用する。なお，天然ウランにおけるウラン235の含有率は約0.7％であり，ほとんどは(オ)**ウラン238**である。

よって，(2)が正解。

解答…　(2)

問題44 原子核は，正の電荷をもつ陽子と電荷をもたない　(ア)　とが結合したものである。原子核の質量は，陽子と　(ア)　の個々の質量の合計より　(イ)　。この差を　(ウ)　といい，結合時にはこれに相当する結合エネルギーが放出される。この質量の差を m[kg]，光の速度を c[m/s]とすると，放出されるエネルギーE[J]は　(エ)　に等しい。

　原子力発電は，ウラン等原子燃料の　(オ)　の前後における原子核の結合エネルギーの差を利用したものである。

　上記の記述中の空白箇所(ア)，(イ)，(ウ)，(エ)及び(オ)に記入する語句として，正しいものを組み合わせたのは次のうちどれか。

	(ア)	(イ)	(ウ)	(エ)	(オ)
(1)	電 子	小さい	質量欠損	mc	核分裂
(2)	電 子	大きい	質量増加	mc	核融合
(3)	中性子	大きい	質量増加	mc^2	核融合
(4)	中性子	小さい	質量欠損	mc^2	核分裂
(5)	中性子	小さい	質量欠損	mc	核分裂

H13-A3

	①	②	③	④	⑤
学 習 日					
理 解 度 (○/△/×)					

　原子核は，正の電荷をもつ陽子と電荷をもたない(ア)**中性子**とが結合したものである。原子核の質量は，陽子と(ア)**中性子**の個々の質量の合計より(イ)**小さい**。この差を(ウ)**質量欠損**といい，結合時にはこれに相当する結合エネルギーが放出される。この質量の差を $m\,[\text{kg}]$，光の速度を $c\,[\text{m/s}]$ とすると，放出されるエネルギー $E\,[\text{J}]$ は(エ) mc^2 に等しい。

　原子力発電は，ウラン等原子燃料の(オ)**核分裂**の前後における原子核の結合エネルギーの差を利用したものである。

　よって，(4)が正解。

解答… 　(4)

問題45 ウラン235の原子核1個に $\boxed{\quad (ア) \quad}$ を入射すると，$\boxed{\quad (イ) \quad}$ 種類の原子核に分裂する。このとき $\boxed{\quad (ア) \quad}$ や，γ線とともに $\boxed{\quad (ウ) \quad}$ に相当する約200 $\boxed{\quad (エ) \quad}$ の膨大なエネルギーが放出される。このような現象を原子核分裂という。

上記の記述中の空白箇所(ア)，(イ)，(ウ)及び(エ)に記入する語句，数値又は記号として，正しいものを組み合わせたのは次のうちどれか。

	(ア)	(イ)	(ウ)	(エ)
(1)	中性子	4	質量欠損	[MW]
(2)	陽 子	4	質量欠損	[MeV]
(3)	陽 子	2	質量増分	[MeV]
(4)	中性子	2	質量欠損	[MeV]
(5)	中性子	4	質量増分	[MW]

H12-A5

	①	②	③	④	⑤
学習日					
理解度 (○/△/×)					

　ウラン235の原子核1個に(ア)**中性子**を入射すると，(イ)**2**種類の原子核に分裂する。このとき(ア)**中性子**や，γ線とともに(ウ)**質量欠損**に相当する約200(エ)**[MeV]**の膨大なエネルギーが放出される。このような現象を原子核分裂という。

　よって，(4)が正解。

解答… **(4)**

ポイント

　eV（電子ボルト）とは，1つの電子の電位を1V上げるのに必要なエネルギーのことで，1 eV＝1.602×10^{-19} Jです。

問題46 原子力発電に用いられる5.0 gのウラン235を核分裂させたときに発生するエネルギーを考える。ここで想定する原子力発電所では，上記エネルギーの30 %を電力量として取り出すことができるものとする。これを用いて，揚程200 m，揚水時の総合的効率を84 %としたとき，揚水発電所で揚水できる水量[m^3]の値として，最も近いのは次のうちどれか。

ただし，ここでは原子力発電所から揚水発電所への送電で生じる損失は無視できるものとする。

なお，計算には必要に応じて次の数値を用いること。

　　核分裂時のウラン235の質量欠損0.09 %

　　ウランの原子番号92

　　真空中の光の速度$c = 3.0 \times 10^8$ m/s

(1)　2.6×10^4　　(2)　4.2×10^4　　(3)　5.2×10^4　　(4)　6.1×10^4

(5)　9.7×10^4

H18-A13

	①	②	③	④	⑤
学 習 日					
理 解 度 (○/△/×)					

解説

核分裂エネルギーを$E[\mathrm{J}]$，質量欠損を$m[\mathrm{kg}]$，光速を$c = 3 \times 10^8\,\mathrm{m/s}$とすると，$E = mc^2$より，

$$E = mc^2$$

$$= 5.0 \times 10^{-3} \times \frac{0.09}{100} \times (3 \times 10^8)^2$$

$$= 4.05 \times 10^{11}\,\mathrm{J} = 4.05 \times 10^8\,\mathrm{kJ}$$

原子力発電所で取り出せる電力量$W[\mathrm{kJ}]$は，核分裂エネルギーの30%なので，

$$W = E \times \frac{30}{100}$$

$$= 4.05 \times 10^8 \times \frac{30}{100} = 121.5 \times 10^6\,\mathrm{kJ}$$

問題文に，「原子力発電所から揚水発電所への送電で生じる損失は無視できるものとする」とあるので，原子力発電所で取り出せる電力量Wは揚水発電所に入力されるエネルギーと等しくなる。

重力加速度を$g = 9.8\,\mathrm{m/s^2}$，揚程を$h[\mathrm{m}]$とすると，位置エネルギーの公式「$W = mgh$」より，水量$V[\mathrm{m^3}]$の水が揚程200 m地点において有する位置エネルギーW_0 $[\mathrm{kJ}]$は，

$$W_0 = V \times 10^3 \times gh$$

$$= V \times 10^3 \times 9.8 \times 200$$

$$= 1960V \times 10^3\,[\mathrm{J}] = 1960V\,[\mathrm{kJ}]$$

揚水発電所に入力されるエネルギー$W \times$効率は，$V[\mathrm{m^3}]$の水が揚程200 m地点に押し上げられたときに有する位置エネルギーW_0と等しいので，揚水時の総合的効率をηとすると，以下の等式が成立する。

$$W \times \eta = W_0$$

$$121.5 \times 10^6 \times \frac{84}{100} = 1960V$$

$$\therefore V = \frac{121.5 \times 10^6 \times 0.84}{1960} \fallingdotseq 5.2 \times 10^4\,\mathrm{m^3}$$

よって，(3)が正解。

解答… **(3)**

ポイント

水の場合，$1\,\mathrm{m^3} = 1\,\mathrm{t} = 10^3\,\mathrm{kg} = 10^3\,\ell$と単位換算できるようにしておきましょう。

原 CH
子 03
力
発
電

問題47 1 g のウラン 235 が核分裂し，0.09 ％の質量欠損が生じたとき，発生するエネルギーを石炭に換算した値[kg]として，最も近いのは次のうちどれか。

ただし，石炭の発熱量を 25 000 kJ/kg とする。

(1) 32　　(2) 320　　(3) 1 600　　(4) 3 200　　(5) 6 400

H16-A4

	①	②	③	④	⑤
学 習 日					
理 解 度 (○/△/×)					

問題48 ウラン 235 を 3 ％含む原子燃料が 1 kg ある。この原子燃料に含まれるウラン 235 がすべて核分裂したとき，ウラン 235 の核分裂により発生するエネルギー[J]の値として，最も近いものを次の(1)～(5)のうちから一つ選べ。

ただし，ウラン 235 が核分裂したときには，0.09 ％の質量欠損が生じるものとする。

(1) 2.43×10^{12}　　(2) 8.10×10^{13}　　(3) 4.44×10^{14}

(4) 2.43×10^{15}　　(5) 8.10×10^{16}

H23-A4

	①	②	③	④	⑤
学 習 日					
理 解 度 (○/△/×)					

解説

核分裂エネルギーをE[J]，質量欠損をm[kg]，光速を$c = 3 \times 10^8$ m/sとすると，$E=mc^2$より，

$$E = mc^2 = 1 \times 10^{-3} \times \frac{0.09}{100} \times (3 \times 10^8)^2 = 8.1 \times 10^{10} \text{ J} = 8.1 \times 10^7 \text{ kJ}$$

発熱量25000 kJ/kgの石炭をB[kg]燃焼したとき発生するエネルギーをE'[kJ]とすると，

$$E' = 25000 \times B[\text{kJ}]$$

EとE'が等しくなるため，

$$8.1 \times 10^7 = 25000 \times B$$

$$\therefore B = 3240 \text{ kg}$$

よって，最も近い値である(4)が正解。

解答… (4)

ポイント

質量とエネルギーの等価性を表す関係式において，質量欠損の単位が[kg]であることに気を付けましょう。

解説

問題の原子燃料1 kgにはウラン235が3 ％含まれるため，ウラン235の質量[kg]は，

$$1 \times \frac{3}{100} = 0.03 \text{ kg}$$

核分裂エネルギーをE[J]，質量欠損をm[kg]，光速を$c = 3 \times 10^8$ m/sとすると，$E = mc^2$より，

$$E = mc^2$$

$$= 0.03 \times \frac{0.09}{100} \times (3 \times 10^8)^2 = 2.43 \times 10^{12} \text{ J}$$

よって，(1)が正解。

解答… (1)

ポイント

光速は3×10^8 m/sとして計算します。

問題49 1 kgのウラン燃料に3.5 ％含まれるウラン235が核分裂し，0.09 ％の質量欠損が生じたときに発生するエネルギーと同量のエネルギーを，重油の燃焼で得る場合に必要な重油の量[kL]として，最も近いものを次の(1)～(5)のうちから一つ選べ。

ただし，計算上の熱効率を100 ％，使用する重油の発熱量は40 000 kJ/Lとする。

(1) 13　　(2) 17　　(3) 70　　(4) 1.3×10^3　　(5) 7.8×10^4

R5上-A4

	①	②	③	④	⑤
学 習 日					
理 解 度 (○/△/×)					

ウラン235の重量欠損を $m = 1 \times \dfrac{3.5}{100} \times \dfrac{0.09}{100}$ kg，光速を $c = 3.0 \times 10^8$ m/s とすると，ウラン燃料が核分裂したときに発生するエネルギー E_1[J]は，

$$E_1 = mc^2 = 1 \times \frac{3.5}{100} \times \frac{0.09}{100} \times (3.0 \times 10^8)^2 = 3.5 \times 0.09 \times 9 \times 10^{12} = 2.835 \times 10^{12} \text{ J}$$

と求められる。

重油の発熱量を $B = 40000$ kJ/L，求める重油の量を H[kL]とすると，重油を燃焼させたときの総発熱量 E_2[J]は，

$$E_2 = BH \times 10^6 = 40000 \times H \times 10^6 = 4H \times 10^{10} \text{ J}$$

と求められる。

核分裂で発生するエネルギーと同量のエネルギーを重油の燃焼で得る場合は，$E_1 = E_2$ となるため，H[kL]は，

$$E_1 = E_2$$
$$2.835 \times 10^{12} = 4H \times 10^{10}$$
$$\therefore H = \frac{2.835 \times 10^{12}}{4 \times 10^{10}}$$
$$= 0.70875 \times 10^2 \text{ kL} \rightarrow 70 \text{ kL}$$

よって，(3)が正解。

解答… (3)

問題50　原子力発電に関する記述として，誤っているものを次の(1)〜(5)のうちから一つ選べ。

(1)　現在，核分裂によって原子エネルギーを取り出せる物質は，原子量の大きなウラン（U），トリウム（Th），プルトニウム（Pu）であり，ウランとプルトニウムは自然界にも十分に存在している。

(2)　原子核を陽子と中性子に分解させるには，エネルギーを外部から加える必要がある。このエネルギーを結合エネルギーと呼ぶ。

(3)　原子核に何らかの外力が加えられて，他の原子核に変換される現象を核反応と呼ぶ。

(4)　ウラン $^{235}_{92}U$ を 1 g 核分裂させたとき，発生するエネルギーは，石炭数トンの発熱量に相当する。

(5)　ウランに熱中性子を衝突させると，核分裂を起こすが，その際放出する高速中性子の一部が減速して熱中性子になり，この熱中性子が他の原子核に分裂を起こさせ，これを繰り返すことで，連続的な分裂が行われる。この現象を連鎖反応と呼ぶ。

H26-A4

	①	②	③	④	⑤
学 習 日					
理 解 度 (○/△/×)					

(1) 天然ウランのうち，核分裂によって原子エネルギーを取り出せるウラン235は，およそ0.7％のみであり，**極めて少ない**。また，プルトニウムは，ウラン238の原子核に中性子を衝突させ，中性子が原子核に吸収されることで生成される。プルトニウムは核分裂性の原子で**自然界にはほとんど存在しない**。よって，(1)は**誤り**。

(2) 原子核において陽子と中性子を分解するのに必要なエネルギーを結合エネルギーという。よって，(2)は正しい。

(3) 原子核が外力により他の原子核に変換される現象を核反応という。また，原子核が複数の原子核に分裂する現象を核分裂という。よって，(3)は正しい。

(4) ウラン $^{235}_{92}$U を1g核分裂させたとき，発生するエネルギーは，石炭数トンの発熱量に相当する。よって，(4)は正しい。

(5) ウラン $^{235}_{92}$U の原子核に熱中性子を衝突させると核分裂が起こる。核分裂で発生する高速中性子を減速材で減速して熱中性子にすると，他のウラン $^{235}_{92}$U の原子核に核分裂を起こさせ，これを繰り返すことで連続的な核分裂が行われる。この現象を連鎖反応という。よって，(5)は正しい。

以上より，(1)が正解。

解答… (1)

原子力発電 CH 03

問題51 軽水炉は，　(ア)　を原子燃料とし，冷却材と　(イ)　に軽水を用いた原子炉であり，わが国の商用原子力発電所に広く用いられている。この軽水炉には，蒸気を原子炉の中で直接発生する　(ウ)　原子炉と蒸気発生器を介して蒸気を作る　(エ)　原子炉とがある。

　沸騰水型原子炉では，何らかの原因により原子炉の核分裂反応による熱出力が増加して，炉内温度が上昇した場合でも，それに伴う冷却材沸騰の影響でウラン235に吸収される熱中性子が自然に減り，原子炉の暴走が抑制される。これは，　(オ)　と呼ばれ，原子炉固有の安定性をもたらす現象の一つとして知られている。

　上記の記述中の空白箇所(ア)，(イ)，(ウ)，(エ)及び(オ)に当てはまる語句として，正しいものを組み合わせたのは次のうちどれか。

	(ア)	(イ)	(ウ)	(エ)	(オ)
(1)	低濃縮ウラン	減速材	沸騰水型	加圧水型	ボイド効果
(2)	高濃縮ウラン	減速材	沸騰水型	加圧水型	ノイマン効果
(3)	プルトニウム	加速材	加圧水型	沸騰水型	キュリー効果
(4)	低濃縮ウラン	減速材	加圧水型	沸騰水型	キュリー効果
(5)	高濃縮ウラン	加速材	沸騰水型	加圧水型	ボイド効果

H19-A4

		①	②	③	④	⑤
学 習 日						
理 解 度 (○/△/×)						

　軽水炉は，(ア)**低濃縮ウラン**を原子燃料とし，冷却材と(イ)**減速材**に軽水を用いた原子炉であり，わが国の商用原子力発電所に広く用いられている。この軽水炉には，蒸気を原子炉の中で直接発生する(ウ)**沸騰水型**原子炉と蒸気発生器を介して蒸気を作る(エ)**加圧水型**原子炉とがある。

　沸騰水型原子炉では，何らかの原因により原子炉の核分裂反応による熱出力が増加して，炉内温度が上昇した場合でも，それに伴う冷却材沸騰の影響でウラン235に吸収される熱中性子が自然に減り，原子炉の暴走が抑制される。これは，(オ)**ボイド効果**と呼ばれ，原子炉固有の安定性をもたらす現象の一つとして知られている。

　よって，(1)が正解。

解答…	(1)

問題52 原子力発電に用いられる軽水炉には，加圧水型（PWR）と沸騰水型（BWR）がある。この軽水炉に関する記述として，誤っているものを次の(1)〜(5)のうちから一つ選べ。

(1) 軽水炉では，低濃縮ウランを燃料として使用し，冷却材や減速材に軽水を使用する。

(2) 加圧水型では，構造上，一次冷却材を沸騰させない。また，原子炉の反応度を調整するために，ホウ酸を冷却材に溶かして利用する。

(3) 加圧水型では，高温高圧の一次冷却材を炉心から送り出し，蒸気発生器の二次側で蒸気を発生してタービンに導くので，原則的に炉心の冷却材がタービンに直接入ることはない。

(4) 沸騰水型では，炉心で発生した蒸気と蒸気発生器で発生した蒸気を混合して，タービンに送る。

(5) 沸騰水型では，冷却材の蒸気がタービンに入るので，タービンの放射線防護が必要である。

H25-A4

	①	②	③	④	⑤
学 習 日					
理 解 度 (○/△/×)					

(1) 核分裂には速度の遅い中性子（熱中性子）が必要である。原子核に熱中性子を衝突させると，中性子を吸収して核分裂をすることがあり，この核分裂で発生する中性子（高速中性子）は高速で飛び交うため，連続して核分裂を発生させるにはそれを減速させる減速材が必要となる。軽水炉では軽水が冷却材と減速材の両方を兼ねている。

軽水炉では，核燃料としてウラン235の濃度を2〜4％まで高めた低濃縮ウランを採用している。よって，(1)は正しい。

(2) 加圧水型では，加圧器で水圧を上げることで水の沸騰温度を上げ，軽水を沸騰させずに一次側に高温・高圧の水を循環させる。

また，ホウ素（ホウ酸）は中性子を吸収しやすい性質があるので，ホウ素濃度を調整して反応度を調整している。よって，(2)は正しい。

(3) 加圧水型では一次側と二次側の軽水（冷却材）が混じらないので，原則的に炉心の冷却材がタービンに直接入ることがなく，タービンや復水器が放射性物質に汚染されることがない。よって，(3)は正しい。

(4) 沸騰水型では，炉心で発生した蒸気を直接タービンに導いている。**蒸気発生器があるのは加圧水型のみである**。よって，(4)は**誤り**。

(5) 沸騰水型では，原子炉で直接蒸気を発生させるので，タービンや復水器が放射性物質に汚染される。そのため，タービンなどに遮蔽対策が必要となる。よって，(5)は正しい。

以上より，(4)が正解。

原CH03
子力発電

解答… (4)

問題53 わが国の商業発電用原子炉のほとんどは，軽水炉と呼ばれる型式であり，それには加圧水型原子炉（PWR）と沸騰水型原子炉（BWR）の2種類がある。

PWRの熱出力調整は主として炉水中の ⬚(ア) の調整によって行われる。一方，BWRでは主として ⬚(イ) の調整によって行われる。なお，両型式とも起動又は停止時のような大幅な出力調整は制御棒の調整で行い，制御棒の ⬚(ウ) によって出力は上昇し，⬚(エ) によって出力は下降する。

上記の記述中の空白箇所(ア)，(イ)，(ウ)及び(エ)に当てはまる語句として，正しいものを組み合わせたのは次のうちどれか。

	(ア)	(イ)	(ウ)	(エ)
(1)	ほう素濃度	再循環流量	挿　入	引抜き
(2)	再循環流量	ほう素濃度	引抜き	挿　入
(3)	ほう素濃度	再循環流量	引抜き	挿　入
(4)	ナトリウム濃度	再循環流量	挿　入	引抜き
(5)	再循環流量	ほう素濃度	挿　入	引抜き

H20-A4

	①	②	③	④	⑤
学 習 日					
理 解 度 (○/△/×)					

解説

　PWRの熱出力調整は主として炉水中の(ア)**ほう素濃度**の調整によって行われる。一方，BWRでは主として(イ)**再循環流量**の調整によって行われる。なお，両型式とも起動又は停止時のような大幅な出力調整は制御棒の調整で行い，制御棒の(ウ)**引抜き**によって出力は上昇し，(エ)**挿入**によって出力は下降する。

　よって，(3)が正解。

解答… (3)

CH 03
原子力発電

　ほう素は中性子を吸収する性質があり，制御棒にも使われています。

問題54 沸騰水型原子炉（BWR）に関する記述として，誤っているものを次の(1)～(5)のうちから一つ選べ。

(1) 燃料には低濃縮ウランを，冷却材及び減速材には軽水を使用する。

(2) 加圧水型原子炉（PWR）に比べて原子炉圧力が低く，蒸気発生器が無いので構成が簡単である。

(3) 出力調整は，制御棒の抜き差しと再循環ポンプの流量調節により行う。

(4) 制御棒は，炉心上部から燃料集合体内を上下することができる構造となっている。

(5) タービン系統に放射性物質が持ち込まれるため，タービン等に遮へい対策が必要である。

R4上-A4

	①	②	③	④	⑤
学習日					
理解度 (○/△/×)					

(1) 核分裂には速度の遅い中性子（熱中性子）が必要である。原子核に熱中性子を衝突させると，中性子を吸収して核分裂をすることがあり，この核分裂で発生する中性子（高速中性子）は高速で飛び交うため，連続して核分裂を発生させるには高速中性子を減速させる減速材が必要となる。軽水炉では，沸騰水型，加圧水型共に軽水が冷却材と減速材の両方を兼ねている。また，軽水炉では，核燃料としてウラン235の濃度を2～4％まで高めた低濃縮ウランを採用している。よって，(1)は正しい。

(2) 沸騰水型原子炉は，加圧器が無いため加圧水型原子炉に比べて原子炉圧力が低く，蒸気発生器が無いため構成が簡単である。よって，(2)は正しい。

(3) 沸騰水型原子炉の出力調整は，制御棒の抜き差しと再循環ポンプの流量調整により行う。よって，(3)は正しい。

(4) 沸騰水型原子炉の制御棒は，**炉心下部**に設置されている。よって，(4)は**誤り**。

(5) 沸騰水型原子炉のタービン系統には，水蒸気によって放射性物質が持ち込まれてしまう。よって，(5)は正しい。

以上より，(4)が正解。

解答… **(4)**

問題55 わが国における商業発電用の加圧水型原子炉（PWR）の記述として，正しいのは次のうちどれか。

(1) 炉心内で水を蒸発させて，蒸気を発生する。

(2) 再循環ポンプで炉心内の冷却水流量を変えることにより，蒸気泡の発生量を変えて出力を調整できる。

(3) 高温・高圧の水を，炉心から蒸気発生器に送る。

(4) 炉心と蒸気発生器で発生した蒸気を混合して，タービンに送る。

(5) 炉心を通って放射線を受けた蒸気が，タービンを通過する。

H22-A4

	①	②	③	④	⑤
学 習 日					
理 解 度 (○/△/×)					

(1) 加圧水型原子炉では，炉心内で水を**蒸発させない**。よって，誤り。

(2) 加圧水型原子炉では，**再循環ポンプを設置しない**。よって，誤り。

(3) 加圧水型原子炉では，高温・高圧の水を，炉心から蒸気発生器に送る。よって，**正しい**。

(4) 加圧水型原子炉では，**蒸気発生器で発生した蒸気のみ**をタービンに送る。よって，誤り。

(5) 加圧水型原子炉では，炉心内で蒸気を発生させないため，放射線を受けた蒸気がタービンを**通過しない**。よって，誤り。

以上より，(3)が正解。

解答… (3)

原子力発電 CH 03

核燃料サイクル

問題56 図は，我が国の軽水形原子力発電における核燃料サイクルの概略を示したものである。

図中の空白箇所(ア)，(イ)，(ウ)及び(エ)に記入する字句として，正しいものを組み合わせたのは次のうちどれか。

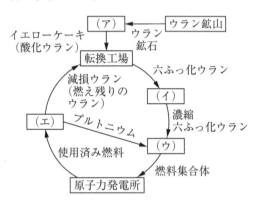

	(ア)	(イ)	(ウ)	(エ)
(1)	精錬工場	濃縮工場	再処理工場	再転換・加工工場
(2)	濃縮工場	精錬工場	再処理工場	再転換・加工工場
(3)	精錬工場	再処理工場	再転換・加工工場	濃縮工場
(4)	精錬工場	濃縮工場	再転換・加工工場	再処理工場
(5)	再転換・加工工場	濃縮工場	精錬工場	再処理工場

H11-A5

	①	②	③	④	⑤
学 習 日					
理 解 度 (○/△/×)					

下図のように(ア)**精錬工場**, (イ)**濃縮工場**, (ウ)**再転換・加工工場**, (エ)**再処理工場**があてはまる。

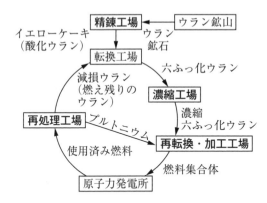

よって, (4)が正解。

解答… (4)

CHAPTER 04

その他の発電

問題57 太陽光発電に関する記述として，誤っているのは次のうちどれか。

(1) システムが単純であり，保守が容易である。

(2) 発生電力の変動が大きい。

(3) 発生電力が直流である。

(4) エネルギーの変換効率が高い。

(5) 出力は周囲温度の影響を受ける。

H13-A1

	①	②	③	④	⑤
学 習 日					
理 解 度 (○/△/×)					

解説

(1) 太陽光発電に用いる太陽電池は回転機ではないため，システムが単純であり，保守が容易である。よって，正しい。

(2) 太陽光発電は太陽光を必要とするため，天候によって発電電力の変動が大きい。よって，正しい。

(3) 正しい。

(4) 太陽電池の発生電力は入力（光エネルギー）の15〜20 %程度であり，**エネルギーの変換効率は低い**。よって，**誤り**。

(5) 太陽電池のpn接合部の温度によって，出力が変化するため，周囲温度の影響を受ける。よって，正しい。

以上より，(4)が正解。

解答… (4)

問題58 太陽光発電は，　(ア)　を用いて，光のもつエネルギーを電気に変換している。エネルギー変換時には，　(イ)　のように　(ウ)　を出さない。

すなわち，　(イ)　による発電では，数千万年から数億年間の太陽エネルギーの照射や，地殻における変化等で優れた燃焼特性になった燃料を電気エネルギーに変換しているが，太陽光発電では変換効率は低いものの，光を電気エネルギーへ瞬時に変換しており長年にわたる　(エ)　の積み重ねにより生じた資源を消費しない。そのため環境への影響は小さい。

上記の記述中の空白箇所(ア)，(イ)，(ウ)及び(エ)に当てはまる組合せとして，最も適切なものを次の(1)～(5)のうちから一つ選べ。

	(ア)	(イ)	(ウ)	(エ)
(1)	半導体	化石燃料	排気ガス	環境変化
(2)	半導体	原子燃料	放射線	大気の対流
(3)	半導体	化石燃料	放射線	大気の対流
(4)	タービン	化石燃料	廃　熱	大気の対流
(5)	タービン	原子燃料	排気ガス	環境変化

H23-A5

	①	②	③	④	⑤
学 習 日					
理 解 度 (○/△/×)					

(ア)

　太陽光発電では，p形半導体とn形半導体を接合し，接合部分に光をあてて発電を行う。したがって，(ア)には**半導体**が当てはまる。

(イ)(ウ)

　問題文における「数千万年から数億年間の太陽エネルギーの照射や，地殻における変化等で優れた燃焼特性になった燃料」とは，(イ)**化石燃料**のことを示している。

　化石燃料による発電では，その燃焼の際に(ウ)**排気ガス**が出る一方，太陽光発電では光のもつエネルギーを電気に変換しているために燃料そのものが不要で，排気ガスを出さない。

(エ)

　太陽光発電は，太陽から降り注ぐ光エネルギーを発電原資としているため，化石燃料のような長年にわたる環境変化の積み重ねにより生じた資源を消費しない。したがって，(エ)には**環境変化**が当てはまる。

　以上より，(1)が正解。

解答… (1)

問題59 次の文章は，太陽光発電に関する記述である。

　現在広く用いられている太陽電池の変換効率は太陽電池の種類により異なるが，およそ ⬚(ア) ％である。太陽光発電を導入する際には，その地域の年間 ⬚(イ) を予想することが必要である。また，太陽電池を設置する ⬚(ウ) や傾斜によって ⬚(イ) が変わるので，これらを確認する必要がある。さらに，太陽電池で発電した直流電力を交流電力に変換するためには，電気事業者の配電線に連系して悪影響を及ぼさないための保護装置などを内蔵した ⬚(エ) が必要である。

　上記の記述中の空白箇所(ア)，(イ)，(ウ)及び(エ)に当てはまる組合せとして，最も適切なものを次の(1)～(5)のうちから一つ選べ。

	(ア)	(イ)	(ウ)	(エ)
(1)	15～20	平均気温	影	コンバータ
(2)	15～20	発電電力量	方　位	パワーコンディショナ
(3)	20～30	発電電力量	強　度	インバータ
(4)	15～40	平均気温	面　積	インバータ
(5)	30～40	日照時間	方　位	パワーコンディショナ

H25-A5改

	①	②	③	④	⑤
学習日					
理解度 (○/△/×)					

(ア)　太陽電池の変換効率はおよそ**15～20**％である。

(イ)　太陽光発電の導入を検討するときは，その場所でどのくらい発電できるか調べることが重要である。具体的には，過去数十年の平均日射量のデータを基に発電のシミュレーションをして，年間(イ)**発電電力量**を予想する。

(ウ)　同じ角度に傾けた太陽電池モジュールでも，太陽電池が向いている(ウ)**方位**によってモジュールに入射する太陽光の量が変わるので，発電電力量も変わってくる。太陽電池モジュールを固定しているときは，真南に向いたときが1日を通して最も発電電力量が多い。

(エ)　直流電力を交流電力に変換する主要なデバイスはインバータである。インバータや保護装置などを1つにまとめたデバイスを(エ)**パワーコンディショナ**という。よって，(2)が正解。

解答… （2）

CH
04
その他の発電

問題60 ロータ半径が30 mの風車がある。風車が受ける風速が10 m/sで，風車のパワー係数が50 %のとき，風車のロータ軸出力[kW]に最も近いものを次の(1)～(5)のうちから一つ選べ。ただし，空気の密度を1.2 kg/m³とする。ここでパワー係数とは，単位時間当たりにロータを通過する風のエネルギーのうちで，風車が風から取り出せるエネルギーの割合である。

(1) 57   (2) 85   (3) 710   (4) 850   (5) 1 700

H30-A5

	①	②	③	④	⑤
学習日					
理解度 (○/△/×)					

風速 $v = 10\,\text{m/s}$ の風がロータを通過するときのイメージ図は図1となる。

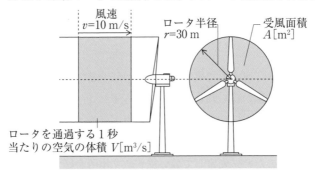

図1

図1より，1秒当たりのロータを通過する空気の体積 $V[\text{m}^3/\text{s}]$ は，

$$V = Av = (\pi r^2) \times v = (\pi \times 30^2) \times 10 = 9\pi \times 10^3\,\text{m}^3/\text{s}$$

空気の密度を $\rho = 1.2\,\text{kg/m}^3$ とすると，1秒当たりのロータを通過する空気の質量 $m[\text{kg/s}]$ は，

$$m = \rho \times V = 1.2 \times 9\pi \times 10^3 = 10.8\,\pi \times 10^3\,\text{kg/s}$$

運動エネルギーを求める式より，1秒当たりのロータを通過する空気の運動エネルギー $W_0[\text{kW}]$ は，

$$W_0 = \frac{1}{2}mv^2 \times 10^{-3} = \frac{1}{2} \times 10.8\pi \times 10^3 \times 10^2 \times 10^{-3} = 540\,\pi\,\text{kW}$$

問題文より，1秒当たりのロータを通過する空気の運動エネルギー W_0 にパワー係数 $C_\text{p} = 0.5$ を掛けると，風車が風から取り出せるエネルギーが求められる。また，風車が風から取り出せるエネルギーとは，風車のロータ軸出力 $W[\text{kW}]$ のことである。よって，W は，

$$W = W_0 \times C_\text{p} = 540\pi \times 0.5 \fallingdotseq 848.20 \rightarrow 850\,\text{kW}$$

よって，(4)が正解。

解答… (4)

問題61 風力発電に関する記述として，誤っているものを次の(1)～(5)のうちから一つ選べ。

(1) 風力発電は，風の力で風力発電機を回転させて電気を発生させる発電方式である。風が得られれば燃焼によらずパワーを得ることができるため，発電するときにCO_2を排出しない再生可能エネルギーである。

(2) 風車で取り出せるパワーは風速に比例するため，発電量は風速に左右される。このため，安定して強い風が吹く場所が好ましい。

(3) 離島においては，風力発電に適した地域が多く存在する。離島の電力供給にディーゼル発電機を使用している場合，風力発電を導入すれば，そのディーゼル発電機の重油の使用量を減らす可能性がある。

(4) 一般に，風力発電では同期発電機，永久磁石式発電機，誘導発電機が用いられる。特に，大形の風力発電機には，同期発電機又は誘導発電機が使われている。

(5) 風力発電では，翼が風を切るため騒音を発生する。風力発電を設置する場所によっては，この騒音が問題となる場合がある。この騒音対策として，翼の形を工夫して騒音を低減している。

R5上-A5

	①	②	③	④	⑤
学習日					
理解度 (○/△/×)					

(1) 風力発電では，風の運動エネルギーを電気エネルギーに変換する。発電に燃焼が不要なため，CO_2を排出しない。よって，(1)は正しい。

(2) 「風速に比例する」という記述が誤り。正しくは「**風速の3乗に比例する**」である。その他の部分は正しい。よって，(2)は**誤り**。

(3) ディーゼル発電機の発電電力を風力発電により代替することができれば，ディーゼル発電機の重油の使用量を減らすことができ，燃料費とCO_2排出量を削減できる。よって，(3)は正しい。

(4) 問題文のとおり。風力発電に使用される同期発電機と誘導発電機の特徴は次のとおりである。

同期発電機	誘導発電機
単独運転が可能	単独運転は不可
構造が複雑・高価	構造が簡単・堅牢・安価
力率・電圧の調整可能	力率・電圧の調整不可
励磁装置が必要	励磁装置が不要

よって，(4)は正しい。

(5) 風力発電で発生する発電機の回転軸音や翼の風切り音などの騒音対策として，
　・翼の形状を工夫する。
　・風車発電機の建設にあたり周辺住宅地との距離を充分に確保する。
などが挙げられる。よって，(5)は正しい。

以上より，(2)が正解。

解答… **(2)**

CH 04
その他の発電

問題62 風力発電及び太陽光発電に関する記述として，誤っているのは次のうちどれか。

(1) 自然エネルギーを利用したクリーンな発電方式であるが，現状では発電コストが高い。

(2) エネルギー源は地球上どこにでも存在するが，エネルギー密度が低い。

(3) 気象条件による出力の変動が大きく，電力への変換効率が低い。

(4) 太陽電池の出力は直流であり，一般の用途にはインバータによる変換が必要である。

(5) 風車によって取り出せるエネルギーは，風車の受風面積及び風速にそれぞれ正比例する。

H16-A5

	①	②	③	④	⑤
学習日					
理解度 (○/△/×)					

(1) 風力発電及び太陽光発電は，自然エネルギーを利用したクリーンな発電方式であるが，広大な敷地などが必要であり，現状では発電コストが高い。よって，正しい。

(2) 正しい。

(3) 気象条件による出力の変動が大きく，電力への変換効率が低い（風力発電でおよそ40 %，太陽光発電でおよそ15〜20 %）。よって，正しい。

(4) 正しい。

(5) 受風面積を$A[\mathrm{m}^2]$，風速を$v[\mathrm{m/s}]$とすると，1秒あたりに通過する空気の体積は$vA[\mathrm{m}^3/\mathrm{s}]$となる。空気の密度を$\rho[\mathrm{kg/m}^3]$とすると，1秒あたりに受風面を通過する空気の質量$m[\mathrm{kg/s}]$は，

$$m = \rho vA[\mathrm{kg/s}]$$

風によって取り出せるエネルギー$W[\mathrm{J/s}]$は，

$$W = \frac{1}{2}mv^2$$

$$= \frac{1}{2}\rho vA \times v^2 = \frac{1}{2}\rho Av^3[\mathrm{J/s}]$$

したがって，風によって取り出せるエネルギーは，風車の受風面積に比例し，**風速の3乗に比例**する。よって，**誤り**。

以上より，(5)が正解。

| 解答… | (5) |

問題63 燃料電池に関する記述として，誤っているのは次のうちどれか。

(1) 水の電気分解と逆の化学反応を利用した発電方式である。

(2) 燃料は外部から供給され，直接，交流電力を発生する。

(3) 燃料として，水素，天然ガス，メタノールなどが使用される。

(4) 太陽光発電や風力発電に比べて，発電効率が高い。

(5) 電解質により，リン酸形，溶融炭酸塩形，固体高分子形などに分類される。

H15-A5

	①	②	③	④	⑤
学 習 日					
理 解 度 (○/△/×)					

解説

(1) 燃料電池は，水素と酸素を化学反応させて，水と電気エネルギーを取り出す発電方式であり，水の電気分解と逆の化学反応を利用した発電方式である。よって，正しい。

(2) 燃料電池では，燃料（水素や酸素）は外部から供給され，**直流電力**を発生する。よって，**誤り**。

(3) 正しい。

(4) 正しい。

(5) 燃料電池は電解質により，リン酸形，溶融炭酸塩形，固体高分子形，固体酸化物形などに分類される。よって，正しい。

以上より，(2)が正解。

解答… (2)

問題64 二次電池に関する記述として，誤っているものを次の(1)～(5)のうちから一つ選べ。

(1) リチウムイオン電池，NAS電池，ニッケル水素電池は，繰り返し充放電ができる二次電池として知られている。

(2) 二次電池の充電法として，整流器を介して負荷に電力を常時供給しながら二次電池への充電を行う浮動充電方式がある。

(3) 二次電池を活用した無停電電源システムは，商用電源が停電したとき，瞬時に二次電池から負荷に電力を供給する。

(4) 風力発電や太陽光発電などの出力変動を抑制するために，二次電池が利用されることもある。

(5) 鉛蓄電池の充電方式として，一般的に，整流器の定格電圧で回復充電を行い，その後，定電流で満充電状態になるまで充電する。

H26-A5

	①	②	③	④	⑤
学 習 日					
理 解 度 (○/△/×)					

(1) 二次電池は何度も充放電可能な電池であり，電極や電解質に用いる材料の種類により特性が異なる。

リチウムイオン電池は，電極間をリチウムイオンが移動する。NAS電池は，電極にナトリウム（Na）と硫黄（S）を用いる。ニッケル水素電池は，電極に水素化合物とニッケル酸化化合物などを用いる。よって，(1)は正しい。

(2) 電池は使用していない状態でも徐々に放電が起こり，これを自己放電または自然放電という。停電時に電力を供給する無停電電源装置などは，常に充電された状態でなければならない。

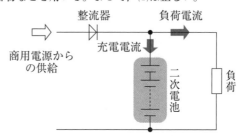

浮動充電方式は，二次電池と負荷を並列に接続することで，二次電池を充電しつつ負荷に電力を供給することができる。よって，(2)は正しい。

(3) 二次電池を活用した無停電電源システムは，商用電源が停電したとき，瞬時に充電された二次電池から負荷に電力を供給する。よって，(3)は正しい。

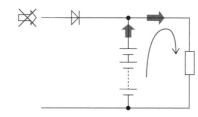

(4) 気象条件により出力が変化する風力発電や太陽光発電などのような発電設備では，二次電池を利用することで出力を安定化できる。よって，(4)は正しい。

(5) 回復充電は，停電による二次電池の放電分をなるべく早く充電して，次の異常に備えるために行うものである。整流器の定格電圧よりも**高い電圧**を印加し，充電電流を大きくして速やかに充電する。よって，(5)は**誤り**。

以上より，(5)が正解。

解答… (5)

問題65 バイオマス発電は，植物等の［　(ア)　］性資源を用いた発電と定義することができる。森林樹木，サトウキビ等はバイオマス発電用のエネルギー作物として使用でき，その作物に吸収される［　(イ)　］量と発電時の［　(イ)　］発生量を同じとすることができれば，環境に負担をかけないエネルギー源となる。ただ，現在のバイオマス発電では，発電事業として成立させるためのエネルギー作物等の［　(ウ)　］確保の問題や［　(エ)　］をエネルギーとして消費することによる作物価格への影響が課題となりつつある。

上記の記述中の空白箇所(ア)，(イ)，(ウ)及び(エ)に当てはまる語句として，正しいものを組み合わせたのは次のうちどれか。

	(ア)	(イ)	(ウ)	(エ)
(1)	無　機	二酸化炭素	量　的	食　料
(2)	無　機	窒素化合物	量　的	肥　料
(3)	有　機	窒素化合物	質　的	肥　料
(4)	有　機	二酸化炭素	質　的	肥　料
(5)	有　機	二酸化炭素	量　的	食　料

H21-A5

	①	②	③	④	⑤
学　習　日					
理　解　度 (○/△/×)					

(ア)

　バイオマス発電は，動植物が生成・排出する有機物を燃料として利用する発電方式である。したがって，(ア)には**有機**が当てはまる。

(イ)

　本問の解説では，森林樹木やサトウキビなどを燃焼させて発電することを考える。

　例えば，植物は光合成によって二酸化炭素CO_2を吸収し，体内に炭素Cを蓄積し，空気中に酸素O_2を排出する。…①

　この成長した植物を燃焼させると，二酸化炭素CO_2を吸収したことによって蓄積した炭素Cと空気中の酸素O_2が反応し，二酸化炭素CO_2が発生する。…②

　①と②を考慮すると，二酸化炭素の排出量はほぼゼロになる。バイオマス発電のこのような性質をカーボンニュートラルという。

　したがって，(イ)には**二酸化炭素**が当てはまる。

(ウ)(エ)

　ただし，バイオマス発電では次の課題がある。

・発電事業として成立させるための，エネルギー作物などの量的確保。

・食料をエネルギーとして消費することによる，作物価格への影響。

　したがって，(ウ)には**量的**，(エ)には**食料**が当てはまる。

　以上より，(5)が正解。

解答… (5)

問題66 電気エネルギーの発生に関する記述として，誤っているのは次のうちどれか。

(1) 風力発電装置は風車，発電機，支持物などで構成され，自然エネルギー利用の一形態として注目されているが，発電電力が風速の変動に左右されるという特徴を持つ。

(2) わが国は火山国でエネルギー源となる地熱が豊富であるが，地熱発電の商用発電所は稼働していない。

(3) 太陽電池の半導体材料として，主に単結晶シリコン，多結晶シリコン，アモルファスシリコンが用いられており，製造コスト低減や変換効率を高めるための研究が継続的に行われている。

(4) 燃料電池は振動や騒音が少ない，大気汚染の心配が少ない，熱の有効利用によりエネルギー利用率を高められるなどの特長を持ち，分散形電源の一つとして注目されている。

(5) 日本はエネルギー資源の多くを海外に依存するので，石油，天然ガス，石炭，原子力，水力など多様なエネルギー源を発電に利用することがエネルギー安定供給の観点からも重要である。

H20-A5

	①	②	③	④	⑤
学 習 日					
理 解 度 (○/△/×)					

(1) 発電電力（出力）は風速の3乗に比例し，風速の変動に左右される。よって，(1)は正しい。

(2) 地熱発電の商用発電所は現在国内で**稼働している**。よって，(2)は**誤り**。

(3) 太陽電池の半導体材料は研究が継続的に行われており，現在の変換効率は15〜20％程度まで高められている。よって，(3)は正しい。

(4) 燃料電池は振動や騒音が少ない，水素と酸素から電気エネルギーと水を生成するため大気汚染の心配が少ない，反応時の熱を有効利用することよりエネルギー利用率を高められるなどの特長を持つ。また，分散形電源とは，小規模な発電装置を消費地近くに分散配置して電力の供給を行う電源形態の概念である。よって，(4)は正しい。

(5) 日本はエネルギー資源の多くを海外に依存するので，エネルギー源を国内由来のもの，海外の複数にわたる国に依存するもの等にリスクを分散させることが重要である。また，多様なエネルギー源を発電に利用することを，電源のベストミックスと呼ぶ。よって，(5)は正しい。

以上より，(2)が正解。

解答… (2)

その他の発電 CH 04

自然エネルギーによる発電(3)

問題67 電力の発生に関する記述として，誤っているのは次のうちどれか。

(1) 地熱発電は，地下から発生する蒸気の持つエネルギーを利用し，タービンで発電する方式である。

(2) 廃棄物発電は，廃棄物焼却時の熱を利用して発電を行うもので，最近ではスーパごみ発電など，高効率化を目指した技術開発が進められている。

(3) 太陽光発電は，最新の汽力発電なみの高い発電効率をもつ，クリーンなエネルギー源として期待されている。

(4) 燃料電池発電は，水素と酸素を化学反応させて電気エネルギーを発生させる方式で，騒音，振動が小さく分散型電源として期待されている。

(5) 風力発電は，比較的安定して強い風が吹く場所に設置されるクリーンな小規模発電として開発され，近年では単機容量の増大が図られている。

H18-A3

	①	②	③	④	⑤
学 習 日					
理 解 度 (○/△/×)					

(3) 太陽光発電は，クリーンなエネルギー源として期待されている。ただし，**太陽光発電の発電効率はおよそ15〜20%**であり，汽力発電の発電効率40%程度と比べて低い。したがって，**誤り**。

よって，(3)が正解。

解答… (3)

問題68 各種の発電に関する記述として，誤っているのは次のうちどれか。

(1) 溶融炭酸塩型燃料電池は，電極触媒劣化の問題が少ないことから，石炭ガス化ガス，天然ガス，メタノールなど多様な燃料を容易に使用することができる。

(2) シリコン太陽電池には，結晶系の単結晶太陽電池や多結晶太陽電池と非結晶系のアモルファス太陽電池などがある。

(3) 地熱発電所においては，蒸気井から得られる熱水が混じった蒸気を，直接蒸気タービンに送っている。

(4) 風力発電は，一般に風速に関して発電を開始する発電開始風速（カットイン風速）と停止する発電停止風速（カットアウト風速）が設定されている。

(5) 廃棄物発電は，廃棄物を焼却するときの熱を利用して蒸気を作り，蒸気タービンを回して発電をしている。

H17-A5

	①	②	③	④	⑤
学 習 日					
理 解 度 (○/△/×)					

(1) 正しい。

(2) 正しい。

(3) 地熱発電所においては，蒸気井から得られる熱水が混じった蒸気を，**気水分離器で分離し，蒸気のみをタービンに送っている**。よって，**誤り**。

(4) 風力発電は，一般に風速に関して発電を開始する発電開始風速（カットイン風速）と停止する発電停止風速（カットアウト風速…強風時に安全確保のために停止する風速）が設定されている。よって，正しい。

(5) 廃棄物そのままではなく，水分や不純物を取り除いて固めた廃棄物固形燃料（RDF）を使うこともある。よって，正しい。

以上より，(3)が正解。

解答… (3)

CHAPTER 05

変電所

問題69 変圧器の結線方式として用いられるY－Y－Δ結線に関する記述として，誤っているものを次の(1)～(5)のうちから一つ選べ。

(1) 高電圧大容量変電所の主変圧器の結線として広く用いられている。

(2) 一次若しくは二次の巻線の中性点を接地することができない。

(3) 一次－二次間の位相変位がないため，一次－二次間を同位相とする必要がある場合に用いる。

(4) Δ結線がないと，誘導起電力は励磁電流による第三調波成分を含むひずみ波形となる。

(5) Δ結線は，三次回路として用いられ，調相設備の接続用，又は，所内電源用として使用することができる。

H25-A6

	①	②	③	④	⑤
学 習 日					
理 解 度 (○/△/×)					

解説

(1) 変圧器をY結線した場合の相電圧は，線間電圧の$\dfrac{1}{\sqrt{3}}$倍となるため，巻線の絶縁が容易になる。また，Y結線では中性点を接地できるため，地絡が発生した際の健全相の対地電圧上昇を抑制できる。

高電圧大容量変電所では，絶縁の容易なY－Y結線が用いられている。

変圧器の一次巻線に正弦波交流電圧を加えた場合の励磁電流は，鉄心のヒステリシス特性により，第3調波を含むひずみ波形となる。Y－Y結線にΔ結線の三次巻線を設け，Y－Y－Δ結線とすると，第3調波が循環するため，ひずみ波形となることを防止できる。よって，(1)は正しい。

(2) 変圧器をY結線した場合，中性点を接地することができる。また，Δ結線した場合は，中性点がないため中性点を接地することができない。Y－Y結線にΔ結線の三次巻線を設けたY－Y－Δ結線では，一次，二次の巻線ともにY結線であるため，中性点を接地することが**できる**。よって，(2)は**誤り**。

(3) Y－Δ結線などのように，一次側と二次側とで結線方式が異なる場合，一次電圧（線間）と二次電圧（線間）に位相差が生じる。

これに対し，Y－Y結線などのように，一次側と二次側との結線方式が同じ場合，一次電圧（線間）と二次電圧（線間）は同相となる。よって，(3)は正しい。

(4) Δ結線を含まない結線方式では第3調波が循環しないため，二次誘導起電力が第3調波成分を含むひずみ波形となる。よって，(4)は正しい。

(5) 問題文の通り。例えば，単線結線図では以下のようになる。よって，(5)は正しい。

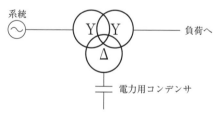

以上より，(2)が正解。

解答… (2)

変圧器のY－Y結線方式の特徴

問題70 次の文章は，変圧器のY－Y結線方式の特徴に関する記述である。

一般に，変圧器のY－Y結線は，一次，二次側の中性点を接地でき，1線地絡などの故障に伴い発生する ┃ (ア) ┃ の抑制，電線路及び機器の絶縁レベルの低減，地絡故障時の ┃ (イ) ┃ の確実な動作による電線路や機器の保護等，多くの利点がある。

一方，相電圧は ┃ (ウ) ┃ を含むひずみ波形となるため，中性点を接地すると， ┃ (ウ) ┃ 電流が線路の静電容量を介して大地に流れることから，通信線への ┃ (エ) ┃ 障害の原因となる等の欠点がある。このため， ┃ (オ) ┃ による三次巻線を設けて，これらの欠点を解消する必要がある。

上記の記述中の空白箇所(ア)，(イ)，(ウ)，(エ)及び(オ)に当てはまる組合せとして，正しいものを次の(1)～(5)のうちから一つ選べ。

	ア	イ	ウ	エ	オ
(1)	異常電流	避雷器	第二調波	静電誘導	Δ結線
(2)	異常電圧	保護リレー	第三調波	電磁誘導	Y結線
(3)	異常電圧	保護リレー	第三調波	電磁誘導	Δ結線
(4)	異常電圧	避雷器	第三調波	電磁誘導	Δ結線
(5)	異常電流	保護リレー	第二調波	静電誘導	Y結線

H29-A7

	①	②	③	④	⑤
学 習 日					
理 解 度 (○/△/×)					

解説

　Y結線方式では，中性点を接地できる。1線地絡などの故障が起こった場合，接地線を介して閉回路が形成されるため，地絡電流が流れる。各相をそれぞれa相，b相，c相，各相における二次誘導起電力を$\dot{E}_a[\mathrm{V}]$，$\dot{E}_b[\mathrm{V}]$，$\dot{E}_c[\mathrm{V}]$，対地静電容量をC_0[F]，地絡電流を$\dot{I}_g[\mathrm{A}]$とすると，地絡発生時の回路を次のように表すことができる。

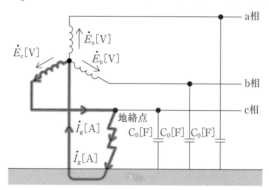

　中性点が接地されている場合，各相の相電圧と対地電圧は等しい。地絡などの故障が起こった場合においても，健全相の対地電圧は地絡前と変わらない。

　Y結線方式では中性点を接地できるため，地絡などの故障が起こった場合の(ア)**異常電圧**を抑制できる。

　また，接地線に地絡電流が流れるため，地絡故障を検出しやすい。

　Y結線方式では中性点を接地できるため，地絡故障時の(イ)**保護リレー**の確実な動作による電線路や機器の保護ができる。

　変圧器に正弦波交流電圧を印加した場合，磁気飽和とヒステリシス特性により，(ウ)**第三調波**を含むひずみ波形となる。

　a相，b相，c相を流れる電流の位相差がそれぞれ$\frac{2}{3}\pi$ radで，大きさが等しい場合，Y結線の接地線には電流が流れない。

　一方，第三調波を含むひずみ波形では，第三調波電流の位相差が$\frac{2}{3}\pi \times 3 = 2\pi$ radとなり，同位相となるため静電容量を介して大地に電流が流れる。この第三調波電流が，通信線への(エ)**電磁誘導**障害の原因となる。

　その対策としてY−Y結線は(オ)**Δ結線**による三次巻線を設けてY−Y−Δとすることで，第三調波電流をΔ結線内で循環させ，第三調波電流に関する欠点を解消できる。

　以上より，(3)が正解。

解答… **(3)**

問題71 遮断器に関する記述として，誤っているものを次の(1)～(5)のうちから一つ選べ。

(1) 遮断器は，送電線路の運転・停止，故障電流の遮断などに用いられる。

(2) 遮断器では一般的に，電流遮断時にアークが発生する。ガス遮断器では圧縮ガスを吹き付けることで，アークを早く消弧することができる。

(3) ガス遮断器で用いられる六ふっ化硫黄（SF_6）ガスは温室効果ガスであるため，使用量の削減や回収が求められている。

(4) 電圧が高い系統では，真空遮断器に比べてガス遮断器が広く使われている。

(5) 直流電流には電流零点がないため，交流電流に比べ電流の遮断が容易である。

H28-A7

	①	②	③	④	⑤
学 習 日					
理 解 度 (○/△/×)					

解説

(1) 遮断器とは，電路の開閉を行う装置（ブレーカー）である。遮断器は，常時の負荷電流を遮断するだけでなく，短絡や地絡などの事故が生じたときの故障電流を遮断し，事故箇所を系統から切り離す役割がある。よって，(1)は正しい。

	故障電流	負荷電流
遮断器	○	○
負荷開閉器	×	○
断路器	×	×

○：遮断できる　×：遮断できない

(2)(4) 遮断器では，電流遮断時にアーク（気体の絶縁が破壊された時に，強い熱と光を伴い流れる電流）が発生する。遮断器はアークの消弧方法によって，ガス遮断器，空気遮断器，真空遮断器，油遮断器，磁気遮断器などいくつかの種類に分けられ，電圧が高い系統では他の遮断器に比べて遮断性能の優れているガス遮断器が広く使われている。よって，(2)(4)ともに正しい。

(3) ガス遮断器で用いられる六ふっ化硫黄（SF_6）ガスは，二酸化炭素の 23 900 倍の温室効果を有する温室効果ガスである。よって，(3)は正しい。

(5) 直流電流には電流零点がないため，消弧等の観点から交流電流に比べて電流の遮断が困難である。よって，(5)は誤り。

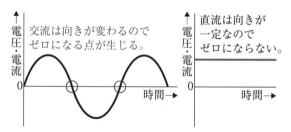

以上より，(5)が正解。

解答… (5)

問題72 変電所に設置される機器に関する記述として，誤っているのは次のうちどれか。

(1) 遮断器は，短絡電流などの開閉に用いる装置で，遮断時に発生するアークを消弧するために，SF_6ガスや真空などが活用されている。

(2) 断路器は，母線や変圧器などの切り離しや接続替えをするための装置で，短絡電流は開閉できないが，負荷電流は開閉可能なものが多い。

(3) 避雷器は，落雷などで生じる異常電圧を抑制して機器を保護するために設置されるもので，落雷を防止する機能はない。

(4) 計器用変成器には，計器用変圧器と変流器がある。計器用変圧器の二次側は短絡してはならず，変流器の二次側は開放してはならない。

(5) ガス絶縁開閉装置（GIS）は，遮断器，断路器，母線等を金属容器に収納し，SF_6ガスを封入して小形化した高信頼度の装置である。

H13-A5

	①	②	③	④	⑤
学習日					
理解度 (○/△/×)					

解説

(1) 正しい。

(2) 断路器は母線や変圧器などの切り離しや接続替えをするための装置で，短絡電流は開閉できない。また，無負荷電流は開閉できるが，**負荷電流は開閉できない**。よって，**誤り**。

(3) 避雷器には落雷を防止する機能はない。よって，正しい。

(4) 正しい。

(5) ガス絶縁開閉装置（GIS）は，遮断器，断路器，避雷器，変流器，母線等をSF$_6$ガスが充填された金属容器に収めた開閉装置である。よって，正しい。

以上より，(2)が正解。

解答… **(2)**

問題73 変電所に設置される機器に関する記述として，誤っているのは次のうちどれか。

(1) 活線洗浄装置は，屋外に設置された変電所のがいしを常に一定の汚損度以下に維持するため，台風が接近している場合や汚損度が所定のレベルに達したとき等に充電状態のまま注水洗浄が行える装置である。

(2) 短絡，過負荷，地絡を検出する保護継電器は，系統や機器に事故や故障等の異常が生じたとき，速やかに異常状況を検出し，異常箇所を切り離す指示信号を遮断器に送る機器である。

(3) 負荷時タップ切換変圧器は，電源電圧の変動や負荷電流による電圧変動を補償して，負荷側の電圧をほぼ一定に保つために，負荷状態のままタップ切換えを行える装置を持つ変圧器である。

(4) 避雷器は，誘導雷及び直撃雷による雷過電圧や電路の開閉等で生じる過電圧を放電により制限し，機器を保護するとともに直撃雷の侵入を防止するために設置される機器である。

(5) 静止形無効電力補償装置（SVC）は，電力用コンデンサと分路リアクトルを組み合わせ，電力用半導体素子を用いて制御し，進相から遅相までの無効電力を高速で連続制御する装置である。

H18-A4

	①	②	③	④	⑤
学 習 日					
理 解 度 (○/△/×)					

解説

(1) 正しい。

(2) 正しい。

(3) 正しい。負荷時タップ切換変圧器をLRT（Load Ratio control Transformer）という。

(4) 避雷器とは，雷又は回路の開閉などに起因する過電圧の波高値がある値を超えた場合，放電により過電圧を制限して電気施設の絶縁を保護し，かつ続流を短時間のうちに遮断して，系統の正常な状態を乱すことなく原状に復帰する機能を有する装置であり，**直撃雷の侵入を防止することはできない**。よって，**誤り**。

(5) 正しい。

以上より，(4)が正解。

解答… (4)

問題74 避雷器は｜ (ア) ｜過電圧や開閉過電圧を｜ (イ) ｜により制限し，送配電系統に設置される機器や線路を保護し，かつ｜ (ウ) ｜を短時間のうちに遮断して，系統の正常な状態を乱すことなく原状に自復する機能を持つ装置である。

その特性は，主に放電開始電圧と｜ (エ) ｜電圧で規定される。

上記の記述中の空白箇所(ア)，(イ)，(ウ)及び(エ)に記入する字句として，正しいものを組み合わせたのは次のうちどれか。

	(ア)	(イ)	(ウ)	(エ)
(1)	一線地絡	放電	事故電流	対地
(2)	雷	放電	続流	制限
(3)	雷	短絡	事故電流	制限
(4)	雷	短絡	続流	対地
(5)	一線地絡	短絡	続流	制限

H12-A3

	①	②	③	④	⑤
学習日					
理解度 (○/△/×)					

解説

避雷器は，㋐**雷**過電圧や開閉過電圧を㋑**放電**により制限し，送配電系統に設置される機器や線路を保護し，かつ㋒**続流**を短時間のうちに遮断して，系統の正常な状態を乱すことなく原状に自復する機能を持つ装置である。

その特性は，主に放電開始電圧と㋓**制限**電圧で規定される。

よって，(2)が正解。

解答… **(2)**

問題75 電力系統に現れる過電圧（異常電圧）はその発生原因により，外部過電圧と内部過電圧とに分類される。前者は，雷放電現象に起因するもので雷サージ電圧ともいわれる。後者は，電線路の開閉操作等に伴う開閉サージ電圧と地絡事故時等に発生する短時間交流過電圧とがある。

各種過電圧に対する電力系統の絶縁設計の考え方に関する記述として，誤っているのは次のうちどれか。

(1) 送電線路の絶縁及び発変電所に設置される電力設備等の絶縁は，いずれも原則として，内部過電圧に対しては十分に耐えるように設計される。

(2) 架空送電線路の絶縁は，外部過電圧に対しては，必ずしも十分に耐えるように設計されるとは限らない。

(3) 発変電所に設置される電力設備等の絶縁は，外部過電圧に対しては，避雷器によって保護されることを前提に設計される。その保護レベルは，避雷器の制限電圧に基づいて決まる。

(4) 避雷器は，過電圧の波高値がある値を超えた場合，特性要素に電流が流れることにより過電圧値を制限して電力設備の絶縁を保護し，かつ，続流を短時間のうちに遮断して原状に自復する機能を持った装置である。

(5) 絶縁協調とは，送電線路や発変電所に設置される電力設備等の絶縁について，安全性と経済性のとれた絶縁設計を行うために，外部過電圧そのものの大きさを低減することである。

H19-A7

	①	②	③	④	⑤
学 習 日					
理 解 度 (○/△/×)					

解説

(1) 正しい。

(2) 直撃雷については十分に耐える設計ができない。よって，正しい。

(3) 正しい。

(4) 避雷器は雷過電圧や開閉過電圧を放電により制限し，送配電系統に設置される機器や線路を保護し，かつ続流（避雷器の放電が終わった後も引き続き流れようとする電流）を短時間のうちに遮断して，系統の正常な状態を乱すことなく原状に自復する機能を持つ装置である。よって，正しい。

(5) 絶縁協調とは，絶縁強度の設計を安全性と経済性のバランスをとり，最も経済的，合理的な絶縁設計を行うことをいい，**外部過電圧そのものの大きさを低減することではない**。よって，**誤り**。

以上より，(5)が正解。

解答… (5)

問題76 次の文章は，発変電所用避雷器に関する記述である。

避雷器はその特性要素の ⎡ (ア) ⎤ 特性により，過電圧サージに伴う電流のみを大地に放電させ，サージ電流に続いて交流電流が大地に放電するのを阻止する作用を備えている。このため，避雷器は電力系統を地絡状態に陥れることなく過電圧の波高値をある抑制された電圧値に低減することができる。この抑制された電圧を避雷器の ⎡ (イ) ⎤ という。一般に発変電所用避雷器で処理の対象となる過電圧サージは，雷過電圧と ⎡ (ウ) ⎤ である。避雷器で保護される機器の絶縁は，当該避雷器の ⎡ (イ) ⎤ に耐えればよいこととなり，機器の絶縁強度設計のほか発変電所構内の ⎡ (エ) ⎤ などをも経済的，合理的に決定することができる。このような考え方を ⎡ (オ) ⎤ という。

上記の記述中の空白箇所(ア)，(イ)，(ウ)，(エ)及び(オ)に当てはまる組合せとして，正しいものを次の(1)～(5)のうちから一つ選べ。

	(ア)	(イ)	(ウ)	(エ)	(オ)
(1)	非直線抵抗	制限電圧	開閉過電圧	機器配置	絶縁協調
(2)	非直線抵抗	回復電圧	短時間交流過電圧	機器寿命	保護協調
(3)	大容量抵抗	制限電圧	開閉過電圧	機器配置	保護協調
(4)	大容量抵抗	再起電圧	短時間交流過電圧	機器寿命	絶縁協調
(5)	無誘導抵抗	制限電圧	開閉過電圧	機器配置	絶縁協調

H23-A10

	①	②	③	④	⑤
学 習 日					
理 解 度 (○/△/×)					

解説

(ア)

　避雷器は，雷や回路の開閉などによる過電圧が発生した場合に，放電により電気設備の絶縁を保護する装置である。避雷器には，2つの機能が要求される。

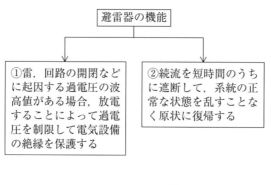

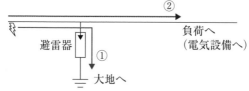

　①については，異常電圧にともなう電流を放電することで電気設備を保護する必要があり，②については，瞬間的に異常な電圧が発生して過ぎ去った後，正常な電圧に戻った状況で電流が大地に流れ続けてしまわないようにするため（地絡状態にしないため）である。

　この相反する2つの作用を実現するために，避雷器の素材には，異常電圧が加わると急激に電流を流して，平常な状態の電圧が加わっても電流をほとんど流さないものが使われる。すなわち，電圧に比例した電流を流さない素材である。この，電圧の値と電流の値が比例せず，電圧と電流の関係をグラフに書くと直線にならない特性を，非直線抵抗特性という。

　避雷器の素材には，炭化けい素（SiC）や酸化亜鉛（ZnO）などが用いられている。酸化亜鉛は避雷器に適した非直線抵抗特性があるため，現在はおもに酸化亜鉛形の避雷器が使われている。したがって，(ア)には**非直線抵抗**が当てはまる。

(イ)

　避雷器は，電力系統を地絡状態に陥れることなく過電圧を抑制された電圧に低減することができる。この抑制された電圧を避雷器の(イ)**制限電圧**という。制限電圧と

は，避雷器で過電圧分を大地に放電して，一定値以下に抑制された電圧のことである。

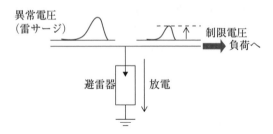

(ウ)

発変電所用避雷器で処理の対象になる過電圧サージは，雷過電圧と(ウ)**開閉過電圧**である。

(エ)(オ)

すべての機器を考えられる過電圧にすべて耐えられるような設計にするのが理想だが，経済性を考えると，避雷器による制限電圧を低く抑えて，その分だけ避雷器で保護される機器の絶縁耐力を下げればよい。絶縁耐力に関する余分な設備を削減できるため，(エ)**機器配置**が経済的，合理的になる。この考え方を(オ)**絶縁協調**という。

よって，(1)が正解。

解答… (1)

問題77 次の文章は，変電所の計器用変成器に関する記述である。

計器用変成器は， (ア) と変流器とに分けられ，高電圧あるいは大電流の回路から計器や (イ) に必要な適切な電圧や電流を取り出すために設置される。変流器の二次端子には，常に (ウ) インピーダンスの負荷を接続しておく必要がある。また，一次端子のある変流器は，その端子を被測定線路に (エ) に接続する。

上記の記述中の空白箇所(ア)～(エ)に当てはまる組合せとして，正しいものを次の(1)～(5)のうちから一つ選べ。

	(ア)	(イ)	(ウ)	(エ)
(1)	主変圧器	避雷器	高	縦続
(2)	CT	保護継電器	低	直列
(3)	計器用変圧器	遮断器	中	並列
(4)	CT	遮断器	高	縦続
(5)	計器用変圧器	保護継電器	低	直列

R5上-A7

	①	②	③	④	⑤
学習日					
理解度 (○/△/×)					

解説

　計器用変成器は，電圧を変換する(ア)**計器用変圧器**（VT）と，電流を変換する計器用変流器（CT）とに分けられ，高電圧あるいは大電流の回路から計器や(イ)**保護継電器**の動作に十分な低電圧や小電流を取り出すために設置される。

　計器用変流器は，一次側の大電流を小電流に変換して二次側に出力する機器であり，変流器の二次端子には，常に(ウ)**低**インピーダンスの負荷を接続しておく必要がある。また，変流器には一次端子のある巻線形変流器と，一次端子のない貫通形変流器がある。一次端子のある巻線形変流器は，その端子を被測定線路に(エ)**直列**に接続する。

　よって，(5)が正解。

解答… (5)

ポイント

巻線形変流器と貫通形変流器

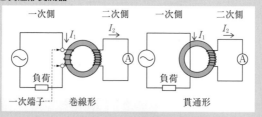

　問題文にある「一次端子のある変流器」とは巻線形変流器のことであり，一次端子を負荷のある被測定線路に直列に接続する必要があります。

問題78 変電所に設置される機器に関する記述として，誤っているのは次のうちどれか。

(1) 周波数変換装置は，周波数の異なる系統間において，系統又は電源の事故後の緊急応援電力の供給や電力の融通等を行うために使用する装置である。

(2) 線路開閉器（断路器）は，平常時の負荷電流や異常時の短絡電流及び地絡電流を通電でき，遮断器が開路した後，主として無負荷状態で開路して，回路の絶縁状態を保つ機器である。

(3) 遮断器は，負荷電流の開閉を行うだけではなく，短絡や地絡などの事故が生じたとき事故電流を迅速確実に遮断して，系統の正常化を図る機器である。

(4) 三巻線変圧器は，一般に一次側及び二次側をY結線，三次側をΔ結線とする。三次側に調相設備を接続すれば，送電線の力率調整を行うことができる。

(5) 零相変流器は，三相の電線を一括したものを一次側とし，三相短絡事故や3線地絡事故が生じたときのみ二次側に電流が生じる機器である。

H20-A6

	①	②	③	④	⑤
学 習 日					
理 解 度 (○/△/×)					

解説

(1) 正しい。

(2) 正しい。

(3) 正しい。

(4) 第3高調波電流を三次のΔ巻線で還流させることによって，系統を保護する。三次側に調相設備を接続すれば，送電線の力率調整を行うことができる。よって，正しい。

(5) 零相変流器は，通常状態では三相電流のベクトル和は0になり，変流器の二次側には電流が流れないが，地絡事故時などに二次側に電流が流れる。一方で，**三相短絡時には二次側には電流が流れない**。よって，**誤り**。

以上より，(5)が正解。

解答‥‥ (5)

問題79 配電用変電所における6.6 kV非接地方式配電線の一般的な保護に関する記述として，誤っているのは次のうちどれか。

(1) 短絡事故の保護のため，各配電線に過電流継電器が設置される。

(2) 地絡事故の保護のため，各配電線に地絡方向継電器が設置される。

(3) 地絡事故の検出のため，6.6 kV母線には地絡過電圧継電器が設置される。

(4) 配電線の事故時には，配電線引出口遮断器は，事故遮断して一定時間（通常1分）の後に再閉路継電器により自動再閉路される。

(5) 主要変圧器の二次側を遮断させる過電流継電器の動作時限は，各配電線を遮断させる過電流継電器の動作時限より短く設定される。

H15-A6

	①	②	③	④	⑤
学習日					
理解度 (○/△/×)					

解説

(1)〜(4)　正しい。

(5)　主要変圧器の二次側を遮断させる過電流継電器の動作時限は，各配電線を遮断させる過電流継電器の動作時限より**長く設定される**。よって，**誤り**。

以上より，(5)が正解。

解答…　(5)

　過電流継電器の動作時限は，変電所に近いほど長く設定されています。これは，停電が起きたときにその区間を最小限にするためです。

問題80 ガス絶縁開閉装置に関する記述として,誤っているものを次の(1)〜(5)のうちから一つ選べ。

(1) ガス絶縁開閉装置の充電部を支持するスペーサにはエポキシ等の樹脂が用いられる。

(2) ガス絶縁開閉装置の絶縁ガスは,大気圧以下のSF_6ガスである。

(3) ガス絶縁開閉装置の金属容器内部に,金属異物が混入すると,絶縁性能が低下することがあるため,製造時や据え付け時には,金属異物が混入しないよう,細心の注意が払われる。

(4) 我が国では,ガス絶縁開閉装置の保守や廃棄の際,絶縁ガスの大部分は回収されている。

(5) 絶縁性能の高いガスを用いることで装置を小形化でき,気中絶縁の装置を用いた変電所と比較して,変電所の体積と面積を大幅に縮小できる。

R1-A6

	①	②	③	④	⑤
学 習 日					
理 解 度 (○/△/×)					

解説

(1) ガス絶縁開閉装置の充電部を支持するスペーサなどの絶縁物には，おもにエポキシ樹脂などの固体絶縁体が用いられる。よって，正しい。

(2) ガス絶縁開閉装置には，**大気圧の約3～6倍の圧力**のSF_6ガス（六ふっ化硫黄ガス）を使用する。よって，**誤り**。

(3) ガス絶縁開閉装置の金属製内部に金属異物が混入すると，スペーサなどの絶縁物の表面に付着する可能性があり，金属異物が付着すれば絶縁性能が大きく低下することがある。そのため，製造時や据え付け時には，金属異物が混入しないよう，細心の注意が払われる。よって，正しい。

(4) ガス絶縁開閉装置に使用されるSF_6ガスは，温室効果ガスの一種であり，大気放出量が制限されているため，ガス絶縁開閉装置の保守や廃棄の際，大部分は回収されている。よって，正しい。

(5) SF_6ガスのような絶縁性能の高いガスを用いると，充電部を支持する固体絶縁体の長さを短くできる。そのため，装置の大きさを小形化可能であり，気中絶縁の装置を用いた変電所と比較して，変電所の体積と面積を大幅に縮小できるため経済的である。よって，正しい。

以上より，(2)が正解。

解答… (2)

問題81 電力系統における変電所の役割に関する記述として，誤っているのは次のうちどれか。

(1) 変圧器により昇圧又は降圧して送配電に適した電圧に変換する。

(2) 負荷時タップ切換変圧器などにより電圧を調整する。

(3) 軽負荷時には電力用コンデンサ，重負荷時には分路リアクトルを投入して無効電力を調整する。

(4) 送変電設備の過負荷運転を避けるため，開閉装置により系統切換を行って電力潮流を調整する。

(5) 送配電線に事故が発生したときは，遮断器により事故回線を切り離す。

H12-A6

	①	②	③	④	⑤
学習日					
理解度 (○/△/×)					

解説

(3)　電力用コンデンサは**重負荷時**（遅れ力率の時）に，分路リアクトルは**軽負荷時**（進み力率の時）に投入され無効電力を調整する。したがって，**誤り**。

よって，(3)が正解。

解答…　(3)

問題82　電力系統における変電所の役割と機能に関する記述として，誤っているのは次のうちどれか。

(1)　構外から送られる電気を，変圧器やその他の電気機械器具等により変成し，変成した電気を構外に送る。

(2)　送電線路で短絡や地絡事故が発生したとき，保護継電器により事故を検出し，遮断器にて事故回線を系統から切り離し，事故の波及を防ぐ。

(3)　送変電設備の局部的な過負荷運転を避けるため，開閉装置により系統切換を行って電力潮流を調整する。

(4)　無効電力調整のため，重負荷時には分路リアクトルを投入し，軽負荷時には電力用コンデンサを投入して，電圧をほぼ一定に保持する。

(5)　負荷変化に伴う供給電圧の変化時に，負荷時タップ切換変圧器等により電圧を調整する。

H21-A6

	①	②	③	④	⑤
学習日					
理解度 (○/△/×)					

解説

(1) 電気設備に関する技術基準（電技）1条5号によれば，変電所の定義は以下のとおりである。

> **電技1条5号（用語の定義）**
>
> 五　「変電所」とは，構外から伝送される電気を構内に施設した変圧器，回転変流機，整流器その他の電気機械器具により変成する所であって，変成した電気をさらに構外に伝送するもの（蓄電所を除く。）をいう。

よって，(1)は正しい。

(2) 保護継電器（保護リレー）とは，計器用変成器を介して電力系統の故障を検知して，すばやく故障箇所を切り離すための制御信号を遮断器に発する機器である。

遮断器とは，電路の開閉を行う装置である。遮断器は，常時の負荷電流を遮断するだけでなく，短絡や地絡などの事故が生じたときの異常電流を遮断し，事故箇所を系統から切り離す役割がある。よって，(2)は正しい。

(3) 変電所は，開閉装置によって系統切換を行って，電力潮流を調整する。よって，(3)は正しい。

(4) 重負荷時には遅れ無効電力の消費が大きくなり，電圧降下が大きくなるので，受電端電圧が低下する。この系統に対し，**電力用コンデンサ**を投入して遅れ無効電力を供給することにより，遅れ力率を改善し，電圧を一定に保持する。

また，軽負荷時には進み無効電力の消費が大きくなり，受電端電圧が送電端電圧よりも高くなるフェランチ効果が発生する。この系統に対し，**分路リアクトル**を投入して進み無効電力を供給することにより，進み力率を改善し，電圧を一定に保持する。よって，(4)は誤り。

(5) 負荷変化に伴う供給電圧の変化時に，負荷時タップ切換変圧器などによって電圧を調整する。よって，(5)は正しい。

以上より，(4)が正解。

解答… (4)

問題83 交流送配電系統では，負荷が変動しても受電端電圧値をほぼ一定に保つために，変電所等に力率を調整する設備を設置している。この装置を調相設備という。

調相設備には， [　(ア)　] ， [　(イ)　] ，同期調相機等がある。 [　(ウ)　] には [　(ア)　] により調相設備に進相負荷をとらせ， [　(エ)　] には [　(イ)　] により遅相負荷をとらせて，受電端電圧を調整する。同期調相機は界磁電流を調整することにより，上記いずれの調整も可能である。

上記の記述中の空白箇所(ア)，(イ)，(ウ)及び(エ)に当てはまる語句として，正しいものを組み合わせたのは次のうちどれか。

	(ア)	(イ)	(ウ)	(エ)
(1)	電力用コンデンサ	分路リアクトル	重負荷時	軽負荷時
(2)	電力用コンデンサ	分路リアクトル	軽負荷時	重負荷時
(3)	直列リアクトル	電力用コンデンサ	重負荷時	軽負荷時
(4)	分路リアクトル	電力用コンデンサ	軽負荷時	重負荷時
(5)	電力用コンデンサ	直列リアクトル	重負荷時	軽負荷時

H18-A5

	①	②	③	④	⑤
学 習 日					
理 解 度 (○/△/×)					

解説

　交流送配電系統では，負荷が変動しても受電端電圧値をほぼ一定に保つために，変電所等に力率を調整する設備を設置している。この装置を調相設備という。

　調相設備には，(ア)**電力用コンデンサ**，(イ)**分路リアクトル**，同期調相機等がある。(ウ)**重負荷時**（遅れ力率の時）には(ア)**電力用コンデンサ**により調相設備に進相負荷をとらせ，(エ)**軽負荷時**（進み力率の時）には(イ)**分路リアクトル**により遅相負荷をとらせて，受電端電圧を調整する。

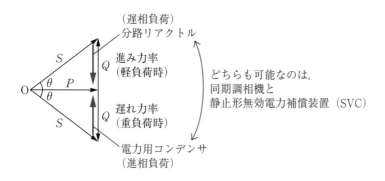

　同期調相機は界磁電流を調整することにより，上記いずれの調整も可能である。具体的には，界磁電流を増加させると電力用コンデンサとして働き，界磁電流を減少させると分路リアクトルとして働く。

　よって，(1)が正解。

　　　　　　　　　　　　　　　　　　　　　　　解答… (1)

問題84 一般に電力系統では，受電端電圧を一定に保つため，調相設備を負荷と　(ア)　に接続して無効電力の調整を行っている。

電力用コンデンサは力率を　(イ)　ために用いられ，分路リアクトルは力率を　(ウ)　ために用いられる。

同期調相機は，その　(エ)　を加減することによって，進み又は遅れの無効電力を連続的に調整することができる。

静止形無効電力補償装置は，　(オ)　でリアクトルに流れる電流を調整することにより，無効電力を高速に制御することができる。

上記の記述中の空白箇所(ア)，(イ)，(ウ)，(エ)及び(オ)に記入する語句として，正しいものを組み合わせたのは次のうちどれか。

	(ア)	(イ)	(ウ)	(エ)	(オ)
(1)	並列	進める	遅らせる	界磁電流	半導体スイッチ
(2)	直列	遅らせる	進める	電機子電流	半導体整流装置
(3)	並列	遅らせる	進める	界磁電流	半導体スイッチ
(4)	直列	進める	遅らせる	電機子電流	半導体整流装置
(5)	並列	遅らせる	進める	電機子電流	半導体スイッチ

H16-A8

	①	②	③	④	⑤
学 習 日					
理 解 度 (○/△/×)					

解説

　一般に電力系統では，受電端電圧を一定に保つため，調相設備を負荷と(ア)**並列**に接続して無効電力の調整を行っている。

　電力用コンデンサは力率を(イ)**進める**ために用いられ，分路リアクトルは力率を(ウ)**遅らせる**ために用いられる。

　同期調相機は，その(エ)**界磁電流**を加減することによって，進みまたは遅れの無効電力を連続的に調整することができる。界磁電流を増加させると電力用コンデンサとして働き，界磁電流を減少させると分路リアクトルとして働く（V曲線）。

　静止形無効電力補償装置は，(オ)**半導体スイッチ**でリアクトルに流れる電流を調整することにより，無効電力を高速に制御することができる。

　よって，(1)が正解。

解答…　(1)

問題85 電力系統において無効電力を調整する方法として，適切でないのは次のうちどれか。

(1) 負荷時タップ切換変圧器のタップを切り換えた。

(2) 重負荷時に，電力用コンデンサを系統に接続した。

(3) 軽負荷時に，分路リアクトルを系統に接続した。

(4) 負荷に応じて同期調相機の界磁電流を調整した。

(5) 静止形無効電力補償装置（SVC）により，無効電力を調整した。

H13-A6

	①	②	③	④	⑤
学 習 日					
理 解 度 (○/△/×)					

解説

(1) 負荷時タップ切換変圧器が行えるのは**電圧の調整**であり，無効電力を調整する方法として適切でない。よって，**誤り**。

(2) 電力用コンデンサは重負荷時（遅れ力率の時）に力率を進めるために用いられ，無効電力を調整する。よって，正しい。

(3) 分路リアクトルは軽負荷時（進み力率の時）に力率を遅らせるために用いられ，無効電力を調整する。よって，正しい。

(4) 同期調相機は負荷に応じて界磁電流を調整することによって，電力用コンデンサとしても分路リアクトルとしても働き，無効電力を調整する。よって，正しい。

(5) 静止形無効電力補償装置（SVC）は半導体スイッチ（サイリスタ）を用いて無効電力を調整する。よって，正しい。

以上より，(1)が正解。

解答… (1)

問題86 次の文章は，調相設備に関する記述である。

　送電線路の送・受電端電圧の変動が少ないことは，需要家ばかりでなく，機器への影響や電線路にも好都合である。負荷変動に対応して力率を調整し，電圧値を一定に保つため，調相設備を負荷と　(ア)　に接続する。

　調相設備には，電流の位相を進めるために使われる　(イ)　，電流の位相を遅らせるために使われる　(ウ)　，また，両方の調整が可能な　(エ)　や近年ではリアクトルやコンデンサの容量をパワーエレクトロニクスを用いて制御する　(オ)　装置もある。

　上記の記述中の空白箇所(ア)，(イ)，(ウ)，(エ)及び(オ)に当てはまる組合せとして，正しいものを次の(1)～(5)のうちから一つ選べ。

	(ア)	(イ)	(ウ)	(エ)	(オ)
(1)	並列	電力用コンデンサ	分路リアクトル	同期調相機	静止形無効電力補償
(2)	並列	直列リアクトル	電力用コンデンサ	界磁調整器	PWM制御
(3)	直列	電力用コンデンサ	直列リアクトル	同期調相機	静止形無効電力補償
(4)	直列	直列リアクトル	分路リアクトル	界磁調整器	PWM制御
(5)	直列	分路リアクトル	直列リアクトル	同期調相器	PWM制御

H24-A8

	①	②	③	④	⑤
学 習 日					
理 解 度 (○/△/×)					

解説

(ア)(イ)

　送電線路は三相３線式であるが，簡単のために一相分の等価回路で説明する。

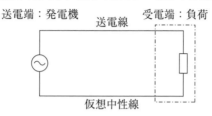

　調相設備（下図ではコンデンサ）を負荷に対して(ア)**並列**に挿入することで，線電流の相電圧に対する位相を調整することができる。

　負荷が純抵抗だとすると，並列にコンデンサを挿入する前の線電流は位相差なしの状態である。並列にコンデンサを挿入することで，送電線には新たに90°の進み電流が流れることになるため，位相差なしの線電流と重ね合わせた結果，位相差なしの状態から進み位相に変化する。この並列に挿入するコンデンサのことを(イ)**電力用コンデンサ**という。

(ウ)

　下図のような負荷に並列にリアクトルを挿入すると，線電流は電力用コンデンサ挿入時とは反対に遅れ位相に変化する。

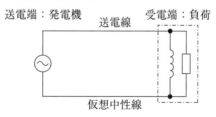

　この並列に挿入するリアクトルのことを(ウ)**分路リアクトル**という。

(エ)

　負荷を接続しない同期電動機を調相設備として使用することがある。これを(エ)**同**

期調相機という。同期調相機は進み・遅れのどちらの調整も可能である。

　同期調相機は，界磁電流の大きさを調整することで，同期調相機に流れ込む電機子電流の位相を遅れから進みまで連続的に制御できる。

(オ)

　問題文の装置は(オ)**静止形無効電力補償**装置（SVC）という。この装置内には，次の図のように，電力用コンデンサと分路リアクトルが並列に接続されている。

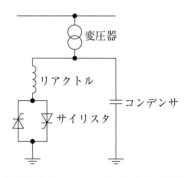

　サイリスタの制御角を変化させ，リアクトルに流れる電流の量を調整することで，無効電力を遅れから進みまで高速かつ連続的に制御できる。

　よって，(1)が正解。

解答… (1)

問題87 定格容量750 kV・Aの三相変圧器に遅れ力率0.9の三相負荷500 kW が接続されている。

この三相変圧器に新たに遅れ力率0.8の三相負荷200 kWを接続する場合，次の(a)及び(b)の問に答えよ。

(a) 負荷を追加した後の無効電力[kvar]の値として，最も近いものを次の(1)～(5)のうちから一つ選べ。

(1) 339 　(2) 392 　(3) 472 　(4) 525 　(5) 610

(b) この変圧器の過負荷運転を回避するために，変圧器の二次側に必要な最小の電力用コンデンサ容量[kvar]の値として，最も近いものを次の(1)～(5)のうちから一つ選べ。

(1) 50 　(2) 70 　(3) 123 　(4) 203 　(5) 256

H24-B17

	①	②	③	④	⑤
学 習 日					
理 解 度 (○/△/×)					

解説

(a) 有効電力をP[kW]，無効電力をQ[kvar]，皮相電力をS[kV・A]，力率角をθとすると，遅れ電流が流れたときの電力三角形は下図になる。

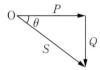

図より，無効電力Qを有効電力Pおよび力率角θで表すと，

$$Q = P\tan\theta = P\frac{\sin\theta}{\cos\theta} = P\frac{\sqrt{1 - \cos^2\theta}}{\cos\theta}\,[\text{kvar}]$$

$P_1 = 500\,\text{kW}$，力率0.9の負荷の無効電力をQ_1[kvar]，$P_2 = 200\,\text{kW}$，力率0.8の負荷の無効電力をQ_2[kvar]とすると，どちらも遅れ力率であるから，

$$Q = Q_1 + Q_2 = 500 \times \frac{\sqrt{1 - 0.9^2}}{0.9} + 200 \times \frac{\sqrt{1 - 0.8^2}}{0.8} \fallingdotseq 392\,\text{kvar}$$

よって，(2)が正解。

(b) 過負荷運転を回避するために変圧器の二次側に必要な電力用コンデンサ容量をQ_C[kvar]とすると，三相変圧器が定格運転しているときのベクトル図は下図のようになる。

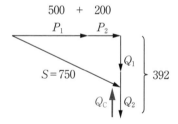

ベクトル図よりQ_C[kvar]を求める。

$$S^2 = (P_1 + P_2)^2 + (Q_1 + Q_2 - Q_C)^2$$
$$\sqrt{S^2 - (P_1 + P_2)^2} = Q_1 + Q_2 - Q_C$$
$$\therefore Q_C = (Q_1 + Q_2) - \sqrt{S^2 - (P_1 + P_2)^2}$$
$$= 392 - \sqrt{750^2 - (700)^2} \fallingdotseq 123\,\text{kvar}$$

よって，(3)が正解。

解答… (a)(2) (b)(3)

問題88 負荷電力 P_1[kW]，力率 $\cos\phi_1$（遅れ）の負荷に電力を供給している三相3線式高圧配電線路がある。負荷電力が P_1[kW]から P_2[kW]に，力率が $\cos\phi_1$（遅れ）から $\cos\phi_2$（遅れ）に変わったが，線路損失の変化はなかった。このときの $\dfrac{P_1}{P_2}$ の値を示す式として，正しいのは次のうちどれか。

ただし，負荷の端子電圧は変わらないものとする。

(1) $\dfrac{\cos\phi_1}{\cos\phi_2}$　(2) $\dfrac{\cos\phi_2}{\cos\phi_1}$　(3) $\dfrac{\cos^2\phi_1}{\cos^2\phi_2}$　(4) $\dfrac{\cos^2\phi_2}{\cos^2\phi_1}$

(5) $\cos\phi_1 \cdot \cos\phi_2$

H14-A9

	①	②	③	④	⑤
学習日					
理解度 (○/△/×)					

解説

三相3線式高圧配電線路の線路損失 P_L[kW]は，

$$P_L = 3RI^2 \text{[kW]}$$

と表されるので，線路損失 P_L が一定であれば，負荷電流 I[A]は一定となる。

問題文より，この配電線路では線路損失 P_L は一定であるので，負荷電流 I は一定である。同様に問題文より，負荷の端子電圧 V[V]も一定である。

ゆえに，負荷の皮相電力 S[kV·A]は，

$$S = \sqrt{3}\,VI \text{[kV·A]}$$

と表されるので，この配電線路では S[kV·A]は一定であることがわかる。

変化前の負荷電力を P_1[kW]，無効電力を Q_1[kvar]，力率を $\cos\phi_1$，変化後の負荷電力を P_2[kW]，無効電力を Q_2[kvar]，力率を $\cos\phi_2$ とすると，下図のような電力三角形を描くことができる。

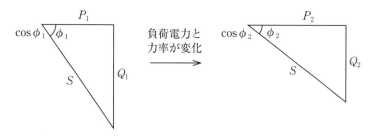

皮相電力 S[kV·A]は変わらない！

力率の式 $\cos\phi = \dfrac{P}{S}$ より，負荷の皮相電力 S[kV·A]は，

$$\cos\phi_1 = \frac{P_1}{S} \qquad \cos\phi_2 = \frac{P_2}{S}$$

$$S = \frac{P_1}{\cos\phi_1} = \frac{P_2}{\cos\phi_2}$$

以上より，負荷電力 P_1 および P_2 の比は，

$$\frac{P_1}{P_2} = \frac{\cos\phi_1}{\cos\phi_2}$$

よって，(1)が正解。

解答… (1)

問題89 配電線に100 kW，遅れ力率60 %の三相負荷が接続されている。この受電端に45 kvarの電力用コンデンサを接続した。次の(a)及び(b)に答えよ。

ただし，電力用コンデンサ接続前後の電圧は変わらないものとする。

(a) 電力用コンデンサを接続した後の受電端の無効電力[kvar]の値として，最も近いのは次のうちどれか。

(1) 56　　(2) 60　　(3) 75　　(4) 88　　(5) 133

(b) 電力用コンデンサ接続前と後の力率[%]の差の大きさとして，最も近いのは次のうちどれか。

(1) 5　　(2) 15　　(3) 25　　(4) 55　　(5) 75

H21-B17

	①	②	③	④	⑤
学習日					
理解度 (○/△/×)					

解説

(a)

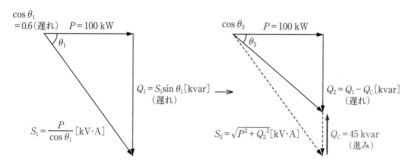

電力用コンデンサ接続前　　　　　電力用コンデンサ接続後
　　　　　　　　　　　　　　　　　（点線は接続前）

図より，三相負荷の無効電力 Q_1[kvar]は，

$$Q_1 = S_1 \times \sin \theta_1 = \frac{P}{\cos \theta_1} \times \sin \theta_1 = \frac{100}{0.6} \times \sqrt{1-0.6^2} \fallingdotseq 133.33 \text{ kvar （遅れ）}$$

電力用コンデンサ接続後の受電端の無効電力 Q_2[kvar]は，三相負荷の遅れ無効電力 Q_1[kvar]と電力用コンデンサの進み無効電力 Q_C[kvar]の差となるので，

$$Q_2 = Q_1 - Q_C = 133.33 - 45 = 88.33 \fallingdotseq 88 \text{ kvar （遅れ）}$$

よって，(4)が正解。

(b)　(a)の右図を参考にすると，電力用コンデンサ接続後の受電端の力率 $\cos \theta_2$ は，

$$\cos \theta_2 = \frac{P}{S_2} = \frac{P}{\sqrt{P^2 + Q_2^2}} = \frac{100}{\sqrt{100^2 + 88.33^2}} \fallingdotseq 0.7495 = 74.95 \text{ \% （遅れ）}$$

したがって，電力用コンデンサ接続前後の力率の差[%]は，

$$\cos \theta_2 - \cos \theta_1 = 74.95 - 60 = 14.95 \fallingdotseq 15 \text{ \%}$$

よって，(2)が正解。

解答… **(a)**(4)　**(b)**(2)

無効電力には進み無効電力と遅れ無効電力の2種類があります。
進み無効電力はコンデンサのような容量性負荷で消費される無効電力です。
遅れ無効電力はコイルのような誘導性負荷で消費される無効電力です。

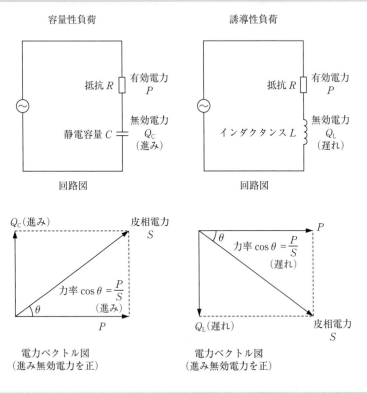

図のように進み無効電力と遅れ無効電力は位相が180°異なるため，互いに打ち消しあいます。

　ほとんどの電気機器は誘導性負荷ですので，一般的に需要設備は進み無効電力よりも遅れ無効電力を多く消費しており，皮相電力と有効電力の比である力率は1より小さい状態となっています。

　力率が1よりも小さいと，線路での電力損失・電圧降下の増加，設備容量の圧迫などの問題が生じてしまうので，力率をできる限り1に近づけることが好ましいです。

　そのため，本問のように容量性負荷である電力用コンデンサを接続し，遅れ無効電力を進み無効電力で打ち消すことで，力率を改善します。

CHAPTER 06

送電

問題90 次の文章は，架空送電線の多導体方式に関する記述である。

送電線において，1相に複数の電線を $\boxed{\quad(ア)\quad}$ を用いて適度な間隔に配置したものを多導体と呼び，主に超高圧以上の送電線に用いられる。多導体を用いることで，電線表面の電位の傾きが $\boxed{\quad(イ)\quad}$ なるので，コロナ開始電圧が $\boxed{\quad(ウ)\quad}$ なり，送電線のコロナ損失，雑音障害を抑制することができる。

多導体は合計断面積が等しい単導体と比較すると，表皮効果が $\boxed{\quad(エ)\quad}$ 。また，送電線の $\boxed{\quad(オ)\quad}$ が減少するため，送電容量が増加し系統安定度の向上につながる。

上記の記述中の空白箇所(ア)，(イ)，(ウ)，(エ)及び(オ)に当てはまる組合せとして，正しいものを次の(1)〜(5)のうちから一つ選べ。

	(ア)	(イ)	(ウ)	(エ)	(オ)
(1)	スペーサ	大きく	低く	大きい	インダクタンス
(2)	スペーサ	小さく	高く	小さい	静電容量
(3)	シールドリング	大きく	高く	大きい	インダクタンス
(4)	スペーサ	小さく	高く	小さい	インダクタンス
(5)	シールドリング	小さく	低く	大きい	静電容量

H30-A9

	①	②	③	④	⑤
学 習 日					
理 解 度 (○/△/×)					

解説

(ア) 1相に複数の電線を用いる場合，電線どうしが接触しないように，(ア)**スペーサ**で電線の間隔を保持する。

(イ) 多導体を用いることで，電線の等価半径が大きくなる。等価半径が大きくなると，電線表面の電位の傾きが(イ)**小さく**なる。

(ウ) 電線表面の電位の傾きが小さくなると，コロナ開始電圧が(ウ)**高く**なり，コロナ放電が起こりにくくなる。

(エ) 表皮効果により電流が導体の表面に集中して流れると，電流が流れている部分の体積が電線の総体積と比較して小さくなり，抵抗が増加する。一方，多導体の場合，電流が流れる表面領域が導体の本数分増加し，電流が流れることができる体積が増える。図で表すと次のようになる。

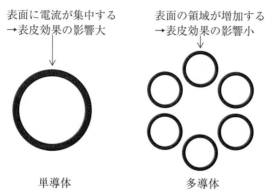

表面に電流が集中する
→表皮効果の影響大

表面の領域が増加する
→表皮効果の影響小

単導体　　　　　　　　多導体

以上より，多導体は単導体と比較して表皮効果が(エ)**小さい**。

(オ) 電線の半径が大きくなると，電線の作用インダクタンスは減少する。単導体を合計断面積の等しい多導体にすると，電線の等価半径が大きくなるため，(オ)**インダクタンス**は減少する。

よって，(4)が正解。

解答… **(4)**

ポイント

単導体の電線を同一断面積の多導体の電線に取り替えると，抵抗とインダクタンスが小さくなり，コロナ開始電圧が高くなるため，断面積の大きい単導体の電線に取り替えるのと同じ効果が発生します。この効果を「電線の等価半径が大きくなる」と表現します。

問題91 架空送電線路のがいしの塩害現象及びその対策に関する記述として，誤っているものを次の(1)～(5)のうちから一つ選べ。

(1) がいし表面に塩分等の導電性物質が付着した場合，漏れ電流の発生により，可聴雑音や電波障害が発生する場合がある。

(2) 台風や季節風などにより，がいし表面に塩分が急速に付着することで，がいしの絶縁が低下して漏れ電流の増加やフラッシオーバが生じ，送電線故障を引き起こすことがある。

(3) がいしの塩害対策として，がいしの洗浄，がいし表面へのはっ水性物質の塗布の採用や多導体方式の適用がある。

(4) がいしの塩害対策として，雨洗効果の高い長幹がいし，表面漏れ距離の長い耐霧がいしや耐塩がいしが用いられる。

(5) 架空送電線路の耐汚損設計において，がいしの連結個数を決定する場合には，送電線路が通過する地域の汚損区分と電圧階級を加味する必要がある。

H27-A9

	①	②	③	④	⑤
学 習 日					
理 解 度 (○/△/×)					

(1) がいし表面に漏れ電流が流れると，可聴雑音や電波障害が発生する場合がある。よって，(1)は正しい。

(2) 台風や季節風により，がいし表面の塩分付着密度が非常に高くなると，漏れ電流の増加を経てフラッシオーバに至り，地絡事故となる。よって，(2)は正しい。

(3) がいしの洗浄，がいし表面へのはっ水性物質の塗布は塩害対策として有効である。多導体方式が有効になるのは**コロナ放電の抑制に対して**である。よって，(3)は**誤り**。

(4) 表面距離を長くすることで，がいし表面を流れる漏れ電流を抑えることができる。よって，(4)は正しい。

(5) 汚損が著しい地域であるほど，電圧階級が高いほどがいしの連結個数を増やす必要がある。よって，(5)は正しい。

以上より，(3)が正解。

解答… **(3)**

問題92 架空送電線路の構成要素に関する記述として，誤っているものを次の(1)〜(5)のうちから一つ選べ。

(1) 鋼心アルミより線　：中心に亜鉛メッキ鋼より線を配置し，その周囲に
　　（ACSR）　　　　　硬アルミ線を同心円状により合わせた電線。

(2) アーマロッド　　　：クランプ部における電線の振動疲労防止対策及び
　　　　　　　　　　　溶断防止対策として用いられる装置。

(3) ダンパ　　　　　　：微風振動に起因する電線の疲労，損傷を防止する
　　　　　　　　　　　目的で設置される装置。

(4) スペーサ　　　　　：多導体方式において，負荷電流による電磁吸引力
　　　　　　　　　　　や強風などによる電線相互の接近・衝突を防止す
　　　　　　　　　　　るために用いられる装置。

(5) 懸垂がいし　　　　：電圧階級に応じて複数個を連結して使用するもの
　　　　　　　　　　　で，棒状の絶縁物の両側に連結用金具を接着した
　　　　　　　　　　　装置。

H25-A8

	①	②	③	④	⑤
学 習 日					
理 解 度 (○/△/×)					

(1) 鋼心アルミより線は，中心に引張強さが大きい亜鉛メッキ鋼より線を使用し，その周囲に硬アルミ線をより合わせたものである。硬銅より線は銅から作られるため導電率が高いが，高価である。対して，鋼心アルミより線は安価である。

鋼心アルミより線はアルミと鋼を使っているため銅より導電率は低いが，断面積を大きくすることで抵抗値を抑制している。よって，(1)は正しい。

(2) アーマロッドとは，振動によるクランプ部（留め具部分）の断線や，フラッシオーバ時のアークによる溶断を防止するための補強材である。よって，(2)は正しい。

(3) 送電線に微風が当たると，送電線の背後にカルマン渦と呼ばれる空気の渦が発生し，この渦により電線が上下に振動する。これを微風振動といい，長時間継続すると電線が疲労，損傷する。ダンパは，この振動を抑制するために送電線に取り付けられるおもりである。よって，(3)は正しい。

(4) 通常の送電線は，一相あたりの電線数を1本とする単導体方式を採用しているが，コロナ放電や電圧降下を抑制する場合に多導体方式を採用することがある。同じ方向に電流が流れている導体は電磁力により引き合う性質があるため，接近・衝突を避けるためにスペーサを用いる。また，スペーサには強風による電線の接近・衝突を防ぐ役割もある。よって，(4)は正しい。

(5) 懸垂がいしとは，支持物を絶縁するために用いるもので，複数個を連結して使う。送電線の電圧階級によって必要とする絶縁強度が変わるため，懸垂がいしの連結個数も変わる。しかし，懸垂がいしの形状は棒状ではなく，**円形**の形状をしている。よって，(5)は**誤り**。

以上より，(5)が正解。

解答… (5)

問題93 架空送電線路の構成要素に関する記述として，誤っているのは次のうちどれか。

(1) アークホーン：がいしの両端に設けられた金属電極をいい，雷サージによるフラッシオーバの際生じるアークを電極間に生じさせ，がいし破損を防止するものである。

(2) トーショナル：着雪防止が目的で電線に取り付ける。風による振動エダンパ　　　ネルギーで着雪を防止し，ギャロッピングによる電線間の短絡事故などを防止するものである。

(3) アーマロッド：電線の振動疲労防止やアークスポットによる電線溶断防止のため，クランプ付近の電線に同一材質の金属を巻き付けるものである。

(4) 相間スペーサ：強風による電線相互の接近及び衝突を防止するため，電線相互の間隔を保持する器具として取り付けるものである。

(5) 埋設地線　　：塔脚の地下に放射状に埋設された接地線，あるいは，いくつかの鉄塔を地下で連結する接地線をいい，鉄塔の塔脚接地抵抗を小さくし，逆フラッシオーバを抑止する目的等のため取り付けるものである。

H20-A9

	①	②	③	④	⑤
学 習 日					
理 解 度 (○/△/×)					

(1) アークホーンは，がいしの両端に設けられた金属電極をいい，雷サージによるフラッシオーバの際生じるアークをアークホーン間に誘導し，がいし破損を防止するものである。よって，(1)は正しい。

(2) トーショナルダンパはダンパの一種であり，風による振動エネルギーを吸収し，電線の疲労などによる**断線や損傷を防止**するためのものである。よって，(2)は**誤り**。

(3) アーマロッドは電線の振動疲労防止やフラッシオーバ時のアークスポットによる電線溶断防止のため，クランプ付近の電線に同一材質の金属を巻き付けるものである。よって，(3)は正しい。

(4) 相間スペーサは強風による電線相互の接近，衝突による相間短絡事故及びギャロッピングを防止するため，電線相互の間隔を保持する器具として取り付けるものである。よって，(4)は正しい。

(5) 埋設地線は塔脚の地下に放射状に埋設された接地線，あるいは，いくつかの鉄塔を地下で連結する接地線をいう。鉄塔の塔脚接地抵抗を小さくすることで，鉄塔に直撃雷があった際の鉄塔の電位上昇を抑制し，逆フラッシオーバを抑止する目的等のため取り付けるものである。よって，(5)は正しい。

以上より，(2)が正解。

解答… (2)

問題94 架空電線が電線と直角方向に毎秒数メートル程度の風を受けると，電線の後方に渦を生じて電線が上下に振動することがある。これを微風振動といい，これが長時間継続すると電線の支持点付近で断線する場合もある。微風振動は ____(ア)____ 電線で，径間が ____(イ)____ ほど，また，張力が ____(ウ)____ ほど発生しやすい。対策としては，電線にダンパを取り付けて振動そのものを抑制したり，断線防止策として支持点近くをアーマロッドで補強したりする。電線に翼形に付着した氷雪に風が当たると，電線に揚力が働き複雑な振動が生じる。これを ____(エ)____ といい，この振動が激しくなると相間短絡事故の原因となる。主な防止策として，相間スペーサの取り付けがある。また，電線に付着した氷雪が落下したときに発生する振動は， ____(オ)____ と呼ばれ，相間短絡防止策としては，電線配置にオフセットを設けることなどがある。

上記の記述中の空白箇所(ア), (イ), (ウ), (エ)及び(オ)に当てはまる語句として，正しいものを組み合わせたのは次のうちどれか。

	(ア)	(イ)	(ウ)	(エ)	(オ)
(1)	軽い	長い	大きい	ギャロッピング	スリートジャンプ
(2)	重い	短い	小さい	スリートジャンプ	ギャロッピング
(3)	軽い	短い	小さい	ギャロッピング	スリートジャンプ
(4)	軽い	長い	大きい	スリートジャンプ	ギャロッピング
(5)	重い	長い	大きい	ギャロッピング	スリートジャンプ

H22-A10

	①	②	③	④	⑤
学習日					
理解度 (○/△/×)					

解説

　電線が(ア)**軽く**，(イ)**長い**径間で，張力が(ウ)**大きい**ほど微風振動は発生しやすい。

　氷雪が付着した電線に強風が吹き付け，複雑な振動を生じる現象を(エ)**ギャロッピ ング**といい，付着した氷雪が一気に外れ落ち，電線がはね上がる（ジャンプする）現象を(オ)**スリートジャンプ**という。

　よって，(1)が正解。

解答…　(1)

　オフセットとは離隔のことです。

問題95 架空送電線路の雷害対策に関する記述として，誤っているものを次の(1)～(5)のうちから一つ選べ。

(1) 直撃雷から架空送電線を遮へいする効果を大きくするためには，架空地線の遮へい角を小さくする。

(2) 送電用避雷装置は雷撃時に発生するアークホーン間電圧を抑制できるので，雷による事故を抑制できる。

(3) 架空地線を多条化することで，架空地線と電力線間の結合率が増加し，鉄塔雷撃時に発生するアークホーン間電圧が抑制できるので，逆フラッシオーバの発生が抑制できる。

(4) 二回線送電線路で，両回線の絶縁に格差を設け，二回線にまたがる事故を抑制する方法を不平衡絶縁方式という。

(5) 鉄塔塔脚の接地抵抗を低減させることで，電力線への雷撃に伴う逆フラッシオーバの発生を抑制できる。

H26-A8

	①	②	③	④	⑤
学習日					
理解度 (○/△/×)					

解説

(1) 遮へい角とは，架空地線から真下に引いた鉛直線と，架空地線と送電線とを結ぶ直線のなす角のことをいう。遮へい角が小さいほど直撃雷を防止する効果が大きくなる。よって，(1)は正しい。

(2) 送電用避雷装置をがいしと並列に設置することで，雷撃時に発生するアークホーン間電圧を抑制できる。よって，(2)は正しい。

(3) 鉄塔雷撃時に生じる電流は，鉄塔から大地や架空地線へと流れる。架空地線を多条化することで，架空地線と電力線間の電磁的な結合率が増加し，鉄塔雷撃時に発生するアークホーン間電圧を抑制できる。よって，(3)は正しい。

(4) 二回線送電線路において，両回線の絶縁強度に差を設けることにより，二回線にまたがる事故を抑制することができる。これは逆フラッシオーバによる雷電流が，絶縁強度を低くしている回線のみに流れるためである。よって，(4)は正しい。

(5) 鉄塔塔脚の接地抵抗を低減させることで，**架空地線や鉄塔**への雷撃に伴う逆フラッシオーバの発生を抑制できる。よって，(5)は**誤り**。

以上より，**(5)**が正解。

解答… **(5)**

架空送電線から鉄塔に放電することをフラッシオーバといい，鉄塔から架空送電線に放電することを逆フラッシオーバといいます。

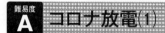

難易度 A コロナ放電(1)

SECTION 05

問題96 架空送電線路におけるコロナ放電及びそれに関わる障害に関する記述として，誤っているものを次の(1)～(5)のうちから一つ選べ。

(1) 電線表面電界がある値を超えると，コロナ放電が発生する。

(2) コロナ放電が発生すると，電線や取り付け金具で腐食が生じることがある。

(3) 単導体方式は，多導体方式に比べてコロナ放電の発生を抑制できる。

(4) コロナ放電が発生すると，電気エネルギーの一部が音，光，熱などに変換され，コロナ損という電力損失が生じる。

(5) コロナ放電が発生すると，架空送電線近傍で誘導障害や受信障害が生じることがある。

H26-A9

	①	②	③	④	⑤
学習日					
理解度 (○/△/×)					

解説

(1) コロナ放電とは一般に，超高圧の送電線などで起こる，空気が絶縁破壊し電線表面から放電する現象のことをいう。電線表面電界が空気の絶縁耐力を超えると，コロナ放電が発生する。よって，(1)は正しい。

(2) 電線や取り付け金具などの金属における腐食とは，腐食生成物（さび）を生じる酸化反応をいう。コロナ放電により，導体などで腐食が生じることがある。よって，(2)は正しい。

(3) 一相あたり電線 1 本の単導体方式に比べ，一相分の電線として複数の電線を用いる**多導体方式の方がコロナ放電の発生を抑制できる**。よって，(3)は誤り。

(4) コロナ放電が発生すると電気エネルギーの一部が，音，光，熱などに変換される。コロナ放電による電力損失をコロナ損という。よって，(4)は正しい。

(5) コロナ放電が発生すると，架空送電線近傍で通信線への誘導障害や，無線通信への受信障害などが生じることがある。よって，(5)は正しい。

以上より，(3)が正解。

解答… (3)

問題97　次の文章は，コロナ損に関する記述である。

　送電線に高電圧が印加され，　(ア)　がある程度以上になると，電線からコロナ放電が発生する。コロナ放電が発生するとコロナ損と呼ばれる電力損失が生じる。コロナ放電の発生を抑えるには，電線の実効的な直径を　(イ)　するために　(ウ)　する，線間距離を　(エ)　する，などの対策がとられている。コロナ放電は，気圧が　(オ)　なるほど起こりやすくなる。

　上記の記述中の空白箇所(ア)～(オ)に当てはまる組合せとして，正しいものを次の(1)～(5)のうちから一つ選べ。

	(ア)	(イ)	(ウ)	(エ)	(オ)
(1)	電流密度	大きく	単導体化	大きく	低く
(2)	電線表面の電界強度	大きく	多導体化	大きく	低く
(3)	電流密度	小さく	単導体化	小さく	高く
(4)	電線表面の電界強度	小さく	単導体化	大きく	低く
(5)	電線表面の電界強度	大きく	多導体化	小さく	高く

R5上-A9

	①	②	③	④	⑤
学 習 日					
理 解 度 (○/△/×)					

解説

　コロナ放電とは，送電線に高電圧が印加され，(ア)**電線表面の電界強度**がある程度以上になり，空気の絶縁耐力よりも大きくなると，絶縁破壊を起こし放電する現象である。

　コロナ放電が発生するとコロナ損と呼ばれる電力損失が生じる。そこで，コロナ損の発生を抑える目的で，電線の実効的な直径を(イ)**大きく**するために(ウ)**多導体化**する，線間距離を(エ)**大きく**する，などの対策がとられている。また，コロナ放電は，気圧が(オ)**低く**なるほど起こりやすくなる。

　よって，(2)が正解。

解答… (2)

問題98 送配電線路のフェランチ効果に関する記述として，誤っているものを次の(1)〜(5)のうちから一つ選べ。

(1) 受電端電圧の方が送電端電圧より高くなる現象である。

(2) 線路電流が大きい場合より著しく小さい場合に生じることが多い。

(3) 架空送配電線路の負荷側に地中送配電線路が接続されている場合に生じる可能性が高くなる。

(4) 線路電流の位相が電圧に対して遅れている場合に生じることが多い。

(5) 送配電線路のこう長が短い場合より長い場合に生じることが多い。

H24-A12

	①	②	③	④	⑤
学 習 日					
理 解 度 (○/△/×)					

解説

　負荷の力率は一般的に遅れ力率であるので，通常負荷時の電流の位相は電圧の位相よりも遅れる。

　そのため，送配電線路の電圧と電流のベクトル図は図aのようになる。

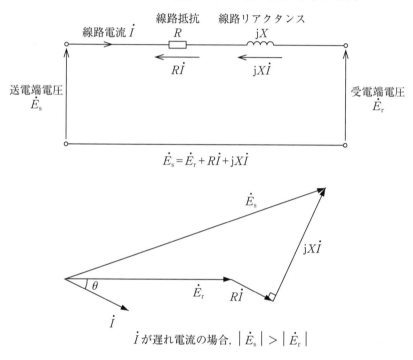

$$\dot{E}_s = \dot{E}_r + R\dot{I} + jX\dot{I}$$

$\dot{I}$ が遅れ電流の場合，$|\dot{E}_s| > |\dot{E}_r|$

図 a

　図aをみればわかるように，受電端電圧$\dot{E}_r$は送電端電圧$\dot{E}_s$よりも小さい。

　しかし，無負荷または負荷が非常に小さい場合，送配電線路の静電容量による進み電流の影響が大きくなり，電流の位相が電圧の位相よりも進む。

　そのため，送配電線路の電圧と電流のベクトル図は図bのようになる。

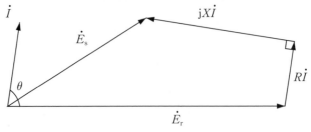

$\dot{I}$ が進み電流の場合，$\left|\dot{E}_\mathrm{s}\right| < \left|\dot{E}_\mathrm{r}\right|$

図 b

図bをみればわかるように，受電端電圧 $\dot{E}_\mathrm{r}$ は送電端電圧 $\dot{E}_\mathrm{s}$ よりも大きくなる。この現象をフェランチ現象という。

⑴　正しい。

⑵　無負荷または負荷が非常に小さいと，線路電流が非常に小さくなり，線路の遅れ電流も非常に小さくなる。その結果，進み電流の影響が大きくなり，フェランチ現象が発生しやすくなる。よって，正しい。

⑶　地中送配電線路では架空送配電線路よりも静電容量が大きくなるため，より大きな進み電流が流れ，フェランチ現象が発生しやすくなる。よって，正しい。

⑷　線路電流の位相が電圧に対して**進んでいる**場合に，フェランチ現象は発生しやすい。よって，**誤り**。

⑸　送電線路のこう長が長いほど，送電線路の静電容量は大きくなり，より大きな進み電流が流れ，フェランチ現象が発生しやすくなる。よって，正しい。

以上より，⑷が正解。

解答… ⑷

問題99 次の文章は，送配電線路での過電圧に関する記述である。

　送配電系統の運転中には，様々な原因で，公称電圧ごとに定められている最高電圧を超える異常電圧が現れる。このような異常電圧は過電圧と呼ばれる。

　過電圧は，その発生原因により，外部過電圧と内部過電圧に大別される。

　外部過電圧は主に自然雷に起因し，直撃雷，誘導雷，逆フラッシオーバに伴う過電圧などがある。このうち一般の配電線路で発生頻度が最も多いのは　(ア)　に伴う過電圧である。

　内部過電圧の代表的なものとしては，遮断器や断路器の動作に伴って発生する　(イ)　過電圧や，　(ウ)　時の健全相に現れる過電圧，さらにはフェランチ現象による過電圧などがある。

　また，過電圧の波形的特徴から，外部過電圧や，内部過電圧のうちの　(イ)　過電圧は　(エ)　過電圧，　(ウ)　やフェランチ現象に伴うものなどは　(オ)　過電圧と分類されることもある。

　上記の記述中の空白箇所(ア)，(イ)，(ウ)，(エ)及び(オ)に当てはまる組合せとして，正しいものを次の(1)〜(5)のうちから一つ選べ。

	(ア)	(イ)	(ウ)	(エ)	(オ)
(1)	誘導雷	開閉	一線地絡	サージ性	短時間交流
(2)	直撃雷	アーク間欠地絡	一線地絡	サージ性	短時間交流
(3)	直撃雷	開閉	三相短絡	短時間交流	サージ性
(4)	誘導雷	アーク間欠地絡	混触	短時間交流	サージ性
(5)	逆フラッシオーバ	開閉	混触	短時間交流	サージ性

H23-A7

214

　送配電系統の運転中には，様々な原因で，公称電圧ごとに定められている最高電圧を超える異常電圧が現れる。このような異常電圧は過電圧と呼ばれる。

　過電圧は，その発生原因により，外部過電圧と内部過電圧に大別される。

　外部過電圧は主に自然雷に起因し，直撃雷，誘導雷，逆フラッシオーバに伴う過電圧などがある。このうち一般の配電線路で発生頻度が最も多いのは(ｱ)**誘導雷**に伴う過電圧である。

　内部過電圧の代表的なものとしては，遮断器や断路器の動作に伴って発生する(ｲ)**開閉**過電圧や，(ｳ)**一線地絡**時の健全相に現れる過電圧，さらにはフェランチ現象による過電圧などがある。

　また，過電圧の波形的特徴から，外部過電圧や，内部過電圧のうちの(ｲ)**開閉**過電圧は(ｴ)**サージ性**過電圧，(ｳ)**一線地絡**やフェランチ現象に伴うものなどは(ｵ)**短時間交流**過電圧と分類されることもある。

　これらをまとめると以下のようになる。

　よって，(1)が正解。

解答… 　(1)

	①	②	③	④	⑤
学 習 日					
理 解 度 (○/△/×)					

問題100 一般に，三相送配電線に接続される変圧器は $\Delta-Y$ 又は $Y-\Delta$ 結線されることが多く，Y結線の中性点は接地インピーダンス Z_n で接地される。この接地インピーダンス Z_n の大きさや種類によって種々の接地方式がある。中性点の接地方式に関する記述として，誤っているのは次のうちどれか。

(1) 中性点接地の主な目的は，1線地絡などの故障に起因する異常電圧（過電圧）の発生を抑制したり，地絡電流を抑制して故障の拡大や被害の軽減を図ることである。中性点接地インピーダンスの選定には，故障点のアーク消弧作用，地絡リレーの確実な動作などを勘案する必要がある。

(2) 非接地方式（$Z_n \to \infty$）では，1線地絡時の健全相電圧上昇倍率は大きいが，地絡電流の抑制効果が大きいのがその特徴である。わが国では，一般の需要家に供給する6.6 kV配電系統においてこの方式が広く採用されている。

(3) 直接接地方式（$Z_n \to 0$）では，故障時の異常電圧（過電圧）倍率が小さいため，わが国では，187 kV以上の超高圧系統に広く採用されている。一方，この方式は接地が簡単なため，わが国の77 kV以下の下位系統でもしばしば採用されている。

(4) 消弧リアクトル接地方式は，送電線の対地静電容量と並列共振するように設定されたリアクトルで接地する方式で，1線地絡時の故障電流はほとんど零に抑制される。このため，遮断器によらなくても地絡故障が自然消滅する。しかし，調整が煩雑なため近年この方式の新たな採用は多くない。

(5) 抵抗接地方式（$Z_n =$ ある適切な抵抗値 $R[\Omega]$）は，わが国では主として154 kV以下の送電系統に採用されており，中性点抵抗により地絡電流を抑制して，地絡時の通信線への誘導電圧抑制に大きな効果がある。しかし，地絡リレーの検出機能が低下するため，何らかの対応策を必要とする場合もある。

H22-A8

解説

(1) 正しい。

(2) 非接地方式では、1線地絡時の健全相電圧上昇倍率が大きく、線間電圧（$\sqrt{3}$ 倍）まで上昇する。地絡電流の抑制効果も大きく、6.6 kV の配電系統においてこの方式が広く採用されている。よって、正しい。

(3) 前半は正しい。しかし、直接接地方式は地絡事故発生時に中性点を流れる電流が大きくなり、電磁誘導障害を引き起こす恐れがあるため、**わが国の 77 kV 以下の下位系統では採用されていない。**よって、**誤り。**

(4) 正しい。消弧リアクトル接地方式では、並列共振によって1線地絡時の故障電流はほとんど零に抑制される。

(5) 正しい。

以上より、(3)が正解。

解答… **(3)**

	①	②	③	④	⑤
学 習 日					
理 解 度 (○/△/×)					

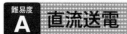

問題101 直流送電に関する記述として，誤っているものを次の(1)～(5)のうちから一つ選べ。

(1) 直流送電線は，線路の回路構成をするうえで，交流送電線に比べて導体本数が少なくて済むため，同じ電力を送る場合，送電線路の建設費が安い。

(2) 直流は，変圧器で容易に昇圧や降圧ができない。

(3) 直流送電は，交流送電と同様にケーブル系統での充電電流の補償が必要である。

(4) 直流送電は，短絡容量を増大させることなく異なる交流系統の非同期連系を可能とする。

(5) 直流系統と交流系統の連系点には，交直変換所を設置する必要がある。

H24-A9

	①	②	③	④	⑤
学 習 日					
理 解 度 (○/△/×)					

解説

(1) 交流送電は三相のため導体が3条必要だが，直流送電は2条でよいため，送電線路の建設費が安くなる。よって，(1)は正しい。

(2) 変圧器による昇降圧には電流の時間変化を要するので，電流が一定である直流には適さない。よって，(2)は正しい。

(3) 直流送電線でも対地静電容量は存在する。しかし，送電直後には対地静電容量を充電するために充電電流が流れるが，十分時間が経過した定常状態では，充電が完了して充電電流が流れなくなる。よって，直流送電は充電電流の補償を**必要としない**。

　一方で，交流送電では電流の向きが常に変化するため，対地静電容量が充電しきるということはなく，常に充電電流が流れることになるため，その補償が必要となる。具体的には，分路リアクトルを挿入することにより進みの充電電流を相殺する。よって，(3)は**誤り**。

(4) 交流系統と直流系統の連系は，交直変換所を介して行う。この設備により非同期連系が可能となる。

　非同期連系では連系点を不連続とみなすため，一方で短絡が発生してももう一方から短絡電流が流れ込むことはない。つまり，短絡容量は増大しない。よって，(4)は正しい。

(5) 直流系統と交流系統の連系点には，次のような交直変換所を設置する必要がある。よって，(5)は正しい。

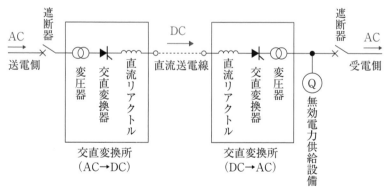

以上より，(3)が正解。

解答… (3)

CHAPTER 07

配電

問題102 次のa〜dは配電設備や屋内設備における特徴に関する記述で，誤っているものが二つある。それらの組み合わせは次のうちどれか。

a．配電用変電所において，過電流及び地絡保護のために設置されているのは，継電器，遮断器及び断路器である。

b．高圧配電線は大部分，中性点が非接地方式の放射状系統が多い。そのため経済的で簡便な保護方式が適用できる。

c．架空低圧引込線には引込用ビニル絶縁電線（DV電線）が用いられ，地絡保護を主目的にヒューズが取り付けてある。

d．低圧受電設備の地絡保護装置として，電路の零相電流を検出し遮断する漏電遮断器が一般的に取り付けられている。

(1) aとb　　(2) aとc　　(3) bとc　　(4) bとd　　(5) cとd

H21-A13

	①	②	③	④	⑤
学 習 日					
理解度 (○/△/×)					

a．配電用変電所において，過電流や地絡保護のために継電器及び遮断器が設置されているが，**断路器は機器の保守，点検のときなどに回路を切り離すために設置されている**。断路器は負荷電流や故障電流を遮断できない。よって，aは誤り。

b．放射状方式は，樹枝状方式とも呼ばれ，構成が簡単で建設費が安いため高圧配電線路でよく用いられている。よって，bは正しい。

c．架空低圧引込線に取り付けられるヒューズは，**短絡事故などによる過電流から引込線を保護する目的で取り付けられている**。よって，cは誤り。

d．低圧設備の地絡保護装置には，漏電遮断器を設置するのが一般的である。漏電遮断器は，漏電によって発生する零相電流を検知する機能を有している。よって，dは正しい。

以上より，(2)が正解。

解答… (2)

配電 CH 07

問題103 次に示す配電用機材(ア)～(エ)とそれに関係の深い語句(a)～(e)とを組み合わせたものとして，正しいものを次の(1)～(5)のうちから一つ選べ。

配電用機材	語句
(ア) ギャップレス避雷器	(a) 水トリー
(イ) ガス開閉器	(b) 鉄 損
(ウ) CVケーブル	(c) 酸化亜鉛（ZnO）
(エ) 柱上変圧器	(d) 六ふっ化硫黄（SF$_6$）
	(e) ギャロッピング

(1) (ア)−(c)　　(イ)−(d)　　(ウ)−(e)　　(エ)−(a)

(2) (ア)−(c)　　(イ)−(d)　　(ウ)−(a)　　(エ)−(e)

(3) (ア)−(c)　　(イ)−(d)　　(ウ)−(a)　　(エ)−(b)

(4) (ア)−(d)　　(イ)−(c)　　(ウ)−(a)　　(エ)−(b)

(5) (ア)−(d)　　(イ)−(c)　　(ウ)−(e)　　(エ)−(a)

R5上-A8

	①	②	③	④	⑤
学習日					
理解度 (○/△/×)					

解説

(ア) 避雷器とは，雷や回路の開閉などによって大きな過電圧が発生した場合に，過電圧を地面に放電し機器を保護するものである。

避雷器の構造には，すきま（ギャップ）のあるギャップ付避雷器と，すきま（ギャップ）のないギャップレス避雷器がある。ギャップ付避雷器は，素子に炭化ケイ素（SiC）を，ギャップレス避雷器は，素子に(c)**酸化亜鉛**（ZnO）を使用している。

(イ) ガス開閉器（PGS）とは，負荷電流を遮断できる柱上開閉器（区分開閉器）の一種であり，封入されている絶縁性と消弧能力の高い(d)**六ふっ化硫黄**（SF_6）ガス中で負荷電流を遮断している。その他，柱上開閉器には空気中で負荷電流を遮断する気中開閉器（PAS）や，真空中で負荷電流を遮断する真空開閉器（VCS）がある。

(ウ) CVケーブルとは，絶縁体に架橋ポリエチレンを使用したケーブルであり，下図のような構造（同図は3心一括シース形）をしている。

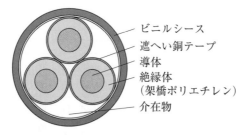

ビニルシース
遮へい銅テープ
導体
絶縁体
（架橋ポリエチレン）
介在物

CVケーブルで発生する現象の1つに，ケーブルに水が浸入することによって，絶縁体に木の枝のような亀裂が発生し，絶縁性能を著しく低下させる(a)**水トリー**がある。

(エ) 柱上変圧器とは，高圧配電線の電圧（6.6kV）を，低圧需要家用の電圧（100V/200V）に降圧するために，電柱に取り付ける変圧器のことである。変圧器の鉄心にはけい素鋼板が多く使用されているが，鉄心で発生する(b)**鉄損**（＝渦電流損＋ヒステリシス損）の少ないアモルファス金属材料を用いることもある。以上より，(3)が正解。

解答… (3)

ポイント

(e)**ギャロッピング**とは，氷雪が翼状に付着した電線に風が当たると，揚力が発生して，電線が上下に激しく振動する現象のことです。

225

問題104 次の記述は，高低圧配電系統（屋内配線を含む）の保護システムに関するものである。

1. 配電用変電所の高圧配電線引出口には，過電流及び地絡保護のために継電器と ＿＿(ア)＿＿ が設けられる。

2. 柱上変圧器には，過電流保護のために ＿＿(イ)＿＿ が設けられる。

3. 低圧引込線には，過電流保護のためにヒューズ（ケッチ）が低圧引込線の ＿＿(ウ)＿＿ 取付点に設けられる。

4. 屋内配線には，過電流保護のために ＿＿(エ)＿＿ 又はヒューズが，地絡保護のために通常漏電遮断器が設けられる。

上記の記述中の空白箇所(ア)，(イ)，(ウ)及び(エ)に記入する語句として，正しいものを組み合わせたのは次のうちどれか。

	(ア)	(イ)	(ウ)	(エ)
(1)	遮断器	柱上開閉器	柱　側	配線用遮断器
(2)	高圧ヒューズ	柱上開閉器	家　側	電流制限器
(3)	高圧ヒューズ	柱上開閉器	柱　側	配線用遮断器
(4)	遮断器	高圧カットアウト	家　側	電流制限器
(5)	遮断器	高圧カットアウト	柱　側	配線用遮断器

H13-A9

	①	②	③	④	⑤
学習日					
理解度 (○/△/×)					

1. 配電用変電所の高圧配電線引出口には，過電流及び地絡保護のために継電器と(ア)**遮断器**が設けられる。

2. 柱上変圧器には，過電流保護のために(イ)**高圧カットアウト**が設けられる。

3. 低圧引込線には，過電流保護のためにヒューズ（ケッチ）が低圧引込線の(ウ)**柱側取付点**に設けられる。

4. 屋内配線には，過電流保護のために(エ)**配線用遮断器**又はヒューズが，地絡保護のために通常漏電遮断器が設けられる。

　　よって，(5)が正解。

解答… (5)

配電 CH 07

問題105 高圧架空配電系統を構成する機材とその特徴に関する記述として，誤っているものを次の(1)～(5)のうちから一つ選べ。

(1) 柱上変圧器は，鉄心に低損失材料の方向性けい素鋼板やアモルファス材を使用したものが実用化されている。

(2) 鋼板組立柱は，山間部や狭あい場所など搬入困難な場所などに使用されている。

(3) 電線は，一般に銅又はアルミが使用され，感電死傷事故防止の観点から，原則として絶縁電線である。

(4) 避雷器は，特性要素を内蔵した構造が一般的で，保護対象機器にできるだけ接近して取り付けると有効である。

(5) 区分開閉器は，一般に気中形，真空形があり，主に事故電流の遮断に使用されている。

H26-A13

	①	②	③	④	⑤
学習日					
理解度 (○/△/×)					

(1) 柱上変圧器とは，電柱に取り付けられる変圧器のことである。変圧器の鉄心には，残留磁気・保磁力が小さく，透磁率の大きい方向性けい素鋼鈑やアモルファス材を用いる。よって，(1)は正しい。

(2) 鋼鈑組立柱とは，鋼鈑を材料とした管状の部材をつなぎ合わせて1本の柱としたものである。山間部や狭あい場所など搬入困難な場所などに使用されている。よって，(2)は正しい。

(3) 電線には一般に，抵抗値の小さい銅やアルミを用いる。感電死傷事故防止の観点から，銅やアルミの導体は絶縁物で覆われており，これを絶縁電線という。よって，(3)は正しい。

(4) 避雷器とは，放電により過電圧から対象機器を保護する機器のことである。ある一定の電圧までは電流を流さず，過電圧が発生したときだけ放電する特性要素を内蔵した避雷器が一般的である。よって，(4)は正しい。

配電 CH 07

(5) 区分開閉器は，電線路の点検，修理，増設の際に，その区間だけ切り離すために使用される。一方で，**事故電流の遮断に使用されているのは遮断器である**。よって，(5)は**誤り**。

以上より，(5)が正解。

解答… (5)

問題106 高圧架空配電線路を構成する機器又は材料に関する記述として，誤っているのは次のうちどれか。

(1) 配電線に用いられる電線には，原則として裸電線を使用することができない。

(2) 配電線路の支持物としては，一般に鉄筋コンクリート柱が用いられている。

(3) 柱上開閉器は，一般に気中形や真空形が用いられている。

(4) 柱上変圧器の鉄心は，一般に方向性けい素鋼帯を用いた巻鉄心の内鉄形が用いられている。

(5) 柱上変圧器は，電圧調整のため，負荷時タップ切換装置付きが用いられている。

H17-A13

	①	②	③	④	⑤
学習日					
理解度 (○/△/×)					

(5)　負荷時タップ切換装置と変圧器を組み合わせたものを，負荷時タップ切換変
　　圧器という。負荷時タップ切換装置と組み合わせた分だけ大きさと重さが増す
　　ため，**柱上変圧器には用いられない**。したがって，**誤り**。

よって，(5)が正解。

解答…　(5)

配 CH
電 07

問題107 次の記述は，我が国で一般的に用いられている非接地三相3線式の高圧配電方式に関するものである。誤っているのは次のうちどれか。

(1) 高圧配電線は，多くの場合，配電用変電所の変圧器二次側Δ巻線から引き出されている。

(2) 一般に1線地絡事故時の地絡電流は十数アンペア程度であり，中性点接地高圧配電方式に比べて小さい。

(3) 1線地絡故障中の健全相対地電圧は，正常運転時と同じである。

(4) 地絡事故時の選択遮断方式は，中性点接地高圧配電方式に比べて複雑になる。

(5) 高圧と低圧が混触した場合，低圧電路の対地電圧の上昇は，中性点接地高圧配電方式に比べて小さい。

H11-A10

	①	②	③	④	⑤
学習日					
理解度 (○/△/×)					

(3) 正常運転時の健全相対地電圧は相電圧であるのに対し，1線地絡故障時は相電圧の$\sqrt{3}$倍となる**線間電圧**にまで上昇する。したがって，**誤り**。

よって，(3)が正解。

解答… (3)

配 CH
電 07

問題108 次の文章は，配電線路の接地方式や一線地絡事故が発生した場合の現象に関する記述である。

a．高圧配電線路は多くの場合，配電用変電所の変圧器二次側の　(ア)　から3線で引き出され，　(イ)　が採用されている。

b．この方式では，一般に一線地絡事故時の地絡電流は　(ウ)　程度のほか，高低圧線の混触事故の低圧側対地電圧上昇を容易に抑制でき，地絡事故中の　(エ)　もほとんど問題にならない。

上記の記述中の空白箇所(ア)，(イ)，(ウ)及び(エ)に当てはまる組合せとして，正しいものを次の(1)～(5)のうちから一つ選べ。

	(ア)	(イ)	(ウ)	(エ)
(1)	Δ結線	直接接地方式	数百～数千アンペア	健全相電圧上昇
(2)	Δ結線	非接地方式	数～数十アンペア	通信障害
(3)	Y結線	直接接地方式	数～数十アンペア	通信障害
(4)	Δ結線	非接地方式	数百～数千アンペア	健全相電圧上昇
(5)	Y結線	直接接地方式	数百～数千アンペア	健全相電圧上昇

H26-A11

	①	②	③	④	⑤
学 習 日					
理 解 度 (○/△/×)					

a ．配電用変電所の変圧器は一般に，Y － Δ 結線であるため，変圧器二次側は(ア)**Δ 結線**である。高圧配電線路は多くの場合，三相３線式の(イ)**非接地方式**が採用されている。

b ．一線地絡事故時，非接地方式では，地絡していない相である健全相の対地電圧が上昇する。

　非接地方式では，直接接地方式や抵抗接地方式に比べ，一線地絡電流が小さいため，通信線への電磁誘導障害もほとんど問題にならない。

　非接地方式では，一般に一線地絡事故時の地絡電流は(ウ)**数～数十アンペア**程度で，(エ)**通信障害**もほとんど問題にならない。

よって，(2)が正解。

配電 CH 07

解答… 　(2)

問題109 我が国の配電系統の特徴に関する記述として，誤っているものを次の(1)〜(5)のうちから一つ選べ。

(1) 高圧配電線路の短絡保護と地絡保護のために，配電用変電所には過電流継電器と地絡方向継電器が設けられている。

(2) 柱上変圧器には，過電流保護のために高圧カットアウトが設けられ，柱上変圧器内部及び低圧配電系統内での短絡事故を高圧系統側に波及させないようにしている。

(3) 高圧配電線路では，通常，6.6 kVの三相3線式を用いている。また，都市周辺などのビル・工場が密集した地域の一部では，電力需要が多いため，さらに電圧階級が上の22 kVや33 kVの三相3線式が用いられることもある。

(4) 低圧配電線路では，電灯線には単相3線式を用いている。また，単相3線式の電灯と三相3線式の動力を共用する方式として，V結線三相4線式も用いている。

(5) 低圧引込線には，過電流保護のために低圧引込線の需要場所の取付点にケッチヒューズ（電線ヒューズ）が設けられている。

H25-A11

	①	②	③	④	⑤
学 習 日					
理 解 度 (○/△/×)					

解説

(1) 短絡が発生すると発生点に向かって過電流が流れるため，その保護には過電流を感知する過電流継電器が使われる。地絡が発生すると零相電圧と零相電流が発生するため，その保護には零相電圧と零相電流を感知する地絡方向継電器が使われる。よって，(1)は正しい。

(2) 高圧カットアウトは，ヒューズを内蔵した開閉器である。柱上変圧器内部及び低圧配電系統内での短絡事故を上位系統に波及させないために取り付けるので，変圧器の一次側に取り付けることになる。よって，(2)は正しい。

(3) 通常の高圧配電線路の電圧は6.6 kVであるが，電力需要が多い地域では送電端・受電端間の電圧降下を抑制するために，22 kVや33 kVが採用される。よって，(3)は正しい。

(4) 単相3線式とは3本の電線で単相交流を供給する電気方式で，中性線に流れる電流を抑えることができるため，単相2線式よりも電圧降下や電力損失が小さい。一般的に電灯は単相100 Vを使い，クーラー等のファン用モーターは単相200 Vを使う。単相3線式では，三相電源を必要とする送風機などの動力に電源を供給することができない。そのため，単相3線式の電灯と三相3線式の動力を共用する場合はV結線三相4線式が採用される。よって，(4)は正しい。

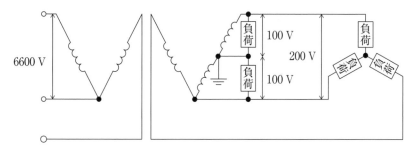

(5) 柱上変圧器の二次側は低圧配電線路となっており，需要家地点ごとに受電するための低圧引込線を設けている。需要家内部で過電流が発生したときに，**低圧配電線路から適切に切り離すために，低圧引込線の柱側取付点**にケッチヒューズを取り付けている。よって，(5)は**誤り**。

以上より，(5)が正解。

解答… **(5)**

問題110 22(33) kV配電系統に関する記述として，誤っているのは次のうちどれか。

(1) 6.6 kVの配電線に比べ電圧対策や供給力増強対策として有効なので，長距離配電の必要となる地域や新規開発地域への供給に利用されることがある。

(2) 電気方式は，地絡電流抑制の観点から中性点を直接接地した三相3線方式が一般的である。

(3) 各種需要家への電力供給は，特別高圧需要家へは直接に，高圧需要家へは途中に設けた配電塔で6.6 kVに降圧して高圧架空配電線路を用いて，低圧需要家へはさらに柱上変圧器で200～100 Vに降圧して，行われる。

(4) 6.6 kVの配電線に比べ33 kVの場合は，負荷が同じで配電線の線路定数も同じなら，電流は$\frac{1}{5}$となり電力損失は$\frac{1}{25}$となる。電流が同じであれば，送電容量は5倍となる。

(5) 架空配電系統では保安上の観点から，特別高圧絶縁電線や架空ケーブルを使用する場合がある。

R5上-A11

	①	②	③	④	⑤
学 習 日					
理 解 度 (○/△/×)					

　高圧配電線路における電気方式は，一般的に配電用変電所の変圧器二次側 Δ 結線から引き出された6.6 kVの三相3線式が用いられるが，電力需要の多い都市部や工場が多く集まる場所では，特別高圧配電として22 kVや33 kVの三相3線式が用いられることがある。これを20 kV級配電という。20 kV級配電には，①地中配電方式と②架空配電方式がある。

分類	説明
20 kV級 地中配電方式	・超過密区域に適用 ・二次側は，スポットネットワーク方式，レギュラーネットワーク方式を採用
20 kV級 架空配電方式	・大規模ニュータウン，埋立地，新設される工業団地，長距離配電の必要となる過疎地区に適用

(1)　6.6 kV配電系統に比べて，22 kVや33 kVの配電系統では電圧降下が小さくなるとともに供給可能な電力が増加するため，長距離配電の必要となる地域や新規開発地域への供給に利用されることがある。よって，(1)は正しい。

(2)　22 kVや33 kVの配電系統は，地絡電流抑制の観点から，三相3線式の中性点**抵抗接地**方式がおもに採用される。よって，(2)は**誤り**。

(3)　問題文のとおりであり，各需要家の電力規模に応じた電圧で電力供給している。よって，(3)は正しい。

(4)　6.6 kV配電線の線電流を$I_{6.6}$[A]，33 kV配電線の線電流をI_{33}[A]とすると，負荷が同じであるときの両者の比は，

$$\sqrt{3} \times 6.6 \times 10^3 \times I_{6.6} = \sqrt{3} \times 33 \times 10^3 \times I_{33}$$

$$\therefore \frac{I_{33}}{I_{6.6}} = \frac{\sqrt{3} \times 6.6 \times 10^3}{\sqrt{3} \times 33 \times 10^3} = \frac{1}{5}$$

となり，6.6 kV配電線に比べて33 kV配電線には，$\frac{1}{5}$倍の電流が流れる。

　電力損失p[W]は，線路抵抗をr[Ω]，線電流をI[A]とすると，$p \propto I^2 r$となるから電流の2乗である$\frac{1}{25}$倍になる。

　さらに，送電容量P[W]は，線間電圧をV[V]とすると，電流が同じであれば$P \propto VI$より$\frac{33}{6.6} = 5$倍となる。よって，(4)は正しい。

(5)　架空配電系統では保安上の観点から，特別高圧絶縁電線や架空ケーブルを使用する場合がある。よって，(5)は正しい。

以上より，(2)が正解。

解答… (2)

問題111 配電線路の開閉器類に関する記述として，誤っているものを次の(1)～(5)のうちから一つ選べ。

(1) 配電線路用の開閉器は，主に配電線路の事故時又は作業時に，その部分だけを切り離すために使用される。

(2) 柱上開閉器は，気中形，真空形，ガス形がある。操作方法は，手動操作による手動式と制御器による自動式がある。

(3) 高圧配電方式には，放射状方式（樹枝状方式），ループ方式（環状方式）などがある。ループ方式は結合開閉器を設置して線路を構成するので，放射状方式よりも建設費は高くなるものの，高い信頼度が得られるため負荷密度の高い地域に用いられる。

(4) 高圧カットアウトは，柱上変圧器の一次側の開閉器として使用される。その内蔵の高圧ヒューズは変圧器の過負荷時や内部短絡故障時，雷サージなどの短時間大電流の通過時に直ちに溶断する。

(5) 地中配電系統で使用するパッドマウント変圧器には，変圧器と共に開閉器などの機器が収納されている。

R5上-A6

	①	②	③	④	⑤
学 習 日					
理 解 度 (○/△/×)					

解説

(1) 配電線路用の開閉器は，電線路の点検，修理，増設や，電線路に事故が発生した際に，その区間だけを切り離すために使われる。よって，(1)は正しい。

(2) 柱上開閉器とは，負荷電流を遮断できる開閉器であり，電柱上に設置されるので柱上開閉器と呼ばれている。柱上開閉器は，遮断器と同様に電極部が絶縁物で覆われており，開放時に発生するアークを消弧することができる。なお，架空電線路の支持物に絶縁油を使用した開閉器（および，断路器，遮断器）を設置することは禁止されているため（電技36条），柱上開閉器には一般的に気中開閉器（PAS）が用いられており，一部では，ガス開閉器（PGS）や真空開閉器（VCS）などが用いられている。また，操作方法は，手動操作による手動式と制御器による自動式がある。よって，(2)は正しい。

(3) 配電用変電所から各需要家までの配電線路の形状により，配電方式を分類することができ，高圧配電線路では，おもに樹枝状（放射状）方式，ループ（環状）方式などが用いられる。ループ（環状）方式とは，2つの幹線を結合開閉器でつないでループ状にし，2方向から電力を供給する方式である。結合開閉器は常時開放しておき，事故時にはこれを自動投入し，健全なルートを用いて送電を継続することができる。特徴として，樹枝状（放射状）方式より建設費が高くなるものの，高い信頼度が得られるため，負荷密度の高い地域に用いられる。よって，(3)は正しい。

(4) 高圧カットアウトとは，ヒューズを内蔵した開閉器で，柱上変圧器の一次側（高圧側）に設置される。低圧電線路や柱上変圧器の事故の際に，内蔵されているヒューズが溶断して短絡電流などの過電流が配電線に流れることを防ぐ役割を果たしている。なお，内蔵の高圧ヒューズには，雷サージや電動機の始動電流などによってすぐに溶断しないことが要求されるため，短時間大電流通過時に溶断し難い**タイムラグヒューズ**が使用される。したがって，短時間大電流通過時に**直ちには溶断しない**。よって，(4)は**誤り**。

(5) パッドマウント変圧器とは，都市の景観調和や防災のため，地中配電系統で使用される路上用変圧器のことであり，変圧器と共に開閉器などの機器が収納されている。よって，(5)は正しい。

以上より，(4)が正解。

解答… (4)

問題112 次の文章は，スポットネットワーク方式に関する記述である。

スポットネットワーク方式は，ビルなどの需要家が密集している大都市の供給方式で，一つの需要家に　(ア)　回線で供給されるのが一般的である。

機器の構成は，特別高圧配電線から断路器，　(イ)　及びネットワークプロテクタを通じて，ネットワーク母線に並列に接続されている。

また，ネットワークプロテクタは，　(ウ)　，プロテクタ遮断器，電力方向継電器で構成されている。

スポットネットワーク方式は，供給信頼度の高い方式であり，　(エ)　の単一故障時でも無停電で電力を供給することができる。

上記の記述中の空白箇所(ア)，(イ)，(ウ)及び(エ)に当てはまる組合せとして，正しいものを次の(1)～(5)のうちから一つ選べ。

	(ア)	(イ)	(ウ)	(エ)
(1)	1	ネットワーク変圧器	断路器	特別高圧配電線
(2)	3	ネットワーク変圧器	プロテクタヒューズ	ネットワーク母線
(3)	3	遮断器	プロテクタヒューズ	ネットワーク母線
(4)	1	遮断器	断路器	ネットワーク母線
(5)	3	ネットワーク変圧器	プロテクタヒューズ	特別高圧配電線

H23-A12

	①	②	③	④	⑤
学 習 日					
理 解 度 (○/△/×)					

(ア)　スポットネットワーク方式とは，高層ビルや大規模な工場などの大口需要家が密集している大都市で用いられる配電方式である。

　　スポットネットワーク方式では，1つの需要家に(ア)**3回線**で，電力を供給するので，事故などで1つの回線が停電（単一故障）しても，ほかの回線から電力を供給することができる。そのため，信頼性が高いという特徴がある。

(イ)　スポットネットワーク方式では，特別高圧配電線から，断路器，(イ)**ネットワーク変圧器**，ネットワークプロテクタを通じて，各回線の二次側を共通のネットワーク母線に並列に接続し，各需要家に配電する。

(ウ)　ネットワークプロテクタは，(ウ)**プロテクタヒューズ**，プロテクタ遮断器，電力方向継電器で構成される。

(エ)　スポットネットワーク方式では，(エ)**特別高圧配電線**のうち，1つの回線で故障が発生しても，ほかの健全な特別高圧配電線から受電できるので，停電することなく電力を供給し続けることができる。

　　よって，(5)が正解。

配電 CH 07

解答… 　(5)

難易度 B 時限順送方式

問題113 次の文章は，配電線の保護方式に関する記述である。

　高圧配電線路に短絡故障又は地絡故障が発生すると，配電用変電所に設置された ⎡ (ア) ⎤ により故障を検出して，遮断器にて送電を停止する。

　この際，配電線路に設置された区分用開閉器は ⎡ (イ) ⎤ する。その後に配電用変電所からの送電を再開すると，配電線路に設置された区分用開閉器は電源側からの送電を検出し，一定時間後に動作する。その結果，電源側から順番に区分用開閉器は ⎡ (ウ) ⎤ される。

　また，配電線路の故障が継続している場合は，故障区間直前の区分用開閉器が動作した直後に，配電用変電所に設置された ⎡ (ア) ⎤ により故障を検出して，遮断器にて送電を再度停止する。

　この送電再開から送電を再度停止するまでの時間を計測することにより，配電線路の故障区間を判別することができ，この方式は ⎡ (エ) ⎤ と呼ばれている。

　例えば，区分用開閉器の動作時限が7秒の場合，配電用変電所にて送電を再開した後，22秒前後に故障検出により送電を再度停止したときは，図の配電線の ⎡ (オ) ⎤ の区間が故障区間であると判断される。

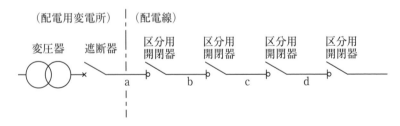

　上記の記述中の空白箇所(ア)，(イ)，(ウ)，(エ)及び(オ)に当てはまる組合せとして，正しいものを次の(1)～(5)のうちから一つ選べ。

	(ア)	(イ)	(ウ)	(エ)	(オ)
(1)	保護継電器	開　放	投　入	区間順送方式	c
(2)	避雷器	開　放	投　入	時限順送方式	d
(3)	保護継電器	開　放	投　入	時限順送方式	d
(4)	避雷器	投　入	開　放	区間順送方式	c
(5)	保護継電器	投　入	開　放	時限順送方式	c

H25-A12

	①	②	③	④	⑤
学 習 日					
理 解 度 (○/△/×)					

　高圧配電線路に短絡故障又は地絡故障が発生すると，配電用変電所に設置された(ア)**保護継電器**により故障を検出して，遮断器にて送電を停止する。

　この際，配電線路に設置された区分用開閉器は(イ)**開放**する。その後に配電用変電所からの送電を再開すると，配電線路に設置された区分用開閉器は電源側からの送電を検出し，一定時間後に動作する。その結果，電源側から順番に区分用開閉器は(ウ)**投入**される。

　また，配電線路の故障が継続している場合は，故障区間直前の区分用開閉器が動作した直後に，配電用変電所に設置された(ア)**保護継電器**により故障を検出して，遮断器にて送電を再度停止する。

　この送電再開から送電を再度停止するまでの時間を計測することにより，配電線路の故障区間を判別することができ，この方式は(エ)**時限順送方式**と呼ばれている。

　「配電用変電所にて送電を再開した」とは，配電用変電所直下にある遮断器を投入したということである。投入して7秒後に最初の区分用開閉器が投入され，21秒後には3番目の区分開閉器が投入される。その後，再度故障が検出されるのに，保護継電器の動作時間などで1秒前後かかるため，合計22秒前後で送電が再度停止となる。つまり，図の配電線の(オ)**d**の区間が故障区間であると判断される。

　よって，(3)が正解。

解答… (3)

問題114 図のように，二つの高圧配電線路A及びBが連系開閉器M（開放状態）で接続されている。いま，区分開閉器Nと連系開閉器Mとの間の負荷への電力供給を，配電線路Aから配電線路Bに無停電で切り替えるため，連系開閉器Mを投入（閉路）して短時間ループ状態にした後，区分開閉器Nを開放した。

　このように，無停電で配電線路の切り替え操作を行う場合に，考慮しなくてもよい事項は次のうちどれか。

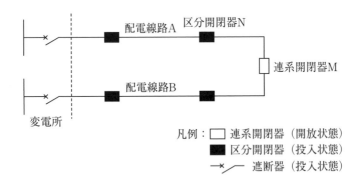

凡例：□ 連系開閉器（開放状態）
　　　■ 区分開閉器（投入状態）
　　　×／ 遮断器（投入状態）

(1) ループ状態にする前の開閉器NとMの間の負荷の大きさ
(2) ループ状態にする前の連系開閉器Mの両端の電位差
(3) ループ状態にする前の連系開閉器Mの両端の位相差
(4) ループ状態での両配電系統の短絡容量
(5) ループ状態での両配電系統の電力損失

H16-A13

	①	②	③	④	⑤
学 習 日					
理 解 度 (○/△/×)					

(1) 配電線路の切り替えにより，配電線路Bには切り替え前の負荷に加えてN-M間の負荷がかかる。そのため，N-M間の負荷が大きい場合，配電線路Bは過負荷になる恐れがある。よって，考慮する必要がある。

(2) 連系開閉器Mの両端の電位差が大きいと，大きなループ電流が流れてしまう。よって，考慮する必要がある。

(3) 連系開閉器Mの両端の位相差が大きいと，瞬時値での電位差が生じるため，大きなループ電流が流れてしまう。よって，考慮する必要がある。

(4) ループ状態では各配電線路のインピーダンスが並列となり，合成インピーダンスが小さくなるため，より大きな短絡電流が流れる。よって，考慮する必要がある。

(5) ループ状態を維持する時間は短いので，**ループ状態での電力損失を考慮する必要はない。**

以上より，(5)が正解。

解答… (5)

配電 CH 07

問題115 配電で使われる変圧器に関する記述として，誤っているのは次のうちどれか。図を参考にして答えよ。

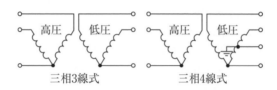

三相3線式　　　　三相4線式

(1) 柱上に設置される変圧器の容量は，50 kV・A以下の比較的小型のものが多い。

(2) 柱上に設置される三相3線式の変圧器は，一般的に同一容量の単相変圧器のV結線を採用しており，出力はΔ結線の$\frac{1}{\sqrt{3}}$倍となる。また，V結線変圧器の利用率は$\frac{\sqrt{3}}{2}$となる。

(3) 三相4線式（V結線）の変圧器容量の選定は，単相と三相の負荷割合やその負荷曲線及び電力損失を考慮して決定するので，同一容量の単相変圧器を組み合わせることが多い。

(4) 配電線路の運用状況や設備実態を把握するため，変圧器二次側の電圧，電流及び接地抵抗の測定を実施している。

(5) 地上設置形の変圧器は，開閉器，保護装置を内蔵し金属製のケースに納めたもので，地中配電線供給エリアで使用される。

H21-A12

	①	②	③	④	⑤
学習日					
理解度 (○/△/×)					

(1) 配電で使われる柱上変圧器は$50\,\mathrm{kV \cdot A}$以下の比較的小型のものが多い。よって，(1)は正しい。

(2)

①V結線の出力と利用率

容量$S_\mathrm{n} = VI[\mathrm{V \cdot A}]$の2台の単相変圧器をV結線し，二次側に平衡三相負荷を接続したときに，変圧器が定格運転となった場合の等価回路は，図1のようになる。

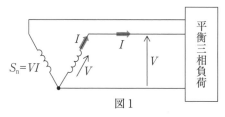

$S_\mathrm{n} = VI$

図1

このとき，平衡三相負荷に供給できる三相出力$S_\mathrm{LV}[\mathrm{V \cdot A}]$は，
$$S_\mathrm{LV} = \sqrt{3}\,VI[\mathrm{V \cdot A}]$$

V結線は2台の単相変圧器により構成されているので，変圧器容量の合計$S_\mathrm{V}[\mathrm{V \cdot A}]$は，
$$S_\mathrm{V} = 2 \times S_\mathrm{n} = 2VI[\mathrm{V \cdot A}]$$

よって，V結線における変圧器の利用率α_Vは，
$$\alpha_\mathrm{V} = \frac{S_\mathrm{LV}}{S_\mathrm{V}} = \frac{\sqrt{3}\,VI}{2VI} = \frac{\sqrt{3}}{2}$$

②Δ結線の出力と利用率

容量$S_\mathrm{n} = VI[\mathrm{V \cdot A}]$の3台の単相変圧器をΔ結線し，二次側に平衡三相負荷を接続したときに，変圧器が定格運転状態となった場合の等価回路は，図2のようになる。

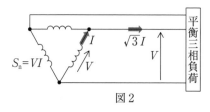

$S_\mathrm{n} = VI$

図2

このとき，平衡三相負荷に供給できる三相出力$S_\mathrm{L\Delta}[\mathrm{V \cdot A}]$は，
$$S_\mathrm{L\Delta} = \sqrt{3} \times V \times \sqrt{3}I = 3VI[\mathrm{V \cdot A}]$$

Δ結線は3台の単相変圧器により構成されているので，変圧器容量の合計 $S_\Delta[\text{V·A}]$は，

$$S_\Delta = 3 \times S_n = 3VI[\text{V·A}]$$

よって，Δ結線における変圧器の利用率 α_Δ は，

$$\alpha_\Delta = \frac{S_{\text{L}\Delta}}{S_\Delta} = \frac{3VI}{3VI} = 1$$

③V結線とΔ結線の出力比

V結線とΔ結線の出力比 β は，

$$\beta = \frac{S_{\text{LV}}}{S_{\text{L}\Delta}} = \frac{\sqrt{3}VI}{3VI} = \frac{1}{\sqrt{3}}$$

よって，(2)は正しい。

(3) 三相4線式（V結線）の略図を示すと図3のようになる。

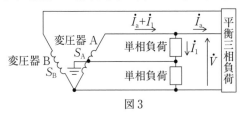

図3

図3より，三相4線式（V結線）を構成する各変圧器に必要な容量 S_A および S_B は，

$$S_\text{A} = V|\dot{I}_\text{a} + \dot{I}_1|$$
$$S_\text{B} = VI_\text{a}$$

$|\dot{I}_\text{a} + \dot{I}_1|$ は I_a よりも大きいので，$S_\text{A} > S_\text{B}$ となり，同一容量の単相変圧器を組み合わせて三相4線式（V結線）を構成すると，変圧器Bの利用率が低くなってしまう。

よって，三相4線式（V結線）では，**異容量**の単相変圧器を組み合わせることが多い。よって，(3)は**誤り**。

(4) 配電線路を構成する機器に対して，運用状況や設備実態を把握するため，定期的な点検が行われている。変圧器に関しては，二次側の電圧，電流，及び接地抵抗の測定が行われている。よって，(4)は正しい。

(5) 地上設置形変圧器は，変圧器のほかに，開閉器，ヒューズ，カットアウトなどを内包している。安全性を考慮した金属製ケースに覆われており，地中配電エリアで使用されている。よって，(5)は正しい。

以上より，(3)が正解。

解答… **(3)**

問題116 配電線路の電圧調整に関する記述として，誤っているものを次の(1)〜(5)のうちから一つ選べ。

(1) 配電線のこう長が長くて負荷の端子電圧が低くなる場合，配電線路に昇圧器を設置することは電圧調整に効果がある。

(2) 電力用コンデンサを配電線路に設置して，力率を改善することは電圧調整に効果がある。

(3) 変電所では，負荷時電圧調整器・負荷時タップ切換変圧器等を設置することにより電圧を調整している。

(4) 配電線の電圧降下が大きい場合は，電線を太い電線に張り替えたり，隣接する配電線との開閉器操作により，配電系統を変更することは電圧調整に効果がある。

(5) 低圧配電線における電圧調整に関して，柱上変圧器のタップ位置を変更することは効果があるが，柱上変圧器の設置地点を変更することは効果がない。

H23-A13

	①	②	③	④	⑤
学 習 日					
理 解 度 (○/△/×)					

解説

(1) 配電線のこう長が長い場合，線路のインピーダンスが大きくなるため線路の電圧降下が大きくなり，負荷の端子電圧（受電端電圧）が低くなる場合がある。そのため，下がった電圧を上げる効果を持つ，昇圧器や自動電圧調整器（SVR）などを配電線路の途中に設置することは電圧調整に効果がある。よって，(1)は正しい。

(2) 電力用コンデンサは，遅れ無効電力を供給し，力率を改善する機器である。遅れ無効電力の消費が大きくなる重負荷時に電力用コンデンサを使って遅れ無効電力を供給することで，線路の電圧降下を小さくすることができるため，受電端電圧の低下を抑制することができ，電圧調整に効果がある。よって，(2)は正しい。

(3) 負荷の大きさが変動すると，線路の電圧降下も変化することになるので，それに合わせた電圧調整が必要である。

　負荷時電圧調整器と負荷時タップ切換変圧器は，変電所に設置するものであり，いずれも二次側の電圧を一定に保つために変圧比を調整する機器である。したがって，変電所にそれらを設置することは電圧調整に効果がある。よって，(3)は正しい。

(4) 電線を太い電線に張り替えると，電線の断面積が大きくなり線路抵抗が減少するため，線路のインピーダンスが下がり線路の電圧降下が小さくなる。

　また，例えば隣接する複数の配電系統を開閉器を介して並列に接続すると，配電系統の合成抵抗を下げることができるため，線路のインピーダンスが下がり線路の電圧降下が小さくなる。

　したがって，これらの方法は，配電線の電圧降下が大きい場合の電圧調整に効果がある。よって，(4)は正しい。

(5) 柱上変圧器では，タップ位置を切り替えることで，2次側の電圧を調整することができる。

　また，低圧配電線は，通常柱上変圧器の2次側から引き出されるものであるが，柱上変圧器の設置地点によって，高圧側と低圧側の線路の長さが変わり，それに合わせてそれぞれの線路のインピーダンスも変わるため，**それぞれの電圧降下も変わる**。したがって，柱上変圧器の設置地点を変更することは，低圧配電線の電圧調整に効果がある。よって，(5)は誤り。

以上より，(5)が正解。

解答… (5)

問題117 わが国の高圧配電系統では，主として三相3線式中性点非接地方式が採用されており，一般に一線地絡事故時の地絡電流は (ア) アンペア程度であることから，配電用変電所の高圧配電線引出口には，地絡保護のために (イ) 継電方式が採用されている。

低圧配電系統では，電灯線には単相3線式が採用されており，単相3線式の電灯と三相3線式の動力を共用する方式として (ウ) も採用されている。柱上変圧器には，過電流保護のために (エ) が設けられ，柱上変圧器内部及び低圧配電系統内での短絡事故を高圧配電系統側に波及させないよう施設している。

上記の記述中の空白箇所(ア)，(イ)，(ウ)及び(エ)に当てはまる語句として，正しいものを組み合わせたのは次のうちどれか。

	(ア)	(イ)	(ウ)	(エ)
(1)	百～数百	過電流	V結線三相4線式	高圧カットアウト
(2)	百～数百	地絡方向	Y結線三相4線式	配線用遮断器
(3)	数～数十	地絡方向	Y結線三相4線式	高圧カットアウト
(4)	数～数十	過電流	V結線三相4線式	配線用遮断器
(5)	数～数十	地絡方向	V結線三相4線式	高圧カットアウト

H19-A13

	①	②	③	④	⑤
学 習 日					
理 解 度 (○/△/×)					

わが国の高圧配電系統では，主として三相3線式中性点非接地方式が採用されており，一般に一線地絡事故時の地絡電流は(ア)**数～数十**アンペア程度であることから，配電用変電所の高圧配電線引出口には，地絡保護のために(イ)**地絡方向**継電方式が採用されている。

低圧配電系統では，電灯線には単相3線式が採用されており，単相3線式の電灯と三相3線式の動力を共用する方式として(ウ)**V結線三相4線式**も採用されている。柱上変圧器には，過電流保護のために(エ)**高圧カットアウト**が設けられ，柱上変圧器内部及び低圧配電系統内での短絡事故を高圧配電系統側に波及させないよう施設している。

よって，(5)が正解。

解答… (5)

CHAPTER 08

地中電線路

問題118 地中送電線路に使用される各種電力ケーブルに関する記述として，誤っているものを次の(1)～(5)のうちから一つ選べ。

(1) OFケーブルは，絶縁体として絶縁紙と絶縁油を組み合わせた油浸紙絶縁ケーブルであり，油通路が不要であるという特徴がある。給油設備を用いて絶縁油に大気圧以上の油圧を加えることでボイドの発生を抑制して絶縁強度を確保している。

(2) POFケーブルは，油浸紙絶縁の線心3条をあらかじめ布設された防食鋼管内に引き入れた後に，絶縁油を高い油圧で充てんしたケーブルである。地盤沈下や外傷に対する強度に優れ，電磁遮蔽効果が高いという特徴がある。

(3) CVケーブルは，絶縁体に架橋ポリエチレンを使用したケーブルであり，OFケーブルと比較して絶縁体の誘電率，熱抵抗率が小さく，常時導体最高許容温度が高いため，送電容量の面で有利である。

(4) CVTケーブルは，ビニルシースを施した単心CVケーブル3条をより合わせたトリプレックス形CVケーブルであり，3心共通シース形CVケーブルと比較してケーブルの熱抵抗が小さいため電流容量を大きくできるとともに，ケーブルの接続作業性がよい。

(5) OFケーブルやPOFケーブルは，油圧の常時監視によって金属シースや鋼管の欠陥，外傷などに起因する漏油を検知できるので，油圧の異常低下による絶縁破壊事故の未然防止を図ることができる。

H30-A11

	①	②	③	④	⑤
学 習 日					
理 解 度 (○/△/×)					

(1) OFケーブルは図1のような構造をしている。

油通路

導体

絶縁紙

金属シース(アルミ)

防食層(ビニル)

図1　OFケーブル

図1より，OFケーブルには**油通路が必要**である。よって，(1)は**誤り**。

(2) POFケーブルとは，油浸紙絶縁の線心3条を防食鋼管の中に引き入れた後，管内に高い圧力の絶縁油を充てんさせたものである。POFケーブルは図2のような構造をしている。

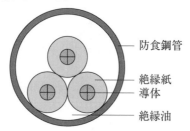

防食鋼管

絶縁紙

導体

絶縁油

図2　POFケーブル

問題文のとおり，POFケーブルは機械的強度に優れ，電磁遮へい効果が高い。よって，(2)は正しい。

(3) CVケーブルとは，絶縁体に架橋ポリエチレンを使用したケーブルであり，図3のような構造をしている。

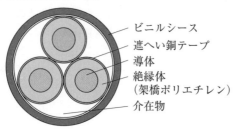

ビニルシース

遮へい銅テープ

導体

絶縁体
(架橋ポリエチレン)

介在物

図3　3心一括シース形CVケーブル

CVケーブルはOFケーブルと比べて次のような特徴がある。

① 絶縁体の誘電率および誘電正接が小さいため，誘電損が小さい。

② 絶縁体の誘電率が小さいため，充電電流が小さい。

③ 絶縁体の最高許容温度が高い。

④ 誘電損などによる発熱が少なく，最高許容温度が高いため，許容電流および送電容量が大きい。

⑤ 水トリーが発生する場合がある。

よって，(3)は正しい。

(4) CVTケーブルとは，ビニルシースを施した単心CVケーブルを3条より合わせたケーブルであり，図4のような構造をしている。

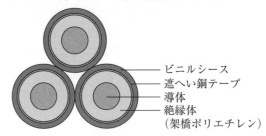

ビニルシース
遮へい銅テープ
導体
絶縁体
（架橋ポリエチレン）

図4 CVTケーブル

CVTケーブルはCVケーブルと比べて次のような特徴がある。

① 介在物がないため熱抵抗が小さく（放熱性がよく），許容電流および電流容量が大きい。

② 3本より合わせとなっているため曲げやすく，よりをほどくことで端末処理が容易になるため，ケーブルの接続作業性が良い。

③ それぞれの電線がビニルシースに覆われているため，短絡事故が発生しにくい。

よって，(4)は正しい。

(5) OFケーブルやPOFケーブルでは，油圧を常時監視することにより漏油を検知し，油圧の異常低下による絶縁破壊事故を防止できる。よって，(5)は正しい。

以上より，(1)が正解。

解答… **(1)**

問題119 今日わが国で主に使用されている電力ケーブルは，紙と油を絶縁体に使用するOFケーブルと， (ア) を絶縁体に使用するCVケーブルである。

OFケーブルにおいては，充てんされた絶縁油を加圧することにより， (イ) の発生を防ぎ絶縁耐力の向上を図っている。このために，給油設備の設置が必要である。

一方，CVケーブルは絶縁体の誘電正接，比誘電率がOFケーブルよりも小さいために，誘電損や (ウ) が小さい。また，絶縁体の最高許容温度はOFケーブルよりも高いため，導体断面積が同じ場合， (エ) はOFケーブルよりも大きくすることができる。

上記の記述中の空白箇所(ア)，(イ)，(ウ)及び(エ)に記入する語句として，正しいものを組み合わせたのは次のうちどれか。

	(ア)	(イ)	(ウ)	(エ)
(1)	架橋ポリエチレン	熱	充電電流	電流容量
(2)	ブチルゴム	ボイド	抵抗損	電流容量
(3)	ブチルゴム	熱	抵抗損	使用電圧
(4)	架橋ポリエチレン	ボイド	充電電流	電流容量
(5)	架橋ポリエチレン	ボイド	抵抗損	使用電圧

H17-A11

	①	②	③	④	⑤
学 習 日					
理 解 度 (○/△/×)					

　今日わが国で主に使用されている電力ケーブルは，紙と油を絶縁体に使用する
OFケーブルと，(ア)**架橋ポリエチレン**を絶縁体に使用するCVケーブルである。

　OFケーブルにおいては，充てんされた絶縁油を加圧することにより，(イ)**ボイド**
の発生を防ぎ絶縁耐力の向上を図っている。このために，給油設備の設置が必要で
ある。

　一方，CVケーブルは絶縁体の誘電正接，比誘電率がOFケーブルよりも小さい
ために，誘電損や(ウ)**充電電流**が小さい。また絶縁体の最高許容温度はOFケーブル
よりも高いため，導体断面積が同じ場合，(エ)**電流容量**はOFケーブルよりも大きく
することができる。

　よって，(4)が正解。

解答… (4)

CH 08
地中電線路

問題120 CVTケーブルは，3心共通シース型CVケーブルと比べて ▢(ア) が大きくなるため， ▢(イ) を大きくとることができる。また， ▢(ウ) の吸収が容易であり， ▢(エ) やすいため，接続箇所のマンホールの設計寸法を縮小化できる。

上記の記述中の空白箇所(ア)，(イ)，(ウ)及び(エ)に当てはまる語句として，正しいものを組み合わせたのは次のうちどれか。

	(ア)	(イ)	(ウ)	(エ)
(1)	熱抵抗	最高許容温度	発生熱量	曲 げ
(2)	熱放散	許容電流	熱伸縮	曲 げ
(3)	熱抵抗	許容電流	熱伸縮	伸ばし
(4)	熱放散	最高許容温度	発生熱量	伸ばし
(5)	熱放散	最高許容温度	熱伸縮	伸ばし

H19-A11

	①	②	③	④	⑤
学 習 日					
理 解 度 (○/△/×)					

解説

　CVTケーブルは，3心共通シース型CVケーブルと比べて(ア)**熱放散**が大きくなるため，(イ)**許容電流**を大きくとることができる。また，(ウ)**熱伸縮**の吸収が容易であり，(エ)**曲げ**やすいため，接続箇所のマンホールの設計寸法を縮小化できる。

介在物

CVT
3本より線

3心共通シース型CV
3本束ねたもの

　よって，(2)が正解。

解答… 　(2)

問題121 高圧架空配電線路又は高圧地中配電線路を構成する機材として，使用されることのないものを次の(1)～(5)のうちから一つ選べ。

(1) 柱上開閉器　　(2) CVケーブル　　(3) 中実がいし

(4) DV線　　(5) 避雷器

R4上-A13

	①	②	③	④	⑤
学習日					
理解度 (○/△/×)					

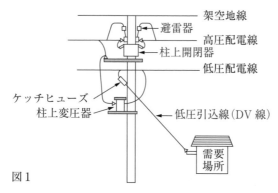 の前に：

解説

(1) 樹枝状方式の高圧架空配電線路で事故が生じた場合，事故が発生した区間だけを高圧配電線系統から切り離すために図1のような柱上開閉器が用いられる。よって，(1)は高圧架空配電線路を構成する機材である。

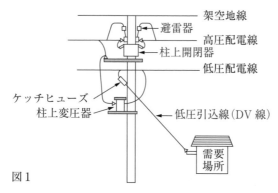

架空地線
避雷器
高圧配電線
柱上開閉器
低圧配電線
ケッチヒューズ
柱上変圧器
低圧引込線（DV 線）
需要場所

図1

(2) 高圧地中配電線路のケーブルの主体はCVケーブルである。よって，(2)は高圧地中配電線路を構成する機材である。

(3) がいしには低圧用と高圧用がある。高圧用のうち，図2のように腕金に設置して高圧電線を支持するがいしを中実がいしという。よって，(3)は高圧架空配電線路を構成する機材である。

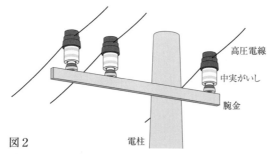

高圧電線
中実がいし
腕金
図2
電柱

(4) 図1のようにDV線は，**低圧需要家への低圧引込線に用いられ**，高圧架空配電線路で用いられることはない。よって，(4)は**高圧架空配電線路および高圧地中配電線路を構成する機材でない**。

(5) 柱上変圧器の保護のために，図1のように避雷器は柱上変圧器の高圧側の対地間に設置される。よって，(5)は高圧架空配電線路を構成する機材である。

以上より，(4)が正解。

解答… **(4)**

電力ケーブルの布設方式　　　　　教科書 SECTION 01

問題122 地中ケーブルの布設方法には，大別して直接埋設式，管路式，暗きょ式などがある。これらに関する記述として，誤っているのは次のうちどれか。

(1) 工事費並びに工期は直接埋設式が最も安価・短期であり，次に管路式，暗きょ式の順になる。

(2) 直接埋設式では，管路あるいは暗きょといった構造物を伴わないので，事故復旧は管路式，暗きょ式よりも容易に実施できる。

(3) 直接埋設式では，ケーブル外傷等の被害は管路式や暗きょ式と比べてその機会が多くなる。

(4) 暗きょ式，管路式は，布設後の増設が直接埋設式に比べると一般に容易である。

(5) 暗きょ式の一種である共同溝は，電力ケーブル，電話ケーブル，ガス管，上下水道管などを共同の地下溝に施設するものである。

H18-A8

	①	②	③	④	⑤
学習日					
理解度 (○/△/×)					

解説

(2) 直接埋設式では，掘削しなければケーブルの取り替えを行うことができず，事故復旧は管路式，暗きょ式よりも**困難**である。したがって，**誤り**。

よって，(2)が正解。

解答… **(2)**

電力ケーブルの布設方式の特徴

教科書 SECTION 01

問題123 次の文章は，地中送電線の布設方式に関する記述である。

地中ケーブルの布設方式は，直接埋設式，　(ア)　，　(イ)　などがある。直接埋設式は (ア) や (イ) と比較すると，工事費が (ウ) なる特徴がある。

(ア) や (イ) は我が国では主流の布設方式であり，直接埋設式と比較するとケーブルの引き替えが容易である。(ア) は (イ) と比較するとケーブルの熱放散が一般に良好で，(エ) を高くとれる特徴がある。

(イ) ではケーブルの接続を一般に (オ) で行うことから，布設設計や工事の自由度に制約が生じる場合がある。

上記の記述中の空白箇所(ア)，(イ)，(ウ)，(エ)及び(オ)に当てはまる組合せとして，正しいものを次の(1)～(5)のうちから一つ選べ。

	(ア)	(イ)	(ウ)	(エ)	(オ)
(1)	暗きょ式	管路式	高 く	送電電圧	地上開削部
(2)	管路式	暗きょ式	安 く	許容電流	マンホール
(3)	管路式	暗きょ式	高 く	送電電圧	マンホール
(4)	暗きょ式	管路式	安 く	許容電流	マンホール
(5)	暗きょ式	管路式	高 く	許容電流	地上開削部

H26-A10

	①	②	③	④	⑤
学 習 日					
理 解 度 (○/△/×)					

　地中ケーブルの布設方式は，直接埋設式，㋐**暗きょ式**，㋑**管路式**などがある。直接埋設式は，㋐**暗きょ式**，㋑**管路式**と比較すると，工事費が㋒**安く**なる特徴がある。

　㋐**暗きょ式**や㋑**管路式**は我が国では主流の布設方式であり，直接埋設式と比較するとケーブルの引き替えが容易である。㋐**暗きょ式**は㋑**管路式**と比較するとケーブルの熱放散が一般に良好で，㋓**許容電流**を高くとれる特徴がある。㋑**管路式**ではケーブルの接続を一般に㋔**マンホール**で行うことから，布設設計や工事の自由度に制約が生じる場合がある。

　よって，(4)が正解。

解答… (4)

問題124 地中電線の損失に関する記述として，誤っているものを次の(1)~(5)のうちから一つ選べ。

(1) 誘電体損は，ケーブルの絶縁体に交流電圧が印加されたとき，その絶縁体に流れる電流のうち，電圧に対して位相が90°進んだ電流成分により発生する。

(2) シース損は，ケーブルの金属シースに誘導される電流による発生損失である。

(3) 抵抗損は，ケーブルの導体に電流が流れることにより発生する損失であり，単位長当たりの抵抗値が同じ場合，導体電流の2乗に比例して大きくなる。

(4) シース損を低減させる方法として，クロスボンド接地方式の採用が効果的である。

(5) 絶縁体が劣化している場合には，一般に誘電体損は大きくなる傾向がある。

H25-A10

	①	②	③	④	⑤
学習日					
理解度 (○/△/×)					

(1)(5)

　誘電体に交流電圧を加えたときの等価回路と電圧・電流のベクトル図は次図のとおりである。

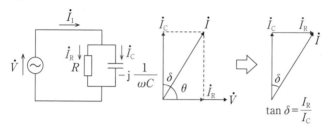

$$\tan \delta = \frac{I_R}{I_C}$$

　この等価回路の抵抗で発生する損失が誘電体損であるため，誘電体損は電圧と同相の電流成分$\dot{I}_R$により発生する。

　なお，3相分の誘電体損[W]は抵抗の消費電力VI_Rを出発点として，以下のように求められる。

$$3VI_R = 3VI_C \tan \delta$$
$$= 3V(\omega CV) \tan \delta$$
$$= 3\omega CV^2 \tan \delta \,[\text{W}]$$

　また，誘電体（絶縁体）が劣化している場合には，一般に誘電体損は大きくなる。よって，(1)は**誤り**。(5)は正しい。

(2)(4)

　シース損は金属シース部分で発生する損失であり，渦電流損とシース回路損に大別される。

　シース回路損を小さくする方法として，クロスボンド接地方式がある。クロスボンド接地方式とは，各相の金属シースを別の相の金属シースに接続することにより，シース電流を打ち消し合うようにする方式である。よって，(2)(4)は正しい。

(3)

　単位長あたりの抵抗値をR，導体電流をIとすると，単位長あたりの抵抗損はRI^2となる。よって，(3)は正しい。

　以上より，(1)が正解。

解答… 　(1)

問題125 交流の地中送電線路に使用される電力ケーブルで発生する損失に関する記述として，誤っているものを次の(1)〜(5)のうちから一つ選べ。

(1) 電力ケーブルの許容電流は，ケーブル導体温度がケーブル絶縁体の最高許容温度を超えない上限の電流であり，電力ケーブル内での発生損失による発熱量や，ケーブル周囲環境の熱抵抗，温度などによって決まる。

(2) 交流電流が流れるケーブル導体中の電流分布は，表皮効果や近接効果によって偏りが生じる。そのため，電力ケーブルの抵抗損では，ケーブルの交流導体抵抗が直流導体抵抗よりも増大することを考慮する必要がある。

(3) 交流電圧を印加した電力ケーブルでは，電圧に対して同位相の電流成分がケーブル絶縁体に流れることにより誘電体損が発生する。この誘電体損は，ケーブル絶縁体の誘電率と誘電正接との積に比例して大きくなるため，誘電率及び誘電正接の小さい絶縁体の採用が望まれる。

(4) シース損には，ケーブルの長手方向に金属シースを流れる電流によって発生するシース回路損と，金属シース内の渦電流によって発生する渦電流損とがある。クロスボンド接地方式の採用はシース回路損の低減に効果があり，導電率の高い金属シース材の採用は渦電流損の低減に効果がある。

(5) 電力ケーブルで発生する損失のうち，最も大きい損失は抵抗損である。抵抗損の低減には，導体断面積の大サイズ化のほかに分割導体，素線絶縁導体の採用などの対策が有効である。

H29-A10

	①	②	③	④	⑤
学 習 日					
理 解 度 (○/△/×)					

(1) ケーブル導体温度がケーブル絶縁体の最高許容温度を超えてしまうと，絶縁体の劣化や焼損などにつながる。そのため，ケーブルに流すことのできる電流の上限値として許容電流が定められている。許容電流は，ケーブルに電流を流したときに発生する損失による発熱量や，ケーブル周囲環境の熱抵抗，温度などで決まる。よって，正しい。

(2) 表皮効果は，導体に交流電流が流れているときに，周波数が高いほど導体表面に電流が集中する現象である。一方，近接効果とは，2本の並行導体に同方向の交流電流が流れているときに，発生する磁界により導体内の電子に力がはたらくため，電流分布に偏りが発生する現象である。

　どちらも電流分布の偏りにより，本来よりも電流が流れる断面積が小さくなる現象であり，抵抗はそれに反比例して大きくなる。そのため，同じケーブルでも，交流導体抵抗の方が直流導体抵抗よりも大きくなり，抵抗損も大きくなる。よって，正しい。

(3) 誘電体損は，誘電体の等価回路のうち抵抗部分に流れる電流（電圧と同相の電流）によって発生する損失である。誘電体損はケーブル絶縁体の誘電率と誘電正接との積に比例して大きくなるため，これらの値の小さい絶縁体の採用が望まれる。よって，正しい。

(4) クロスボンド接地方式とは，各相の金属シースを別の相の金属シースに接続することにより，シース電流を打ち消し合うようにする方式である。金属シースを流れる電流が打ち消し合うため，シース回路損の低減に効果がある。

　一方，導電率の高い金属シース材を採用すると，金属シースの抵抗は減少し，渦電流は増加するため，**渦電流損も増加**する。よって，**誤り**。

(5) ケーブルの断面積を変えずに絶縁体で分割した分割導体を使用すると，分割した個々の導体では表皮効果が起きにくくなり，抵抗損の低減ができる。素線絶縁導体はより線を形成する各素線が絶縁被膜で覆われているため，同様に考えることができる。よって，正しい。

以上より，(4)が正解。

解答… (4)

CHAPTER 09

電気材料

問題126 電線の導体に関する記述として，誤っているのは次のうちどれか。

(1) 地中ケーブルの銅導体には，伸びや可とう性に優れる軟銅線が用いられる。

(2) 電線の導電材料としての金属には，資源量の多さや導電率の高さが求められる。

(3) 鋼心アルミより線は，鋼より線の周囲にアルミ線をより合わせたもので，軽量で大きな外径や高い引張強度を得ることができる。

(4) 電気用アルミニウムの導電率は銅よりも低いが，電気抵抗と長さが同じ電線の場合，アルミニウム線の方が銅線より軽い。

(5) 硬銅線は軟銅線と比較して曲げにくく，電線の導体として使われることはない。

H18-A11

	①	②	③	④	⑤
学 習 日					
理 解 度 (○/△/×)					

解説

(1)　地中ケーブルの銅導体には，施工のしやすさが求められるため，伸びや可とう性に優れる軟銅線が用いられる。よって，(1)は正しい。

(2)　電線の導電材料としての金属には，導電率の高さは当然のこと，コストの点から資源量の多さが求められ，一般的には銅が用いられる。よって，(2)は正しい。

(3)　鋼心アルミより線はACSRともいい，中心に亜鉛めっき鋼より線，その周囲に硬アルミ線をより合わせたもので，軽量で大きな外径や高い引張強度を得ることができることから，長距離送電用の電線として用いられている。よって，(3)は正しい。

(4)　電気用アルミニウムは，銅と比較して導電率が$\frac{2}{3}$程度，比重が$\frac{1}{3}$程度である。

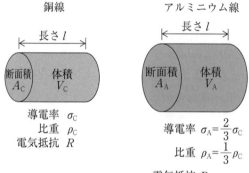

上図のように，銅線とアルミニウム線の長さ，断面積，導電率，比重，電気抵抗を設定する。銅線とアルミニウム線の電気抵抗が同じ場合，電気抵抗の公式$R = \dfrac{l}{\sigma A}$より，次の等式が成立する。

$$\frac{l}{\sigma_C A_C} = \frac{l}{\sigma_A A_A}$$

上式に$\sigma_A = \dfrac{2}{3}\sigma_C$を代入すると，

$$\frac{l}{\sigma_C A_C} = \frac{l}{\dfrac{2}{3}\sigma_C A_A}$$

$$\frac{1}{A_C} = \frac{1}{\dfrac{2}{3}A_A}$$

$$\therefore A_{\mathrm{A}} = \frac{3}{2} A_{\mathrm{C}}$$

となり，銅線とアルミニウム線の断面積の比がわかる。

体積は「断面積×長さ」で求められるため，銅線の体積 V_{C} とアルミニウム線の体積 V_{A} は

$$V_{\mathrm{C}} = A_{\mathrm{C}} l$$

$$V_{\mathrm{A}} = A_{\mathrm{A}} l = \frac{3}{2} A_{\mathrm{C}} l$$

質量は「体積×比重」で求められるため，銅線の質量 m_{C} とアルミニウム線の質量 m_{A} は

$$m_{\mathrm{C}} = V_{\mathrm{C}} \rho_{\mathrm{C}} = A_{\mathrm{C}} l \rho_{\mathrm{C}} \cdots ①$$

$$m_{\mathrm{A}} = V_{\mathrm{A}} \rho_{\mathrm{A}} = \frac{3}{2} A_{\mathrm{C}} l \rho_{\mathrm{A}} \cdots ②$$

②式に $\rho_{\mathrm{A}} = \frac{1}{3} \rho_{\mathrm{C}}$ を代入すると

$$m_{\mathrm{A}} = \frac{3}{2} A_{\mathrm{C}} l \times \frac{1}{3} \rho_{\mathrm{C}} = \frac{1}{2} A_{\mathrm{C}} l \rho_{\mathrm{C}} \cdots ③$$

①，③式より，m_{A} と m_{C} の比は 1：2 となるため，電気抵抗と長さが同じ電線の場合，アルミニウム線の質量は銅線の半分となる。よって，(4)は正しい。

(5) 硬銅線は架空電線などの導体として**使われている**。よって，(5)は**誤り**。

以上より，(5)が正解。

解答… **(5)**

問題127 導電材料としてよく利用される銅に関する記述として，誤っているものを次の(1)～(5)のうちから一つ選べ。

(1) 電線の導体材料の銅は，電気銅を精製したものが用いられる。

(2) CVケーブルの電線の銅導体には，軟銅が一般に用いられる。

(3) 軟銅は，硬銅を300～600℃で焼きなますことにより得られる。

(4) 20℃において，最も抵抗率の低い金属は，銅である。

(5) 直流発電機の整流子片には，硬銅が一般に用いられる。

H24-A14

	①	②	③	④	⑤
学習日					
理解度 (○/△/×)					

解説

(1) 銅成分の含まれる鉱石は，そのままでは銅の純度が低く，電線材料としては使用できないため，精製や電解精錬を行って，電気銅（純銅）を取り出し，電気銅をさらに精製したものを電線材料として使用する。よって，(1)は正しい。

(2) CVケーブルは曲げて敷設することもあり，敷設が容易である軟銅が一般的に使用される。よって，(2)は正しい。

(3) 焼きなましとは，加熱した後，十分な時間を掛けて冷却することで内部組織を均一化し，抵抗値を下げ軟らかくする加工のことである。また，この処理によって引張強さは小さくなる。よって，(3)は正しい。

(4) 抵抗率と導電率は逆数の関係であり，抵抗率が低いとは導電率が高いということである。20℃において最も導電率の高い（抵抗率の低い）金属は**銀**である。よって，(4)は**誤り**。

(5) 直流発電機の整流子片は絶えず火花を飛ばしながらブラシと接触しているので，十分な強度が必要となる。そのため，軟銅と比べて抵抗率は高いが強度が大きい硬銅を，整流子片の材料として用いる。よって，(5)は正しい。

以上より，(4)が正解。

解答… (4)

問題128 電気絶縁材料に関する記述として，誤っているものを次の(1)～(5)のうちから一つ選べ。

(1) 直射日光により，絶縁物の劣化が生じる場合がある。

(2) 多くの絶縁材料は温度が高いほど，絶縁強度の低下や誘電損の増加が生じる。

(3) 絶縁材料中の水分が少ないほど，絶縁強度は低くなる傾向がある。

(4) 電界や熱が長時間加わることで，絶縁強度は低下する傾向がある。

(5) 部分放電は，絶縁物劣化の一要因である。

H23-A14

	①	②	③	④	⑤
学習日					
理解度 (○/△/×)					

解説

(1)　直射日光に含まれる紫外線により，絶縁物が化学的に変化し劣化する。よって，(1)は正しい。

(2)　温度が高いほど劣化現象が進行しやすく，絶縁強度の低下や誘電損の増加を招く。よって，(2)は正しい。

(3)　絶縁材料中に水分が**多い**と，絶縁強度は低くなる。

　　　代表的な例として，CVケーブルの絶縁材料中に侵入した水分によって，絶縁劣化を経て絶縁破壊を起こす水トリーと呼ばれる現象がある。よって，(3)は**誤り**。

(4)　(5)より電界が，(2)より熱が絶縁強度を低下させることがわかる。よって，(4)は正しい。

(5)　問題文の通り。絶縁材料の成形過程で生じた微小な隙間（空げき）部分に電界が集中し，放電が起こる。この放電を部分放電またはボイド放電といい，絶縁物劣化の一要因となる。よって，(5)は正しい。

以上より，(3)が正解。

解答… 　(3)

問題129 ガス遮断器に使用されているSF_6ガスの特性に関する記述として，誤っているのは次のうちどれか。

(1) 無色で特有の臭いがある。

(2) 不活性，不燃性である。

(3) 比重が空気に比べて大きい。

(4) 絶縁耐力が空気に比べて高い。

(5) 消弧能力が空気に比べて高い。　　　　　　　H13-A10

	①	②	③	④	⑤
学習日					
理解度 (○/△/×)					

問題130 六ふっ化硫黄（SF_6）ガスに関する記述として，誤っているものを次の(1)〜(5)のうちから一つ選べ。

(1) アークの消弧能力は，空気よりも優れている。

(2) 無色，無臭であるが，化学的な安定性に欠ける。

(3) 地球温暖化に及ぼす影響は，同じ質量の二酸化炭素と比較してはるかに大きい。

(4) ガス遮断器やガス絶縁変圧器の絶縁媒体として利用される。

(5) 絶縁破壊電圧は，同じ圧力の空気と比較すると高い。　　　H26-A14

	①	②	③	④	⑤
学習日					
理解度 (○/△/×)					

解説

(1) SF_6 ガスは，無色で**無臭**である。したがって，**誤り**。

よって，(1)が正解。

解答… (1)

ポイント

　SF_6 ガスは，空気の約3倍の絶縁耐力と約100倍の消弧能力をもっています。ガス圧を上げることにより絶縁耐力が増します。

解説

(1) 気体の絶縁が破壊したときに，強い熱と光を伴う電流が流れる。これをアークといい，アークを消すことを消弧という。六ふっ化硫黄（SF_6）ガスの消弧能力は，空気よりも優れている。よって，(1)は正しい。

(2) 「化学的な安定性に欠ける」というのは，他の物質と反応しやすいことを意味している。六ふっ化硫黄（SF_6）ガスは，無色，無臭であり，他の物質と反応しにくく，**化学的に安定である**。よって，(2)は誤り。

(3) 六ふっ化硫黄（SF_6）ガスは，温室効果ガスの一種であり，同じ質量の二酸化炭素より地球温暖化に及ぼす影響が大きい。よって，(3)は正しい。

(4) 六ふっ化硫黄（SF_6）ガスは，気体絶縁材料としてガス遮断器やガス絶縁変圧器に利用されている。よって，(4)は正しい。

(5) 気体絶縁材料は，圧力を加えることで絶縁耐力が大きくなる。六ふっ化硫黄（SF_6）ガスが絶縁破壊する電圧は，同じ圧力の空気と比較すると高い。よって，(5)は正しい。

以上より，(2)が正解。

解答… (2)

A SF₆ ガス(3)

 教科書 SECTION 01

問題131 六ふっ化硫黄（SF₆）ガスに関する記述として，誤っているのは次のうちどれか。

(1) 絶縁破壊電圧が同じ圧力の空気よりも高い。

(2) 無色，無臭であり，化学的にも安定である。

(3) 温室効果ガスの一種として挙げられている。

(4) 比重が空気に比べて小さい。

(5) アークの消弧能力は空気よりも高い。　　　　　H19-A14

	①	②	③	④	⑤
学 習 日					
理 解 度 (○/△/×)					

A 絶縁油

 教科書 SECTION 01

問題132 変圧器に使用する絶縁油に必要な性状として，誤っているのは次のうちどれか。

(1) 絶縁耐力が大きいこと。

(2) 引火点が高いこと。

(3) 粘度が高いこと。

(4) 比熱が大きいこと。

(5) 化学的に安定であること。　　　　　H16-A1

	①	②	③	④	⑤
学 習 日					
理 解 度 (○/△/×)					

解説

(4) 六ふっ化硫黄（SF_6）ガスの比重は，空気に比べて**大きい**。したがって，**誤り**。

よって，(4)が正解。

解答… (4)

解説

(3) 変圧器に使用する絶縁油は，絶縁と冷却を目的として用いられる。冷却効果を大きくするため，絶縁油は粘度が**低い**ものがよい。したがって，**誤り**。

よって，(3)が正解。

解答… (3)

問題133 絶縁材料の特徴に関する記述として，誤っているものを次の(1)～(5)のうちから一つ選べ。

(1) 絶縁油は，温度や不純物などにより絶縁性能が影響を受ける。

(2) 固体絶縁材料は，温度変化による膨張や収縮による機械的ひずみが原因で劣化することがある。

(3) 六ふっ化硫黄（SF_6）ガスは，空気と比べて絶縁耐力が高いが，一方で地球温暖化に及ぼす影響が大きいという問題点がある。

(4) 液体絶縁材料は気体絶縁材料と比べて，圧力により絶縁耐力が大きく変化する。

(5) 一般に固体絶縁材料には，液体や気体の絶縁材料と比較して，絶縁耐力が高いものが多い。

H25-A14

	①	②	③	④	⑤
学 習 日					
理 解 度 (○/△/×)					

解説

(1) 絶縁油の劣化は温度が高いほど進行しやすい。また，不純物が混入すると，絶縁性能が悪くなる。よって，(1)は正しい。

(2) 機械的ひずみにより固体絶縁材料にひびが入ると，絶縁抵抗が下がり，結果として漏れ電流が増える。よって，(2)は正しい。

(3) 六ふっ化硫黄（SF_6）ガスは空気と比べて絶縁耐力は高いが，同質量の二酸化炭素よりも地球温暖化に及ぼす影響が大きい。よって，(3)は正しい。

(4) 圧力を大きくしたときに体積が減少して，絶縁材料の密度が上がれば絶縁耐力が大きくなる。液体と気体を考えたときに，気体の方が圧縮しやすいため，圧力により絶縁耐力が大きくなるのは**液体絶縁材料よりも気体絶縁材料**である。よって，(4)は**誤り**。

(5) 一般的に密度が高いほど絶縁耐力が大きくなるため，固体絶縁材料には絶縁耐力が高いものが多い。よって，(5)は正しい。

以上より，(4)が正解。

解答… (4)

B 絶縁材料(3)

問題134 電気絶縁材料に関する記述として，誤っているのは次のうちどれか。

(1) 六ふっ化硫黄（SF_6）ガスは，絶縁耐力が空気や窒素と比較して高く，アークを消弧する能力に優れている。

(2) 鉱油は，化学的に合成される絶縁材料である。

(3) 絶縁材料は，許容最高温度によりA，E，B等の耐熱クラスに分類されている。

(4) ポリエチレン，ポリプロピレン，ポリ塩化ビニル等は熱可塑性（加熱することにより柔らかくなる性質）樹脂に分類される。

(5) 磁器材料は，一般にけい酸を主体とした無機化合物である。 H17-A14

	①	②	③	④	⑤
学習日					
理解度 (○/△/×)					

A 絶縁材料(4)

問題135 絶縁材料の基本的性質に関する記述として，誤っているのは次のうちどれか。

(1) 絶縁材料は熱的，電気的，機械的原因などにより劣化する。

(2) 気体絶縁材料は圧力により絶縁耐力が変化する。

(3) 液体絶縁材料には比熱容量，熱伝導度の小さいものが適している。

(4) 電気機器に用いられる絶縁材料は，一般には許容最高温度で区分されており，日本工業規格（JIS）では耐熱クラスHの許容最高温度は180℃である。

(5) 真空は絶縁性能に優れており，遮断器などに利用される。 H14-A10

	①	②	③	④	⑤
学習日					
理解度 (○/△/×)					

解説

(2) 鉱油は，**天然油**である。化学的に合成されたものは合成油といわれる。したがって，**誤り**。

よって，(2)が正解。

解答… (2)

解説

(3) 液体絶縁材料には，比熱容量，熱伝導度の**大きい**ものが適している。したがって，**誤り**。

よって，(3)が正解。

解答… (3)

問題136 絶縁油は変圧器やOFケーブルなどに使用されており，一般に絶縁破壊電圧は大気圧の空気と比べて　(ア)　，誘電正接は空気よりも　(イ)　。電力用機器の絶縁油として古くから　(ウ)　が一般的に用いられてきたが，OFケーブルやコンデンサでより優れた低損失性や信頼性が求められる仕様のときには　(エ)　が採用される場合もある。

上記の記述中の空白箇所(ア)，(イ)，(ウ)及び(エ)に当てはまる語句として，正しいものを組み合わせたのは次のうちどれか。

	(ア)	(イ)	(ウ)	(エ)
(1)	低 く	小さい	植物油	シリコーン油
(2)	高 く	大きい	鉱物油	重合炭化水素油
(3)	高 く	大きい	植物油	シリコーン油
(4)	低 く	小さい	鉱物油	重合炭化水素油
(5)	高 く	大きい	鉱物油	シリコーン油

H22-A14

	①	②	③	④	⑤
学 習 日					
理 解 度 (○/△/×)					

解説

　絶縁油は，変圧器やOFケーブルで絶縁や冷却を目的として用いられ，粘度が低く流動的な材料ほど冷却効果が大きくなる。また，気体絶縁材料と異なり，圧力をかけても絶縁耐力がほとんど変化しないといった特徴を持つ。

(ア)　絶縁油の絶縁破壊電圧は，約50 kV/mmであり，大気圧の空気は約3 kV/mmである。よって，絶縁油の絶縁破壊電圧は大気圧の空気と比べて(ア)**高い**。

(イ)　絶縁油の誘電正接は，空気よりも(イ)**大きい**。

(ウ)(エ)　絶縁油には，石油からつくられる鉱物油や，鉱物油（鉱油）の欠点を改善した合成油，環境にやさしい植物油などがある。

　電力用機器の絶縁油には，古くから(ウ)**鉱物油**が一般的に用いられてきた。しかし，天然油である鉱物油は可燃性で，水分や酸素など不純物の影響を受けて劣化しやすい。そのため，現在では化学的に合成される合成油が主流になっている。また，OFケーブルやコンデンサでより優れた低損失性や信頼性が求められる使用のときには(エ)**重合炭化水素油**が採用される場合もある。

　よって，(2)が正解。

解答… (2)

問題137 固体絶縁材料の劣化に関する記述として，誤っているのは次のうちどれか。

(1) 膨張，収縮による機械的な繰り返しひずみの発生が，劣化の原因となる場合がある。

(2) 固体絶縁物内部の微小空げきで高電圧印加時のボイド放電が発生すると，劣化の原因となる。

(3) 水分は，CV ケーブルの水トリー劣化の主原因である。

(4) 硫黄などの化学物質は，固体絶縁材料の変質を引き起こす。

(5) 部分放電劣化は，絶縁体外表面のみに発生する。

H21-A14

	①	②	③	④	⑤
学 習 日					
理 解 度 (○/△/×)					

解説

(5)　部分放電は固体絶縁体内部でも発生するので，それによる劣化は，絶縁体外表面のほか**絶縁体中**にも発生する。したがって，**誤り**。

よって，(5)が正解。

解答…　(5)

問題138 電気絶縁材料に関する記述として，誤っているものを次の(1)～(5)のうちから一つ選べ。

(1) ガス遮断器などに使用されているSF_6ガスは，同じ圧力の空気と比較して絶縁耐力や消弧能力が高く，反応性が非常に小さく安定した不燃性のガスである。しかし，SF_6ガスは，大気中に排出されると，オゾン層破壊への影響が大きいガスである。

(2) 変圧器の絶縁油には，主に鉱油系絶縁油が使用されており，変圧器内部を絶縁する役割のほかに，変圧器内部で発生する熱を対流などによって放散冷却する役割がある。

(3) CVケーブルの絶縁体に使用される架橋ポリエチレンは，ポリエチレンの優れた絶縁特性に加えて，ポリエチレンの分子構造を架橋反応により立体網目状分子構造とすることによって，耐熱変形性を大幅に改善した絶縁材料である。

(4) がいしに使用される絶縁材料には，一般に，磁器，ガラス，ポリマの3種類がある。我が国では磁器がいしが主流であるが，最近では，軽量性や耐衝撃性などの観点から，ポリマがいしの利用が進んでいる。

(5) 絶縁材料における絶縁劣化では，熱的要因，電気的要因，機械的要因のほかに，化学薬品，放射線，紫外線，水分などが要因となり得る。

H29-A14

	①	②	③	④	⑤
学習日					
理解度 (○/△/×)					

解説

(1) SF_6 ガスは大気中に排出されると，オゾン層の破壊ではなく，**温室効果ガスとして地球温暖化への影響が大きい。**よって，**誤り。**

(2) 変圧器の絶縁油には，変圧器内部の絶縁および熱放散のため，主に鉱油系絶縁油が使用される。鉱油とは，石油・石炭・天然ガスなどの地下資源に由来する油のことである。よって，正しい。

(3) CV ケーブルの絶縁体に使用される架橋ポリエチレンは，下図のように，ポリエチレンの分子を橋を架けたように結合し，立体網目状とすることで，耐熱性を高めた絶縁材料である。よって，正しい。

架橋ポリエチレン

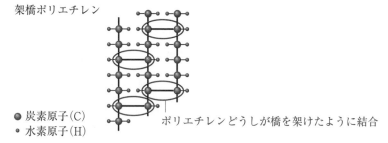

● 炭素原子(C)
• 水素原子(H)

ポリエチレンどうしが橋を架けたように結合

(4) がいしに使用される絶縁材料には，一般に磁器，ガラス，ポリマの3種類がある。我が国では磁器がいしが主流であるが，軽量性，耐衝撃性，はっ水性の点で優れているポリマがいしの利用が進んでいる。よって，正しい。

(5) 絶縁材料の絶縁劣化は，熱的要因，部分放電などの電気的要因，繰り返し応力などの機械的要因の他に，化学薬品，放射線，紫外線，水分などによって進行する。よって，正しい。

以上より，(1)が正解。

解答… **(1)**

問題139 次の文章は，発電機，電動機，変圧器などの電気機器の鉄心として使用される磁心材料に関する記述である。

永久磁石材料と比較すると磁心材料の方が磁気ヒステリシス特性（$B-H$特性）の保磁力の大きさは　(ア)　，磁界の強さの変化により生じる磁束密度の変化は　(イ)　ので，透磁率は一般に　(ウ)　。

また，同一の交番磁界のもとでは，同じ飽和磁束密度を有する磁心材料同士では，保磁力が小さいほど，ヒステリシス損は　(エ)　。

上記の記述中の空白箇所(ア)，(イ)，(ウ)及び(エ)に当てはまる語句として，正しいものを組み合わせたのは次のうちどれか。

	(ア)	(イ)	(ウ)	(エ)
(1)	大きく	大きい	大きい	大きい
(2)	小さく	大きい	大きい	小さい
(3)	小さく	大きい	小さい	大きい
(4)	大きく	小さい	小さい	小さい
(5)	小さく	小さい	大きい	小さい

H20-A14

	①	②	③	④	⑤
学習日					
理解度 (○/△/×)					

解説

　永久磁石材料と比較すると磁心材料の方が磁気ヒステリシス特性（$B-H$特性）の保磁力の大きさは(ア)**小さく**，磁界の強さの変化により生じる磁束密度の変化は(イ)**大きい**ので，透磁率は一般に(ウ)**大きい**。

　また，同一の交番磁界のもとでは，同じ飽和磁束密度を有する磁心材料同士では，保磁力が小さいほど，ヒステリシス損は(エ)**小さい**。

　よって，(2)が正解。

解答… (2)

問題140 変圧器に使用される鉄心材料に関する記述として，誤っているものを次の(1)～(5)のうちから一つ選べ。

(1) 鉄は，炭素の含有量を低減させることにより飽和磁束密度及び透磁率が増加し，保磁力が減少する傾向があるが，純鉄や低炭素鋼は電気抵抗が小さいため，一般に交流用途の鉄心材料には適さない。

(2) 鉄は，けい素含有量の増加に伴って飽和磁束密度及び保磁力が減少し，透磁率及び電気抵抗が増加する傾向がある。そのため，けい素鋼板は交流用途の鉄心材料に広く使用されているが，けい素含有量の増加に伴って加工性や機械的強度が低下するという性質もある。

(3) 鉄心材料のヒステリシス損は，ヒステリシス曲線が囲む面積と交番磁界の周波数に比例する。

(4) 厚さの薄い鉄心材料を積層した積層鉄心は，積層した鉄心材料間で電流が流れないように鉄心材料の表面に絶縁被膜が施されており，鉄心材料の積層方向（厚さ方向）と磁束方向とが同一方向となるときに顕著な渦電流損の低減効果が得られる。

(5) 鉄心材料に用いられるアモルファス磁性材料は，原子配列に規則性がない非結晶構造を有し，結晶構造を有するけい素鋼材と比較して鉄損が少ない。薄帯形状であることから巻鉄心形の鉄心に適しており，柱上変圧器などに使用されている。

H30-A14

	①	②	③	④	⑤
学 習 日					
理 解 度 (○/△/×)					

解説

(1) 鉄心材料には，飽和磁束密度・透磁率が大きく，残留磁気・保磁力の小さい材料を用いる。炭素の含有量を低減させた高純度の鉄は，ヒステリシス損が減少する。

　　また，電気抵抗の小さい材料を交流で使用すると，渦電流損が大きくなるため，交流用途の鉄心材料には適さない。よって，(1)は正しい。

(2) 鉄のけい素含有量を増加させると透磁率および電気抵抗が増加するため，交流用途の鉄心材料に使用される。また，鉄はけい素含有量の増加に伴い機械的強度が低下し，もろくなる。よって，(2)は正しい。

(3) ヒステリシス損は，ヒステリシス曲線に囲まれた面積の大きさに比例する。また，ヒステリシス損は，単位時間当たりのヒステリシス曲線が描かれる回数に比例し，その回数は周波数に比例するため，ヒステリシス損は周波数に比例する。

　　材料によって決まる定数をK_h，周波数をf[Hz]，最大磁束密度をB_m[T]とすると，ヒステリシス損P_h[W/kg]は，

$$P_h = K_h f B_m^2 \ [\text{W/kg}]$$

　　よって，(3)は正しい。

(4) 積層鉄心とは，薄い板状材料の表面に絶縁被膜を施し，積み重ねたものである。

表面には絶縁被膜　　積層鉄心

積層していない鉄心では，右ねじの法則より次のように渦電流が流れる。

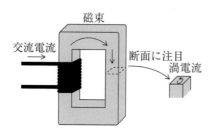

積層鉄心は，板間が絶縁されているため，板間方向に電流は流れない。

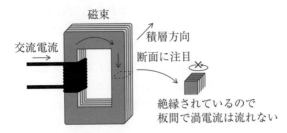

鉄心材料の積層方向（厚さ方向）と磁束方向とが**垂直**方向となるとき，渦電流が小さくなるため，渦電流損の低減効果が得られる。よって，⑷は**誤り**。

⑸ 非結晶質のことをアモルファス（amorphous）ということから，非結晶質の合金をアモルファス合金という。

アモルファス合金はけい素鋼に比べ，鉄損が小さく強度が高いが，高価で加工しにくいという特徴がある。よって，⑸は正しい。

以上より，⑷が正解。

解答… ⑷

問題141 アモルファス鉄心材料を使用した柱上変圧器の特徴に関する記述として，誤っているものを次の(1)～(5)のうちから一つ選べ。

(1) けい素鋼帯を使用した同容量の変圧器に比べて，鉄損が大幅に少ない。

(2) アモルファス鉄心材料は結晶構造である。

(3) アモルファス鉄心材料は高硬度で，加工性があまり良くない。

(4) アモルファス鉄心材料は比較的高価である。

(5) けい素鋼帯を使用した同容量の変圧器に比べて，磁束密度が高くできないので，大形になる。

R5上-A14

	①	②	③	④	⑤
学習日					
理解度 (○/△/×)					

解説

(1) アモルファスとは，構成単位としての原子・イオン・分子の配列に規則性が
ない非結晶質のことをいい，非結晶質の合金をアモルファス合金という。アモ
ルファス合金は非結晶質であるため，結晶にある異方性が無いために，材料内
の磁気方向が動きやすく，透磁率が高くなる。

　したがって，アモルファス鉄心材料は，けい素鋼帯を使用した同容量の変圧
器に比べて，鉄損（＝渦電流損＋ヒステリシス損）が大幅に少ない。よって，
(1)は正しい。

(2) (1)でも述べたように，アモルファス鉄心材料は**非結晶構造**である。よって，
(2)は**誤り**。

(3)(4) アモルファス合金を使用したアモルファス鉄心材料は，けい素鋼と比較す
ると，高硬度で，加工性があまり良くなく，比較的高価である。よって，(3)(4)
は正しい。

(5) アモルファス鉄心材料は，けい素鋼帯を使用した同容量の変圧器に比べて，
磁束密度を高くできないので，鉄心を大きくする必要がある。結果として，ア
モルファス材料を使用した変圧器は大形になる。よって，(5)は正しい。

以上より，(2)が正解。

解答… (2)

CHAPTER 10

電力計算

問題142 1バンクの定格容量25 MV・Aの三相変圧器を3バンク有する配電用変電所がある。変圧器1バンクが故障した時に長時間の停電なしに故障発生前と同じ電力を供給したい。

この検討に当たっては，変圧器故障時には，他の変電所に故障発生前の負荷の10 %を直ちに切り換えることができるとともに，残りの健全な変圧器は，定格容量の125 %まで過負荷することができるものとする。

力率は常に95 %（遅れ）で変化しないものとしたとき，故障発生前の変電所の最大総負荷の値[MW]として，最も近いものを次の(1)～(5)のうちから一つ選べ。

(1) 32.9 (2) 53.4 (3) 65.9 (4) 80.1 (5) 98.9

H26-A6

	①	②	③	④	⑤
学 習 日					
理 解 度 (○/△/×)					

解説

1バンクの定格容量が25 MV・Aの三相変圧器2バンクの容量を求めると，

　　$25 \times 2 = 50$ MV・A

次に，変圧器1バンクが故障した時の，変圧器2バンクで供給できる電力を求める。変圧器故障時に健全な変圧器は，定格容量の125％まで過負荷することができるため，

　　$50 \times \dfrac{125}{100} = 62.5$ MV・A

変圧器故障時には，他の変電所に故障発生前の負荷の10％を直ちに切り換えることができる。すなわち，変圧器1バンクが故障した時，健全な変圧器2バンクで元の電力の90％を供給しなければならない。

故障発生前に供給できる電力をS[MV・A]，変圧器故障時に変圧器2バンクで供給できる電力をS_2[MV・A]とすると，

　　$S \times 0.9 = S_2$

　　$S = \dfrac{S_2}{0.9}$

　　$= \dfrac{62.5}{0.9} \fallingdotseq 69.4$ MV・A

故障発生前の変電所の最大総負荷の値をP[MW]，力率を$\cos\theta$とすると，

　　$P = S\cos\theta$

　　$= 69.4 \times 0.95 \fallingdotseq 65.9$ MW

よって，(3)が正解。

解答… (3)

問題143 一次電圧66 kV, 二次電圧6.6 kV, 容量80 MV・Aの三相変圧器がある。一次側に換算した誘導性リアクタンスの値が4.5 Ωのとき, 百分率リアクタンスの値[%]として, 最も近いのは次のうちどれか。

(1) 2.8 　 (2) 4.8 　 (3) 8.3 　 (4) 14.3 　 (5) 24.8

H20-A8

	①	②	③	④	⑤
学 習 日					
理 解 度 (○/△/×)					

百分率リアクタンス（パーセントリアクタンス）$\%X[\%]$は次の式によって求められる。

$$\%X = \frac{XI_{\mathrm{n}}}{E_{\mathrm{n}}} \times 100[\%]$$

定格線間電圧（一次電圧）$V_{\mathrm{n}} = 66 \times 10^{3}\,\mathrm{V}$より，定格相電圧$E_{\mathrm{n}}[\mathrm{V}]$を求める。

$$E_{\mathrm{n}} = \frac{V_{\mathrm{n}}}{\sqrt{3}}[\mathrm{V}]$$

また，定格容量$P_{\mathrm{n}} = 80 \times 10^{6}\,\mathrm{V \cdot A}$から，定格電流$I_{\mathrm{n}}[\mathrm{A}]$を求める。

$$P_{\mathrm{n}} = \sqrt{3}\,V_{\mathrm{n}}I_{\mathrm{n}}$$

$$\therefore I_{\mathrm{n}} = \frac{P_{\mathrm{n}}}{\sqrt{3}\,V_{\mathrm{n}}}$$

百分率リアクタンスの式にE_{n}とI_{n}を代入すると，

$$\%X = \frac{X \times \dfrac{P_{\mathrm{n}}}{\sqrt{3}\,V_{\mathrm{n}}}}{\dfrac{V_{\mathrm{n}}}{\sqrt{3}}} \times 100$$

$$= \frac{XP_{\mathrm{n}}}{V_{\mathrm{n}}^{2}} \times 100$$

$$= \frac{4.5 \times 80 \times 10^{6}}{(66 \times 10^{3})^{2}} \times 100 \fallingdotseq 8.3\,\%$$

よって，(3)が正解。

解答… (3)

問題144 一次側定格電圧と二次側定格電圧がそれぞれ等しい変圧器Aと変圧器Bがある。変圧器Aは，定格容量S_A = 5000 kV・A，パーセントインピーダンス%Z_A = 9.0 %（自己容量ベース），変圧器Bは，定格容量S_B = 1500 kV・A，パーセントインピーダンス%Z_B = 7.5 %（自己容量ベース）である。この変圧器2台を並行運転し，6000 kV・Aの負荷に供給する場合，過負荷となる変圧器とその変圧器の過負荷運転状態［%］（当該変圧器が負担する負荷の大きさをその定格容量に対する百分率で表した値）の組合せとして，正しいものを次の(1)～(5)のうちから一つ選べ。

	過負荷となる変圧器	過負荷運転状態［%］
(1)	変圧器A	101.5
(2)	変圧器B	105.9
(3)	変圧器A	118.2
(4)	変圧器B	137.5
(5)	変圧器A	173.5

R5上-A13

	①	②	③	④	⑤
学 習 日					
理 解 度 (○/△/×)					

解説

　容量の異なる変圧器を並行運転する場合の負荷分担は，パーセントインピーダンスを同じ基準容量に揃えて求める。そこで，変圧器Bの定格容量$S_B = 1500\,\text{kV·A}$基準に，変圧器Aのパーセントインピーダンス$\%Z_A = 9.0\,\%$を換算すると，換算後の$\%Z_A'[\%]$は，

$$\%Z_A' = \%Z_A \times \frac{S_B}{S_A} = 9.0 \times \frac{1500}{5000} = 2.7\,\%$$

　並行運転する各変圧器が分担する負荷の比は，基準容量をそろえた各変圧器のパーセントインピーダンスの逆比に等しい。よって，$P = 6000\,\text{kV·A}$の負荷に電力を供給する場合の，変圧器A，変圧器Bのそれぞれの分担負荷$P_A[\text{kV·A}]$，$P_B[\text{kV·A}]$は，

$$P_A = \frac{\%Z_B}{\%Z_A' + \%Z_B}P = \frac{7.5}{2.7 + 7.5} \times 6000 \fallingdotseq 4412\,\text{kV·A}$$

$$P_B = \frac{\%Z_A'}{\%Z_A' + \%Z_B}P = \frac{2.7}{2.7 + 7.5} \times 6000 \fallingdotseq 1588\,\text{kV·A}$$

　変圧器Bの分担負荷$P_B[\text{kV·A}]$が定格容量である定格容量$S_B = 1500\,\text{kV·A}$を超えているので，**変圧器Bが過負荷**であることが分かる。さらに，過負荷運転状態（過負荷率）を求めると，

$$\frac{P_B}{S_B} = \frac{1588}{1500} \fallingdotseq 1.059 \rightarrow 105.9\,\%$$

よって，(2)が正解。

解答… (2)

問題145 図のように，定格電圧66 kVの電源から三相変圧器を介して二次側に遮断器が接続された系統がある。この三相変圧器は定格容量10 MV·A，変圧比66/6.6 kV，百分率インピーダンスが自己容量基準で7.5 %である。変圧器一次側から電源側をみた百分率インピーダンスを基準容量100 MV·Aで5 %とするとき，次の(a)及び(b)に答えよ。

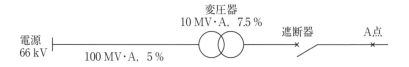

(a) 基準容量を10 MV·Aとして，変圧器二次側から電源側をみた百分率インピーダンス[%]の値として，最も近いものを次の(1)〜(5)のうちから一つ選べ。

(1) 2.5 　(2) 5.0 　(3) 7.0 　(4) 8.0 　(5) 12.5

(b) 図のA点で三相短絡事故が発生したとき，事故電流を遮断できる遮断器の定格遮断電流の最小値[kA]として，最も近いものを次の(1)〜(5)のうちから一つ選べ。ただし，変圧器二次側からA点までのインピーダンスは無視するものとする。

(1) 8 　(2) 12.5 　(3) 16 　(4) 20 　(5) 25

R5上-B16

	①	②	③	④	⑤
学 習 日					
理 解 度 (○/△/×)					

解説

(a)

基準容量100 MV·Aにおける変圧器一次側から電源側をみた百分率インピーダンス%$Z_1 = 5$ %を基準容量10 MV·Aに変換したときの百分率インピーダンス%Z_1' [%]は,

$$\%Z_1' = 5 \times \frac{10}{100} = 0.5 \%$$

自己容量基準（10 MV·A）における変圧器の百分率インピーダンスを%$Z_t = 7.5$ %とすると，変圧器二次側から電源側をみた百分率インピーダンス%Z_2[%]は,

$$\%Z_2[\%] = \%Z_1' + \%Z_t = 0.5 + 7.5 = 8.0 \%$$

よって，(4)が正解。

(b)

基準容量を$S_B = 10$ MV·A，A点における基準電圧を二次側線間電圧$V_B = 6.6$ kVとすると，A点における基準電流I_B[A]は,

$$I_B = \frac{S_B}{\sqrt{3}\,V_B} = \frac{10 \times 10^6}{\sqrt{3} \times 6.6 \times 10^3} \fallingdotseq 874.8 \text{ A}$$

A点における三相短絡電流I_s[kA]は,

$$I_s = \frac{100}{\%Z_2} \times I_B \times 10^{-3} = \frac{100}{8.0} \times 874.8 \times 10^{-3} \fallingdotseq 10.94 \text{ kA}$$

求める事故電流を遮断できる遮断器の定格遮断電流は，選択肢の中で上記のI_sを上回る値のうち，最小となる12.5 kAが適している。

よって，(2)が正解。

| 解答… | (a)(4) (b)(2) |

ポイント

三相短絡電流を遮断できるのは，三相短絡電流の値よりも大きな定格遮断電流を持った遮断器となります。本問の場合，(1)の8kAの遮断器では三相短絡電流を遮断できませんが，(2)～(5)の遮断器ならば遮断可能です。しかし，「最小値を求めよ」という指示があるため，答えは(2)になります。

問題146 図に示すように，定格電圧66 kVの電源から送電線と三相変圧器を介して，二次側に遮断器が接続された系統を考える。三相変圧器の電気的特性は，定格容量20 MV・A，一次側線間電圧66 kV，二次側線間電圧6.6 kV，自己容量基準での百分率リアクタンス15.0 %である。一方，送電線から電源側をみた電気的特性は，基準容量100 MV・Aの百分率インピーダンスが5.0 %である。このとき，次の(a)及び(b)の問に答えよ。

ただし，百分率インピーダンスの抵抗分は無視するものとする。

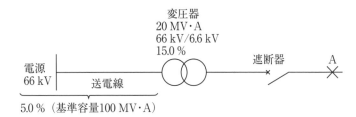

(a) 基準容量を10 MV・Aとしたとき，変圧器の二次側から電源側をみた百分率リアクタンス[%]の値として，正しいものを次の(1)〜(5)のうちから一つ選べ。

(1) 2.0　　(2) 8.0　　(3) 12.5　　(4) 15.5　　(5) 20.0

(b) 図のAで三相短絡事故が発生したとき，事故電流[kA]の値として，最も近いものを次の(1)〜(5)のうちから一つ選べ。ただし，変圧器の二次側からAまでのインピーダンス及び負荷は，無視するものとする。

(1) 4.4　　(2) 6.0　　(3) 7.0　　(4) 11　　(5) 44

H25-B17

	①	②	③	④	⑤
学習日					
理解度 (○/△/×)					

解説

(a) 問題文の条件より，基準容量 10 MV・A の場合の変圧器二次側から電源側を見た百分率リアクタンスを計算する。百分率リアクタンスは容量に比例するため，変圧器の百分率リアクタンス（パーセントリアクタンス）$\%X_\mathrm{a}'$ [%]は，

$$\%X_\mathrm{a}' = \frac{10}{20} \times 15 = 7.5\ \%$$

また，問題文より，百分率インピーダンス（パーセントインピーダンス）の抵抗分は無視するため，百分率リアクタンス＝百分率インピーダンスとなる。送電線の百分率インピーダンス（リアクタンス）$\%X_\mathrm{b}'$ [%]は，

$$\%X_\mathrm{b}' = \frac{10}{100} \times 5 = 0.5\ \%$$

したがって，変圧器の二次側から電源側をみた百分率リアクタンス$\%X'$ [%]は，

$$\%X' = \%X_\mathrm{a}' + \%X_\mathrm{b}' = 7.5 + 0.5 = 8.0\ \%$$

よって，(2)が正解。

(b) 事故点は変圧器二次側であるので，求める短絡電流（事故電流）は変圧器二次側の値となる。基準容量換算した百分率インピーダンスを$\%Z'$ [%]，基準容量換算した変圧器二次側の定格電流をI_2n' [A]とすると，短絡電流I_2s [A]は，次の式によって求められ，問題文の条件より，$\%Z = \%X$なので，

$$I_\mathrm{2s} = \frac{100}{\%Z'} \times I_\mathrm{2n}'$$

$$= \frac{100}{\%X'} \times I_\mathrm{2n}'\ [\mathrm{A}] \cdots ①$$

変圧器二次側の定格電流I_2n [A]は，

$$I_\mathrm{2n} = \frac{P_\mathrm{n}}{\sqrt{3}\,V_\mathrm{2n}}\ [\mathrm{A}]$$

I_2nを定格容量 20 MV・A から基準容量 10 MV・A に換算すると，基準容量換算した変圧器二次側の定格電流I_2n' [A]は，

$$I_\mathrm{2n}' = \frac{10}{20} \times I_\mathrm{2n} = \frac{P_\mathrm{n}}{2\sqrt{3}\,V_\mathrm{2n}}\ [\mathrm{A}] \cdots ②$$

①式に，②式と(a)で求めた$\%X'$を代入すると，

$$I_\mathrm{2s} = \frac{100}{\%X'} \times \frac{P_\mathrm{n}}{2\sqrt{3}\,V_\mathrm{2n}} = \frac{100}{8} \times \frac{20 \times 10^6}{2\sqrt{3} \times 6600} ≒ 10935\ \mathrm{A} ≒ 11\ \mathrm{kA}$$

よって，(4)が正解。

解答… (a)(2)　(b)(4)

問題147 図のような交流三相3線式の系統がある。各系統の基準容量と基準容量をベースにした百分率インピーダンスが図に示された値であるとき，次の(a)及び(b)に答えよ。

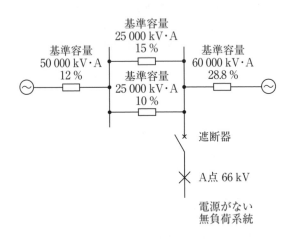

基準容量
25 000 kV・A
15 %

基準容量
50 000 kV・A
12 %

基準容量
60 000 kV・A
28.8 %

基準容量
25 000 kV・A
10 %

遮断器

A点 66 kV

電源がない
無負荷系統

(a)　系統全体の基準容量を50 000 kV・Aに統一した場合，遮断器の設置場所からみた合成百分率インピーダンス[%]の値として，正しいのは次のうちどれか。

(1)　4.8　　(2)　12　　(3)　22　　(4)　30　　(5)　48

(b)　遮断器の投入後，A点で三相短絡事故が発生した。三相短絡電流[A]の値として，最も近いのは次のうちどれか。

　　ただし，線間電圧は66 kVとし，遮断器からA点までのインピーダンスは無視するものとする。

(1)　842　　(2)　911　　(3)　1 458　　(4)　2 104　　(5)　3 645

H21-B16

	①	②	③	④	⑤
学習日					
理解度 (○/△/×)					

解説

(a) 百分率インピーダンス（パーセントインピーダンス）は容量に比例するため，すべて50 000kV・Aのときの百分率インピーダンスに変換する。

$\quad$ 25000 kV・A, 15 % → 50000 kV・A, 30 %

$\quad$ 25000 kV・A, 10 % → 50000 kV・A, 20 %

$\quad$ 60000 kV・A, 28.8 % → 50000 kV・A, 24 %

$\quad$ 遮断器の設置場所からみた合成百分率インピーダンス%Z[%]は，系統①と系統②が並列接続したものと考える。

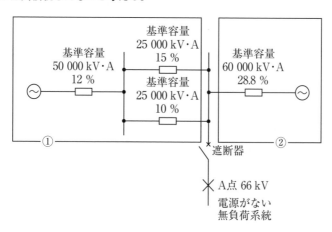

系統①の百分率インピーダンス%Z_1[%]は，

$$\%Z_1 = 12 + \frac{30 \times 20}{30 + 20} = 24 \text{ \%}$$

系統②の百分率インピーダンス%Z_2[%]は，

$$\%Z_2 = 24 \text{ \%}$$

並列接続であるので，合成百分率インピーダンス%Zは，

$$\%Z = \frac{\%Z_1 \times \%Z_2}{\%Z_1 + \%Z_2} = \frac{24 \times 24}{24 + 24} = 12 \text{ \%}$$

よって，(2)が正解。

(b)　短絡電流I_s[A]は，次の式によって求められる。

$$I_s = \frac{100}{\%Z} \times I_n [A]$$

基準容量$P_n = 50000\,\mathrm{kV \cdot A}$のときの定格電流$I_n$[A]は，

$$I_n = \frac{P_n}{\sqrt{3}\,V_n} [A]$$

短絡電流I_sを求める式に代入すると，

$$I_s = \frac{100}{\%Z} \times \frac{P_n}{\sqrt{3}\,V_n}$$

$$= \frac{100}{12} \times \frac{50000 \times 10^3}{\sqrt{3} \times 66 \times 10^3} \fallingdotseq 3645\,A$$

よって，(5)が正解。

解答… (a)(2)　(b)(5)

問題148 図のような系統において，昇圧用変圧器の容量は30 MV・A，変圧比は11 kV/33 kV，百分率インピーダンスは自己容量基準で7.8 ％，計器用変流器（CT）の変流比は400 A/5 Aである。系統の点Fにおいて，三相短絡事故が発生し，1 800 Aの短絡電流が流れたとき，次の(a)及び(b)に答えよ。

ただし，CTの磁気飽和は考慮しないものとする。

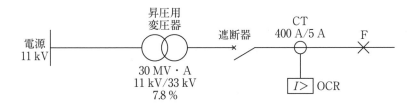

(a) 系統の基準容量を10 MV・Aとしたとき，事故点Fから電源側をみた百分率インピーダンス[％]の値として，最も近いのは次のうちどれか。

(1) 5.6   (2) 9.7   (3) 12.3   (4) 29.2   (5) 37.0

(b) 過電流継電器（OCR）を0.09 sで動作させるには，OCRの電流タップ値を何アンペアの位置に整定すればよいか，正しい値を次のうちから選べ。

ただし，OCRのタイムレバー位置は3に整定されており，タイムレバー位置10における限時特性は図示のとおりである。

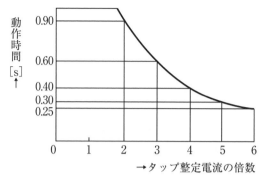

タイムレバー位置10における限時特性図

(1)　3.0 A　　(2)　3.5 A　　(3)　4.0 A

(4)　4.5 A　　(5)　5.0 A

H18-B17

	①	②	③	④	⑤
学 習 日					
理 解 度 (○/△/×)					

解説

(a) 基準容量換算した百分率インピーダンス（パーセントインピーダンス）を%Z' [%]，基準容量換算した変圧器二次側の定格電流をI_{2n}'[A]とすると，変圧器二次側の短絡電流I_{2s}[A]は，次の式によって求められる。

$$I_{2s} = \frac{100}{\%Z'} \times I_{2n}' \,[\text{A}]\cdots ①$$

変圧器の定格容量をP_n[V·A]，変圧器二次側の定格電圧をV_{2n}[V]とすると，変圧器二次側の定格電流I_{2n}[A]は，

$$I_{2n} = \frac{P_n}{\sqrt{3}\,V_{2n}}[\text{A}]$$

I_{2n}を定格容量30 MV·Aから基準容量10 MV·Aに換算すると，基準容量換算した二次側の定格電流I_{2n}'[A]は，

$$I_{2n}' = \frac{10}{30} \times I_{2n} = \frac{P_n}{3\sqrt{3}\,V_{2n}}[\text{A}]$$

①式に，基準容量換算した変圧器二次側の定格電流I_{2n}'と変圧器二次側の短絡電流I_{2s}を代入すると，基準容量換算した百分率インピーダンス%Z'[%]が求められる。

$$I_{2s} = \frac{100}{\%Z'} \times \frac{P_n}{3\sqrt{3}\,V_{2n}}$$

$$1800 = \frac{100}{\%Z'} \times \frac{30 \times 10^6}{3\sqrt{3} \times 33 \times 10^3}$$

$$\therefore \%Z' = \frac{100 \times 30 \times 10^6}{3\sqrt{3} \times 33 \times 10^3 \times 1800} ≒ 9.7\ \%$$

よって，(2)が正解。

(b) タイムレバー位置と動作時間は比例する。タイムレバー位置10における動作時間をx[s]とすると，

$$3 : 0.09 = 10 : x$$

$$x = \frac{10 \times 0.09}{3} = 0.30$$

タイムレバー位置10における限時特性図の動作時間0.30 sをたどると，タップ整定電流の倍数は5とわかる。

よって，OCRに流れる電流をI'[A]とすると過電流継電器（OCR）の電流タップ値I[A]は$I = \dfrac{I'}{5}$で求めることができるが，OCRに流れる電流I'は計器用変

流器（CT）を用いて小さくなる。したがってI' [A]は，

$$I' = 1800 \times \frac{5}{400} = 22.5 \text{ A}$$

22.5 A が OCR に流れるため，電流タップ値I[A]は，

$$I = \frac{22.5}{5} = 4.5 \text{ A}$$

よって，(4)が正解。

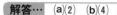

解答… (a)(2)　(b)(4)

問題149 図1のように，定格電圧66 kVの電源から三相変圧器を介して二次側に遮断器が接続された三相平衡系統がある。三相変圧器は定格容量7.5 MV·A，変圧比66 kV/6.6 kV，百分率インピーダンスが自己容量基準で9.5％である。また，三相変圧器一次側から電源側をみた百分率インピーダンスは基準容量10 MV·Aで1.9％である。過電流継電器（OCR）は変流比1 000 A/5 Aの計器用変流器（CT）の二次側に接続されており，整定タップ電流値5 A，タイムレバー位置1に整定されている。図1のF点で三相短絡事故が発生したとき，過電流継電器の動作時間[s]として，最も近いものを次の(1)～(5)のうちから一つ選べ。

ただし，三相変圧器二次側からF点までのインピーダンス及び負荷は無視する。また，過電流継電器の動作時間は図2の限時特性に従い，計器用変流器の磁気飽和は考慮しないものとする。

(1) 0.29 　　 (2) 0.34 　　 (3) 0.38 　　 (4) 0.46 　　 (5) 0.56

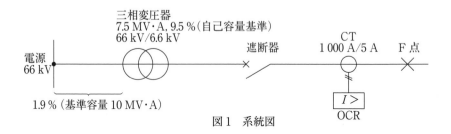

図1　系統図

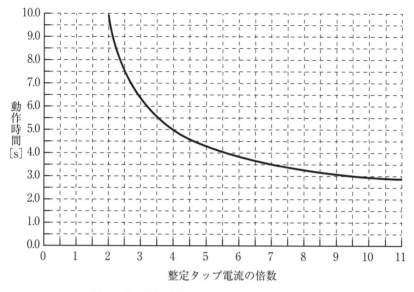

図2　過電流継電器の限時特性（タイムレバー位置10）

R1-A8

	①	②	③	④	⑤
学習日					
理解度 (○/△/×)					

F点から電源側をみると，変圧器の百分率インピーダンスと電源側の百分率インピーダンスが直列接続されている回路となる。

基準容量を10 MV・Aに統一すると，変圧器の百分率インピーダンス[%]は，

$$\frac{9.5 \times 10}{7.5} \fallingdotseq 12.67 \%$$

したがって，F点から電源側をみたときの百分率インピーダンス%Z[%]は，

$$\%Z = 1.9 + 12.67 = 14.57 \%$$

基準容量を10 MV・A，変圧器二次側における基準電圧を6.6 kVとすると，変圧器二次側における基準電流I_{2B}[A]は，

$$I_{2B} = \frac{10 \times 10^6}{\sqrt{3} \times 6.6 \times 10^3} \fallingdotseq 874.8 \text{ A}$$

よって，F点における三相短絡電流I_{2S}[A]は，

$$I_{2S} = \frac{100}{\%Z} \times I_{2B} = \frac{100}{14.57} \times 874.8 \fallingdotseq 6004 \text{ A}$$

計器用変流器（CT）の変流比は1000 A/5 Aであるから，F点における三相短絡事故時にCTの二次側に流れる電流は，

$$6004 \text{ A} \times \frac{5}{1000} \fallingdotseq 30 \text{ A}$$

問題文より，過電流遮断器（OCR）の整定タップ電流値は5 Aに整定されているので，OCRの整定タップ電流の倍数は$\frac{30}{5} = 6$倍となる。

よって，問題文図2の「タイムレバー位置10」の限時特性から，OCRの整定タップ電流の倍数が6倍のときの動作時間を求めると，約3.8 sとなる。一方，OCRは「タイムレバー位置1」に整定されていることから，F点の三相短絡事故時におけるOCRの動作時間[s]は，

$$3.8 \times \frac{1}{10} = 0.38 \text{ s}$$

よって，(3)が正解。

解答… (3)

問題150 交流三相3線式1回線の送電線路があり，受電端に遅れ力率角 θ [rad]の負荷が接続されている。送電端の線間電圧を V_s[V]，受電端の線間電圧を V_r[V]，その間の相差角は δ[rad]である。

受電端の負荷に供給されている三相有効電力[W]を表す式として，正しいものを次の(1)〜(5)のうちから一つ選べ。

ただし，送電端と受電端の間における電線1線当たりの誘導性リアクタンスは X[Ω]とし，線路の抵抗，静電容量は無視するものとする。

(1) $\dfrac{V_s V_r}{X}\sin\delta$　　(2) $\dfrac{\sqrt{3}V_s V_r}{X}\cos\theta$　　(3) $\dfrac{\sqrt{3}V_s V_r}{X}\sin\delta$

(4) $\dfrac{V_s V_r}{X}\cos\delta$　　(5) $\dfrac{V_s V_r}{X\sin\delta}\cos\theta$

R4下-A9

	①	②	③	④	⑤
学習日					
理解度 (○/△/×)					

1相分のみ取り出して考える

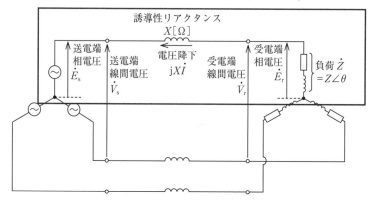

　上図の三相交流送電線路の等価回路から1相分を取り出し，キルヒホッフの電圧則を適用すると，

$$\dot{E}_s = \dot{E}_r + jX\dot{I}[\text{A}]\cdots①$$

　①式より，受電端相電圧$\dot{E}_r$を基準にして，1相分の電圧・電流のベクトル図を描くと，

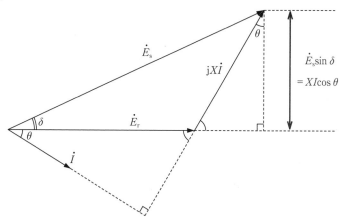

ベクトル図より，

$$E_s\sin\delta = XI\cos\theta$$

$$\therefore I\cos\theta = \frac{E_s}{X}\sin\delta\cdots②$$

三相有効電力 $P[\mathrm{W}]$ は，

$\quad P = \sqrt{3}\,V_\mathrm{r}I\cos\theta\;[\mathrm{W}]\cdots$③

③式に②式を代入すると，

$\quad P = \sqrt{3}\,V_\mathrm{r}\times\dfrac{E_\mathrm{s}}{X}\sin\delta$

また，相電圧 $E_\mathrm{s}[\mathrm{V}]$ は，線間電圧 V_s の $\dfrac{1}{\sqrt{3}}$ 倍であるから，

$\quad P = \sqrt{3}\,V_\mathrm{r}\times\dfrac{V_\mathrm{s}}{\sqrt{3}\,X}\sin\delta = \dfrac{V_\mathrm{s}V_\mathrm{r}}{X}\sin\delta\;[\mathrm{W}]$

よって，(1)が正解。

解答… (1)

ポイント

負荷が三相平衡負荷（各相のインピーダンスが等しい）の場合，三相交流回路から1相分のみ取り出した回路の電圧・電流が，三相交流回路の相電圧・相電流と等しくなります。

問題151 一つの送電線路において，同一負荷に対して電力を供給する場合，送電電圧を2倍にすると，送電線路の抵抗損はもとの電力のときに比べて何倍になるか，その倍率として，正しいのは次のうちどれか。

ただし，線路定数は不変とする。

(1) 4倍　　(2) 2倍　　(3) 1倍　　(4) $\dfrac{1}{2}$倍　　(5) $\dfrac{1}{4}$倍

H12-A1

	①	②	③	④	⑤
学 習 日					
理 解 度 (○/△/×)					

送電電圧を 2 倍にする前

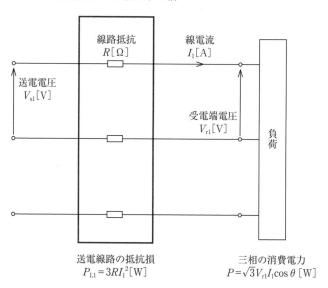

線路抵抗
$R[\Omega]$

線電流
$I_1[A]$

送電電圧
$V_{s1}[V]$

受電端電圧
$V_{r1}[V]$

負荷

送電線路の抵抗損
$P_{L1} = 3RI_1^2[W]$

三相の消費電力
$P = \sqrt{3}V_{r1}I_1\cos\theta\,[W]$

送電電圧を 2 倍にした後

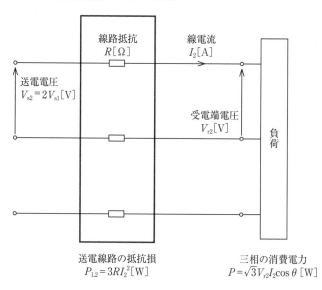

線路抵抗
$R[\Omega]$

線電流
$I_2[A]$

送電電圧
$V_{s2} = 2V_{s1}[V]$

受電端電圧
$V_{r2}[V]$

負荷

送電線路の抵抗損
$P_{L2} = 3RI_2^2[W]$

三相の消費電力
$P = \sqrt{3}V_{r2}I_2\cos\theta\,[W]$

三相の消費電力 $P[\mathrm{W}]$ は，

$$P = \sqrt{3}\,V_{\mathrm{r1}}I_1\cos\theta = \sqrt{3}\,V_{\mathrm{r2}}I_2\cos\theta\ [\mathrm{W}]$$

となり，送電電圧を2倍にする前後で変わることはない。一般的に，送電電圧と受電端電圧はほぼ等しいので，

$$P \fallingdotseq \sqrt{3}\,V_{\mathrm{s1}}I_1\cos\theta = \sqrt{3}\,V_{\mathrm{s2}}I_2\cos\theta\ [\mathrm{W}]$$

　送電電圧について，$V_{\mathrm{s2}} = 2V_{\mathrm{s1}}$ より，

$$\sqrt{3}\,V_{\mathrm{s1}}I_1\cos\theta = \sqrt{3}\times 2V_{\mathrm{s1}}I_2\cos\theta$$

$$V_{\mathrm{s1}}I_1 = 2V_{\mathrm{s1}}I_2$$

$$\therefore I_2 = \frac{1}{2}I_1$$

　送電電圧を2倍にする前の送電線路の抵抗損 $P_{\mathrm{L1}}[\mathrm{W}]$ は，

$$P_{\mathrm{L1}} = 3RI_1^{\,2}$$

　送電電圧を2倍にした後の送電線路の抵抗損 $P_{\mathrm{L2}}[\mathrm{W}]$ は，

$$P_{\mathrm{L2}} = 3RI_2^{\,2}$$

$I_2 = \dfrac{1}{2}I_1$ より，P_{L2} は，

$$P_{\mathrm{L2}} = 3RI_2^{\,2} = 3\times R\times\left(\frac{1}{2}I_1\right)^2 = \frac{3}{4}RI_1^{\,2}$$

　したがって，送電電圧を2倍にする前後の抵抗損の比 $\dfrac{P_{\mathrm{L2}}}{P_{\mathrm{L1}}}$ は，

$$\frac{P_{\mathrm{L2}}}{P_{\mathrm{L1}}} = \frac{\dfrac{3}{4}RI_1^{\,2}}{3RI_1^{\,2}} = \frac{1}{4}$$

　よって，(5)が正解。

解答… (5)

問題152 三相3線式交流送電線があり，電線1線当たりの抵抗が $R[\Omega]$，受電端の線間電圧が $V_r[V]$ である。いま，受電端から力率 $\cos\theta$ の負荷に三相電力 $P[W]$ を供給しているものとする。

この送電線での3線の電力損失を P_L とすると，電力損失率 P_L/P を表す式として，正しいのは次のうちどれか。

ただし，線路のインダクタンス，静電容量及びコンダクタンスは無視できるものとする。

(1) $\dfrac{RP}{(V_r\cos\theta)^2}$ 　(2) $\dfrac{3RP}{(V_r\cos\theta)^2}$ 　(3) $\dfrac{RP}{3(V_r\cos\theta)^2}$

(4) $\dfrac{RP^2}{(V_r\cos\theta)^2}$ 　(5) $\dfrac{3RP^2}{(V_r\cos\theta)^2}$

H19-A10

	①	②	③	④	⑤
学習日					
理解度 (○/△/×)					

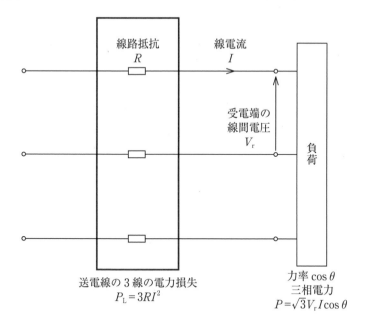

線路抵抗
R

線電流
I

受電端の
線間電圧
V_r

負荷

送電線の3線の電力損失
$P_L = 3RI^2$

力率 $\cos\theta$
三相電力
$P = \sqrt{3}\,V_r I \cos\theta$

三相電力 $P[\mathrm{W}]$ は,

$$P = \sqrt{3}\,V_r I \cos\theta\ [\mathrm{W}]$$

と表されるので, 線電流 $I[\mathrm{A}]$ は,

$$I = \frac{P}{\sqrt{3}\,V_r \cos\theta}[\mathrm{A}]$$

この送電線での3線の電力損失 $P_L[\mathrm{W}]$ は,

$$P_L = 3 \times RI^2 = 3RI^2[\mathrm{W}]$$

したがって, 電力損失率 $\dfrac{P_L}{P}$ は,

$$\frac{P_L}{P} = \frac{3RI^2}{P} = \frac{3 \times R \times \left(\dfrac{P}{\sqrt{3}\,V_r\cos\theta}\right)^2}{P} = \frac{3 \times R \times P^2}{P \times 3 \times (V_r\cos\theta)^2} = \frac{RP}{(V_r\cos\theta)^2}$$

よって, (1)が正解。

解答… (1)

問題153 三相3線式高圧配電線の電圧降下について，次の(a)及び(b)の問に答えよ。

図のように，送電端S点から三相3線式高圧配電線でA点，B点及びC点の負荷に電力を供給している。S点の線間電圧は6600 Vであり，配電線1線当たりの抵抗及びリアクタンスはそれぞれ0.3 Ω/kmとする。

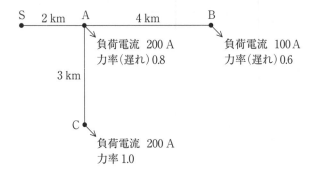

(a) S－A間を流れる電流の値[A]として，最も近いものを次の(1)～(5)のうちから一つ選べ。

(1) 405　(2) 420　(3) 435　(4) 450　(5) 465

(b) A－Bにおける電圧降下率の値[%]として，最も近いものを次の(1)～(5)のうちから一つ選べ。

(1) 4.9　(2) 5.1　(3) 5.3　(4) 5.5　(5) 5.7

R5上-B17

	①	②	③	④	⑤
学習日					
理解度 (○/△/×)					

(a)

A点，B点，C点の力率をそれぞれ$\cos\theta_A$，$\cos\theta_B$，$\cos\theta_C$，および無効率をそれぞれ$\sin\theta_A$，$\sin\theta_B$，$\sin\theta_C$とすると，各点における負荷電流$\dot{I}_A$[A]，$\dot{I}_B$[A]および$\dot{I}_C$[A]は，

$$\dot{I}_A = \left|\dot{I}_A\right|\cos\theta_A - j\left|\dot{I}_A\right|\sin\theta_A = \left|\dot{I}_A\right|\cos\theta_A - j\left|\dot{I}_A\right|\sqrt{1-\cos^2\theta_A}$$
$$= 200 \times 0.8 - j200\sqrt{1-0.8^2} = 160 - j120 \text{ A}$$
$$\dot{I}_B = \left|\dot{I}_B\right|\cos\theta_B - j\left|\dot{I}_B\right|\sin\theta_B = \left|\dot{I}_B\right|\cos\theta_B - j\left|\dot{I}_B\right|\sqrt{1-\cos^2\theta_B}$$
$$= 100 \times 0.6 - j100\sqrt{1-0.6^2} = 60 - j80 \text{ A}$$
$$\dot{I}_C = \left|\dot{I}_C\right|\cos\theta_C - j\left|\dot{I}_C\right|\sin\theta_C = \left|\dot{I}_C\right|\cos\theta_C - j\left|\dot{I}_C\right|\sqrt{1-\cos^2\theta_C}$$
$$= 200 \times 1.0 - j200\sqrt{1-1.0^2} = 200 \text{ A}$$

S－A間を流れる電流$\dot{I}_{SA}$[A]は，A点，B点およびC点の負荷電流の合計で求めることができ，

$$\dot{I}_{SA} = \dot{I}_A + \dot{I}_B + \dot{I}_C = (160 - j120) + (60 - j80) + 200 = 420 - j200 \text{ A}$$

したがって，$\dot{I}_{SA}$の大きさ$\left|\dot{I}_{SA}\right|$[A]は，

$$\left|\dot{I}_{SA}\right| = \sqrt{420^2 + 200^2} \fallingdotseq 465.2 \rightarrow 465 \text{ A}$$

よって，(5)が正解。

(b)

A－Bにおける電圧降下率ε[%]を求めるにあたり，B点の受電端電圧V_B[V]とA－B間の電圧降下v_{AB}[V]を求める。このうち，V_Bを求めるにあたり，v_{AB}に加えてS－A間の電圧降下v_{SA}[V]を求める必要がある。

A－B間の配電線1線あたりの抵抗R_{AB}[Ω]およびリアクタンスX_{AB}[Ω]は，

$$R_{AB} = 0.3 \times 4 = 1.2 \text{ Ω} \qquad X_{AB} = 0.3 \times 4 = 1.2 \text{ Ω}$$

よって，三相送配電線路の電圧降下の近似式より，A－B間の電圧降下v_{AB}[V]は，

$$v_{AB} = \sqrt{3}\left|\dot{I}_B\right|(R_{AB}\cos\theta_B + X_{AB}\sin\theta_B) = \sqrt{3}\left|\dot{I}_B\right|(R_{AB}\cos\theta_B + X_{AB}\sqrt{1-\cos^2\theta_B})$$
$$= \sqrt{3} \times 100 \times (1.2 \times 0.6 + 1.2 \times \sqrt{1-0.6^2}) \fallingdotseq 291.0 \text{ V}$$

S－A間の配電線1線あたりの抵抗R_{SA}[Ω]およびリアクタンスX_{SA}[Ω]は，

$$R_{SA} = 0.3 \times 2 = 0.6 \text{ Ω} \qquad X_{SA} = 0.3 \times 2 = 0.6 \text{ Ω}$$

ここで，S－A間の電圧降下を計算するにあたり，A点，B点，C点に分布する負荷が仮にA点に集中すると考えれば，この集中負荷の力率$\cos\theta'_A$は，(a)で求めたS－A間に流れる電流$\dot{I}_{SA}$[A]の有効分$\dot{I}_{SAp}$[A]を用いて，次のように表せる。

$$\cos\theta'_A = \frac{I_{SAp}}{\left|\dot{I}_{SA}\right|} = \frac{420}{465.2} \fallingdotseq 0.9028$$

よって，三相送配電線路の電圧降下の近似式より，S – A間の電圧降下 v_{SA}[V]は，

$$v_{SA} = \sqrt{3}\left|\dot{I}_{SA}\right|(R_{SA}\cos\theta'_A + X_{SA}\sqrt{1-\cos^2\theta'_A})$$
$$= \sqrt{3} \times 465.2 \times (0.6 \times 0.9028 + 0.6 \times \sqrt{1-0.9028^2}) \fallingdotseq 644.4 \text{ V}$$

S点の線間電圧を V_S = 6600 V とすると，B点の受電端電圧 V_B[V]は，

$$V_B = V_S - (v_{SA} + v_{AB}) = 6600 - (644.4 + 291.0) = 5664.6 \text{ V}$$

以上より，A – B間における電圧降下率 ε[%]は，

$$\varepsilon = \frac{v_{AB}}{V_B} \times 100 = \frac{291.0}{5664.6} \times 100 \fallingdotseq 5.137 \rightarrow 5.1 \text{ \%}$$

よって，(2)が正解。

解答… (a)(5) (b)(2)

ポイント

　電圧降下率は，受電端電圧に対する電圧降下の比のことをいいます。本問の場合，電圧降下率 ε の分母は受電端電圧であるB点の電圧 V_B であることに注意しましょう。

送電線路における有効電力

問題154 図のように，こう長5 kmの三相3線式1回線の送電線路がある。この送電線路における送電端線間電圧が22 200 V，受電端線間電圧が22 000 V，負荷力率が85 %（遅れ）であるとき，負荷の有効電力[kW]として，最も近いものを次の(1)〜(5)のうちから一つ選べ。

ただし，1 km当たりの電線1線の抵抗は0.182 Ω，リアクタンスは0.355 Ωとし，その他の条件はないものとする。なお，本問では，送電端線間電圧と受電端線間電圧との位相角は小さいとして得られる近似式を用いて解答すること。

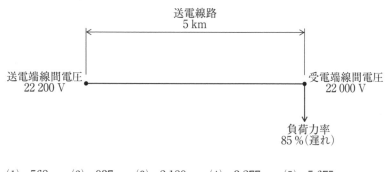

送電線路
5 km

送電端線間電圧
22 200 V

受電端線間電圧
22 000 V

負荷力率
85 %（遅れ）

(1) 568　　(2) 937　　(3) 2 189　　(4) 3 277　　(5) 5 675

H28-A9

	①	②	③	④	⑤
学 習 日					
理 解 度 (○/△/×)					

解説

　送電線における送電端線間電圧を $V_s = 22200$ V，受電端線間電圧を $V_r = 22000$ V，線電流を I[A]，1 km 当たりの電線 1 線の抵抗，リアクタンスをそれぞれ $r = 0.182$ Ω/km，$x = 0.355$ Ω/km，負荷の力率を $\cos\theta = 0.85$（遅れ）とすると，次のような図を描くことができる。

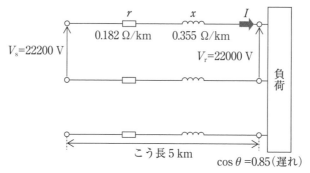

$V_s = 22200$ V

r
0.182 Ω/km

x
0.355 Ω/km

I

$V_r = 22000$ V

負荷

こう長 5 km

$\cos\theta = 0.85$（遅れ）

　問題文より送電線路のこう長は 5 km であるから，電線 1 線の抵抗 R[Ω]とリアクタンス X[Ω]は，

$$R = r \times 5 = 0.182 \times 5 = 0.910 \ \Omega$$

$$X = x \times 5 = 0.355 \times 5 = 1.775 \ \Omega$$

　送電端線間電圧 $V_s = 22200$ V，受電端線間電圧 $V_r = 22000$ V より，送電線路における電圧降下 v[V]は，

$$v = V_s - V_r = 22200 - 22000 = 200 \ \text{V}$$

　また三相送配電線路の電圧降下の近似式より，電圧降下 v は，

$$v = \sqrt{3}\,I(R\cos\theta + X\sin\theta) \ [\text{V}]$$

と表されるので，線電流 I は，

$$I = \frac{v}{\sqrt{3} \times (R\cos\theta + X\sin\theta)} = \frac{200}{\sqrt{3} \times (0.910 \times 0.85 + 1.775 \times \sqrt{1 - 0.85^2})}$$

$$\fallingdotseq 67.584 \ \text{A}$$

　三相電力を求める公式より，負荷の有効電力 P[kW]は，

$$P = \sqrt{3}\,V_r I\cos\theta \times 10^{-3} = \sqrt{3} \times 22000 \times 67.584 \times 0.85 \times 10^{-3}$$

$$\fallingdotseq 2189.0 \rightarrow 2189 \ \text{kW}$$

　よって，(3)が正解。

解答… (3)

問題155 こう長25 kmの三相3線式2回線送電線路に，受電端電圧が22 kV，遅れ力率0.9の三相平衡負荷5 000 kWが接続されている。次の(a)及び(b)の問に答えよ。ただし，送電線は2回線運用しており，与えられた条件以外は無視するものとする。

(a) 送電線1線当たりの電流の値[A]として，最も近いものを次の(1)〜(5)のうちから一つ選べ。ただし，送電線は単導体方式とする。

　(1) 42.1　　(2) 65.6　　(3) 72.9　　(4) 126.3　　(5) 145.8

(b) 送電損失を三相平衡負荷に対し5 %以下にするための送電線1線の最小断面積の値[mm²]として，最も近いものを次の(1)〜(5)のうちから一つ選べ。ただし，使用電線は，断面積1 mm²，長さ1 m当たりの抵抗を$\frac{1}{35}$ Ωとする。

　(1) 31　　(2) 46　　(3) 74　　(4) 92　　(5) 183

R2-B16

	①	②	③	④	⑤
学習日					
理解度 (○/△/×)					

解説

(a)

受電端電圧を V_r[V]，負荷電流を I[A] とすると，三相負荷の等価回路は次のようになる。

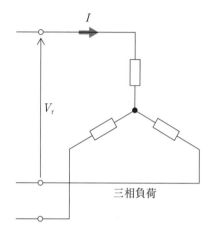

力率を $\cos\theta$ とすると，受電端電力 P[W]は，

$$P = \sqrt{3}\,V_r I \cos\theta$$

$$\therefore I = \frac{P}{\sqrt{3}\,V_r \cos\theta} = \frac{5000 \times 10^3}{\sqrt{3} \times 22 \times 10^3 \times 0.9} \fallingdotseq 145.8\ \text{A}$$

次図より，2回線送電線のうち，1回線の1線当たりには $\dfrac{I}{2}$[A] の電流が流れるので，求める電流の値は，

$$\frac{I}{2} = \frac{145.8}{2} = 72.9\ \text{A}$$

よって，(3)が正解。

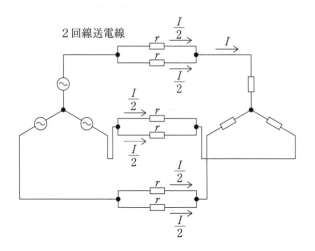

2回線送電線

(b)

　問題文より，使用電線の抵抗率 $\rho\,[\Omega\cdot\mathrm{mm^2/m}]$ は $\dfrac{1}{35}\,\Omega\cdot\mathrm{mm^2/m}$ である。したがって，こう長を $l = 25\times10^3\,\mathrm{m}$，1線当たりの断面積を $A\,[\mathrm{mm^2}]$ とすると，1線当たりの抵抗 $r\,[\Omega]$ は，

$$r = \rho\frac{l}{A} = \frac{1}{35}\cdot\frac{25\times10^3}{A} = \frac{5\times10^3}{7A}\,[\Omega]$$

　1線当たりに流れる電流が $\dfrac{I}{2}\,[\mathrm{A}]$ であるため，1線当たりの送電損失 $P_{11}\,[\mathrm{W}]$ は，

$$P_{11} = r\left(\frac{I}{2}\right)^2 = \frac{5\times10^9}{7A}\times72.9^2\,[\mathrm{W}]$$

三相3線式1回線当たりの合計線路損失 $P_{13}\,[\mathrm{W}]$ は，

$$P_{13} = 3\times P_{11}\,[\mathrm{W}]$$

三相3線式2回線の合計送電損失 $P_1\,[\mathrm{W}]$ は，

$$P_1 = 2\times P_{13} = 2\times3\times P_{11} = 6\times\frac{5\times10^9}{7A}\times72.9^2 = \frac{30\times10^3}{7A}\times72.9^2\,[\mathrm{W}]$$

　P_1 が三相平衡負荷 5 000 kW の 5 ％以下となる場合の送電線1線当たりの断面積 $A\,[\mathrm{mm^2}]$ の条件を求めると，

$$P_1 \leqq 5000\times10^3\times0.05$$

$$\frac{30\times10^3}{7A}\times72.9^2 \leqq 5000\times10^3\times0.05$$

$$A \geqq \frac{30 \times 10^3 \times 72.9^2}{7 \times 5000 \times 10^3 \times 0.05}$$

$$\fallingdotseq 91.10 \ \mathrm{mm}^2$$

よって，91.10 mm^{2}の直近上位の値である(4)が正解。

解答… (a)(3)　(b)(4)

問題156 こう長2 kmの三相3線式配電線路が，遅れ力率85 %の平衡三相負荷に電力を供給している。負荷の端子電圧を6.6 kVに保ったまま，線路の電圧降下率が5.0 %を超えないようにするための負荷電力の最大値[kW]として，最も近いものを次の(1)～(5)のうちから一つ選べ。

　ただし，1 km 1線当たりの抵抗は0.45 Ω，リアクタンスは0.25 Ωとし，その他の条件は無いものとする。なお，本問では送電端電圧と受電端電圧との相差角が小さいとして得られる近似式を用いて解答すること。

(1)　1 023　　(2)　1 799　　(3)　2 117　　(4)　3 117　　(5)　3 600

R5上-A12

	①	②	③	④	⑤
学 習 日					
理 解 度 (○/△/×)					

　送電端電圧（線間）を$\dot{V}_s$[V]，電源電圧（相）を$\dot{E}$[V]，受電端電圧（線間）を$\dot{V}_r$[V]，受電端電圧（相）を$\dot{V}_p$[V]，電線1線当たりの抵抗とリアクタンスをそれぞれR[Ω]，X[Ω]，線電流を$\dot{I}$[A]とすると，問題で示された三相3線式配電線路を含む系統の等価回路は次のようになる。

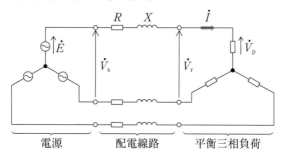

電源　　　　　　配電線路　　　　平衡三相負荷

　配電線路における電圧降下をv[V]とすると，三相送配電線路の電圧降下の近似式より，電圧降下率が5％となるときの線電流I[A]は，

$$v = \sqrt{3}I(R\cos\theta + X\sin\theta)$$

$$\therefore I = \frac{v}{\sqrt{3}(R\cos\theta + X\sin\theta)} = \frac{V_r \times \dfrac{5.0}{100}}{\sqrt{3}(R\cos\theta + X\sqrt{1 - \cos^2\theta})} \quad \cdots ①$$

ここで問題文より，平衡三相負荷の遅れ力率は，

$$\cos\theta = 0.85$$

また，こう長2kmの線路の1線当たりの抵抗R[Ω]とリアクタンスX[Ω]は，それぞれ，

$$R = 0.45 \times 2 = 0.9 \ \Omega \qquad X = 0.25 \times 2 = 0.5 \ \Omega$$

これらを式①に代入すれば，線電流I[A]は，

$$I = \frac{6.6 \times 10^3 \times \dfrac{5.0}{100}}{\sqrt{3}(0.9 \times 0.85 + 0.5 \times \sqrt{1 - 0.85^2})} \fallingdotseq 185.3 \ \text{A}$$

電圧降下率が5.0％となるときの三相有効電力P_m[kW]は，

$$P_m = \sqrt{3}V_r I\cos\theta \times 10^{-3} = \sqrt{3} \times 6.6 \times 10^3 \times 185.3 \times 0.85 \times 10^{-3} \fallingdotseq 1801 \ \text{kW}$$

したがって，線路の電圧降下率が5.0％を超えないようにするためには，負荷電力が上記で求めたP_mを超えないようにする必要がある。選択肢で示された値のうち，上記の条件を満たすための負荷電力の最大値P[kW]は，

$$P = 1799 \ \text{kW}$$

よって，(2)が正解。

解答… (2)

問題157 図のような三相高圧配電線路 A − B がある。B点の負荷に電力を供給するとき，次の(a)及び(b)に答えよ。

ただし，配電線路の使用電線は硬銅より線で，その抵抗率は $\dfrac{1}{55}$ Ω·mm²/m，線路の誘導性リアクタンスは無視するものとし，A点の電圧は三相対称であり，その線間電圧は6 600 Vで一定とする。また，B点の負荷は三相平衡負荷とし，一相当たりの負荷電流は200 A，力率100 %で一定とする。

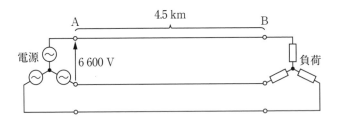

(a) 配電線路の使用電線が各相とも硬銅より線の断面積が 60 mm² であったとき，負荷B点における線間電圧[V]の値として，最も近いのは次のうちどれか。

   (1) 6 055   (2) 6 128   (3) 6 205   (4) 6 297   (5) 6 327

(b) 配電線路 A − B 間の線間の電圧降下を300 V以内にすることができる電線の断面積[mm²]を次のうちから選ぶとすれば，最小のものはどれか。

   ただし，電線は各相とも同じ断面積とする。

   (1) 60   (2) 80   (3) 100   (4) 120   (5) 150

H20-B17

	①	②	③	④	⑤
学 習 日					
理 解 度 (○/△/×)					

解説

(a)

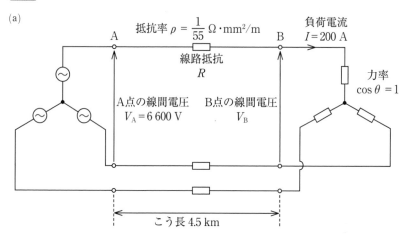

抵抗率を $\rho\,[\Omega\cdot\mathrm{mm}^2/\mathrm{m}]$，断面積を $A\,[\mathrm{mm}^2]$，こう長を $\ell\,[\mathrm{m}]$ とすると，線路抵抗 $R\,[\Omega]$ は，

$$R = \rho\frac{\ell}{A} = \frac{1}{55} \times 4.5 \times 10^3 \times \frac{1}{60} = \frac{75}{55} \fallingdotseq 1.364\ \Omega$$

線路の誘導性リアクタンスは無視するので，電圧降下の近似式より，配電線路の電圧降下 $v\,[\mathrm{V}]$ は，

$$v = \sqrt{3}IR\cos\theta = \sqrt{3} \times 200 \times 1.364 \times 1 \fallingdotseq 472.5\ \mathrm{V}$$

B点の線間電圧 $V_\mathrm{B}\,[\mathrm{V}]$ は，

$$V_\mathrm{B} = V_\mathrm{A} - v = 6600 - 472.5 = 6127.5 \fallingdotseq 6128\ \mathrm{V}$$

よって，(2)が正解。

(b) 配電線路の電圧降下を300 V以内にすることができる線路抵抗を $R'\,[\Omega]$，電線の断面積を $A'\,[\mathrm{mm}^2]$ とすると，以下の式が成立する。

$$300 \geqq \sqrt{3}IR'\cos\theta = \sqrt{3}I\rho\frac{\ell}{A'}\cos\theta \cdots ①$$

①式を A' の式にすると，

$$A' \geqq \frac{\sqrt{3}I\rho\ell\cos\theta}{300} = \frac{\sqrt{3} \times 200 \times \dfrac{1}{55} \times 4.5 \times 10^3 \times 1}{300} \fallingdotseq 94.5\ \mathrm{mm}^2 \cdots ②$$

選択肢の値のうち，②式を満たす最小の断面積は $100\ \mathrm{mm}^2$ となる。

よって，(3)が正解。

解答… (a)(2) (b)(3)

問題158 こう長2kmの交流三相3線式の高圧配電線路があり，その端末に受電電圧6 500 V，遅れ力率80％で消費電力400 kWの三相負荷が接続されている。

　いま，この三相負荷を力率100％で消費電力400 kWのものに切り替えたうえで，受電電圧を6 500 Vに保つ。高圧配電線路での電圧降下は，三相負荷を切り替える前と比べて何倍になるか，最も近いのは次のうちどれか。

　ただし，高圧配電線路の1線当たりの線路定数は，抵抗が0.3 Ω/km，誘導性リアクタンスが0.4 Ω/kmとする。また，送電端電圧と受電端電圧との相差角は小さいものとする。

(1)　1.6　　(2)　1.3　　(3)　0.8　　(4)　0.6　　(5)　0.5

H21-A10

	①	②	③	④	⑤
学習日					
理解度 (○/△/×)					

負荷切替前

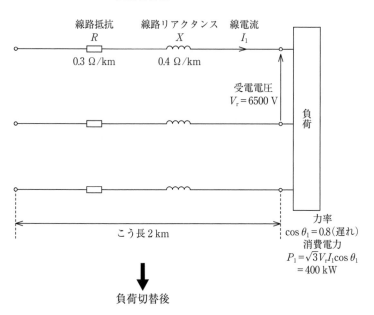

線路抵抗　　　　線路リアクタンス　線電流
R　　　　　　　　　X　　　　　　　I_1
0.3 Ω/km　　　　　0.4 Ω/km

受電電圧
$V_r = 6500$ V

負荷

こう長 2 km

力率
$\cos \theta_1 = 0.8$（遅れ）
消費電力
$P_1 = \sqrt{3} V_r I_1 \cos \theta_1$
$= 400$ kW

負荷切替後

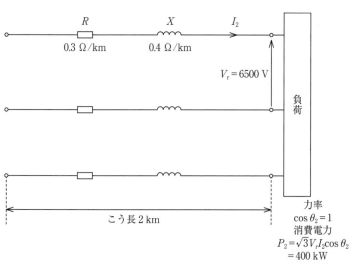

R　　　　　　　　　X　　　　　　　I_2
0.3 Ω/km　　　　　0.4 Ω/km

$V_r = 6500$ V

負荷

こう長 2 km

力率
$\cos \theta_2 = 1$
消費電力
$P_2 = \sqrt{3} V_r I_2 \cos \theta_2$
$= 400$ kW

1線当たりの線路抵抗$R[\Omega]$と1線当たりの線路リアクタンス$X[\Omega]$は，

$R = 0.3 \times 2 = 0.6\ \Omega$

$X = 0.4 \times 2 = 0.8\ \Omega$

負荷切り替え前の消費電力$P_1[\mathrm{W}]$は，

$P_1 = \sqrt{3}\,V_r I_1 \cos\theta_1[\mathrm{W}]$

と表されるので，負荷切り替え前の線電流$I_1[\mathrm{A}]$は，

$$I_1 = \frac{P_1}{\sqrt{3}\,V_r \cos\theta_1} = \frac{400 \times 10^3}{\sqrt{3} \times 6500 \times 0.8} \fallingdotseq 44.41\ \mathrm{A}$$

電圧降下の近似式より，負荷切り替え前の配電線路の電圧降下$v_1[\mathrm{V}]$は，

$v_1 = \sqrt{3}\,I_1(R\cos\theta_1 + X\sin\theta_1) = \sqrt{3} \times 44.41 \times (0.6 \times 0.8 + 0.8 \times \sqrt{1 - 0.8^2})$

$\fallingdotseq 73.84\ \mathrm{V}$

負荷切り替え後の消費電力$P_2[\mathrm{W}]$は，

$P_2 = \sqrt{3}\,V_r I_2 \cos\theta_2[\mathrm{W}]$

と表されるので，負荷切り替え後の線電流$I_2[\mathrm{A}]$は，

$$I_2 = \frac{P_2}{\sqrt{3}\,V_r \cos\theta_2} = \frac{400 \times 10^3}{\sqrt{3} \times 6500 \times 1} \fallingdotseq 35.53\ \mathrm{A}$$

負荷切り替え後の配電線路の電圧降下$v_2[\mathrm{V}]$は，

$v_2 = \sqrt{3}\,I_2(R\cos\theta_2 + X\sin\theta_2) = \sqrt{3} \times 35.53 \times (0.6 \times 1 + 0.8 \times 0) \fallingdotseq 36.92\ \mathrm{V}$

したがって，負荷切り替え前後の電圧降下の比$\dfrac{v_2}{v_1}$は，

$$\frac{v_2}{v_1} = \frac{36.92}{73.84} = 0.5$$

よって，(5)が正解。

解答… (5)

問題159 図のような三相3線式配電線路で，各負荷に電力を供給する場合，全線路の電圧降下[V]の値として，最も近いのは次のうちどれか。

ただし，電線の太さは全区間同一で抵抗は1km当たり0.35Ω，負荷の力率はいずれも100%で線路のリアクタンスは無視するものとする。

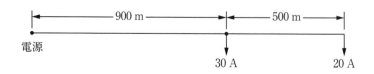

(1) 19.3　　(2) 22.4　　(3) 33.3　　(4) 38.5　　(5) 57.8

H16-A14

	①	②	③	④	⑤
学習日					
理解度 (○/△/×)					

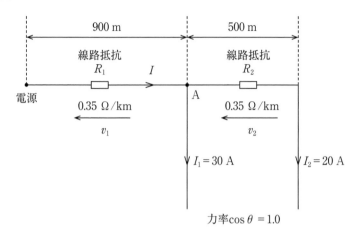

力率$\cos\theta = 1.0$

線路抵抗は1 km当たり0.35 Ωなので，線路抵抗$R_1[\Omega]$，$R_2[\Omega]$は，

$\quad R_1 = 0.35 \times 0.9 = 0.315\ \Omega$

$\quad R_2 = 0.35 \times 0.5 = 0.175\ \Omega$

問題文より，負荷の力率はいずれも100 ％で線路のリアクタンスは無視するので，各負荷を流れる電流の位相は等しくなるから，直流回路と同じように電流の合成を行うことができる。

ゆえに，A点にキルヒホッフの電流則を適用すると，

$\quad I = I_1 + I_2 = 30 + 20 = 50\ \mathrm{A}$

したがって，三相3線式電線路の電圧降下の近似式より，全線路の電圧降下$v[\mathrm{V}]$は，

$\quad v = v_1 + v_2$

$\quad\quad = \sqrt{3}I(R_1\cos\theta + X_1\sin\theta) + \sqrt{3}I_2(R_2\cos\theta + X_2\sin\theta)$

問題文より，線路のリアクタンスは無視するので，

$\quad v = \sqrt{3}I(R_1\cos\theta + X_1\sin\theta) + \sqrt{3}I_2(R_2\cos\theta + X_2\sin\theta)$

$\quad\quad = \sqrt{3} \times 50 \times (0.315 \times 1.0 + 0 \times 0) + \sqrt{3} \times 20 \times (0.175 \times 1.0 + 0 \times 0)$

$\quad\quad \fallingdotseq 33.3\ \mathrm{V}$

よって，(3)が正解。

解答··· (3)

問題160 図のような三相3線式配電線路において，電源側S点の線間電圧が6 900 Vのとき，B点の線間電圧[V]の値として，最も近いものを次の(1)〜(5)のうちから一つ選べ。

ただし，配電線1線当たりの抵抗は0.3 Ω /km，リアクタンスは0.2 Ω /kmとする。また，計算においてはS点，A点及びB点における電圧の位相差が十分小さいとの仮定に基づき適切な近似を用いる。

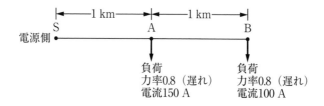

(1)　6 522　　(2)　6 646　　(3)　6 682　　(4)　6 774　　(5)　6 795

H25-A13

	①	②	③	④	⑤
学 習 日					
理 解 度 (○/△/×)					

解説

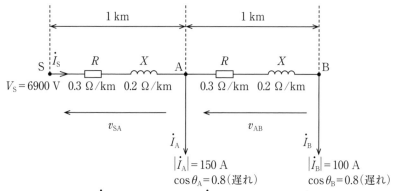

A点の負荷電流を$\dot{I}_A$，B点の負荷電流を$\dot{I}_B$とすると，

$$\dot{I}_A = \left| \dot{I}_A \right| \times (\cos\theta_A - \mathrm{j}\sin\theta_A) = 150 \times (0.8 - \mathrm{j}0.6) \text{ A}$$

$$\dot{I}_B = \left| \dot{I}_B \right| \times (\cos\theta_B - \mathrm{j}\sin\theta_B) = 100 \times (0.8 - \mathrm{j}0.6) \text{ A}$$

A点にキルヒホッフの電流則を適用すると，SA間を流れる電流$\dot{I}_S$[A]は，

$$\dot{I}_S = \dot{I}_A + \dot{I}_B = 250 \times (0.8 - \mathrm{j}0.6) \text{ A}\cdots①$$

①式より，$\dot{I}_S$の大きさ$\left| \dot{I}_S \right| = 250 \text{ A}$である。

問題文より，SA間の1線当たりの線路抵抗R[Ω]と1線当たりの線路リアクタンスX[Ω]は，

$$R = 0.3 \times 1 = 0.3 \text{ Ω} \qquad X = 0.2 \times 1 = 0.2 \text{ Ω}$$

SA間とAB間の長さは等しいので，AB間も同様となる。

$\dot{I}_S = \dot{I}_A + \dot{I}_B$であり，$\dot{I}_A$と$\dot{I}_B$の力率はともに0.8（遅れ）であるので，S点，A点及びB点における電圧の位相差が十分小さいと仮定すると，$\dot{I}_S$の力率$\cos\theta_{SA}$も0.8（遅れ）となる。よって，三相3線式電線路の電圧降下の近似式より，SA間の電圧降下v_{SA}[V]は，

$$v_{SA} = \sqrt{3}I_S(R\cos\theta_A + X\sin\theta_A)$$
$$= \sqrt{3} \times 250 \times (0.3 \times 0.8 + 0.2 \times 0.6) = 90\sqrt{3} \text{ V}$$

次に，三相3線式電線路の電圧降下の近似式より，AB間の電圧降下v_{AB}[V]は，

$$v_{AB} = \sqrt{3}I_B(R\cos\theta_B + X\sin\theta_B)$$
$$= \sqrt{3} \times 100 \times (0.3 \times 0.8 + 0.2 \times 0.6) = 36\sqrt{3} \text{ V}$$

したがって，S点の線間電圧をV_S[V]とすると，B点における線間電圧V_B[V]は，

$$V_B = V_S - v_{SA} - v_{AB} = 6900 - 90\sqrt{3} - 36\sqrt{3} \fallingdotseq 6682 \text{ V}$$

よって，(3)が正解。

解答… **(3)**

問題161 図のように，特別高圧三相3線式1回線の専用架空送電線路で受電している需要家がある。需要家の負荷は，40 MW，力率が遅れ0.87で，需要家の受電端電圧は66 kVである。

ただし，需要家から電源側をみた電源と専用架空送電線路を含めた百分率インピーダンスは，基準容量10 MV・A当たり6.0 %とし，抵抗はリアクタンスに比べ非常に小さいものとする。その他の定数や条件は無視する。

次の(a)及び(b)の問に答えよ。

(a) 需要家が受電端において，力率1の受電になるために必要なコンデンサ総容量［Mvar］の値として，最も近いものを次の(1)～(5)のうちから一つ選べ。

ただし，受電端電圧は変化しないものとする。

(1) 9.7　(2) 19.7　(3) 22.7　(4) 34.8　(5) 81.1

(b) 需要家のコンデンサが開閉動作を伴うとき，受電端の電圧変動率を2.0 %以内にするために必要なコンデンサ単機容量［Mvar］の最大値として，最も近いものを次の(1)～(5)のうちから一つ選べ。

(1) 0.46　(2) 1.9　(3) 3.3　(4) 4.3　(5) 5.7

H25-B16

	①	②	③	④	⑤
学習日					
理解度 (○/△/×)					

解説

(a) 負荷の皮相電力を $S_L[\mathrm{MV \cdot A}]$，負荷の有効電力を $P_L = 40\ \mathrm{MW}$，負荷の力率を $\cos\theta = 0.87$（遅れ）とすると，負荷の無効電力 $Q_L[\mathrm{Mvar}]$ は，

$$Q_L = S_L\sin\theta = \frac{P_L\sin\theta}{\cos\theta} = \frac{40 \times \sqrt{1 - 0.87^2}}{0.87} \fallingdotseq 22.7\ \mathrm{Mvar}\ （遅れ）$$

負荷の電力ベクトル図は下図となる。

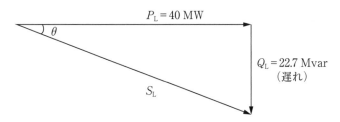

負荷の電力ベクトル図より，受電端の力率を1にするには，負荷の遅れ無効電力 $Q_L[\mathrm{Mvar}]$ をコンデンサ総容量 $Q_C[\mathrm{Mvar}]$ により打ち消し，受電端の無効電力 $Q[\mathrm{Mvar}]$ を0にすればよい。

したがって，$Q_C = 22.7\ \mathrm{Mvar}$（進み）となる。

よって，(3)が正解。

(b)

需要家から電源側を見たときのパーセントインピーダンスを $\%Z[\%]$，基準容量を $S_B = 10 \times 10^6\ \mathrm{V \cdot A}$，基準電圧を $V_B = 66 \times 10^3\ \mathrm{V}$ とすると，パーセントインピーダンスの定義式より，$\%Z$ を $[\Omega]$ に換算した $Z[\Omega]$ は

$$\%Z = \frac{S_B Z}{V_B^2} \times 100$$

$$\therefore Z = \frac{\%Z V_B^2}{100 S_B}[\Omega] \quad \cdots ①$$

送電端電圧を $V_s[\mathrm{V}]$，コンデンサ投入前の需要家の受電端電圧を $V_r[\mathrm{V}]$ とすると，三相送配電線路の電圧降下の近似式より，コンデンサ投入前の送電線路の電圧降下

[V]の式は,

$$V_s - V_r = \frac{P_L \times 0 + Q_L \times Z}{V_r}$$

$$= \frac{Q_L Z}{V_r}[V] \quad \cdots ②$$

コンデンサ投入後の需要家の受電端電圧を V_r' [V], コンデンサ単機容量を Q_C [var]とすると, 三相送配電線路の電圧降下の近似式より, コンデンサ投入後の送電線路の電圧降下[V]の式は,

$$V_s - V_r' = \frac{P_L \times 0 + (Q_L - Q_C) \times Z}{V_r}$$

$$= \frac{(Q_L - Q_C)Z}{V_r}[V] \quad \cdots ③$$

コンデンサ投入前後の受電端の電圧変動について, 電圧変動率を ε_r [%]とすると, 電圧変動率の式は,

$$\varepsilon_r = \frac{V_r' - V_r}{V_r} \times 100[\%] \quad \cdots ④$$

②式－③式より,

$$V_r' - V_r = \frac{Q_C Z}{V_r}$$

これを式④に代入して,

$$\varepsilon_r = \frac{Q_C Z}{V_r^2} \times 100$$

$$\therefore Q_C = \frac{\varepsilon_r V_r^2}{100Z}[var]$$

ここに式①と各値を代入して,

$$Q_C = \frac{\varepsilon_r V_r^2}{100 \times \dfrac{\%Z V_B^2}{100 S_B}} = \frac{2 \times (66 \times 10^3)^2}{100 \times \dfrac{6 \times (66 \times 10^3)^2}{100 \times 10 \times 10^6}} = \frac{10^7}{3} \fallingdotseq 3.3 \times 10^6 \, var \rightarrow 3.3 \, Mvar$$

よって, (3)が正解。

解答… (a)(3) (b)(3)

CH
10

電
力
計
算

問題162 図は単相2線式の配電線路の単線図である。電線1線当たりの抵抗と長さは，a－b間で0.3 Ω/km, 250 m, b－c間で0.9 Ω/km, 100 mとする。次の(a)及び(b)に答えよ。

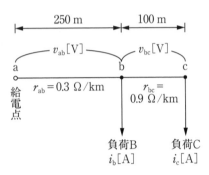

(a) b－c間の1線の電圧降下v_{bc}[V]及び負荷Bと負荷Cの負荷電流i_b, i_c[A]として，正しいものを組み合わせたのは次のうちどれか。

　　ただし，給電点aの線間の電圧値と負荷点cの線間の電圧値の差を12.0 Vとし，a－b間の1線の電圧降下v_{ab} = 3.75 Vとする。負荷の力率はいずれも100 %，線路リアクタンスは無視するものとする。

	v_{bc}[V]	i_b[A]	i_c[A]
(1)	2.25	10.0	40.0
(2)	2.25	25.0	25.0
(3)	4.50	10.0	25.0
(4)	4.50	0.0	50.0
(5)	8.25	50.0	91.7

(b) 次に，図の配電線路で抵抗に加えてa－c間の往復線路のリアクタンスを考慮する。このリアクタンスを0.1 Ωとし，b点には無負荷でi_b = 0 A, c点には受電電圧が100 V, 遅れ力率0.8, 1.5 kWの負荷が接続されている

ものとする。

　このとき，給電点aの線間の電圧値と負荷点cの線間の電圧値[V]の差として，最も近いのは次のうちどれか。

(1)　3.0　　(2)　4.9　　(3)　5.3　　(4)　6.1　　(5)　37.1

H22-B17

	①	②	③	④	⑤
学習日					
理解度 (○/△/×)					

(a) 問題文より，ab間の1線の抵抗を$R_{ab}[\Omega]$，bc間の1線の抵抗を$R_{bc}[\Omega]$とすると，

$$R_{ab} = 0.3 \times 0.25 = 0.075 \ \Omega$$
$$R_{bc} = 0.9 \times 0.1 = 0.09 \ \Omega$$

となるので，1線当たりの等価回路は下図となる。

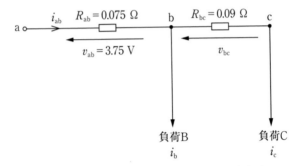

負荷の力率はいずれも100％で線路のリアクタンスは無視するので，配電線路の電圧と電流の位相は全て等しくなるから，直流回路と同じように電流と電圧の計算を行うことができる。

この配電線路は単相2線式であるので，1線の電圧降下は線間の電圧降下の$\dfrac{1}{2}$倍となるから，ac間の1線の電圧降下$v_{ac}[V]$は，

$$v_{ac} = \frac{12}{2} = 6 \ V$$

上図より，bc間の1線の電圧降下$v_{bc}[V]$は，ac間の1線の電圧降下$v_{ac}[V]$とab間の1線の電圧降下$v_{ab}[V]$の差であるので，

$$v_{bc} = v_{ac} - v_{ab} = 6 - 3.75 = 2.25 \ V$$

オームの法則より，負荷Cを流れる電流$i_c[A]$は，

$$i_c = \frac{v_{bc}}{R_{bc}} = \frac{2.25}{0.09} = 25 \ A$$

b点にキルヒホッフの電流則を適用すると，ab間を流れる電流$i_{ab}[A]$は，

$$i_{ab} = i_b + i_c = i_b + 25 \ A$$

オームの法則より，ab間の1線の電圧降下$v_{ab}[V]$は，

$$v_{ab} = R_{ab}i_{ab} = 0.075 \times (i_b + 25) = 3.75 \ V$$

と表されるので，負荷Bを流れる電流$i_b[A]$は，

$$i_b = \frac{3.75}{0.075} - 25 = 25.0 \text{ A}$$

よって，(2)が正解。

(b) 問題文より，1線当たりの等価回路は下図となる。

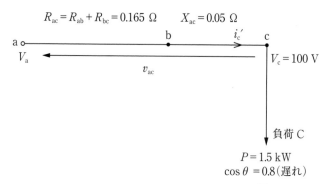

$$R_{ac} = R_{ab} + R_{bc} = 0.165 \ \Omega \qquad X_{ac} = 0.05 \ \Omega$$

ac間の1線のリアクタンスを$X_{ac}[\Omega]$とすると，$X_{ac} = \dfrac{0.1}{2} = 0.05 \ \Omega$となる。

単相負荷電力の式より，条件変更後の負荷Cを流れる電流$i_c'[\text{A}]$は，

$$P = V_c i_c' \cos\theta \ [\text{W}]$$

$$\therefore i_c' = \frac{P}{V_c \cos\theta} = \frac{1.5 \times 10^3}{100 \times 0.8} = 18.75 \text{ A}$$

単相2線式電線路の電圧降下の近似式より，ac間の往復線路分の電圧降下v_{ac} [V]は，

$$v_{ac} = 2 i_c' (R\cos\theta + X\sin\theta)$$
$$= 2 \times 18.75 \times (0.165 \times 0.8 + 0.05 \times 0.6)$$
$$= 6.075 \fallingdotseq 6.1 \text{ V}$$

よって，(4)が正解。

解答… (a)(2) (b)(4)

問題163 三相3線式1回線の専用配電線がある。変電所の送り出し電圧が6 600 V，末端にある負荷の端子電圧が6 450 V，力率が遅れの70 %であるとき，次の(a)及び(b)に答えよ。

ただし，電線1線当たりの抵抗は0.45 Ω /km，リアクタンスは0.35 Ω /km，線路のこう長は5 kmとする。

(a) この負荷に供給される電力 W_1[kW]の値として，最も近いのは次のうちどれか。

(1) 180　　(2) 200　　(3) 220　　(4) 240　　(5) 260

(b) 負荷が遅れ力率80 %，W_2[kW]に変化したが線路損失は変わらなかった。W_2[kW]の値として，最も近いのは次のうちどれか。

(1) 254　　(2) 274　　(3) 294　　(4) 314　　(5) 334

H18-B16

	①	②	③	④	⑤
学 習 日					
理解度 (○/△/×)					

解説

(a)

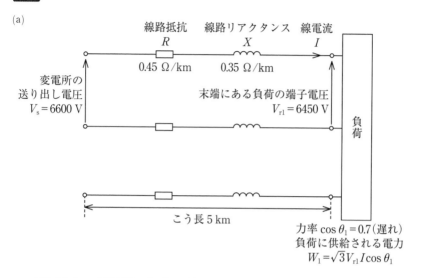

線路抵抗　線路リアクタンス　線電流

R　　　　X　　　　I

0.45 Ω/km　　0.35 Ω/km

変電所の
送り出し電圧
$V_s = 6600$ V

末端にある負荷の端子電圧
$V_{r1} = 6450$ V

負荷

こう長 5 km

力率 $\cos\theta_1 = 0.7$（遅れ）
負荷に供給される電力
$W_1 = \sqrt{3}\,V_{r1}I\cos\theta_1$

1線当たりの線路抵抗 $R[\Omega]$ と1線当たりの線路リアクタンス $X[\Omega]$ は，

$R = 0.45 \times 5 = 2.25$ Ω

$X = 0.35 \times 5 = 1.75$ Ω

変電所の送り出し電圧 $V_s = 6600$ V，末端にある負荷の端子電圧 $V_{r1} = 6450$ V
なので，配電線路の電圧降下 $v_1[V]$ は，

$v_1 = V_s - V_{r1} = 6600 - 6450 = 150$ V

電圧降下の近似式より，配電線路の電圧降下 $v_1[V]$ は，

$v_1 = \sqrt{3}I(R\cos\theta_1 + X\sin\theta_1)\,[V]$

と表されるので，線電流 $I[A]$ は，

$$I = \frac{v_1}{\sqrt{3}\,(R\cos\theta_1 + X\sin\theta_1)} = \frac{150}{\sqrt{3} \times (2.25 \times 0.7 + 1.75 \times \sqrt{1-0.7^2})} \fallingdotseq \frac{53.1}{\sqrt{3}}$$ A

したがって，負荷に供給される電力 $W_1[kW]$ は，

$$W_1 = \sqrt{3}\,V_{r1}I\cos\theta_1 = \sqrt{3} \times 6450 \times \frac{53.1}{\sqrt{3}} \times 0.7 \fallingdotseq 240 \times 10^3\,W = 240\,kW$$

よって，(4)が正解。

(b)　　　　　　　　力率と負荷電力変化後の回路図

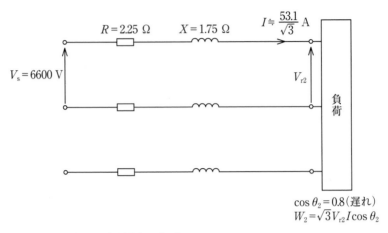

$\cos \theta_2 = 0.8$（遅れ）
$W_2 = \sqrt{3}\,V_{r2}I\cos \theta_2$

三相配電線路の線路損失$P_{\mathrm{L}}[\mathrm{W}]$は，

$$P_{\mathrm{L}} = 3RI^2\,[\mathrm{W}]$$

と表されるので，線路損失$P_{\mathrm{L}}[\mathrm{W}]$が変わらない場合，線電流$I \fallingdotseq \dfrac{53.1}{\sqrt{3}}$ A も変化しない。

力率と負荷電力変化後の配電線路の電圧降下$v_2[\mathrm{V}]$は，

$$v_2 = \sqrt{3}\,I(R\cos \theta_2 + X\sin \theta_2) = \sqrt{3} \times \frac{53.1}{\sqrt{3}} \times (2.25 \times 0.8 + 1.75 \times \sqrt{1 - 0.8^2})$$

$$\fallingdotseq 151.3\ \mathrm{V}$$

力率と負荷電力変化後の負荷の端子電圧$V_{r2}[\mathrm{V}]$は，

$$V_{r2} = V_{\mathrm{s}} - v_2 = 6600 - 151.3 = 6448.7\ \mathrm{V}$$

したがって，力率と負荷電力変化後の負荷電力$W_2[\mathrm{kW}]$は，

$$W_2 = \sqrt{3}\,V_{r2}I\cos \theta_2$$

$$= \sqrt{3} \times 6448.7 \times \frac{53.1}{\sqrt{3}} \times 0.8 \fallingdotseq 274 \times 10^3\ \mathrm{W} = 274\ \mathrm{kW}$$

よって，(2)が正解。

解答… (a)(4)　(b)(2)

受電端電圧と無効電力

問題164 電線1線の抵抗が5 Ω，誘導性リアクタンスが6 Ωである三相3線式送電線について，次の(a)及び(b)に答えよ。

(a) この送電線で受電端電圧を60 kVに保ちつつ，かつ，送電線での電圧降下率を受電端電圧基準で10 ％に保つには，負荷の力率が80 ％（遅れ）の場合に受電可能な三相皮相電力[MV・A]の値として，最も近いのは次のうちどれか。

(1) 27.4 　(2) 37.9 　(3) 47.4 　(4) 56.8 　(5) 60.5

(b) この送電線の受電端に，遅れ力率60 ％で三相皮相電力63.2 MV・Aの負荷を接続しなければならなくなった。この場合でも受電端電圧を60 kVに，かつ，送電線での電圧降下率を受電端電圧基準で10 ％に保ちたい。受電端に設置された調相設備から系統に供給すべき無効電力[Mvar]の値として，最も近いのは次のうちどれか。

(1) 12.6 　(2) 15.8 　(3) 18.3 　(4) 22.1 　(5) 34.8

H20-B16

	①	②	③	④	⑤
学 習 日					
理 解 度 (○/△/×)					

(a)

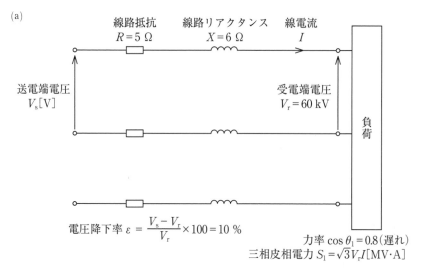

線路抵抗 $R=5\ \Omega$　線路リアクタンス $X=6\ \Omega$　線電流 I

送電端電圧 $V_s[\text{V}]$

受電端電圧 $V_r=60\ \text{kV}$

負荷

電圧降下率 $\varepsilon = \dfrac{V_s - V_r}{V_r} \times 100 = 10\ \%$

力率 $\cos\theta_1 = 0.8$（遅れ）

三相皮相電力 $S_1 = \sqrt{3}\,V_r I\,[\text{MV}\cdot\text{A}]$

電圧降下率 ε が 10 % のときの送電線路の電圧降下 $v[\text{V}]$ は，電圧降下率の計算式より，

$$\varepsilon = \frac{V_s - V_r}{V_r} \times 100 = \frac{v}{V_r} \times 100 = 10\ \%$$

$$\therefore v = V_r \times \frac{10}{100} = 60 \times 10^3 \times \frac{1}{10} = 6000\ \text{V}$$

このときの線電流 $I[\text{A}]$ は，送電線路の電圧降下の近似式より，

$$v = \sqrt{3}I(R\cos\theta_1 + X\sin\theta_1) = 6000\ \text{V}$$

$$\therefore I = \frac{6000}{\sqrt{3}\,(R\cos\theta_1 + X\sin\theta_1)}$$

$$= \frac{6000}{\sqrt{3} \times (5 \times 0.8 + 6 \times \sqrt{1 - 0.8^2})} \fallingdotseq 455.8\ \text{A}$$

したがって，受電可能な三相皮相電力 $S_1[\text{MV}\cdot\text{A}]$ は，

$$S_1 = \sqrt{3}\,V_r I = \sqrt{3} \times 60 \times 10^3 \times 455.8 \fallingdotseq 47.4 \times 10^6\ \text{V}\cdot\text{A} = 47.4\ \text{MV}\cdot\text{A}$$

よって，(3)が正解。

(b)

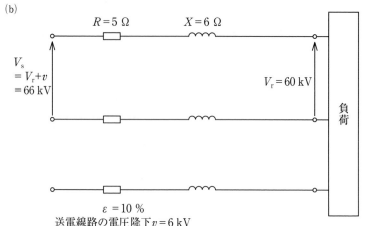

$R = 5\ \Omega$ $X = 6\ \Omega$

V_s
$= V_r + v$
$= 66\ \mathrm{kV}$

$V_r = 60\ \mathrm{kV}$

負荷

$\varepsilon = 10\ \%$
送電線路の電圧降下 $v = 6\ \mathrm{kV}$

負荷接続後の力率 $\cos\theta_2 = 0.6$（遅れ）
負荷接続後の三相皮相電力 $S_2 = 63.2\ \mathrm{MV \cdot A}$

遅れ力率 $\cos\theta_2 = 0.6$（遅れ），三相皮相電力 $S_2 = 63.2\ \mathrm{MV \cdot A}$ の負荷が消費する有効電力 $P_L[\mathrm{MW}]$ と無効電力 $Q_L[\mathrm{Mvar}]$ は，

$P_L = S_2\cos\theta_2 = 63.2 \times 0.6 = 37.92\ \mathrm{MW}$

$Q_L = S_2\sin\theta_2 = 63.2 \times \sqrt{1 - 0.6^2} = 50.56\ \mathrm{Mvar}$ （遅れ）

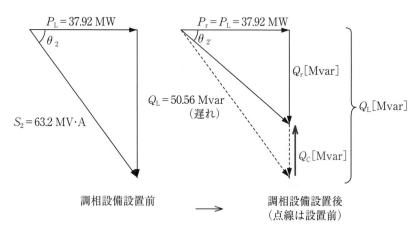

$P_L = 37.92\ \mathrm{MW}$

θ_2

$S_2 = 63.2\ \mathrm{MV \cdot A}$

$Q_L = 50.56\ \mathrm{Mvar}$
（遅れ）

$P_r = P_L = 37.92\ \mathrm{MW}$

$\theta_{2'}$

$Q_r[\mathrm{Mvar}]$

$Q_C[\mathrm{Mvar}]$

$Q_L[\mathrm{Mvar}]$

調相設備設置前 $\longrightarrow$ 調相設備設置後
（点線は設置前）

受電端有効電力を $P_r[\mathrm{MW}]$，受電端無効電力を $Q_r[\mathrm{Mvar}]$ とすると，送電線路の電圧降下 $v[\mathrm{V}]$ の近似式は，下式のように変形できる。

$$v = \sqrt{3}I(R\cos\theta + X\sin\theta) = \frac{\sqrt{3}V_r IR\cos\theta + \sqrt{3}V_r IX\sin\theta}{V_r} = \frac{P_r R + Q_r X}{V_r}[\mathrm{V}]$$

$P_r = P_L$ より，

$$v = \frac{P_r R + Q_r X}{V_r} = \frac{P_L R + Q_r X}{V_r} \cdots ①$$

受電端電圧と電圧降下率が(a)と変わらず保たれる場合，送電線路の電圧降下 v = 6000 V も変わらないので，受電端無効電力 Q_r[Mvar]は，①式より，

$$Q_r = \frac{v V_r - P_L R}{X} = \frac{6000 \times 60 \times 10^3 - 37.92 \times 10^6 \times 5}{6} \times 10^{-6}$$

$$= 28.4 \text{ Mvar （遅れ）}$$

受電端に設置された調相設備が消費すべき進み無効電力（供給すべき遅れ無効電力）Q_C[Mvar]（進み）は，負荷が消費する無効電力 Q_L[Mvar]（遅れ）と受電端無効電力 Q_r[Mvar]（遅れ）の差となるので，

$$Q_C = Q_L - Q_r = 50.56 - 28.4 = 22.16 \rightarrow 22.1 \text{ Mvar （進み）}$$

よって，(4)が正解。

解答… (a)(3) (b)(4)

ポイント

遅れ無効電力を消費する＝進み無効電力を供給する
進み無効電力を消費する＝遅れ無効電力を供給する
です。

難易度 C 充電電流と並列共振

教科書 SECTION 06

問題165 図に示すように，中性点をリアクトルLを介して接地している公称電圧66 kVの系統があるとき，次の(a)及び(b)の問に答えよ。なお，図中のCは，送電線の対地静電容量に相当する等価キャパシタを示す。また，図に表示されていない電気定数は無視する。

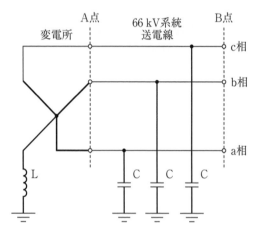

(a) 送電線の線路定数を測定するために，図中のA点で変電所と送電線を切り離し，A点で送電線の3線を一括して，これと大地間に公称電圧の相電圧相当の電圧を加えて充電すると，一括した線に流れる全充電電流は115 Aであった。このとき，この送電線の1相当たりのアドミタンスの大きさ[mS]として，最も近いものを次の(1)～(5)のうちから一つ選べ。

   (1) 0.58   (2) 1.0   (3) 1.7   (4) 3.0   (5) 9.1

(b) 図中のB点のa相で1線地絡事故が発生したとき，地絡点を流れる電流を零とするために必要なリアクトルLのインピーダンスの大きさ[Ω]として，最も近いものを次の(1)～(5)のうちから一つ選べ。

   ただし，送電線の電気定数は，(a)で求めた値を用いるものとする。

   (1) 111   (2) 196   (3) 333   (4) 575   (5) 1 000

H26-B16

解説

(a) 図中のA点で変電所と送電線を切り離し，A点で送電線の3線を一括して，これと大地間に公称電圧の相電圧相当の電圧を加えたときの図を示す。なお，一括した線に流れる全充電電流をI_C[A]，各送電線の対地静電容量をC[F]，線間電圧をV[kV]としている。

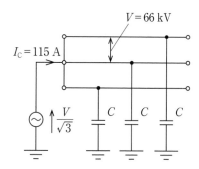

　送電線の1相当たりのアドミタンスの大きさをY_C[S]とした等価回路は次のとおり。

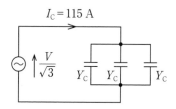

図より式を立てると，

$$I_C = 3 \times Y_C \times \frac{V}{\sqrt{3}}$$

$$Y_C = \frac{I_C}{3} \times \frac{\sqrt{3}}{V}$$

これに$I_C = 115$ A，$V = 66$ kV $= 66000$ Vを代入すると，

$$Y_C = \frac{115}{3} \times \frac{\sqrt{3}}{66000} \fallingdotseq 1.0 \times 10^{-3}\,\mathrm{S} = 1.0\,\mathrm{mS}$$

よって，(2)が正解。

(b) 等価回路は次の図のようになる。

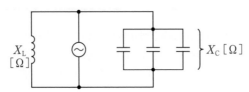

並列共振しているとき，1線地絡電流は0になるので，共振条件 $X_L = X_c$ より，

$$X_L = X_C = \frac{1}{3Y_C}$$

(a)より，$Y_C = 1.0\,\mathrm{mS}$ なので，

$$X_L = \frac{1}{3 \times 1.0 \times 10^{-3}} \fallingdotseq 333\,\Omega$$

よって，(3)が正解。

解答… (a)(2) (b)(3)

ケーブルの充電電流

問題166 電圧6.6 kV, 周波数50 Hz, こう長1.5 kmの交流三相3線式地中電線路がある。ケーブルの心線1線当たりの静電容量を0.35 µF/kmとするとき, このケーブルの心線3線を充電するために必要な容量[kV・A]の値として, 最も近いものを次の(1)〜(5)のうちから一つ選べ。

(1) 4.2　　(2) 4.8　　(3) 7.2　　(4) 12　　(5) 37

H24-A11

	①	②	③	④	⑤
学 習 日					
理 解 度 (○/△/×)					

ケーブル心線1線当たりの静電容量 $C[\mu\mathrm{F}]$ は,

　　$C = 0.35 \times 1.5 = 0.525\ \mu\mathrm{F}$

線間電圧を $V[\mathrm{V}]$, 充電電流を $I_\mathrm{C}[\mathrm{A}]$ とすると, 図aのような等価回路を描ける。

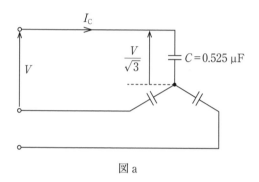

図 a

図aの等価回路から1相分を取り出すと, 図bのようになる。

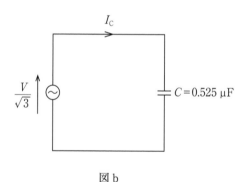

図 b

角周波数を $\omega[\mathrm{rad/s}]$, 周波数を $f[\mathrm{Hz}]$ とすると, オームの法則より, 充電電流 $I_\mathrm{C}[\mathrm{A}]$ は,

$$I_\mathrm{C} = \frac{\dfrac{V}{\sqrt{3}}}{\dfrac{1}{\omega C}} = \frac{\dfrac{V}{\sqrt{3}}}{\dfrac{1}{2\pi f C}} = \frac{2\pi f C V}{\sqrt{3}}\ [\mathrm{A}]$$

したがって, ケーブル心線3線を充電するために必要な容量 $Q[\mathrm{kV\cdot A}]$ は,

$$Q = \sqrt{3}\,VI_C = \sqrt{3} \times V \times \frac{2\pi fCV}{\sqrt{3}} = 2\pi fCV^2$$

$$= 2 \times \pi \times 50 \times 0.525 \times 10^{-6} \times (6.6 \times 10^3)^2$$

$$\doteqdot 7.184 \times 10^3\ \mathrm{V \cdot A} = 7.2\ \mathrm{kV \cdot A}$$

よって，(3)が正解。

解答… (3)

ポイント

ケーブル心線1線あたりの静電容量とは，一般的に1線の中性点に対する静電容量を指します。
したがって，図aのような等価回路を描くことができます。

ポイント

充電電流 I_C とは，静電容量に交流電圧が加わることにより流れる電流です。

ポイント

充電容量 Q とは，静電容量が消費する進み無効電力のことです。

ポイント

この問題では充電容量の単位に [V·A] が使われていますが，一般的には [var] が使われます。

問題167 三相3線式1回線無負荷送電線の送電端に線間電圧66.0 kVを加える
と，受電端の線間電圧は72.0 kV，1線当たりの送電端電流は30.0 Aであった。
この送電線が，線路アドミタンスB[mS]と線路リアクタンスX[Ω]を用いて，
図に示す等価回路で表現できるとき，次の(a)及び(b)の問に答えよ。

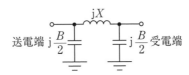

(a) 線路アドミタンスB[mS]の値として，最も近いものを次の(1)〜(5)のう
ちから一つ選べ。

(1) 0.217 　(2) 0.377 　(3) 0.435 　(4) 0.545 　(5) 0.753

(b) 線路リアクタンスX[Ω]の値として，最も近いものを次の(1)〜(5)のうち
から一つ選べ。

(1) 222 　(2) 306 　(3) 384 　(4) 443 　(5) 770

H24-B16

	①	②	③	④	⑤
学 習 日					
理 解 度 (○/△/×)					

解説

(a) 問題文の等価回路に諸量を書き加えたものが図aである。

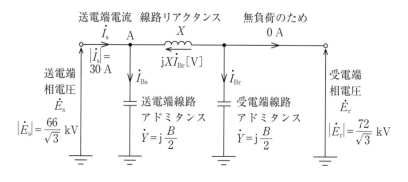

図a

　無負荷送電線であるため，受電端の電流は0Aとなる。

受電端相電圧$\dot{E}_r$をベクトルの基準とすると，オームの法則より，$\dot{I}_{Br}$[A]は，

$$\dot{I}_{Br} = \dot{E}_r \times \mathrm{j}\frac{B}{2} = \mathrm{j}\frac{B}{2}\dot{E}_r [\mathrm{A}]$$

よって，$\dot{I}_{Br}$は$\dot{E}_r$よりも位相が90°進んでいると分かる。…(i)

オームの法則より，線路リアクタンスにおける電圧降下$\mathrm{j}X\dot{I}_{Br}$[V]は，

$$\mathrm{j}X\dot{I}_{Br} = \mathrm{j}X \times \mathrm{j}\frac{B}{2}\dot{E}_r = -\frac{BX}{2}\dot{E}_r [\mathrm{V}]$$

よって，$\mathrm{j}X\dot{I}_{Br}$は$\dot{E}_r$と位相が180°異なると分かる。…(ii)

キルヒホッフの電圧則より，送電端相電圧$\dot{E}_s$[V]は，

$$\dot{E}_s = \dot{E}_r + \mathrm{j}X\dot{I}_{Br} \quad \cdots ①$$

$$= \dot{E}_r + \mathrm{j}X \times \mathrm{j}\frac{B}{2}\dot{E}_r = \left(1 - \frac{BX}{2}\right)\dot{E}_r [\mathrm{V}]$$

仮に$1 - \dfrac{BX}{2} < 0$とすると，$\dot{E}_s$は$\dot{E}_r$と位相が180°異なることになるが，式①より，電圧降下$\mathrm{j}X\dot{I}_{Br}$の大きさが受電端相電圧$\dot{E}_r$よりも大きいことになる。したがって，$1 - \dfrac{BX}{2} < 0$は不適である。

　よって，$1 - \dfrac{BX}{2} > 0$，つまり$\dot{E}_s$は$\dot{E}_r$と同相であると分かる。…(iii)

オームの法則より，$\dot{I}_{Bs}$[A]は，

$$\dot{I}_{\mathrm{Bs}} = \mathrm{j}\frac{B}{2}\dot{E}_{\mathrm{s}} = \mathrm{j}\frac{B}{2} \times \left(1 - \frac{BX}{2}\right)\dot{E}_{\mathrm{r}} = \mathrm{j}\frac{B}{2}\left(1 - \frac{BX}{2}\right)\dot{E}_{\mathrm{r}}[\mathrm{A}]$$

よって，$\dot{I}_{\mathrm{Bs}}$ は $\dot{E}_{\mathrm{r}}$ よりも位相が $90°$ 進んでいると分かる。

図1のA点にキルヒホッフの電流則を適用すると，$\dot{I}_{\mathrm{s}}[\mathrm{A}]$ は，

$$\dot{I}_{\mathrm{s}} = \dot{I}_{\mathrm{Br}} + \dot{I}_{\mathrm{Bs}} = \mathrm{j}\frac{B}{2}\dot{E}_{\mathrm{r}} + \mathrm{j}\frac{B}{2}\left(1 - \frac{BX}{2}\right)\dot{E}_{\mathrm{r}} = \mathrm{j}\frac{B}{2}\left(2 - \frac{BX}{2}\right)\dot{E}_{\mathrm{r}}[\mathrm{A}]$$

よって，$\dot{I}_{\mathrm{s}}$ は $\dot{E}_{\mathrm{r}}$ より位相が $90°$ 進んでいると分かる。…(iv)

以上より，条件(i)〜(iv)から電圧と電流の位相の関係をベクトル図で表すと，図b のようになる。

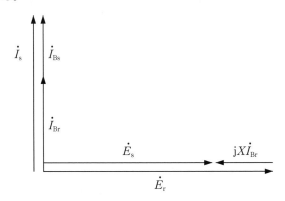

図 b

送電端線路アドミタンスを流れる電流の大きさ $|\dot{I}_{\mathrm{Bs}}|[\mathrm{A}]$ と受電端線路アドミタンスを流れる電流の大きさ $|\dot{I}_{\mathrm{Br}}|[\mathrm{A}]$ は，

$$|\dot{I}_{\mathrm{Bs}}| = |\dot{Y}||\dot{E}_{\mathrm{s}}| = \frac{B \times 10^{-3}}{2} \times \frac{66 \times 10^{3}}{\sqrt{3}} = 11\sqrt{3}B[\mathrm{A}]\cdots②$$

$$|\dot{I}_{\mathrm{Br}}| = |\dot{Y}||\dot{E}_{\mathrm{r}}| = \frac{B \times 10^{-3}}{2} \times \frac{72 \times 10^{3}}{\sqrt{3}} = 12\sqrt{3}B[\mathrm{A}]\cdots③$$

点Aにキルヒホッフの電流則を適用すると，送電端電流 $\dot{I}_{\mathrm{s}}[\mathrm{A}]$ は，

$$\dot{I}_{\mathrm{s}} = \dot{I}_{\mathrm{Bs}} + \dot{I}_{\mathrm{Br}}[\mathrm{A}]$$

図bのベクトル図より，$\dot{I}_{\mathrm{Bs}}$ と $\dot{I}_{\mathrm{Br}}$ は同相なので，送電端電流の大きさ $|\dot{I}_{\mathrm{s}}|[\mathrm{A}]$ は，

$$|\dot{I}_{\mathrm{s}}| = |\dot{I}_{\mathrm{Bs}}| + |\dot{I}_{\mathrm{Br}}|\cdots④$$

④式に，$|\dot{I}_{\mathrm{s}}| = 30\ \mathrm{A}$，②式，③式を代入すると，

$$30 = 11\sqrt{3}B + 12\sqrt{3}B$$

したがって，線路アドミタンス $B[\mathrm{mS}]$ は，

$$B = \frac{30}{23\sqrt{3}} \fallingdotseq 0.753 \text{ mS} \cdots ⑤$$

よって，⑸が正解。

(b) キルヒホッフの電圧則より，線路リアクタンスの電圧降下 $jX\dot{I}_{Br}$[V]は，

$$jX\dot{I}_{Br} = \dot{E}_s - \dot{E}_r \text{[V]}$$

図bのベクトル図より，$\dot{E}_s$ と $\dot{E}_r$ は同相なので，線路リアクタンスによる電圧降下の大きさ $|jX\dot{I}_{Br}|$[V]は，

$$\left|jX\dot{I}_{Br}\right| = \left|\dot{E}_s - \dot{E}_r\right| = \left|\frac{66}{\sqrt{3}} \times 10^3 - \frac{72}{\sqrt{3}} \times 10^3\right| = \frac{6 \times 10^3}{\sqrt{3}} \text{ kV} \cdots ⑥$$

③，⑤，⑥式より，線路リアクタンス $X[\Omega]$ は，

$$\left|jX\dot{I}_{Br}\right| = \left|jX\right|\left|\dot{I}_{Br}\right| = X\left|\dot{I}_{Br}\right| = X \times 12\sqrt{3}B$$

$$\therefore X = \frac{\dfrac{6 \times 10^3}{\sqrt{3}}}{12\sqrt{3}B} = \frac{6 \times 10^3}{12 \times 3 \times 0.753} \fallingdotseq 222 \ \Omega$$

よって，⑴が正解。

解答… **(a)(5)** **(b)(1)**

問題168 送電線のフェランチ現象に関する問である。三相3線式1回線送電線の一相が図のπ形等価回路で表され，送電線路のインピーダンス jX = j200 Ω，アドミタンス jB = j0.800 mS とし，送電端の線間電圧が66.0 kV であり，受電端が無負荷のとき，次の(a)及び(b)の問に答えよ。

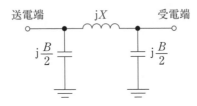

(a) 受電端の線間電圧の値[kV]として，最も近いものを次の(1)～(5)のうちから一つ選べ。

(1) 66.0 (2) 71.7 (3) 78.6 (4) 114 (5) 132

(b) 1線当たりの送電端電流の値[A]として，最も近いものを次の(1)～(5)のうちから一つ選べ。

(1) 15.2 (2) 16.6 (3) 28.7 (4) 31.8 (5) 55.1

R1-B16

	①	②	③	④	⑤
学 習 日					
理 解 度 (○/△/×)					

解説

(a)

問題文の等価回路に各端子の電圧および各線に流れる電流を書き入れると，下図のようになる。

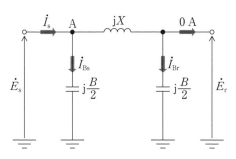

問題文の条件として「受電端が無負荷のとき」とあるので，受電端に流れ込む電流は0 Aとなる。

受電端相電圧 $\dot{E}_r$[V]を位相の基準（$\dot{E}_r = E_r$）とすると，等価回路より，電流 $\dot{I}_{Br}$[A]は，

$$\dot{I}_{Br} = \dot{E}_r \times j\frac{B}{2} = j\frac{B}{2}E_r[\text{A}]$$

オームの法則より，線路リアクタンスにおける電圧降下 $jX\dot{I}_{Br}$[V]は，

$$jX\dot{I}_{Br} = jX \times j\frac{B}{2}E_r = -\frac{BX}{2}E_r[\text{V}]$$

キルヒホッフの電圧則より，送電端相電圧 $\dot{E}_s$[V]は，

$$\dot{E}_s = E_r + jX\dot{I}_{Br} = E_r - \frac{BX}{2}E_r = \left(1 - \frac{BX}{2}\right)E_r[\text{V}]$$

上式より，$\dot{E}_s$ と $\dot{E}_r = E_r$ は同相であるため，$\dot{E}_s = E_s = \dfrac{66000}{\sqrt{3}}$ V，$B = 0.80 \times 10^{-3}$ S，$X = 200$ Ω を代入して，

$$\frac{66000}{\sqrt{3}} = \left(1 - \frac{0.80 \times 10^{-3} \times 200}{2}\right)E_r = 0.92E_r$$

$$\therefore E_r = \frac{66000}{\sqrt{3} \times 0.92} \fallingdotseq \frac{71739}{\sqrt{3}} \text{ V}$$

したがって，受電端の線間電圧[kV]は，

$$\sqrt{3}E_r = 71739 \text{ V} \fallingdotseq 71.7 \text{ kV}$$

よって，(2)が正解。

(b)

等価回路より，電流 $\dot{I}_{\mathrm{Bs}}[\mathrm{A}]$ は，

$$\dot{I}_{\mathrm{Bs}} = \dot{E}_{\mathrm{s}} \times \mathrm{j}\frac{B}{2} = \left(1 - \frac{BX}{2}\right)E_{\mathrm{r}} \times \mathrm{j}\frac{B}{2} = \mathrm{j}\left(\frac{B}{2} - \frac{B^2 X}{4}\right)E_{\mathrm{r}}[\mathrm{A}]$$

等価回路より，送電端電流 $\dot{I}_{\mathrm{s}}[\mathrm{A}]$ は，$\dot{I}_{\mathrm{Bs}}[\mathrm{A}]$ と $\dot{I}_{\mathrm{Br}}[\mathrm{A}]$ の和で表されるので，

$$\dot{I}_{\mathrm{s}} = \dot{I}_{\mathrm{Bs}} + \dot{I}_{\mathrm{Br}}$$

$$= \mathrm{j}\left(\frac{B}{2} - \frac{B^2 X}{4}\right)E_{\mathrm{r}} + \mathrm{j}\frac{B}{2}E_{\mathrm{r}} = \mathrm{j}\left(1 - \frac{BX}{4}\right)BE_{\mathrm{r}}$$

$$= \mathrm{j}\left(1 - \frac{0.80 \times 10^{-3} \times 200}{4}\right) \times 0.80 \times 10^{-3} \times \frac{71739}{\sqrt{3}}$$

$$\fallingdotseq \mathrm{j}31.81\ \mathrm{A}$$

以上より，$\dot{I}_{\mathrm{s}}$ の大きさは $I_{\mathrm{s}} \fallingdotseq 31.8\ \mathrm{A}$ となる。

よって，(4)が正解。

解答… (a)(2) (b)(4)

線路計算
電線のたるみと支線

問題169 一次電圧6 400 V，二次電圧210 V/105 V の柱上変圧器がある。図のような単相3線式配電線路において三つの無誘導負荷が接続されている。負荷1の電流は50 A，負荷2の電流は60 A，負荷3の電流は40 Aである。L_1とN間の電圧 V_a[V]，L_2とN間の電圧 V_b[V]，及び変圧器の一次電流 I_1[A]の値の組合せとして，正しいものを次の(1)〜(5)のうちから一つ選べ。

ただし，変圧器から低圧負荷までの電線1線当たりの抵抗を0.08 Ωとし，変圧器の励磁電流，インピーダンス，低圧配電線のリアクタンス，及びC点から負荷側線路のインピーダンスは考えないものとする。

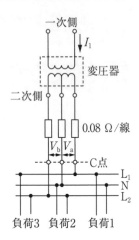

	V_a[V]	V_b[V]	I_1[A]
(1)	98.6	96.2	3.12
(2)	97.0	97.8	3.28
(3)	97.0	97.8	2.95
(4)	96.2	98.6	3.12
(5)	98.6	96.2	3.28

H23-A9

	①	②	③	④	⑤
学 習 日					
理 解 度 (○/△/×)					

問題文の図を，わかりやすく下図のように書き換える。

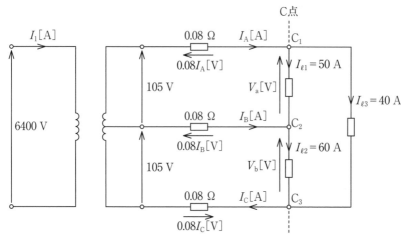

点C_1，C_2，C_3にキルヒホッフの電流則を適用して，電流I_A[A]，I_B[A]，I_C[A]を求めると，

$$I_A = I_{\ell1} + I_{\ell3} = 50 + 40 = 90 \text{ A}$$
$$I_B = I_{\ell2} - I_{\ell1} = 60 - 50 = 10 \text{ A}$$
$$I_C = I_{\ell2} + I_{\ell3} = 60 + 40 = 100 \text{ A}$$

キルヒホッフの電圧則より，電圧V_a[V]，V_b[V]は，

$$V_a = 105 - 0.08I_A + 0.08I_B = 105 - 0.08 \times 90 + 0.08 \times 10 = 98.6 \text{ V}$$
$$V_b = 105 - 0.08I_B - 0.08I_C = 105 - 0.08 \times 10 - 0.08 \times 100 = 96.2 \text{ V}$$

変圧器の励磁電流とインピーダンスを考えない場合，変圧器一次側巻線の皮相電力と変圧器二次側巻線の皮相電力は等しくなるので，

$$6400 \times I_1 = 105 \times I_A + 105 \times I_C \cdots ①$$

①式より，変圧器の一次電流I_1[A]は，

$$I_1 = \frac{105 \times I_A + 105 \times I_C}{6400} = \frac{105 \times 90 + 105 \times 100}{6400} ≒ 3.12 \text{ A}$$

よって，(1)が正解。

解答… **(1)**

問題170 図のように，電圧線及び中性線の各部の抵抗が0.2 Ωの単相3線式低圧配電線路において，末端のAC間に太陽光発電設備が接続されている。各部の電圧及び電流が図に示された値であるとき，次の(a)及び(b)の問に答えよ。ただし，負荷は定電流特性で力率は1，太陽光発電設備の出力（交流）は電流I[A]，力率1で一定とする。また，線路のインピーダンスは抵抗とし，図示していないインピーダンスは無視するものとする。

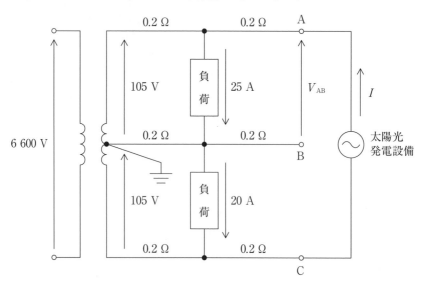

(a) 太陽光発電設備を接続する前のAB間の端子電圧V_{AB}の値[V]として，最も近いものを次の(1)〜(5)のうちから一つ選べ。

(1) 96　　(2) 99　　(3) 100　　(4) 101　　(5) 104

(b) 太陽光発電設備を接続したところ，AB間の端子電圧 V_{AB}[V]が107 V となった。このときの太陽光発電設備の出力電流（交流）Iの値[A]として，最も近いものを次の(1)〜(5)のうちから一つ選べ。

(1) 5　　　(2) 15　　　(3) 20　　　(4) 25　　　(5) 30

H30-B16

	①	②	③	④	⑤
学習日					
理解度 (○/△/×)					

(a)

　太陽光発電設備が接続される前の状態において，AB，BCおよびCA間はそれぞれ開放されているため，電流が流れず，等価回路上で省略できる。このとき，等価回路は次のように表せる。

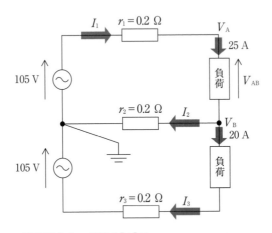

　キルヒホッフの電流則より，電流I_2[A]は，

　　$I_2 = I_1 - I_3 = 25 - 20 = 5 \text{ A}$

次に，A点とB点の電位V_A[V]，V_B[V]を求めると，

　　$V_A = 105 - r_1 I_1 = 105 - 0.2 \times 25 = 100$

　　$V_B = r_2 I_2 = 0.2 \times 5 = 1$

したがって，AB間の端子電圧V_{AB}[V]は，

　　$V_{AB} = V_A - V_B = 100 - 1 = 99 \text{ V}$

よって，(2)が正解。

(b)

太陽光設備を接続したときの等価回路は次図のようになる

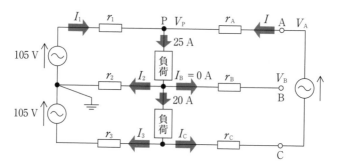

端子Bは開放状態で電流が流れないため$I_B = 0$であり，キルヒホッフの電流則より電流I_2[A]は，

$I_2 = 25 - 20 = 5$ A

また，r_Bで電圧降下は生じないので，B点の電位V_B[V]は，

$V_B = r_2 I_2 = 0.2 \times 5 = 1$ V

ここで，問題文よりV_{AB}[V]が分かっているので，A点の電位V_A[V]を求めると，$V_{AB} = V_A - V_B$より，

$V_A = V_{AB} + V_B = 107 + 1 = 108$ V

等価回路におけるP点の電位V_P[V]について，まず単相3線式電源側から求めると，

$V_P = 105 - r_1 I_1 = 105 - 0.2I_1\cdots$①

次に，太陽光発電設備側から求めると，

$V_P = V_A - r_A I = 108 - 0.2I\cdots$②

①，②式より

$105 - 0.2I_1 = 108 - 0.2I$

$\therefore I_1 = I - 15\cdots$③

P点において，キルヒホッフの電流則より

$I + I_1 = 25$

式③を代入して，電流I[A]を求めると，

$I + (I - 15) = 25$

$\therefore I = 20$ A

よって，(3)が正解。

解答… **(a)(2)** **(b)(3)**

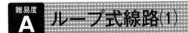

A ループ式線路(1)

教科書 SECTION 01

問題171 図の単線結線図に示す単相2線式の回路がある。供給点Kにおける線間電圧 V_K は105 V，負荷点L，M，Nには，それぞれ電流値が40 A，50 A，10 Aで，ともに力率100 %の負荷が接続されている。回路の1線当たりの抵抗はKL間が0.1 Ω，LN間が0.05 Ω，KM間が0.05 Ω，MN間が0.1 Ωであり，線路のリアクタンスは無視するものとして，次の(a)及び(b)に答えよ。

(a) 供給点Kと負荷点L間に流れる電流 I [A]の値として，正しいのは次のうちどれか。

  (1) 30   (2) 40   (3) 50   (4) 60   (5) 100

(b) 負荷点Nの電圧[V]の値として，正しいのは次のうちどれか。

  (1) 97   (2) 98   (3) 99   (4) 100   (5) 101

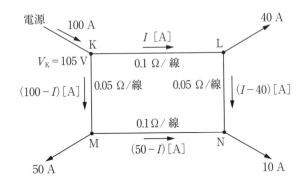

H12-B12

	①	②	③	④	⑤
学習日					
理解度 (○/△/×)					

　この回路は単相2線式の回路であるので，線路の往復分の電圧降下を考慮する必要がある。

　そのため，各区間の電圧降下は「1線当たりの抵抗×電流」を「2倍」した値となる。

(a)　K→L→N→M→Kの閉回路にキルヒホッフの電圧則を適用すると，

$$2 \times 0.1 \times I + 2 \times 0.05 \times (I - 40) - 2 \times 0.1 \times (50 - I) - 2 \times 0.05 \times (100 - I) = 0$$

したがって，KL間に流れる電流I[A]は，

$$0.6I = 24$$

$$\therefore I = 40 \text{ A}$$

よって，(2)が正解。

(b)　負荷点Nの電圧V_N[V]は，供給点Kの電圧V_K[V]からKL間の電圧降下v_{KL}[V]とLN間の電圧降下v_{LN}[V]を引いた値となるので，

$$V_N = V_K - v_{KL} - v_{LN}$$

$$= V_K - 2 \times 0.1 \times I - 2 \times 0.05 \times (I - 40)$$

$$= 105 - 2 \times 0.1 \times 40 - 2 \times 0.05 \times (40 - 40) = 97 \text{ V}$$

よって，(1)が正解。

解答… (a)(2)　(b)(1)

問題172 図の単線結線図に示す単相2線式1回線の配電線路がある。供給点Aにおける線間電圧 V_A は105 V，負荷点K，L，M，Nにはそれぞれ電流値が30 A，10 A，40 A，20 Aでともに力率100 %の負荷が接続されている。回路1線当たりの抵抗はAK間が0.05 Ω，KL間が0.04 Ω，LM間が0.07 Ω，MN間が0.05 Ω，

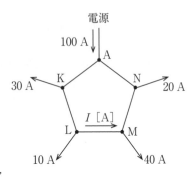

NA間が0.04 Ωであり，線路のリアクタンスは無視するものとして，次の(a)及び(b)に答えよ。

(a) 負荷点Lと負荷点M間に流れる電流 I [A]の値として，正しいのは次のうちどれか。

　(1) 4　　(2) 6　　(3) 8　　(4) 10　　(5) 12

(b) 負荷点Mの電圧[V]の値として，最も近いのは次のうちどれか。

　(1) 95.8　　(2) 97.6　　(3) 99.5　　(4) 101.3　　(5) 103.2

H17-B17

	①	②	③	④	⑤
学 習 日					
理 解 度 (○/△/×)					

解説

　この配電線路は単相2線式の配電線路であるので，線路の往復分の電圧降下を考慮する必要がある。

　そのため，各区間の電圧降下は「1線当たりの抵抗×電流」を「2倍」した値となる。

(a)　負荷点Lと負荷点M間に流れる電流をI[A]とすると，各区間を流れる電流は下図のようになる。

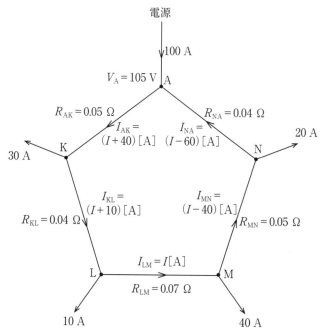

　A→K→L→M→N→Aの閉回路に，キルヒホッフの電圧則を適用すると，

$$2R_{AK}I_{AK} + 2R_{KL}I_{KL} + 2R_{LM}I_{LM} + 2R_{MN}I_{MN} + 2R_{NA}I_{NA} = 0$$

$$2 \times 0.05 \times (I + 40) + 2 \times 0.04 \times (I + 10) + 2 \times 0.07 \times I + 2 \times 0.05$$
$$\times (I - 40) + 2 \times 0.04 \times (I - 60) = 0$$

$$5 \times (I + 40) + 4 \times (I + 10) + 7I + 5 \times (I - 40) + 4 \times (I - 60) = 0$$

$$\therefore 5I + 200 + 4I + 40 + 7I + 5I - 200 + 4I - 240 = 0$$

したがって，LM間を流れる電流I[A]は，

$$25I = 200$$

$$\therefore I = 8 \text{ A}$$

407

よって，(3)が正解。

(b) 負荷点Mの電圧 $V_\mathrm{M}[\mathrm{V}]$ は，供給点Aの電圧 $V_\mathrm{A}[\mathrm{V}]$ から，AK間の電圧降下 v_AK $[\mathrm{V}]$，KL間の電圧降下 $v_\mathrm{KL}[\mathrm{V}]$，LM間の電圧降下 $v_\mathrm{LM}[\mathrm{V}]$，を引いた値となるので，

$$
\begin{aligned}
V_\mathrm{M} &= V_\mathrm{A} - v_\mathrm{AK} - v_\mathrm{KL} - v_\mathrm{LM} \\
&= V_\mathrm{A} - 2R_\mathrm{AK}I_\mathrm{AK} - 2R_\mathrm{KL}I_\mathrm{KL} - 2R_\mathrm{LM}I_\mathrm{LM} \\
&= 105 - 2 \times 0.05 \times (I + 40) - 2 \times 0.04 \times (I + 10) - 2 \times 0.07 \times I \\
&= 105 - 2 \times 0.05 \times (8 + 40) - 2 \times 0.04 \times (8 + 10) - 2 \times 0.07 \times 8 \\
&\fallingdotseq 97.6\ \mathrm{V}
\end{aligned}
$$

よって，(2)が正解。

解答… (a)(3) (b)(2)

問題173 図のように高低差のない支持点A, Bで支持されている径間Sが100 mの架空電線路において, 導体の温度が30℃のとき, たるみDは2 mであった。

導体の温度が60℃になったとき, たるみD[m]の値として, 最も近いものを次の(1)～(5)のうちから一つ選べ。

ただし, 電線の線膨張係数は1℃につき1.5×10^{-5}とし, 張力による電線の伸びは無視するものとする。

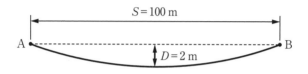

$S = 100$ m

A ⟶ B

$D = 2$ m

(1) 2.05 　 (2) 2.14 　 (3) 2.39 　 (4) 2.66 　 (5) 2.89

H24-A13

	①	②	③	④	⑤
学 習 日					
理 解 度 (○/△/×)					

60℃のときのたるみをD'[m]，30℃のときの電線の実長をL_1[m]，60℃のときの電線の実長をL_2[m]とすると，$L = S + \dfrac{8D^2}{3S}$[m]より，

$$L_1 = 100 + \frac{8 \times 4}{3 \times 100}[\text{m}]$$

$$L_2 = 100 + \frac{8 \times D'^{\,2}}{3 \times 100}[\text{m}]$$

線膨張係数をaとすると，$L_2 = L_1\{1 + a\,(t_2 - t_1)\}$ [m]より，

$$100 + \frac{8 \times D'^{\,2}}{3 \times 100} = \left(100 + \frac{8 \times 4}{3 \times 100}\right) \times \{1 + 1.5 \times 10^{-5} \times (60 - 30)\}$$

$$100 + \frac{8 \times D'^{\,2}}{300} = \left(100 + \frac{32}{300}\right) \times (1 + 45 \times 10^{-5})$$

$$100 + \frac{8 \times D'^{\,2}}{300} = 100 + \frac{32}{300} + \left(100 + \frac{32}{300}\right) \times 45 \times 10^{-5}$$

$$\frac{8 \times D'^{\,2}}{300} = \frac{32}{300} + 45 \times 10^{-3} + \frac{32 \times 45 \times 10^{-5}}{300}$$

$$D'^{\,2} = \frac{300}{8}\left(\frac{32}{300} + 45 \times 10^{-3} + \frac{32 \times 45 \times 10^{-5}}{300}\right) = 5.6893$$

$$\therefore D' \fallingdotseq 2.39 \text{ m}$$

よって，(3)が正解。

解答… (3)

問題174 支持点間が180 m，たるみが3.0 mの架空電線路がある。

いま架空電線路の支持点間を200 mにしたとき，たるみを4.0 mにしたい。電線の最低点における水平張力をもとの何％にすればよいか。最も近いものを次の(1)〜(5)のうちから一つ選べ。

ただし，支持点間の高低差はなく，電線の単位長当たりの荷重は変わらないものとし，その他の条件は無視するものとする。

(1) 83.3   (2) 92.6   (3) 108.0   (4) 120.0   (5) 148.1

H29-A8

	①	②	③	④	⑤
学 習 日					
理 解 度 (○/△/×)					

電線のたるみの公式は，

$$D = \frac{WS^2}{8T}$$

と表せるので，支持点間が180 m，たるみが3.0 mの時，電線にかかる水平張力 T は，

$$3.0 = \frac{W \times 180^2}{8T}$$

$$T = \frac{W \times 180^2}{8 \times 3.0} \cdots ①$$

次に，支持点間が200 m，たるみが4.0 mの時，電線にかかる水平張力 T' は，

$$4.0 = \frac{W \times 200^2}{8T'}$$

$$T' = \frac{W \times 200^2}{8 \times 4.0} \cdots ②$$

式①と式②から支持点間距離変更前後の水平張力の比 T'/T を計算すると，

$$\frac{T'}{T} = \frac{\dfrac{W \times 200^2}{8 \times 4.0}}{\dfrac{W \times 180^2}{8 \times 3.0}} = \frac{W \times 200^2}{8 \times 4.0} \times \frac{8 \times 3.0}{W \times 180^2}$$

$$= \frac{3.0 \times 200^2}{4.0 \times 180^2} ≒ 0.926 → 92.6 \%$$

よって，(2)が正解。

解答… (2)

CH 12 電線のたるみと支線

A 支線にかかる力

教科書 SECTION 01

問題175 図のように，架線の水平張力 T[N]を支線と追支線で，支持物と支線柱を介して受けている。支持物の固定点Cの高さを h_1[m]，支線柱の固定点Dの高さを h_2[m]とする。また，支持物と支線柱間の距離ABを ℓ_1[m]，支線柱と追支線地上固定点Eとの根開きBEを ℓ_2[m]とする。

支持物及び支線柱が受ける水平方向の力は，それぞれ平衡しているという条件で，追支線にかかる張力 T_2[N]を表した式として，正しいものを次の(1)〜(5)のうちから一つ選べ。

ただし，支線，追支線の自重及び提示していない条件は無視する。

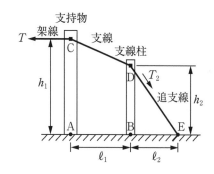

(1) $\dfrac{T\sqrt{h_2^2+\ell_2^2}}{\ell_2}$

(2) $\dfrac{T\ell_2}{\sqrt{h_2^2+\ell_2^2}}$

(3) $\dfrac{T\sqrt{h_2^2+\ell_2^2}}{\sqrt{(h_1-h_2)^2+\ell_1^2}}$

(4) $\dfrac{T\sqrt{(h_1-h_2)^2+\ell_1^2}}{\sqrt{h_2^2+\ell_2^2}}$

(5) $\dfrac{Th_2\sqrt{(h_1-h_2)^2+\ell_1^2}}{(h_1-h_2)\sqrt{h_2^2+\ell_2^2}}$

H25-A9

	①	②	③	④	⑤
学習日					
理解度 (○/△/×)					

　問題文に「支持物及び支線柱が受ける水平方向の力は，それぞれ平衡している」という条件が与えられているので，点Dにおいて地面と水平に右方向に働く力は T [N]となる。

　また，問題文の図より，点Dにおいて地面と水平に右方向に働く力 T は，追支線にかかる張力 T_2[N]の水平成分と等しいので，以下の等式が成立する。

$$T = \frac{\ell_2}{\sqrt{\ell_2{}^2 + h_2{}^2}} T_2 [\text{N}]$$

上式を変形して T_2[N]を求めると，

$$T_2 = \frac{T\sqrt{\ell_2{}^2 + h_2{}^2}}{\ell_2} [\text{N}]$$

よって，(1)が正解。

解答… (1)

CH 12
電線のたるみと支線

415

2分冊の使い方

★セパレートBOOKの作りかた★

白い厚紙から，各分冊の冊子を取り外します。
　※厚紙と冊子が，のりで接着されています。乱暴に扱いますと，破損する危険性がありますので，丁寧に抜きとるようにしてください。

> 表紙をしっかり持って，ぐいっと引っぱります。

白い厚紙

　※抜きとるさいの損傷についてのお取替えはご遠慮願います。

TAC PG